住房和城乡建设部"十四五"规划教材

高等学校建筑环境与能源应用工程专业推荐教材

建筑环境学（汉英对照）

简毅文　王丽娟　关　军　薛　鹏　编著

杨　斌　主审

中国建筑工业出版社

图书在版编目（CIP）数据

建筑环境学：汉英对照 / 简毅文等编著. -- 北京：
中国建筑工业出版社，2024.12. --（住房和城乡建设部
"十四五"规划教材）（高等学校建筑环境与能源应用工
程专业推荐教材）. -- ISBN 978-7-112-30752-4

Ⅰ. TU-023

中国国家版本馆 CIP 数据核字第 20250NT325 号

本教材共分为七章，分别为：绪论、建筑外环境、建筑热湿环境、人体对热湿环境的反应、室内空气环境、建筑光环境、建筑声环境。本书采用中英文对照模式，涵盖了建筑与环境、建筑环境影响因素以及人与建筑环境相互关系的系统论述内容。

本教材可供高等院校建筑环境与能源应用工程专业的本科生使用，也可供以建筑环境为专攻方向的研究生使用。

为了更好地支持相应课程的教学，我们向采用本书作为教材的教师提供课件，有需要者可与出版社联系。

建工书院：http://edu.cabplink.com

邮箱：jckj@cabp.com.cn 电话：(010) 58337285

责任编辑：胡欣蕊　齐庆梅
责任校对：赵　力

住房和城乡建设部"十四五"规划教材
高等学校建筑环境与能源应用工程专业推荐教材

建筑环境学（汉英对照）

简毅文　王丽娟　关　军　薛　鹏　编著
杨　斌　主审

*

中国建筑工业出版社出版、发行（北京海淀三里河路9号）
各地新华书店、建筑书店经销
北京鸿文瀚海文化传媒有限公司制版
建工社（河北）印刷有限公司印刷

*

开本：787毫米×1092毫米　1/16　印张：19¼　字数：477千字
2025年2月第一版　2025年2月第一次印刷
定价：**58.00**元（赠教师课件和含数字资源）
ISBN 978-7-112-30752-4
（43942）

出 版 说 明

党和国家高度重视教材建设。2016 年，中办国办印发了《关于加强和改进新形势下大中小学教材建设的意见》，提出要健全国家教材制度。2019 年 12 月，教育部牵头制定了《普通高等学校教材管理办法》和《职业院校教材管理办法》，旨在全面加强党的领导，切实提高教材建设的科学化水平，打造精品教材。住房和城乡建设部历来重视土建类学科专业教材建设，从"九五"开始组织部级规划教材立项工作，经过近 30 年的不断建设，规划教材提升了住房和城乡建设行业教材质量和认可度，出版了一系列精品教材，有效促进了行业部门引导专业教育，推动了行业高质量发展。

为进一步加强高等教育、职业教育住房和城乡建设领域学科专业教材建设工作，提高住房和城乡建设行业人才培养质量，2020 年 12 月，住房和城乡建设部办公厅印发《关于申报高等教育职业教育住房和城乡建设领域学科专业"十四五"规划教材的通知》（建办人函〔2020〕656 号），开展了住房和城乡建设部"十四五"规划教材选题的申报工作。经过专家评审和部人事司审核，512 项选题列入住房和城乡建设领域学科专业"十四五"规划教材（简称规划教材）。2021 年 9 月，住房和城乡建设部印发了《高等教育职业教育住房和城乡建设领域学科专业"十四五"规划教材选题的通知》（建人函〔2021〕36 号）（简称《通知》）。为做好"十四五"规划教材的编写、审核、出版等工作，《通知》要求：（1）规划教材的编著者应依据《住房和城乡建设领域学科专业"十四五"规划教材申请书》（简称《申请书》）中的立项目标、申报依据、工作安排及进度，按时编写出高质量的教材；（2）规划教材编著者所在单位应履行《申请书》中的学校保证计划实施的主要条件，支持编著者按计划完成书稿编写工作；（3）高等学校土建类专业课程教材与教学资源专家委员会、全国住房和城乡建设职业教育教学指导委员会、住房和城乡建设部中等职业教育专业指导委员会应做好规划教材的指导、协调和审稿等工作，保证编写质量；（4）规划教材出版单位应积极配合，做好编辑、出版、发行等工作；（5）规划教材封面和书脊应标注"住房和城乡建设部'十四五'规划教材"字样和统一标识；（6）规划教材应在"十四五"期间完成出版，逾期不能完成的，不再作为《住房和城乡建设领域学科专业"十四五"规划教材》。

住房和城乡建设领域学科专业"十四五"规划教材的特点：一是重点以修订教育部、住房和城乡建设部"十二五""十三五"规划教材为主；二是严格按照专业标准规范要求编写，体现新发展理念；三是系列教材具有明显特点，满足不同层次和类型的学校专业教学要求；四是配备了数字资源，适应现代化教学的要求。规划教材的出版凝聚了作者、主审及编辑的心血，得到了有关院校、出版单位的大力支持，教材建设管理过程有严格保障。希望广大院校及各专业师生在选用、使用过程中，对规划教材的编写、出版质量进行反馈，以促进规划教材建设质量不断提高。

住房和城乡建设部"十四五"规划教材办公室
2021 年 11 月

3

前　言
Preface

　　建筑环境问题是 21 世纪全世界共同关注的话题。以营造保证人类健康舒适的建筑环境为出发点，实现建筑、环境与能源应用的协调发展是建筑环境与能源应用工程专业（以下简称建环专业）努力的主要方向。作为建筑环境与能源应用工程专业的核心基础课程，"建筑环境学"是一门阐述建筑、环境与人相互关系的课程，该课程着重介绍建筑环境合理营造的基本概念和方法，这对于我国 2030 年"碳达峰"及 2060 年"碳中和"的目标在建筑领域的实现具有指导意义。

　　伴随着课程教学体系的变革，"建筑环境学"课程在全国各个高校的建环专业已开设有二十余年。在此期间，通过持续不断地探索研究，国内外对建筑环境的理论和应用研究获得了长足的进展，国际的相互交流与合作也得到了空前的繁荣发展。在此背景下，在本科教育阶段开展"建筑环境学"中英文的双语教学工作，从多元化的角度加深学生认识和理解建筑环境的基础理论和基本方法，培养他们同时用中文和英文的思维认识、理解并分析建筑环境与能源应用的问题，将是一项非常有意义的教学活动。这可为本科生今后的研究深造和工作实践中的国际交流奠定良好基础。

　　《建筑环境学（汉英对照）》教材共有七章内容：绪论、建筑外环境、建筑热湿环境、人体对热湿环境的反应、室内空气环境、建筑光环境和建筑声环境。全书涵盖了建筑与环境、建筑环境影响因素以及人与建筑环境相互关系的系统论述内容。为加强学生对知识点的理解和掌握，本教材以基础知识为重点，同时给出建筑环境营造和建筑环境现象分析的具体案例。在中英文内容的对照上，本教材沿用先中文、后英文的逻辑结构，但没有采用对中文信息直接翻译的做法，而是从大量的原版英文文献中搜集与中文信息相对应的英文内容，对中文内容有适当的补充，对存在中英文对照的中文内容，以下划线加以标注。中文和英文内容两者相互支撑、相互补充，这方便学生体会和感受中英文两种语言表达思维的异同，并有效掌握运用英文正确表述建筑环境的思路和方法。在内容组织上，各章都有部分拓展知识，以满足学生多层面的需求。同时，每章后附有思考题，以巩固学生对知识的理解。

　　本教材可供高等院校建筑环境与能源应用工程专业的本科生使用，也可供以建筑环境为专攻方向的研究生使用。

　　本教材由北京工业大学简毅文、薛鹏，西安工程大学王丽娟，南京理工大学关军合作编写，简毅文担任主编。各章编写的具体分工为：第 1 章、第 2 章和第 3 章由简毅文编写，第 4 章由王丽娟编写，第 5 章由关军编写，第 6 章和第 7 章由薛鹏编写。天津城建大学杨斌教授主审。

　　编者在编写教材的过程中，阅读和参考了很多国内外学者的相关教材和著作，并将其列于各章的参考文献中，谨向相关作者表示感谢。中国建筑出版传媒有限公司齐庆梅编审和胡欣蕊编辑负责完成了教材立项评审和繁琐的编辑校对工作，由衷感谢她们的支持和帮助。参编学校的研究生何宏杨、金玲、李聪聪、李承昊、李文晖、刘胜杰、路斌、吴滟恒、许燊、朱曦等协助完成了本教材图表绘制和资料收集的工作，特别感谢他们所付出的辛勤工作。

本教材得到"北京工业大学本科生创新改革系列教材"项目的支持和资助，在此表示深深感谢。

本教材作为《建筑环境学》中英文对照教材的首次尝试，难免有疏漏和不当之处，恳请读者批评指正。

目 录
Contents

第 1 章　绪论
Chapter 1　Introduction

1.1　建筑环境的研究意义
1.1　Why study "Built Environment"

1.1.1　建筑与建筑环境
1.1.1　Building and "Built Environment"

建筑、居住区及城市，究其本质是各种形式的掩体。从最早用树枝搭建的树居和利用天然洞穴的岩洞居到如今的现代化高楼大厦，其基本的作用无一不是避免自然环境（风、雨、雪、雷电等）有可能造成的伤害以及其他生物种群或其他人群的侵害。

人类最早的居住方式是树居和岩洞居。在热带雨林、热带草原等湿热地区的人类主要栖息在树上，这是人类祖先南方古猿生活方式的延续。随着人类向温带迁移，人类住所过渡到了冬暖夏凉的岩洞居。树居和岩洞居在漫长的历史过程中进一步发展成巢居和穴居，巢居和穴居再逐渐演变形成建筑，见图1-1。如今，伴随着人类文明进程的快速发展，建筑建造技术日臻成熟和完美，人类的建筑活动已经触及了地球两极，充分保证了人类在全球各个区域开展生产生活活动的安全性。在保障安全性的基础上，建筑为人类的生产生活活动提供了基本场所，进而构成了人类文化的组成部分，同时反映出当时当地的社会文化背景和人们的文化审美观。因此，建筑是人类在寻求自身发展的过程中，不断与大自然抗争并与之相适应的产物，是人类生存和发展的重要载体，同时在形式上又是人类文化审美的重要体现。

作为适应自然的产物，建筑并非一堆毫无生机的砖、石、钢铁，它也算得上是一个具有自己的血液循环系统及神经系统的生命体。在那些看来似乎不动的墙体中，流动着气体、水蒸气、液体等流质，时刻进行着室内外能量和质量的交换。这样，在将建筑物看成是一种掩体的整个历史过程中，国外早期的研究者常常会萌生出一种把建筑物外围护结构作为室内外气候之间调节器的想法。也正是建筑这种调节器的作用，室外气候、室内环境与建筑物外围护结构这三种要素构成了相互联系的整体，室外气候通过建筑的作用形成室内环境，建筑形式决定了室外气候对室内环境的影响状况。

因此，建筑自身的作用营造出了不同于室外气候的微环境，将此称为建筑环境。从广义的角度，建筑环境包括建筑室内环境、建筑群内的室外微环境，以及各种设施、交通工具内部的微环境，即用各种人工外壳围合或半围合起来的微环境。用英文 Built Environ-

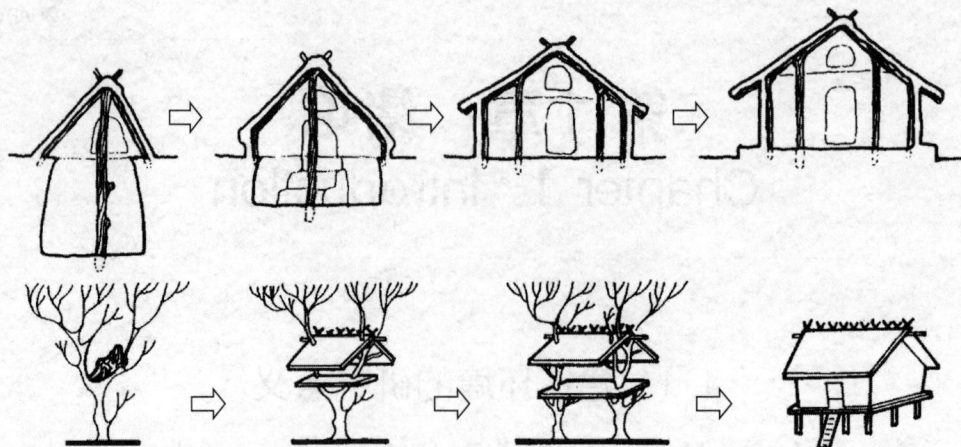

图 1-1　人类建筑的雏形

ment 来描述这个微环境更加准确，意思是通过人工因素形成的微环境。因此，除了保证安全、功能以及文化审美的需求外，建筑另一个重要的功能是在自然环境不能保证令人满意的条件下，创造一个微环境来满足居住者的舒适健康以及生活生产过程的需要。这样，从建筑出现开始，"建筑"和"环境"这两者就是不可分割的。

Buildings are built to create a micro-environment to meet the safety and health demands of people and the needs of the living and producing process when the natural environment cannot guarantee satisfactory conditions. Therefore，since the appearance of buildings，the terms "building" and "environment" are inseparable.

1.1.2　建筑环境营造技术的演变
1.1.2　Evolution of "Built Environment" technology

1. 传统建筑

在现代人工环境技术尚未出现的时代，受限于对自然环境改造和控制技术的匮乏，人类早期在长期的建筑活动中，充分考虑室外气候、建筑以及建筑环境三者的相互关联，完全秉承建筑适应气候的基本原则，结合各自生活所在地的气候条件以及资源和地理条件，就地取材、因地制宜地进行各种建筑活动，在实践中逐渐摸索出来一系列利用建筑本身来控制建筑环境的有效手段。建筑形式对气候条件的适应体现在了传统民居的多样性上，即世界各地气候的变化多端导致了建筑形态上的显著差异。以下举例说明。

Since the beginning of time，people have been affected by the climate and its influence over the earth. With the help of climate technology，they have made use of climate-responsive architecture and its benefits to maintain human comfort. Climate-responsive architecture makes full use of natural resources to achieve a good climate adaptation effect. Each region of the world employs its own techniques and designs in its buildings that are best suited to that particular region and encompass the region's cultural patterns. This is commonly known as vernacular architecture. Vernacular architecture varies from regions of hot climates to regions of cold climates. Here are some examples of climate-responsive buildings in different climate zones.

　　我国华北地处寒冷地区，冬季气候干冷，夏季气候湿热。该地区建筑设计的关键是良好的保温、冬季充足的日光照射以及夏季有效的遮阳。利用南向太阳辐射热冬季强度大，夏季强度低，同时太阳高度角冬季小和夏季大的特点，该地区的传统住宅坐北朝南，南立面开大窗户，并且南屋檐挑出一定长度。这样，在冬季可获得足够的太阳辐射热量，同时又可最大限度地降低夏季日照。该地区大屋顶的"四合院"便是满足上述建筑设计要求的典范，这可以有效满足冬季保暖防寒、夏季遮阳隔热、防雨以及春季防风沙的要求。华北地区四合院建筑形式示意图见图 1-2。

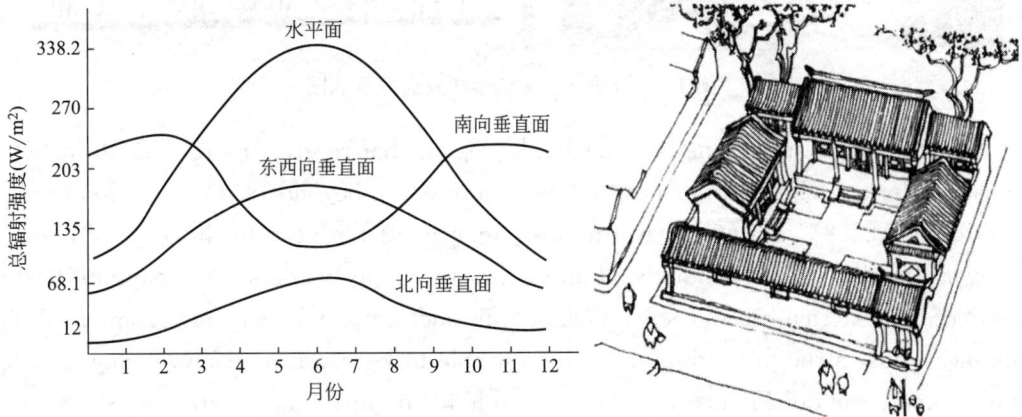

图 1-2　华北地区四合院建筑形式示意图

A cold climate zone is defined as a region with approximately 5,400 to 9,000 heating degree-days. A heating degree-day is calculated by subtracting the mean temperature for the day from 18℃. When the mean temperature drops below 18℃ the day is assigned a heating degree number. The key to building design in this region is good insulation and sunshine exposure, which helps to keep the warm air inside the building. The ancient Greeks employed this technique by realizing that the winter sun had a low arc in the southern sky, allowing windows in the walls to capture much needed heat from the sun. A traditional building is usually built just below the brow of a hill on the southward slope. In this way, the building is protected by the hill and by the surrounding shelterbelts of trees. The north face of the building typically has few openings while the south contains the main openings to maximize sun exposure. Orientation is important because it affects which sides of the building receive the most sunlight and how long the sun stays at those sides. The long axis of the building should ideally stretch east to west. The north end receives the least amount of sunlight and, consequently, has lower temperatures. This is why storage rooms, toilets, and kitchens typically are located at the north end of many buildings. The south end is much warmer and will generally house the living room, bedrooms, and study areas.

　　云南西双版纳地处湿热气候区，生活在此的傣族人，为了防雨、防湿和隔热以取得较

3

为干爽阴凉的居住条件，创造出了颇具特色的架竹木楼"干栏"建筑，见图 1-3。

图 1-3　湿热地区建筑形式及通风示意图

A hot-humid climate zone is defined as" a region that receives more than 20 inches of annual precipitation" and either has 3,000 or more hours beyond 19.4℃ or 1,500 or more hours beyond 22.8℃ during the warmest six months of the year. In this type of climate, the main function of the buildings (Fig. 1-3) is to simply moderate the daytime heating effects of the external air and solar radiation. In addition, it is very important to design buildings whose structure and interior are best able to keep warm air out. Living in a hot-humid climate can quickly become uncomfortable for its inhabitants with the extreme heat at midday. That is why it is important for the building structures to have effective ventilation and an internal temperature below the outdoor level. The building uses wooden or earthen materials as sun visors, effectively using locally available materials. The natural ventilation and shading keep air moving through the building space and, therefore, keeps the inhabitants feeling cool.

而在昼夜温差很大的干热地区，例如巴格达地区以及我国新疆地区，传统建筑的土坯墙厚达 340～450mm，屋面厚度达 460mm。利用土坯的热惯性，在室外昼夜温差高达 24℃（16～40℃）时，仍然能够维持室内温度的波动不高于 6℃（22～28℃），见图 1-4。

在我国西北、华北的黄土高原地区，由于土质坚实、干燥、壁立不倒、地下水位低等特殊的地理条件，人们创造出了窑洞来适应当地的冬季寒冷干燥、夏季有暴雨、春季多风沙、秋高气爽、气温年较差较大的气候特点，同样是利用土坯的热惯性；来起到稳定室内温度的作用。

In many arid, desert regions, buildings (Fig. 1-4) are designed with flat roofs, small openings, and heavy weight materials. These materials include dried mud in rural areas and reinforced concrete in urban areas. The thick exterior roof and walls help to absorb temperature fluctuations and, therefore, keep internal temperatures from rising above the outside surface temperature. Windows are arranged so that equal areas are open on the windward and leeward sides of the building. The reason for this is very simple: the air stream can be directed into rooms that need constant ventilation such as the bedroom. When one window is positioned higher than another, thermal force will direct the

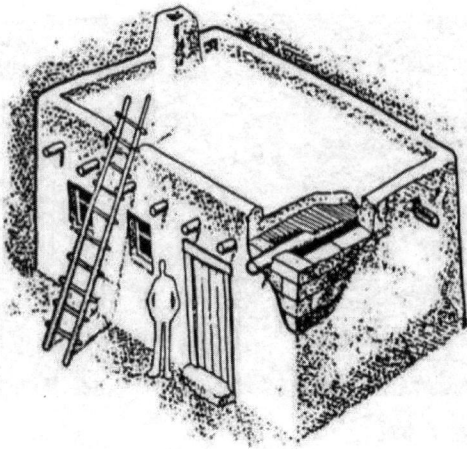

图 1-4　干热地区建筑形式及影响效果示意图

airflow from the higher window to the lower to create the good ventilation.

2. 现代建筑

伴随着工业革命的到来，人类改造自然和征服自然的能力不断增强。20 世纪初，能够实现全年运行的空调系统首次在美国的一家印刷厂内建成，这标志着人们可以不受室外气候的影响，在室内自由地创造出能够满足人类生活和工作所需要的物理环境。空调技术的发展使得各种不同于常规建筑物的人造空间（如车、船、飞机、航天器等）内的环境都能够得到控制，从而促进了相关产业的飞速发展。

然而，工业革命所带来的技术发展的突飞猛进也给人们造成了错觉，以为随着技术的进步，人类有能力无限制地改变自然环境，而不再会受到自然条件的制约。反映在建筑设计上，供暖空调设施的普及使得人们不再像先祖那样去尽心尽力地研究当地的自然地理和气候条件，不再关心建筑本身的性能及其与环境的关系，而是将精力放到了建筑文化审美以及供暖空调环境控制系统应用的层面上，使得建筑的地域文化特色不再那么凸显，玻璃和钢筋盒子建筑遍布世界各地，见图 1-5。因此，现代人工环境技术的发展在很大程度上造成了世界建筑的趋同化。

The rapid development of technology brought about by the industrial revolution has given people an illusion that with the advancement of technology，people can change the indoor environments without restriction, and will no longer be restricted by the natural environments. What is reflected in the architectural design is that people stop studying the geographical and meteorological conditions as before ，but concentrate on the aesthetic level and the effective use of HVAC systems, resulting in glass and steel box buildings all over the world.

3. 建筑环境营造带来的问题及思索

现代人工环境技术的发展改变了建筑环境的营造理念，人们认为利用供暖空调设施，就可以随心所欲地获得所要求的室内环境，而不再全面细致地考虑其背后所需要付出的代价。建筑形式由传统的气候适应形式（Climate Responsive）变成了现今的负荷主导形式

5

图 1-5 玻璃和钢筋盒子建筑

（Load Dominated），建筑的选址、围护结构形式和材料的选用不再受自然条件的限制，建筑的规模和外形也发生了很大变化。然而，值得注意的是，供暖空调环境控制系统在给建筑师的建筑设计带来更大自由发挥空间的同时，也带来严重的能耗和环境问题。

The popularization of air-conditioning and heating plants makes people no longer care about the performance of the building itself，because as long as a large amount of energy is consumed，the desired indoor environment can be obtained at will. This has led to not only the shortage of energy and the depletion of resources，but also the pollution of the environment and the destruction of the ecological environment caused by the discharge of a large number of pollutants.

首先是建筑领域能源消费本身的问题，这在中国尤为突出。过去二十多年，中国城镇化发展迅速，建筑规模的迅速增长也带动了我国建筑领域用能的持续增长。一方面，大规模的建造活动消耗大量建材，这些建材的生产、运输等过程产生了大量的能耗与污染物排放，在我国全社会占有相当的比例。另一方面，不断增长的建筑面积势必导致更多的建筑运行用能，加之随着国家和社会经济的迅速发展和人民生活水平的不断提升，居住者对高品质室内环境的需求也在不断增加，使得供暖、空调、生活热水、家用电器等终端用能需求和产生的碳排放量也不断提升。这些使得中国建筑领域的能源消费构成了全社会能源消费的重要组成部分，建筑运行用能占全社会总用能的 20% 以上，由建筑建造所导致的原材料开采、建材生产、运输以及现场施工的能耗也占到全社会总能耗的 20% 以上。虽然建筑节能工作在一定程度上减缓了我国建筑能耗随城镇建设发展而持续高速增长的趋势，然而，中国的建筑总能耗还在不断攀升，从 2010 年到 2021 年，建筑年运行商品用能从 6.77 亿 tce（吨标准煤）增到了 11.08 亿 tce。

我国现有的能源结构以化石能源为主。这些化石能源在燃烧过程中会不可避免地排放污染物，致使社会和经济的发展始终面临着严峻的大气环境污染问题。其中以 PM2.5 为代表的细颗粒物污染和 CO_2 的排放问题尤为突出，已成为当今人类社会可持续发展的重要瓶颈。CO_2 的排放问题更是引起全球范围的关注和重视，2020 年 9 月，中国明确提出了 2030 年前 CO_2 排放达到峰值，2060 年前争取实现碳中和的"双碳"目标。另外，大量化学合成材料在室内的使用以及因强调建筑节能而减少的室内外通风换气，进一步加剧了室内环境的污染。

对于现代建筑，建筑环境营造过程中固有的缺陷对室外以及室内环境本身都带来了不利影响，对人类的健康和生命安全以及地球生态环境系统的热平衡造成了严重的危害。最近的研究指出，PM2.5 是我国排名第四的人类健康危险因素。作为温室气体，大量的 CO_2 排放会导致温室效应的加剧，进而造成地球上气温的上升和海平面升高等现象，并且 CO_2 对生态环境的影响是不可逆的。此外，20 世纪 80 年代，世界上一些发达国家出现了与建筑室内环境相关的三种病症，包括病态建筑综合征（Sick Building Syndrome，SBS）、与建筑有关的疾病（Building Related Illness，BRI）和多种化学污染物过敏症等（Multiple Chemical Sensitivity，MCS）。

The operation of thermal power generation can generate a large amount of carbon dioxide，which intensifies the greenhouse effect. With the emission of carbon dioxide in various countries，greenhouse gases have soared，posing a threat to life systems. In this context，countries around the world reduce greenhouse gas emissions in the form of a global agreement. In 2017，Chinese total building energy consumption was 947 million tons of standard coal equivalent，accounting for 21.11% of the country's total energy consumption；total building carbon emissions were 2.044 billion tons of CO_2，accounting for about 19.5% of the national carbon emissions. In order to reduce carbon emissions，the goals of "carbon peak" and "carbon neutral" have been proposed in our country. "Carbon peak" means our country promises carbon dioxide emissions will no longer increase before 2030，and then gradually reduce after reaching the peak；and "carbon neutral" is，by 2060，people will adopt tree planting，energy saving and emission reduction measures to offset carbon dioxide emissions.

因此，建筑环境的合理营造面临着越来越多的亟待解决的问题。究竟是"人定胜天"还是"天人合一"？这是人类在如何对待大自然的哲学思想上的对立。能源与环境的诸多问题表明，人工环境控制技术的滥用导致了自然界对人类的"报复"。因此我们应该认识到，无论技术发展到多么高的水平，人们仍首先需要了解和认识自然界。就建筑环境而言，就是要充分认识室外气候、自然和地理条件的特点及其对室内环境产生的影响与建筑本身的相互关系。技术手段的进步应该为我们更好地了解建筑环境的变化特性，进而充分合理利用自然资源提供更为有效的手段。

1.2　建筑环境学课程介绍
1.2　What to study about "Built Environment"

1.2.1　建筑环境学课程建立
1.2.1　Set up "Built Environment" course

伴随着建筑环境营造观念变更而来的是供暖空调设备的大量使用，进而引发了一系列的能源环境问题，建筑能源消耗的急剧增加和大气环境的日益恶化对建筑环境的营造技术和手段提出了更多的新要求。为应对此挑战，原"供热通风与空调工程"的行业前辈开始总结和反省暖通空调专业理论课程体系和行业工程实践的局限，日益认识到，原有的以"改造世界"为主要目标的暖通空调学科思想远不能满足建筑环境可持续发展的迫切需求，只有深入地"认识世界"，才能在保护环境、保证人体健康的基础上创造性地"改造世界"。

By far now, energy issues have been received a significant consideration all over the world. Understanding the energy consequences of architectural design decisions is helpful to architects so that they can use energy issues to generate form rather than simply as limits that must be accommodated.

1998 年，开设近 50 年的"供热、通风与空气调节"专业经专业调整和合并后，改名为"建筑环境与设备工程"专业，并在 2012 年进一步更名为"建筑环境与能源应用工程"专业。这不仅是专业名称的简单变更，而是整个学科体系的更新。

学科体系的更新需要建立能够真正代表学科本质特点的专业基础课程，"建筑环境学"就是这样一门反映了学科本质特点，突出本学科区别于其他学科的核心基础课程。该课程与传热学、工程热力学及流体力学共同组成了建筑环境与能源应用工程学科的专业基础平台。本学科名称从技术罗列性质的"供热、通风与空气调节"发展到反映学科本质特点的"建筑环境与能源应用工程"，建筑环境学课程为此奠定了独有的学科基础。它跳出了以采用特定技术如供热手段、空调手段来划定学科内容的樊篱，将学科目标定为创造和控制人工因素形成的物理环境。

1.2.2 建筑环境学课程内容
1.2.2 Content of "Built Environment" course

可以这样来理解和认识建筑环境学课程，就是研究建筑与外部环境、建筑与室内环境、建筑与人之间关系的科学，是反映建筑环境（Built Environment）内在特征与理论的科学。建筑环境学课程从使用者对建筑环境舒适和健康要求的角度出发，研究室内的温度、湿度、气流通风状况、空气品质、采光性能、声音效果等，并对此做出科学的评价，为营造舒适健康的建筑环境提供理论依据。

建筑环境包括热、空气、光以及声音等，对此，建筑环境学课程从环境特征、环境评价以及环境控制三个层面，就建筑外环境、建筑热湿环境、室内空气环境、光环境和声环境这几个部分开展详细介绍，并重点突出人体对热湿环境的反应。这些构成了本书之后 6 章的主要内容。

1.2.3 建筑环境学课程任务和性质
1.2.3 Nature of "Built Environment" course

建筑环境与能源应用学科的根本目标是创造和控制各种人工因素形成的建筑环境，对此，我们首先应该了解人需要什么样的建筑环境，这个要创造并控制的建筑环境有什么特点，和哪些因素有最重要的关联。也就是说，从改造世界的角度，首先必须认识世界。因此，从建筑环境形成、评价以及控制三个方面，建筑环境学课程学习的主要任务为：①了解各种内外部因素是如何影响建筑环境的；②了解人类生活和生产过程需要什么样的建筑环境；③掌握改变或控制建筑环境的基本方法和原理。

针对第一个任务，我们要了解外部自然环境的特点和气象参数的变化规律，掌握这些外部因素对建筑环境各种参数的影响，掌握人类生活与生产过程中热量、湿量、空气污染物等产生的规律以及对建筑环境形成的作用。

针对第二个任务，我们需要从人类在自然界长期进化过程中形成的生理特点出发，了解热、声、光、空气质量等物理环境因素（即不包括美学、文化等主观因素在内的环境因素）对人的健康和舒适的影响，了解人到底需要什么样的建筑环境。

针对第三个任务，我们要了解建筑环境中热、声、光、空气质量等物理环境因素控制的基本原理、基本方法和手段。根据使用功能的不同，从使用者的角度出发，研究建筑环境中温度、湿度、空气品质、气流分布、采光性能、照明、噪声等及其相互组合后产生的效果，并对此做出科学的评价，为营造一个满足要求的建筑环境提供理论依据。

为完成上述任务，首先需研究建筑规划、单体建筑设计、建筑围护结构设计和室内装修设计等建筑设计元素对室内外环境的影响，其中涉及从材料的物理性能着手，对材料的热物性、光学性能、声学性能进行研究的建筑物理学。从研究人体的反应角度出发，需要采用热生理学的基本概念来研究人体对热和冷环境的反应机理。为了认识和把握在一定热、声、光环境刺激下的人体反应的定量描述，需要借助心理学的研究手段，通过观察受试者的反应得出结论。由于感觉是不能测量出来的，需要通过某些间接的途径来获得，所以需采取不同的测试手段来研究反应与感觉的关系。劳动卫生学则从室内的一些令人不太舒适的环境出发，例如在过冷或过热的环境、空气组分比例不符合卫生健康要求的场合、有强噪声的车间、采光条件太差或者亮度对比度过强的操作空间等诸如此类的环境，研究这些环境可能对人体健康和安全带来的危害及由此造成的工作效率下降的问题。

综上所述，建筑环境学课程的内容涉及热学、流体力学、心理学、生理学、劳动卫生学、城市气象学、房屋建筑学、建筑物理等学科知识，这是一门跨学科的综合科学。因此，对建筑环境的认识需要综合以上各类学科的研究成果，这样才能完整和准确地描述建筑环境，合理地调节控制建筑环境，并给出合理的评价标准。

本章关键词（Keywords）

建筑环境	Built environment
气候适应性建筑	Climate-responsive building
负荷主导性建筑	Load-dominated building
寒冷气候区	Cold climate zone
湿热气候区	Hot-humid climate zone
干热气候区	Hot-dry climate zone
温室效应	Greenhouse effect
温室气体	Greenhouse gas
建筑能耗	Building energy consumption

二氧化碳排放   Carbon dioxide emission

碳达峰   Carbon peak

碳中和   Carbon neutral

✏️ 复习思考题

1. 列举实际观察到的现象，说明建筑形式对建筑环境的影响。
2. 分析说明建筑环境营造中存在的一些问题。

📝 参考文献

[1] 朱颖心. 建筑环境学 [M]. 5 版. 北京：中国建筑工业出版社，2024.

[2] Brown G Z, Mark DeKay. Sun, wind & light: architectural design strategies [M]. 2th ed. New Jersey: John Wiley & Sons, Inc, 2000.

[3] 李念平. 建筑环境学 [M]. 北京：机械工业出版社，2021.

[4] 宇田川光弘，近藤靖史，秋元孝之，等. 建筑环境工程学——热环境与空气环境 [M]. 陶新中，译. 北京：中国建筑工业出版社，2016.

[5] 刘加平. 建筑物理 [M]. 4 版. 北京：中国建筑工业出版社，2009.

[6] 柳孝图. 建筑物理 [M]. 2 版. 北京：中国建筑工业出版社，2000.

[7] T A 马克斯，E N 莫里斯. 建筑物·气候·能量 [M]. 陈士驎，译. 北京：中国建筑工业出版社，1990.

[8] 胡姗，张洋，江亿，等. 中国建筑领域能耗与碳排放的界定与核算 [J]. 建筑科学，2020，36 (11)：288-297.

[9] 张寅平，莫金汉，程瑞. 营造可持续室内空气环境：问题、思考和建议 [J]. 科学通报，2015，60 (18)：1651-1660.

[10] 张寅平. 室内空气质量控制：新世纪的挑战和暖通空调人的责任 [J]. 暖通空调，2013，43 (12)：1-7.

[11] 清华大学建筑节能研究中心. 中国建筑节能年度发展研究报告 2011 [M]. 北京：中国建筑工业出版社，2011.

[12] 清华大学建筑节能研究中心. 中国建筑节能年度发展研究报告 2023 [M]. 北京：中国建筑工业出版社，2023.

第 2 章　建筑外环境
Chapter 2　Outdoor Environments

　　包围着地球的整个空气层被称为大气层，大气与地球表面的土壤、岩石、水体、冰雪及繁衍生息的生物构成相互复杂作用的气候系统。太阳辐射是气候系统的主要能源，气候系统获得太阳辐射热并以此能量驱动而运行，同时向太空辐射热量以达到能量平衡。这样，凭借太阳辐射热的作用，气候系统内部的各组分之间产生了一系列相互作用的复杂过程，进而影响和改变大气的运动状态、能量状态和物质构成，如气温、湿度、气压、风、降水等，形成了某地域综合的气候条件。

　　Climate，conditions of the atmosphere at a particular location over a long period of time，is the long-term summation of the atmospheric elements and their variations that constitute weather. These elements are solar radiation，temperature，humidity，precipitation，atmospheric pressure，wind speed and wind direction.

　　作为人类生产和生活活动的重要载体，建筑同样参与到气候系统的复杂作用中。建筑物周围的大气环境通过围护结构影响建筑环境，或直接与室内空气进行物质交换和能量交换。建筑适应气候是人类在长期的建筑实践活动中所积累的文化沉淀，也是建筑与生俱来的功能要求。同时，太阳能、地热能、风能等自然能源的可利用状况，也取决于外部气候条件。因此，在建筑环境营造的过程中，为了获得良好的建筑环境以满足人们生产和生活活动的需要，必须了解当地气候的变化规律及特征，进而采取与气候条件相适应的各类环境调控措施。

　　与建筑环境营造密切相关的室外气候要素有太阳辐射、气温、湿度、风、降水、地层温度等。其中，作为气候系统的驱动力，太阳辐射是决定地球宏观气候的主要因素，对其他气候要素的变化起到关键性的影响作用。对此，本章以太阳辐射为出发点，对太阳辐射和其他气候要素分别加以讨论分析，并从地球宏观气候的角度，引申出建筑热工设计分区，进而从人类生产生活活动影响的层面，探讨城市微气候的变化特性。

2.1　太阳辐射
2.1　Solar radiation

2.1.1　太阳辐射的基本信息
2.1.1　Basic information of solar radiation

1. 太阳与地球的空间关系

　　太阳是个巨大的高温气体球，其直径为 1.39×10^9 m，大约为地球直径的 109 倍。地球在近椭圆轨道上围绕太阳公转，公转的周期为 1 恒星年。地球与太阳的平均距离为 1.495×10^{11} m，地球轨道的偏心运动使得该距离的年波动为 $\pm 3\%$ 左右。据此得到太阳与地球相对尺寸及相对空间位置的关系，如图 2-1 所示。计算得出，在太阳与地球的中心线上，太阳中心至地球的张角仅为 $32'$。这样的空间位置关系使得太阳投射到地球的光线可视为一组平行光束。

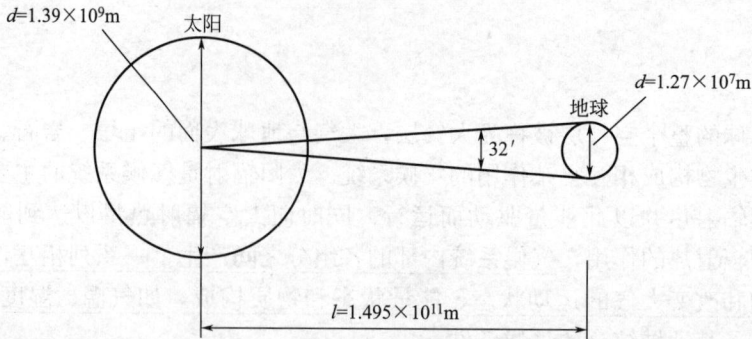

图 2-1　太阳与地球空间位置关系示意图

2. 太阳光谱

太阳中心温度高达 2×10^7 K，内部能量缓慢地转移到太阳表面，使得表面温度达到 6000K 左右，进而不断以电磁辐射的形式向宇宙空间发射出巨大的能量。辐射到地球上的能量为 1.7×10^{14} kW，仅占太阳辐射总能量的二十亿分之一左右，但这就可以满足整个地球上生命繁衍生息所需的能量。

The internal temperature of the sun is as high as 2×10^7 K. And a tremendous amount of energy is released through nuclear fusion deep within the sun，and slowly transferred to the surface，making the surface temperature about 6000K，and then is radiated into space. The energy intercepted by the earth is 1.7×10^{14} kW，which is only about one in two billion of the total energy of solar radiation，but this amount is sufficient to power the movement of atmospheric winds and oceanic currents and to sustain nearly all bio-spheric activity.

太阳光谱（Solar Radiation Spectrum）是太阳辐射（Solar Radiation）随波长的分布。图 2-2 表示出大气层外太阳光谱、6000K 黑体的辐射光谱以及地球表面的太阳光谱，可以看出大气层外太阳光谱与 6000K 黑体的辐射光谱曲线基本重合，说明高温的太阳气体球可近似看成温度为 6000K 的黑体。此外，大气层外与地球表面太阳辐射的光谱曲线在变化趋势上基本一致，但相同波长下后者的太阳辐射能量低于前者。这主要是由于太阳辐射穿过大气层到达地球表面时，大气对不同波长的太阳辐射具有选择性地吸收和反射作用，使得到达地球表面的太阳辐射能量有所降低，太阳光谱成分也同时发生了一些变化。太阳辐射的波长范围很广，包括从波长为 $0.1\mu m$ 的 X 射线、紫外线、可见光、近红外线、远红外线到波长达 100m 的无线电波。计算得出太阳辐射能量中的 45.6% 来自波长为 $0.38 \sim 0.76\mu m$ 的可见光，45.2% 来自 $0.76 \sim 3.0\mu m$ 的近红外线，2.2% 来自波长 $3.0\mu m$ 以上的远红外线，7.0% 来自波长小于 $0.38\mu m$ 的紫外线。可见太阳辐射能量主要集中在可见光和近红外线的范围。

The solar radiation spectrum is the distribution of solar irradiance with wavelength. Solar radiation is essentially electromagnetic radiation，including X-rays，ultraviolet and infrared radiation，and radio emissions，as well as visible light，emanating from the sun. About 7% of the total solar radiation energy comes from ultraviolet light with a wavelength below 0.38μm，45.6% comes from visible light with a wavelength of 0.38~0.76μm，45.2% comes from near-infrared light with a wavelength of 0.76~3.0μm，and 2.2% comes from long-wave infrared light with a wavelength above 3.0μm.

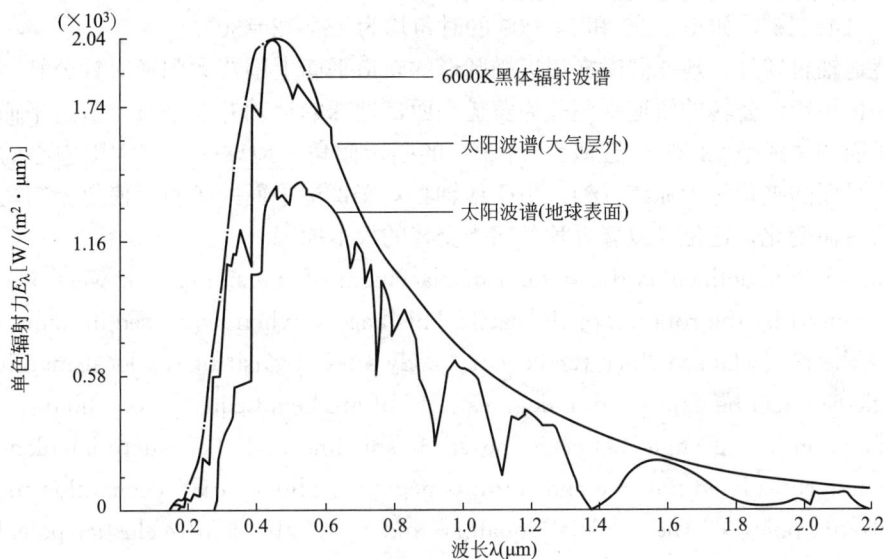

图 2-2　不同位置太阳光谱曲线及对比

3. 太阳常数

太阳辐射热量的大小可以用太阳辐射照度（Solar Irradiance）来表示，它是指 $1m^2$ 全辐射体（黑体）表面单位时间内在太阳辐射作用下获得的辐射能通量，单位为 W/m^2。大气层外的太阳辐射照度的确定是计算照射到地球表面的太阳辐射热量的基础。天文学的研究发现，大气层外与太阳光线垂直的法向平面的太阳辐射照度变化较小，年变动不超过 7%。于是，可将地球在日地年平均距离处时与太阳光线垂直的大气层外法向平面单位面积单位时间所接收的太阳辐射总能量视为常数，称为"太阳常数"（Solar Constant），卫星测得太阳常数的值约为 $1353W/m^2$。

Solar irradiance refers to the heat obtained by solar radiation on the surface of black body per square meter per unit time （kW/m^2）.

Solar constant，a measure of flux density，is the amount of incoming solar electromagnetic radiation per unit area of a plane which is perpendicular to the sun rays and at roughly the mean distance from the sun to the earth. Solar constant is measured by satellite to be roughly 1.353 kilowatts per square meter.

2.1.2 太阳位置

2.1.2 Sun's position

1. 地球的运动

地球绕地轴自西向东自转，由此产生了昼夜的交替，昼夜更替的周期为 1 日。地球的自转产生了不同地区的时差，同时提供了时间测量的尺度，将 1 日均分为 24h，可以通过角度来表示时间，即将 1h 与 360°/24＝15°相互对应，地球自转 15°为 1h，进而建立时角概念。时角是指当前时刻日、地中心连线在地球赤道平面上的投影与当地时间 12 时的日、地中心连线在赤道平面上的投影之间的夹角，当地时间 12 时的时角为 0°，前后每隔 1h，增加 360°/24＝15°，如 10：00 和 14：00 的时角均为 15°×2＝30°。

除绕地轴自转外，地球同时在接近椭圆形的轨道平面上围绕太阳逆时针公转，公转的周期为一恒星年。公转的轨道平面称为黄道平面，地球的地轴并非垂直于黄道平面，而是与黄道平面的法线呈 23°27′（近似为 23.5°）的固定倾角，地球中心与太阳中心的连线与地球赤道平面的夹角称为赤纬（δ）。由于地轴相对于黄道平面的倾斜，使得赤纬随地球绕太阳的公转而变化，这是导致春夏秋冬四季交替的根本原因。

Hour angle is defined as the angular displacement of the sun east or west of the local meridian caused by the rotation of the earth. This angle, when expressed in hours and minutes, is the time elapsed since the celestial body's last transit of the local meridian. The hour angle can also be expressed in degrees, 15° of arc being equal to one hour.

Declination is the angle between the earth/sun line and the equatorial plane. North declination is considered positive and south is negative. Thus, +90° declination marks the north celestial pole, 0° the celestial equator, and -90° the south celestial pole. Because the earth's equatorial plane is tilted at an angle of 23.5° to the orbital plane, the solar declination varies throughout the year, and this variation causes the changing seasons with their unequal periods of daylight and darkness.

赤纬的简化计算公式为：

$$\delta = 23.45 \times \sin\left(360 \times \frac{284 + n}{365}\right) \tag{2-1}$$

式中　δ——赤纬，°；

　　　n——计算日在一年中的日期序号。

从赤道平面算起，赤纬向北为正，向南为负。对于北半球，赤纬从春分日的 0°逐渐增大至夏至日的 23.5°，再逐渐降低至秋分日的 0°和冬至日的 -23.5°，进而再逐渐增大至第二年春分日的 0°。如此循环往复。

2. 太阳位置的计算

太阳位置是指地球上某一点所看到的太阳方向。太阳位置主要用太阳高度角和太阳方位角两个参数表示，地球上某点的太阳高度角 β 是指太阳光线与该点所在地平面之间的夹角，太阳方位角 A 是指太阳光线在地平面上的投影与南向（当地子午线）的夹角，太阳偏东时为负，偏西时为正。

The sun's position refers to the direction of the sun's ray relative to one observer on the earth. It is conveniently expressed in terms of the solar altitude above the horizontal and the solar azimuth measured from the south. The solar altitude angle is defined as the angle between the horizontal plane and a line emanating from the sun. Its value ranges from 0° when the sun is on the horizon, to 90° if the sun is directly overhead. Negative values correspond to night times. The solar azimuth angle is defined as angular displacement from south of the projection, on the horizontal plane, of the earth/sun line. By convention, it is counted positive for afternoon hours and negative for morning hours.

太阳高度角和太阳方位角的确定在建筑环境控制领域具有非常重要的作用。建筑朝向设计、建筑间距确定以及周边阴影面积计算等必须首先确定不同季节设计代表日的太阳位置。

太阳光线与各种角度的关系见图 2-3。

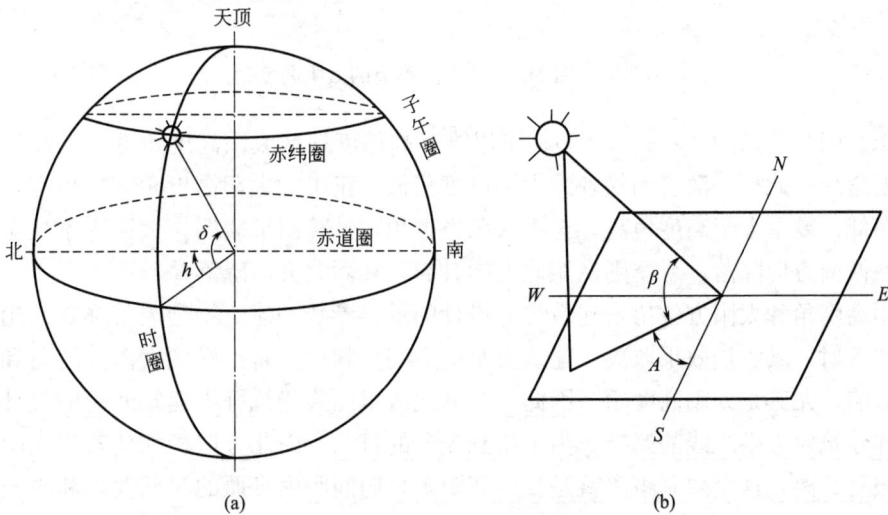

图 2-3　太阳光线与各种角度的关系
（a）赤纬与时角；（b）高度角和方位角

太阳位置的影响因素主要有三个：地理位置、季节和一天中的时刻，图 2-4 中不同地点、不同季节太阳高度角的变化同样说明了这点。以地理纬度 φ、赤纬 δ 和时角 h 表征上述三个因素，得到太阳高度角 β 和太阳方位角 A 的计算公式如下：

Due to the earth's rotation and its revolution around the sun, the sun's position changes over the course of the day and throughout the year. Consequently, the solar altitude and solar azimuth vary depending on the geographic coordinates of the observer on the surface of the earth, the time of year, and the time of day, i. e. , the local latitude, declination, and hour angle. The relationship among these parameters is as follows:

$$\sin\beta = \cos\varphi\cos h\cos\delta + \sin\varphi\sin\delta \tag{2-2}$$

$$\sin A = \frac{\cos\delta\sin h}{\cos\beta} \tag{2-3}$$

式中　β——太阳高度角，°；
　　　A——太阳方位角，°；

φ——地理纬度，°；

δ——赤纬，°；

h——时角，°。

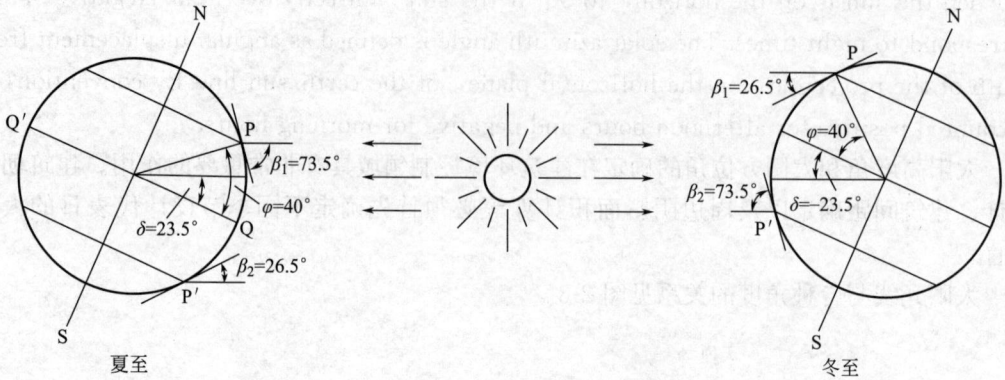

图 2-4 不同地点及不同季节的太阳高度角

基于太阳高度角的计算式（2-2），可以推断高纬度地区太阳高度角低，低纬度地区的太阳高度角高；此外，清晨和傍晚的太阳高度角低，正午的太阳高度角高；再有，冬季太阳高度角低，夏季太阳高度角高。至于太阳方位角，计算结果表明，太阳冬季从东南方向升起，在西南方向降落；夏季则从东北方向升起，在西北方向降落。

太阳高度角和太阳方位角是建筑规划设计的重要参数。建筑物会因其屏障作用遮挡太阳光线的入射，其遮挡效果取决于建筑自身的空间形状，同时也受到太阳高度角和太阳方位角的影响，尤其是太阳高度角。因此，行列式或组团式建筑群中建筑间距的设计就需要考虑相邻建筑对太阳光线的遮挡。为了得到充分的日照，南北方向相邻建筑楼间距不得低于一定限制距离，这个限制距离就是日照间距，日照间距由日照的时间要求和冬至日的太阳高度角所决定，进而随地理位置即纬度而不同。将建筑间距与前面遮挡的楼高比值 D/H 定义为日照间距系数，得出高纬度地区所需要的日照间距大于低纬度地区；此外，日照时间要求越多，所需要的日照间距越大，见图 2-5。

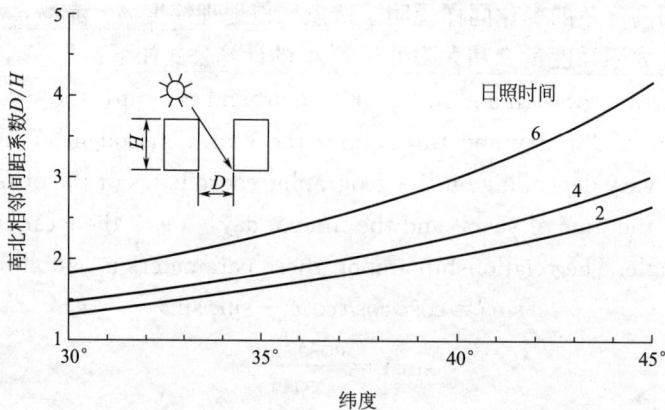

图 2-5 日照间距随地理纬度和日照时间要求的变化

The placement of a building such that it has access to the sun without shading other buildings has important implications for the form and arrangement of groups of buildings. For example，individual dwelling units at Pueblo Acoma，in New Mexico，are arranged in long and thin east-west elongated clusters，each having a south-facing terrace. The clusters of dwellings are spaced far enough apart in the north-south direction so that even in the winter，when solar altitudes are low，the higher buildings do not shade their neighbors to the north.

The appropriate spacing between buildings can be determined by the solar altitude on the winter solstice. Multiply the height of the building，H，by the coefficient D/H from Fig. 2-5 to determine the spacing，and D，that will provide optimum winter exposure for a cluster of buildings. This optimization will change substantially if the site is sloped. The spacing must increase for north-facing slopes and decrease for south-facing slopes，as it can be seen in Atelier Siedlung Halen，in Bern，Switzerland. The northern units are much closer to the southern units than they would be on a flat site，thereby allowing a more compact development of the site without sacrificing southern exposure.

2.1.3　大气层对太阳辐射的作用
2.1.3　Influence of atmosphere on solar radiation

　　由于各种气体分子和尘埃颗粒的作用，太阳辐射穿过大气层的过程中会被反射、散射和吸收。其中，部分辐射被云层反射到宇宙空间；部分辐射遇尘埃、水珠等会发生散射；X 射线和超短波射线会被氧气和氮气等强烈吸收；大部分的紫外线会被大气中的臭氧吸收；大部分的红外线会被二氧化碳和水蒸气等气体吸收；最后到达地面的太阳辐射仍会被反射；剩余的太阳辐射会最终被地面吸收。具体见图 2-6。

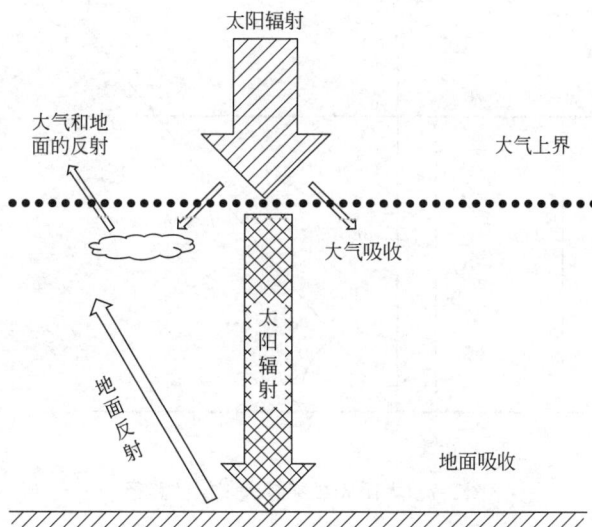

图 2-6　大气层对太阳辐射的作用

When solar radiation passes through the atmosphere, part of the radiant energy is reflected by the clouds to the space, and part of the shortwave radiation is scattered by various gas molecules, dust, tiny water droplets and other particles in the sky, making the sky blue. X-rays and other ultrashort-wave rays in the solar spectrum are strongly absorbed by oxygen and nitrogen, most ultraviolet rays by ozone, and most infrared rays by gases such as carbon dioxide and water vapor and other atmospheric components before the sun's rays reach the ground. Finally, the solar radiation that eventually reaches the ground will still be reflected, and the remaining solar radiation is absorbed by the ground.

综上所述，到达地面的太阳辐射由直射辐射和散射辐射组成。此外，还有一部分大气长波辐射到达地面，这是大气吸收的太阳辐射以长波辐射形式发送到地面的部分能量，但这部分能量要小得多。

In summary, the solar radiation reaching the ground is made up of direct and diffuse radiation. In addition, the solar radiation absorbed by the atmosphere will send part of its energy to the ground in the form of long-wave radiation, but this part of the energy is much smaller.

太阳光线穿过大气层，直达地球表面的路径见图 2-7。研究发现，在穿越大气层的过程中，太阳辐射照度呈指数规律衰减，即大气层中某点处的太阳辐射照度衰减梯度与该点处的太阳辐射照度成正比，即：

$$\frac{\mathrm{d}I_x}{\mathrm{d}x}=-kI_x \tag{2-4}$$

式中 I_x——距离大气层上边界 x 处，太阳光线法向平面上的太阳直射辐射照度，W/m^2；

k——太阳辐射照度衰减度的比例常数，也称为消光系数，m^{-1}。

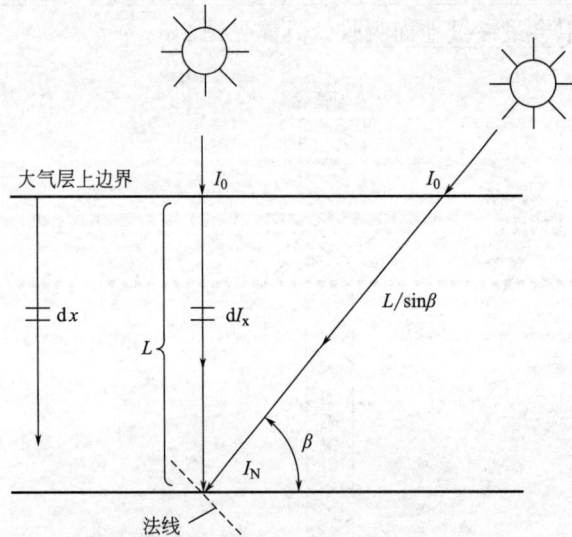

图 2-7 太阳光线穿越大气层的路径

积分求解式（2-4），得到太阳位于天顶（太阳光线垂直于地球表面），地面与大气层上边界垂直距离为 L 时，到达地球表面的太阳直射辐射照度为：

$$I_L = I_0 \exp(-kL) \tag{2-5}$$

式中　I_0——太阳常数，W/m^2；

　　　I_L——距离大气层上边界 L 处，太阳光线法平面上的太阳直射辐射照度，W/m^2。

令 $a = kL$，并将其定义为大气层**消光系数**，其大小与大气成分、云量多少等有关，进而可将比例常数 k 理解为单位厚度大气层的消光系数。

同样积分求解式（2-4），地面与大气层上边界垂直距离仍为 L，但太阳高度角 β 不为 $90°$，当太阳光线穿过大气层的距离为 L' 时，到达地面的法向太阳直射辐射照度为：

$$I_N = I_0 \exp(-kL') = I_0 \exp(-kmL) = I_0 \exp(-kLm) = I_0 \exp(-am) = I_0 P^m \tag{2-6}$$

式中　I_N——距离大气层上边界倾斜距离 L' 处，太阳光线法平面上的太阳直射辐射照度，W/m^2；

$m = \dfrac{L'}{L} = \dfrac{1}{\sin\beta}$，称为**大气质量**，可反映太阳光在大气层中通过的实际路程长短，取决于太阳高度角 β 的大小；

$P = \exp(-a) = \exp(-kL)$，称为**大气透明度**，大气透明度由大气自身的性质所决定，P 值越接近 1，大气越清澈，穿过大气层的太阳辐射衰减量越小。由于大气中水蒸气含量的变化，P 值并非为定值，一般为 $0.65 \sim 0.75$。

2.1.4　到达接收面的太阳辐射
2.1.4　Solar radiation reaching various planes

2.1.3 节的分析表明，到达地面的法向太阳直射辐射照度取决于大气层外的法向太阳辐射照度和太阳辐射通过大气层的衰减。前者即为太阳常数；后者最终由太阳光线通过大气层的路程长短和大气透明度所决定。

从对建筑热环境影响和太阳能利用的角度，需要进一步针对地球上的某个任意表面，确定其所接收到的太阳辐射量，可通过将到达地面的法向太阳直射辐射照度折算到该被照射面而获得，这取决于太阳高度角，进一步来说，取决于太阳光线对该接收面的入射角 i，即太阳光线与该接收面法线的夹角。太阳光线对该接收面的入射角越小，也即越接近直射，则该接收面越接近法向平面，其单位面积所接收的太阳辐射量越大，见图 2-8。

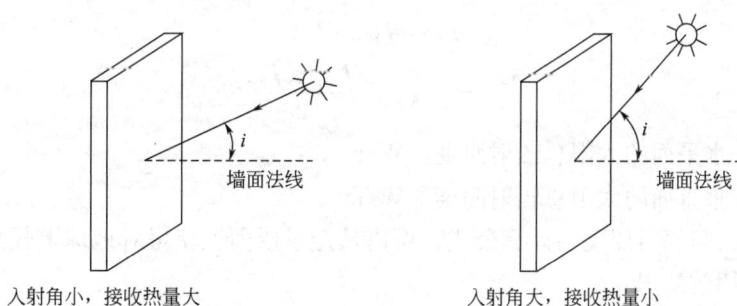

入射角小，接收热量大　　　　　　　　入射角大，接收热量小

图 2-8　表面接收太阳辐射量与太阳光线入射角关系的示意图

这样，将到达地面的法向太阳直射辐射照度折算，获得水平面的太阳直射辐射照度为：

$$I_{DH} = I_N \sin\beta \tag{2-7}$$

同样，计算获得各个不同朝向的垂直面的太阳直射辐射照度为：

$$I_{DV} = I_N \cos\beta \cos(A + \alpha) \tag{2-8}$$

再计算获得坡度为 θ 的斜面上的太阳直射辐射照度为：

$$I_{Di} = I_N \cos i = I_N \sin(\beta + \theta) \cos(A + \alpha) \tag{2-9}$$

太阳光线通过大气层时，大气中气体分子和尘埃粒子会使太阳光线向各个方向扩散，形成散射辐射。同时，太阳光线射到地面上后，还会有部分被地面反射。水平面和垂直面太阳散射辐射的计算如公式（2-10）、公式（2-11），地面反射辐射的计算如公式（2-12）。

$$I_{SH} = \frac{1}{2} I_0 \sin\beta \frac{1 - P^m}{1 - 1.4\ln P} \tag{2-10}$$

$$I_{SV} = \frac{1}{2} I_{SH} \tag{2-11}$$

$$I_F = \frac{1}{2} \rho_c I_{SH} \tag{2-12}$$

式中　β——太阳高度角，°；

　　　A——太阳方位角，太阳偏东为负，偏西为正，°；

　　　α——被照射面方位角，被照射面的法线在水平面上的投影偏离当地子午线（南向）的角度，偏西为负，偏东为正，°；

　　　I_N——太阳光线法平面的太阳直射辐射照度，W/m^2；

　　　I_{DH}——水平面的太阳直射辐射照度，W/m^2；

　　　I_{DV}——垂直平面的太阳直射辐射照度，W/m^2；

　　　I_{Di}——坡度为 θ 斜面的太阳直射辐射照度，W/m^2；

　　　I_{SH}——水平面的太阳散射辐射照度，W/m^2；

　　　I_{SV}——垂直面的太阳散射辐射照度，W/m^2；

　　　I_F——垂直面所获得的地面反射辐射照度，W/m^2；

　　　ρ_c——地面平均反射率，城市地面通常取值 0.2，有雪时取值 0.7。

根据太阳直射辐射、散射辐射以及地面的反射辐射，最后得到水平面和垂直面上的太阳总辐射照度为：

$$I_{ZH} = I_{DH} + I_{SH} \tag{2-13}$$

$$I_{ZV} = I_{DV} + \frac{(I_{SV} + I_F)}{2} \tag{2-14}$$

式中　I_{ZH}——水平面的太阳总辐射照度，W/m^2；

　　　I_{ZV}——垂直面的太阳总辐射照度，W/m^2。

根据上述太阳辐射照度的计算公式，可以从定量层面上获得对地球上任意表面太阳辐射照度变化规律的认识。

图 2-9 表示出太阳光线法平面、水平面和垂直面三个方位表面所接收的太阳直射辐射照度随太阳高度角和大气透明度的变化。结果表明法平面和水平面上的太阳直射辐射照度随着太阳高度角的增大而增强，而垂直面上的太阳直射辐射照度随太阳高度角则呈现倒"U"的变化趋势，即先增强，达到最大值后，又随着太阳高度角的增大而减弱。

The graph （Fig. 2-9） shows the direct solar irradiance under various atmospheric transparency for horizontal，vertical，and normal direction planes. The direct solar irradiance in the normal direction and the horizontal planes increases with the increase of the solar altitude angle，while the direct solar irradiance on the vertical plane begins to increase with the increase of the solar altitude，and after reaching the maximum value，they decrease as the solar altitude angle increases.

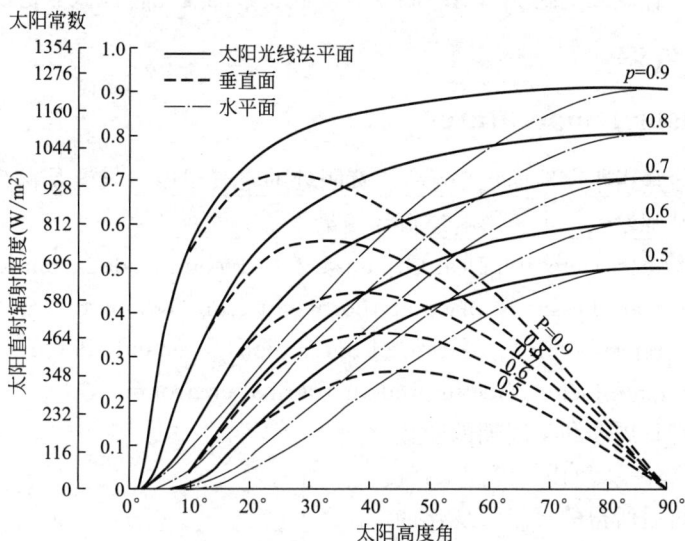

图 2-9   不同大气透明度下水平面、垂直面和太阳光线法
平面太阳直射辐射照度随太阳高度角的变化

图 2-10 给出了北纬 40°地区的水平面以及东、南、西、北四个朝向的垂直面逐月的太阳总辐射照度。可以看出太阳总辐射照度会因方位和季节有显著变化。水平面以及北向、东向和西向垂直面的太阳总辐射照度在夏季达到最大，冬季达到最低，春秋季介于两者之间。而对于南向垂直面，则是太阳总辐射照度在冬季达到最大，夏季达到最低，并且南向垂直面夏季的太阳总辐射照度只是略高于北向。

图 2-10   北纬 40°不同朝向表面太阳总辐射照度的逐月变化

2.2 太阳辐射之外的其他气候要素

2.2 Other climatic elements

在上节对太阳辐射变化特性分析讨论的基础上，本节进一步对与建筑环境密切相关的气温、湿度、风、有效天空温度、地层温度等气候要素的变化特性做分析说明。

2.2.1 室外气温

2.2.1 Outdoor temperature

室外气温一般是指距离地面 1.5m 高、背阴处的空气温度。气温是衡量和评价室外气候条件最重要的基础参数，也是影响建筑环境最重要的气候要素。

As WMO (World Meteorological Organization) recommended，outdoor temperature should be measured at the shady place at the height from 1.25m to 2m (usually 1.5m) above ground at a representative location of one region，as standard. Outdoor temperature is an important climate factor affecting indoor thermal environment.

气温同时呈现日周期和年周期的变化趋势。图 2-11 是将一天 24h 所测得的气温值经过谐量分析后所得的气温日变化曲线，气温的日变化曲线近似为正弦函数曲线，曲线的峰值，即气温日变化的最高值通常出现在 14：00，而不是 12：00；曲线的谷值，即气温日变化的最低值一般出现在日出前后，而不是在午夜。日气温最高值和最低值两者的差值称为气温日较差，气温日较差可用以表示气温的日变化。依据近海程度和海拔高度，我国各地气温日较差一般从东南向西北递增，如，青海玉树的夏季日较差高达 12.7℃，而山东青岛的夏季日较差只有 3.5℃。

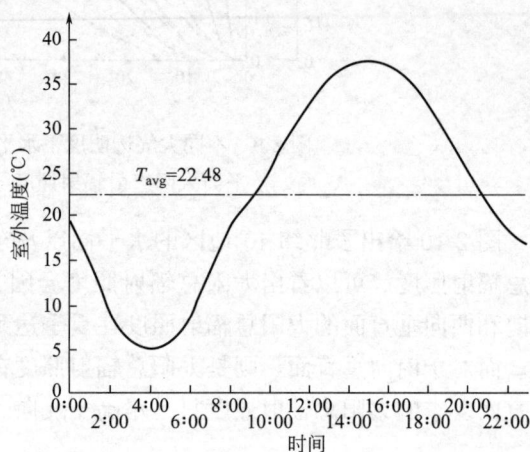

图 2-11 室外空气温度的日变化曲线

图 2-12 给出典型气象年气温全年 8760h 的逐时变化以及月平均气温的逐月变化曲线。与日较差相类似，气温的年变化同样有最高值和最低值，通常是 7 月（内陆地区）或 8 月（沿海或岛屿地区）最热，而 1 月或 2 月最冷。一年内最热月和最冷月的月平均气温的差值称为气温的年较差。我国各地气温的年较差呈现出南方低，北方高，沿海低，内陆高的特点。如华南约 10～20℃，长江流域，华北和东北南部依次递增为 20～30℃和 30～40℃，东北北部则超过 40℃。

The diurnal range of outdoor temperature generally increases with distance from the sea and ocean and toward those places where solar radiation is strongest，for examples，in dry tropical climates and on high mountain plateaus. In summer，the average difference between the day's highest and lowest temperatures (diurnal range) in Qingdao，Shandong

Province, is only 3.5℃ in summer and reaches as high as 12.7℃ in Yushu, Qinghai Province.

Similarly, the annual variation of outdoor temperature and the magnitude of the differences between the highest and lowest outdoor temperatures during one year (yearly range) also generally increase toward high latitudes and with distance from the sea and ocean. The yearly difference in outdoor temperature across China is characterized by low in the south, high in the north, low on the coast and high on the continent.

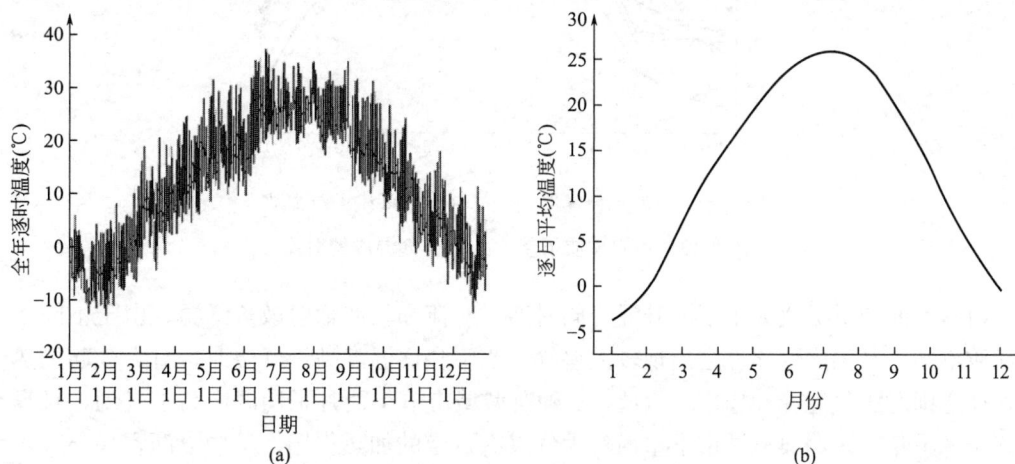

图 2-12　全年逐时气温以及逐月平均气温的变化
（a）逐时气温；（b）逐月平均气温

　　大气中的气体分子在吸收辐射热时具有选择性，它对太阳辐射几乎是透明体，直接接收太阳辐射的增温非常有限，但却能强烈吸收地面的长波辐射热，并可与地面进行对流换热。这样，地面与空气的热量交换是气温升降的直接原因。另外地面也不断以长波辐射形式向外散热，当太阳辐射作用较低或者没有太阳辐射时，地面对外的长波辐射散热会导致地表空气温度的降低，这样与地面所接触的空气相应会被冷却。因此，下垫面是大气的直接热源。地球表面吸收获得的太阳辐射热量的大小是影响地面附近气温高低的关键因素，而地球表面吸收获得太阳辐射热量的大小不仅取决于由地理纬度所决定的入射到地面上的太阳辐射，还取决于地表覆盖面对太阳辐射的吸收和反射性质及其地形特点等。

　　根据广州某城区的测试结果，图 2-13 表示出沥青、水泥、裸地和草地这 4 种下垫面月平均温度的年变化及其与气温变化的比较。可以看出，4 种下垫面月平均温度年变化趋势与气温一致，均呈单峰型特征，最高值均出现在 7 月，最低值均出现在 1 月。4 种下垫面月平均温度全年均显著高于月平均气温，夏半年比冬半年更显著。夏半年平均气温以沥青为最高（38.7℃），水泥次之（35.7℃），裸地和草地较低且二者差异不显著。与气温相比，沥青、水泥、裸地和草地夏半年平均温度分别偏高 10.5℃、7.5℃、6.2℃和 5.9℃。冬半年平均气温也以沥青为最高（24.7℃），水泥、裸地和草地次之且三者之间差异不显著。与气温相比，沥青、水泥、裸地和草地冬半年平均温度分别偏高 6.2℃、4.9℃、4.6℃、4.3℃。

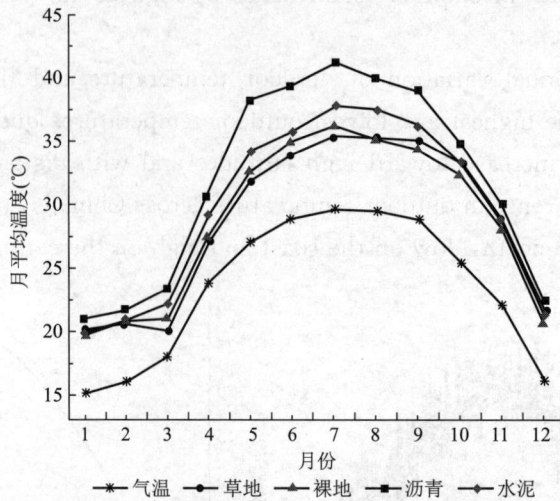

图 2-13 不同性质下垫面上部空气温度的对比

地球表面通过吸收太阳辐射升温，同时通过对流和长波辐射散热降温。由于不同下垫面性质不同，其温度变化也会出现较大差异。当下垫面温度高于气温时，对大气起加热作用，反之则对大气起冷却作用。因此，4 种典型城市下垫面月平均温度高于气温，且夏半年高于冬半年，表明典型城市下垫面对大气具有一定的加热作用，其中以沥青最强，水泥次之，裸地和草地较弱，反映出城市下垫面性质对大气加热作用的显著影响。再有，夏半年的太阳辐射照度高，下垫面吸收太阳辐射热后气温上升显著，不同下垫面影响的差异较大。冬半年的太阳辐射照度相对较低，这使得下垫面吸收太阳辐射热后气温的变化相对较小，进而不同下垫面影响的差异随之降低。

通过地、气相互作用，城市下垫面对区域气候产生影响。目前，我国城市道路和建筑物多为水泥和沥青等材质，这些不透水性下垫面反射率较低，热容量小，对城市夏季热环境的形成会带来不利的影响。

上述气温成因的分析，还可用以说明地球陆地和水体表面蓄热性能对气温日变化和年变化的影响。地面接收的太阳辐射热在 12：00 达到最大，但受地面蓄热性能的影响，日最高气温出现的时间会较太阳辐射最强的时间向后延迟至 14：00；日落后地面向外的长波辐射散热在日落时刻最大，同样由于地面蓄热性能的影响，日最低气温出现时间会向后延迟至 5：00。由此，不难理解，地球表面不同的蓄热能力将会导致气温的不同变化。一个具体的实例是内陆地区的日较差和年较差要高于海洋地区。这是因为，水体的热容量要大于陆地，这使得冬季陆地表面对外长波辐射散热产生的影响相比较水体表面更为显著，陆地表面近地表的气温会大大降低；与之相类似，夜间地表向外长波辐射散热时，陆地表面的气温同样会低于水体表面。因此，陆地和水体不同的热容量使得内陆相比较海洋呈现出更大的气温日较差和年较差。

The difference between continental and marine climates is a consequence of the much lower effective heat capacities of land surfaces and their generally reduced evaporation rates. Heating or cooling of a land surface takes place in a thin layer，the depth of which is determined by the ability of the ground to conduct heat. The greatest temperature changes occur for dry，sandy soils，because they are poor conductors with very small effective heat capacities and contain no moisture for evaporation. By far，the greatest effective heat capacities are those of water surfaces，owing to both the mixing of water near the surface and the penetration of solar radiation that distributes heating to depths of several meters.

除了下垫面热量吸收和热量蓄积状况的影响外，大气的对流状况以最强的方式影响气温。无论是水平或垂直方向的空气流动，如地球赤道和两极之间的大气环流，都会促进空气的混合，进而减少气温差异。另一个极端的例子是关于气温变化出现局地倒置的"霜洞效应"，如图 2-14 所示。该现象从空气流动的角度说明了大气对流作用的强弱对气温的影响。寒冷季节晴朗夜晚的气候条件加强了靠近地表空气的冷却，对于山沟、洼地和空谷，当冷空气流入这些空间时，只要没有风力扰动，空气就如同池水一样聚集在一起，并且不会形成风。这种缺乏对流扰动，冷空气静止的现象在小的空间区域中加剧了室外气候的寒冷。

The influence of atmospheric convection on air temperature is the most pronounced. The mixing of air that occurs as a result of atmospheric convection，whether horizontal or vertical，serves to reduce temperature differences. This is exemplified by the atmospheric circulation between the Earth's equator and poles.

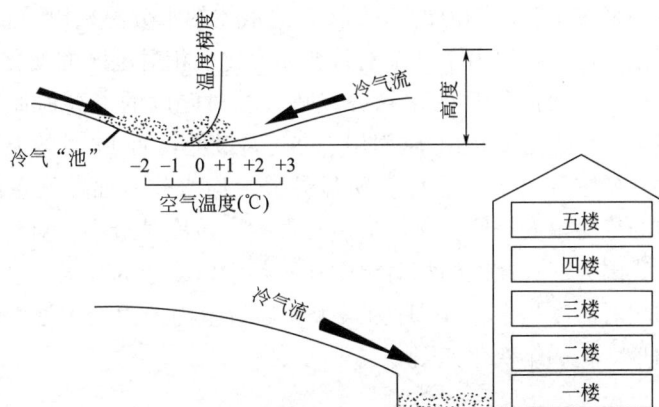

图 2-14　室外气温的"霜洞"现象

2.2.2　湿度
2.2.2　Humidity

空气湿度同样是衡量和评价室外气候条件的重要基础参数。空气湿度一般以绝对湿度和相对湿度表示。

Humidity，which is the amount of water vapor or moisture in the air，is another leading climatic element. There are two commonly used indexes to state humidity：absolute humidity and relative humidity.

含湿量 d 是指对应于 1kg 质量干空气的湿空气所含水蒸气的量（g）。含湿量基本同水蒸气分压力成正比，并几乎与湿空气总压力成反比，具体定义式如下。

Absolute humidity is the vapor concentration or density in the air. If m is the mass of vapor in a volume of air, absolute humidity d is simply $d=m/M$, in which M is the mass of the dry air and d is expressed in grams per kilogram of dry air.

$$d=\frac{\rho_q}{\rho_g}=0.622\frac{P_q}{P_g}=0.622\frac{P_q}{B-P_q} \tag{2-15}$$

式中　ρ_q，ρ_g——水蒸气和干空气的密度，kg/m^3；

　　　P_q，P_g——水蒸气和干空气的分压力，Pa；

　　　B——湿空气总压力，Pa。

相对湿度 φ 表征湿空气中水蒸气含量接近饱和的程度，其定义为湿空气中水蒸气分压力与相同温度下饱和湿空气的水蒸气分压力之比，具体如下：

Relative humidity is the water vapor content of the air relative to its content at saturation. Humidity of the air at saturation is expressed more commonly as vapor pressure. Thus, relative humidity can also be defined as the ratio of the vapor pressure of air to the saturation vapor pressure at the existing temperature.

$$\varphi=\frac{P_q}{P_{q,b}}\times100\% \tag{2-16}$$

式中　$P_{q,b}$——饱和水蒸气分压力，Pa。

空气中的水蒸气来源于江河湖海的水面和其他水体的水分蒸发以及植物的蒸腾作用。一天中的绝对湿度比较稳定，但由于气温的日波动变化，相对湿度的变化范围很大，并且相对湿度呈现与气温恰好反向的日变化趋势。晴天相对湿度的最高值通常出现在黎明前后，最低值出现在午后，这主要是由于黎明时的气温最低，而 14 时的温度达到最高。一年中逐月气温，尤其冬季和夏季气温存在明显差异，而水体表面蒸发量随气温升高而升高，这使得一年中的绝对湿度有所变化，最热月最大，最冷月最小。对于相对湿度，因受海洋气候的影响，我国大部分地区的相对湿度在一年中以夏季为最大，秋季最小。但华南和东南沿海地区的相对湿度是在 3～5 月为最大，导致室内地面产生泛潮现象，而在秋季最小。相对湿度的日变化和年变化如图 2-15 所示。

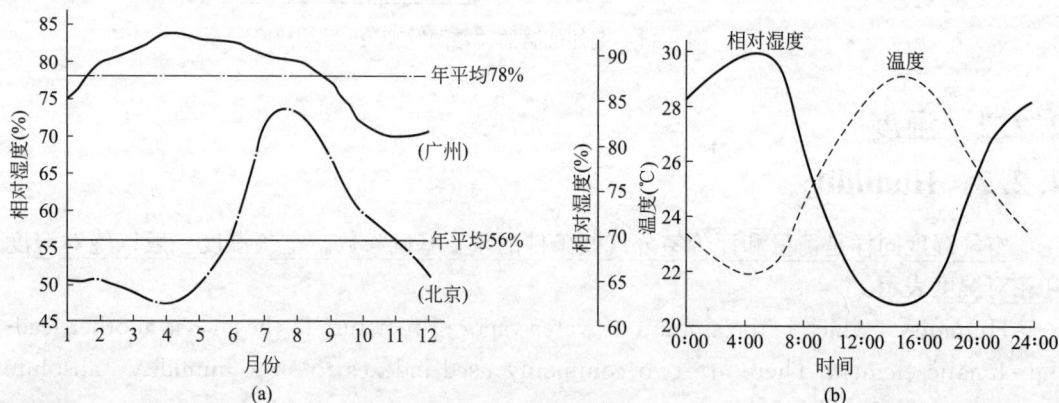

图 2-15　室外相对湿度的变化

（a）年变化；（b）日变化

The everyday response of relative humidity to temperature can be easily explained. On a summer morning，the temperature might be 15℃ and the relative humidity 100 percent. The vapor pressure would be 0.02 standard atmosphere and the mixing ratio about 11 parts per thousand (11 grams of water per kilogram of air by weight). During the day the air could warm to 25℃，while evaporation could add little water. At 25℃ the saturation pressure is fully 0.03 standard atmosphere. However，if little water has been added to the air，its vapor pressure will still be about 0.02 standard atmosphere. Thus，with no change in vapor content，the relative humidity of the air has fallen from 100 to only 53 percent，which also illustrates why relative humidity does not identify air masses.

因此，相对湿度受到地面性质、水陆分布、季节寒暑、天气阴晴等因素的影响，一般是陆地低于海面，冬季低于夏季，晴天低于阴天。

2.2.3　有效天空温度
2.2.3　Effective sky temperature

根据辐射换热的基本定律，任何物体只要其温度不为0K，就可向其周围环境以长波辐射形式辐射能量。因此，地面在吸收太阳辐射热的同时，也会通过长波辐射方式不断向外辐射能量。大气层几乎不吸收太阳短波辐射和近红外辐射，但大气中的水汽、CO_2 等气体分子却能强烈吸收来自地面的长波辐射热。地面和大气层通过长波辐射向外辐射的能量分别称为地面辐射和大气辐射，地面辐射的方向是向上的，而大气辐射的方向既有向上的，也有向下的，指向地面的那部分大气辐射称为大气逆辐射。由此，将地面辐射与大气逆辐射两者的差，称为地面有效辐射。上述各个辐射之间的关系见图 2-16，其具体的数量关系见公式（2-17）：

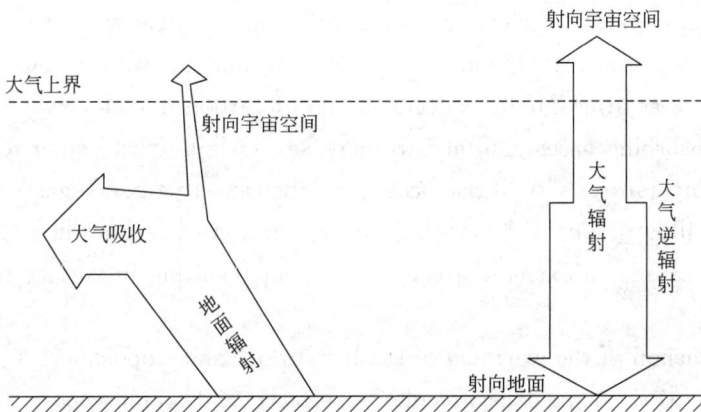

图 2-16　地面辐射、大气辐射和大气逆辐射

Downward infrared radiation consists of infrared rays emitted from the atmosphere to the earth's surface from all directions in the sky. From this，the difference between the upward long-wave radiation emitted from the earth surface and the downward long-wave radiation from the atmosphere is defined as net long-wave radiation of the earth surface.

$$F_0 = E_g - E_a \tag{2-17}$$

式中 F_0——地面有效辐射，W/m^2；

       E_g——地面辐射，W/m^2；

       E_a——大气逆辐射，W/m^2。

大气将吸收的长波辐射热量以逆辐射的形式返回给地面一部分，阻碍大气吸收的长波辐射热量完全返回太空。研究表明，如果没有大气，地球表面平均温度只会有-23℃左右，而实际的地表平均温度为15℃左右。可以说，大气的存在使得地球表面平均温度提高了38℃左右，并减小了昼夜温差。因此，大气逆辐射起到了保存地球热量，维持地面热量平衡的重要作用。对此，将大气逆辐射对地球表面的保温效应称为温室效应。温室效应的产生是因为大气中水汽、CO_2 等气体可以强烈吸收地面的长波辐射热，减少地面长波辐射热向外的散失，同时由于吸收热量，气温上升，进而增强大气对地球表面的逆辐射散热，并可将更多的热量以长波辐射散热的形式返回到地球表面，最终造成地球表面与低层大气的温度升高。将水汽、CO_2 等促进温室效应形成的气体称为温室气体，这些温室气体对地球变暖的贡献率以水汽为最大，其贡献度为21℃，其次为 CO_2，其贡献度为7℃。理论上说，水汽是最重要的温室气体，但水汽含量是由大自然决定的，直接受人类生产和生活活动影响的温室气体是 CO_2 等气体，因此，CO_2 气体成为减缓温室效应的关键。

The constant gain of solar energy by the earth surface is systematically returned to space in the form of thermally emitted radiation in the infrared portion of the spectrum. Very little of the radiation emitted by earth's surface passes directly through the atmosphere. Most of it is absorbed by clouds，carbon dioxide，and water vapor is then re-emitted in all directions. The atmosphere thus acts as a radiative blanket over earth's surface，hindering the loss of heat to space. The blanketing effect is greatest in the presence of low clouds and weakest for clear cold skies that contain little water vapor. Without this effect，the mean surface temperature of 15℃ would be some 38℃ colder on the earth. Conversely，as atmospheric concentrations of carbon dioxide，water vapor，methane and other absorbing gases continue to increase，in large part owing to human activities，surface temperatures should rise because of the capacity of such gases to trap infrared radiation. As an illustration，the very high concentration of carbon dioxide in the atmosphere on Venus causes an extreme greenhouse effect resulting in surface temperatures as high as 450℃.

The phenomenon of the warming of earth's surface and troposphere（the lowest layer of the atmosphere）is defined as greenhouse effect，and water vapor，carbon dioxide，methane，and certain other absorbing gases represent greenhouse gases. Of those greenhouse gases，water vapor and carbon dioxide have the largest effects.

与水汽和 CO_2 气体相类似，云对大气逆辐射也有很大的影响，因为组成云的水滴吸收长波辐射的能力很强，与地面一样近似于黑体。因此，大气中水汽含量越大，天空云量越多越密，CO_2 气体浓度越高时，大气逆辐射越强，地面有效辐射越小，地面损失的热量越少，大气的"温室效应"越显著。这样，多云和高湿的热带地区具有较强的温室效应，而干燥的极地和沙漠地区的温室效应较弱。同理，多云夜晚后清晨地面的温度通常不会太低，而晴朗无云夜晚后清晨地面温度则相对较低，并且天气越晴朗，地面温度会越低，甚至低于空气的露点温度，这也是即使在夏季，地面上的植物叶片也会出现结露的原因。

虽然大气逆辐射并不具备黑体辐射的性质，但经验表明，可以采用所谓的"有效天空温度" T_{sky} 来计算表征大气逆辐射。这样，由斯蒂芬-玻尔兹曼定律可将公式（2-17）中地面有效辐射的计算式修改如下：

$$F_0 = \sigma(\varepsilon T_g^4 - T_{sky}^4) \tag{2-18}$$

式中　F_0——地面有效辐射，W/m^2；

　　　T_g——地面温度，K；

　　　T_{sky}——有效天空温度，K；

　　　ε——地面的长波辐射发射率，平均取值为 0.9；

　　　σ——斯蒂芬-玻尔兹曼常数，为 $5.67 \times 10^{-8} W/(m^2 \cdot K^4)$。

再转换公式（2-18），得到：

$$T_{sky} = \sqrt[4]{\varepsilon T_g^4 - \frac{F_0}{\sigma}} \tag{2-19}$$

不难理解，作为衡量大气逆辐射的表征参数，有效天空温度并非一个实际存在和可测量的物理参数，它取决于大气中的水汽含量、天空云量、CO_2 气体等的含量。气候学的研究结果显示有效天空温度大致在 230K（冬季晴朗的夜间）到 285K（夏季多云的条件）之间。

The effective sky temperature is one parameter to characterize downward infrared radiation，and it equals to the temperature of a black body that would emit the same amount of energy as the downward infrared radiation. Accordingly，it varies depending on greenhouse gases，such as CO_2 and water vapor，as well as the cloud cover in the atmosphere.

2.2.4　风
2.2.4　Wind

大气运动是地球大气最重要的物理过程，这使得地球上不同地区空气中的水分和热量得以传输和交换，从而影响地球气候的形成和演变。大气运动包括水平运动和垂直运动两种形式，其中，大气水平方向的运动被称为风，大气压差的存在是风形成的直接原因。根据大气水平运动区域范围的大小，可将风分为大气环流和地方风两大类。

Atmospheric pressure and wind are both significant controlling factors for earth's climate conditions. Although these two physical variables may appear to be quite different，they are in fact closely related. Wind exists because of horizontal and vertical differences (gradients) in pressure.

大气环流，指地球的一般环流和高低压区域周围空气的区域运动。平均而言，这种环流对应于环绕地球的几个东西向地带上的大规模风系统。在北纬30°和南纬30°附近的副热带高压带，空气下降，导致信风在地球表面向西偏赤道的方向吹。它们在赤道附近的热带辐合带汇合并上升，并在 2～17km 的高度向东和极地方向吹，见图 2-17。

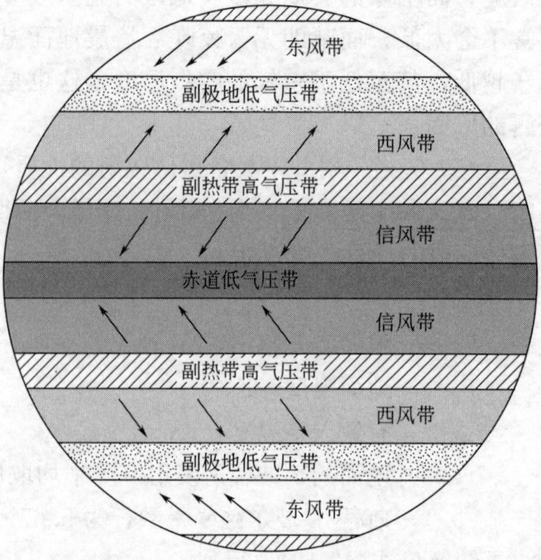

Atmospheric circulation，refers to any atmospheric flow of the general circulation of the Earth and regional movements of air around areas of high and low pressure. On average，this circulation corresponds to large-scale wind systems arranged in several east-west belts that encircle the Earth. In the subtropical high-pressure belts near latitudes 30°N and 30°S，the air descends and causes the trade winds to blow westward and equatorward at the Earth's surface. These merge and rise in the intertropical convergence zone near the equator and blow eastward as well as poleward at altitudes of 2 to 17km，as shown in Fig. 2-17.

图 2-17　地球气压带和风带分布

地表温度不同是造成大气环流的直接原因，照射在地球表面上的太阳辐射随地理纬度变化，这种辐射不均匀导致赤道和南北两极表面出现明显温差。两极表面温度低，气压增高；赤道表面温度高，气压降低。因而会在两极表面产生向赤道方向的冷气旋，而在赤道上空产生向两极方向的热气旋，形成赤道与两极区域的大气环流。大气环流促进了地球上不同地区之间的能量平衡。

此外，由于地表水陆分布、地势起伏、表面覆盖等地方性条件不同，地区受热不均匀所引起的空气流动称为地方风，如季风、海陆风、山谷风、巷道风等。在滨海地区，白天由海洋水体表面吹向陆地，夜间由陆地吹向海洋的风被称为海陆风。海陆风的形成主要是由于海洋水体相比陆地具有更强蓄热性的原因。由于两者蓄热性能的不同，日间陆地表面温度高于海洋水体表面温度，海洋表面气压高，陆地表面气压低，因而下表面是风由海面吹向陆地，上空则是陆地吹向海面。夜间陆地表面与海洋水体表面温度的相对大小与日间的正相反，也因此形成与白天相反的热力环流。山谷风与海陆风一样，以一昼夜为周期，风向产生日夜交替的变化。山谷风多发生在较大的山谷地区或者山与平原相连的地带。山坡的存在使得日间在谷地造成阴影，这样山坡日间获得的太阳辐射热多于谷地，由此导致日间山坡表面温度比谷地表面温度高，山坡表面气压低于谷地，这样风从谷地吹向温度较高的山坡；同样由于山坡的遮挡，夜间谷地向外的长波辐射散热量要低于山坡，相应夜间山坡表面温度比谷地表面低，山坡表面气压高于谷地，因而形成与白天相反的热力环流，风从山坡吹向谷地，由此形成风向日夜交替的山谷风，见图 2-18。与海陆风和山谷风变化不同的是，季风的变化是以年为周期，冬季大陆被强烈冷却，气压升高，风从大陆吹向海洋，夏季大陆强烈增温，气压降低，风由海洋吹向大陆。

The so-called sea and land breeze circulation is a local wind system typically encountered along coastlines adjacent to large bodies of water and is induced by temperature differences that occur between the heating or cooling of the water surface and the adjacent land surface. Water has a higher heat capacity (i. e. , more units of heat are required to produce a given temperature change in a volume of water) than the materials in the land surface. Daytime solar radiation penetrates to several meters into the water, the water vertically mixes, and the volume is slowly heated. In contrast, daytime solar radiation heats the land surface more quickly because it does not penetrate more than a few centimeters below the land surface. The land surface, now at a higher temperature relative to the air adjacent to it, transfers more heat to its overlying air mass and creates an area of low pressure. Thus, the surface flow is from the water toward the land and thus is called a sea breeze. In contrast, since the landmass possesses a lower heat capacity than water, the land cools more rapidly at night than the water. Consequently, at night the cooler landmass yields a cooler overlying air mass and creates a zone of relatively higher pressure. This produces a circulation cell with air motions opposite to those found during the day. This flow from land to water is known as a land breeze.

Another group of local winds is induced by the presence of mountain and valley features on Earth's surface. One subset of such winds, known as mountain winds or breezes, is induced by differential heating or cooling along mountain slopes. During the day, solar heating of the sunlit slopes causes the overlying air to move upslope. At night, as the slopes cool, the direction of airflow is reversed, and downslope motion occurs.

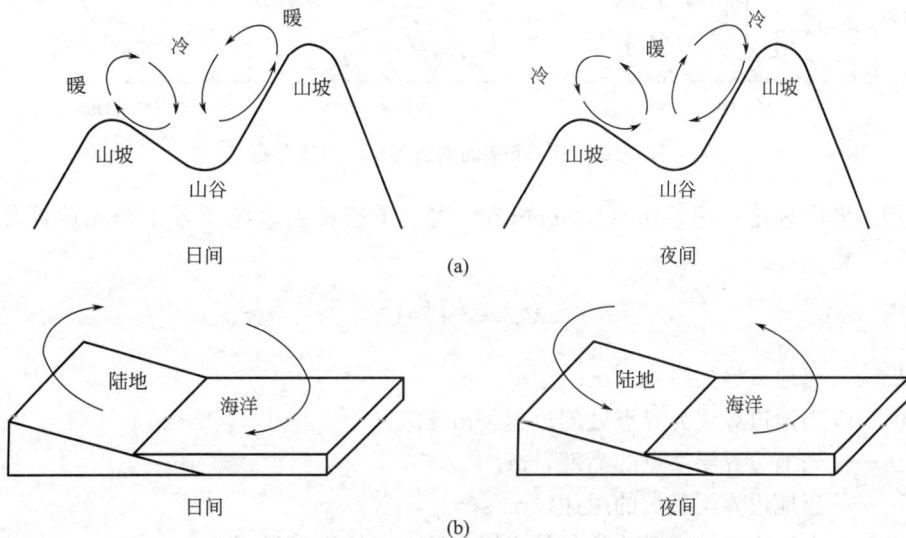

图 2-18　山谷风和海陆风日间和夜间流向图
(a) 山谷风；(b) 海陆风

　　在垂直方向上，由于下垫面对气流的摩擦作用，贴近地面处的风速为零。同时，地面摩擦力的影响越往上越小，因而大气流动的风速在垂直方向存在梯度变化，风速沿高度递增，到达一定高度后，风速不再增大。基于流体力学的边界层理论，将大气风速由零逐渐增大并最后达到稳定的区域称为边界层，并将风速开始达到稳定的高度称为边界层厚度。

边界层厚度主要取决于地表的粗糙度，在平原地区边界层薄，在城市和山区边界层厚，见图 2-19。

As a result of friction，wind velocity is zero near the surface of the earth，and the influence of ground friction decreases upward，so the wind velocity increases along the height，and after reaching a certain height，the wind velocity no longer increases. The region where the atmospheric wind velocity finally reaches stability is called the boundary layer，and this height is called the thickness of the boundary layer. The reduction in wind velocity is a function of the ground's roughness，so the boundary layer profiles are quite different for different terrain types，which is thin in plain areas and thick in urban and mountainous areas.

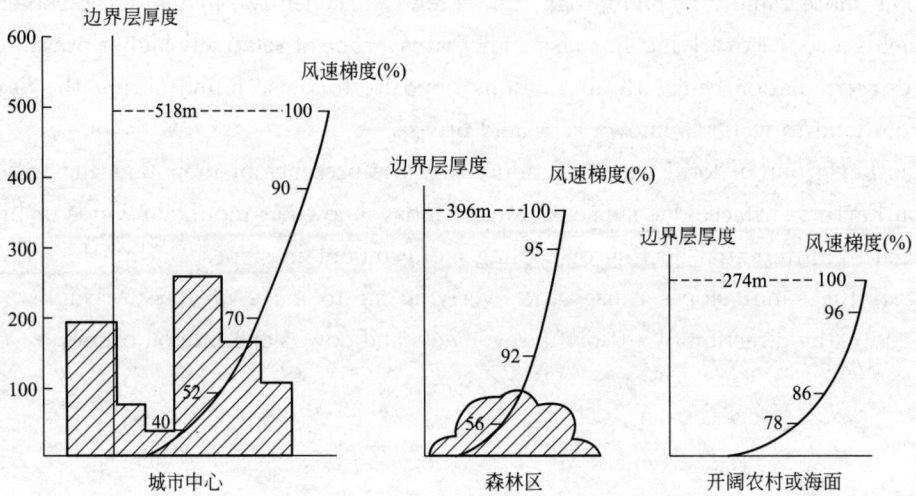

图 2-19　不同下垫面的边界层及风速分布

应用边界层理论，达芬堡（Davenport）提出了按幂函数规律分布的风速计算公式，如下：

$$V_h = V_g \left(\frac{h}{h_g} \right)^a \qquad (2\text{-}20)$$

式中　h_g——当地边界层厚度，m；

　　　V_g——当地边界层分界点处的风速，m/s；

　　　h——当地边界层某点的高度，m；

　　　V_h——当地边界层某点的风速，m/s；

　　　a——大气边界层内风速变化的递增指数，具体数值见表 2-1。

气象站所记录的风速都是当地 10m 高处的风速，为利用气象站测点高度 h_{met} 和测点处的风速 V_{met} 来求出边界层内任意高度为 h 的某点风速，可使用下式：

$$V_h = V_{met} \left(\frac{\delta_{met}}{h_{met}} \right)^{a_{met}} \left(\frac{h}{\delta} \right)^a \qquad (2\text{-}21)$$

式中　h_{met}——气象站风速测量点的高度，m；

　　　V_{met}——气象站风速测量点的风速，m/s；

δ_{met}——气象站所在地的大气边界层厚度，m；

δ——求风速地点的大气边界层厚度，m，具体数值见表 2-1；

a_{met}——对应气象站当地的大气边界层内风速变化的递增指数。

大气边界层参数　　　　　　　　　　　　　　　　　　　　　表 2-1

序号	地形类型描述	指数 a	边界层厚度 δ(m)
1	大城市中心，至少有 50% 的建筑物高度超过 21m；建筑物范围至少有 2km，或者达到迎风方向上的建筑物高度的 10 倍以上，二者取高值	0.33	460
2	市区、近郊、绿化区、稠密的低层住宅区，建筑物范围至少有 2km，或者达到迎风方向上的建筑物高度的 10 倍以上，二者取高值	0.22	370
3	平坦开阔地区，有稀疏的 10m 以下高度的建筑物，包括气象站附近的开阔乡村	0.14	270
4	面向 1.6km 以上水面来流风的开阔无障碍物地带，范围至少有 500m，或者在陆上构筑物高度的 10 倍以上，二者取高值	0.10	210

应同时采用风速和风向两个参数来描述风状态。风向是指风吹来的地平方向，如风来自西北方称为西北风，在陆地上常用 16 个方位表示。风速表示单位时间风所行进的距离，用 m/s 表示，风速的大小还可用蒲福风力等级（Francis Beaufort）来描述，见表 2-2。

蒲福风力等级表　　　　　　　　　　　　　　　　　　　　表 2-2

风力等级	自由海面状况（浪高）		陆地地面征象	距地 10m 高处的相当风速(m/s)
	一般(m)	最高(m)		
0	—	—	静，烟直上	0～0.2
1	0.1	0.1	烟能表示方向，但风向标不能转动	0.3～1.5
2	0.2	0.3	人面感觉有风，树叶微响，风向标能转动	1.6～3.3
3	0.6	1.0	树叶及微枝摇动不息，旌旗展开	3.4～5.4
4	1.0	1.5	能吹起地面灰尘和纸张，树的小枝摇动	5.5～7.9
5	2.0	2.5	有叶的小树摇摆，内陆的水面有小波	8.0～10.7
6	3.0	4.0	大树枝摇动，举伞困难	10.8～13.8
7	4.0	5.5	全树摇动，迎风步行感觉不便	13.9～17.1
8	5.5	7.5	树枝折毁，人向前行，感觉阻力甚大	17.2～20.7
9	7.0	10.0	建筑物有小损，烟囱顶部及平屋摇动	20.8～24.4
10	9.0	12.5	可使树木拔起或使建筑物损坏较重，陆上少见	24.5～28.4
11	11.5	16.0	陆上少见，有则必有广泛破坏	28.5～32.6
12	14.0	—	陆上极少见，摧毁力极大	32.7～36.9

对于风的全年变化状态的描述，则采用风向和风速频率分布图。风向频率是按照逐时所实测的各个方向风所出现的次数，分别计算出每个方向风出现的次数占总次数的百分比，并按一定比例在各个方位线上标出，最后连接各点而成，一般多用十六个罗盘方位表

示。将罗盘上 360°方位按照每 22.5°一格划分成 16 格，将实时采集的各个风向统计到这 16 个方向上。风速频率分布图的绘制与此类似。风向和风速频率分布图的图形与玫瑰花相似，又称为风玫瑰图。风向频率分布图可按年或按月统计，分为年风向频率分布图或月风向频率分布图。

图 2-20（a）给出某地全年（实线部分）及 7 月（虚线部分）的风向频率分布，其中，除圆心以外每个圆环间隔代表频率为 5%。从图可以看出，该地区全年以北风为主，出现频率为 23%，7 月盛行西南风，频率为 19%。图 2-20（b）表示了某地各方向的风速频率分布，可以看出，该地一年中以东南风为主，并且风速较大。西北风所发生的频率虽较小，但高风速的次数有一定比例。

The wind rose gives detailed information about wind direction and its frequency for a month or a whole year. As shown in Fig. 2-20（a）, the wind blows from the north 23% of the year in one area, and southwest 19% of the year in July. The percentages for each wind speed group can also be plotted on the wind rose. Fig. 2-20（b）shows the annual wind rose for another area, indicating that the wind comes predominantly from the southeast with the greatest frequencies in the high-speed group.

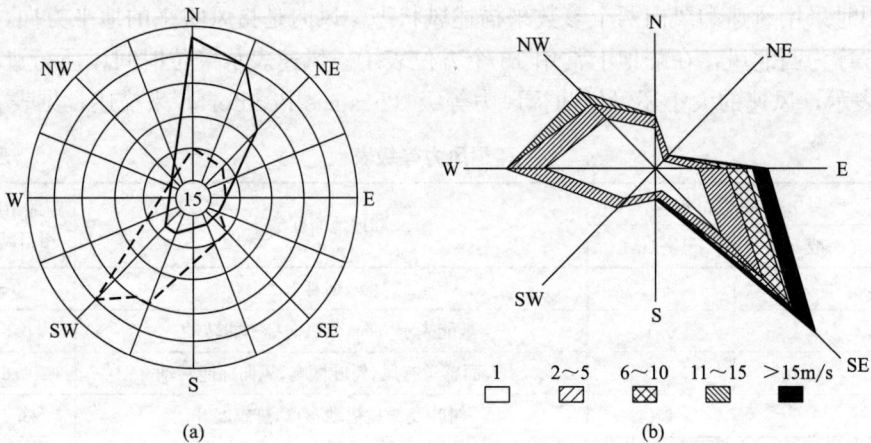

图 2-20　某地的风向和风速频率分布图（风玫瑰图）
（a）风向分布；（b）风速分布

2.2.5　地温
2.2.5　Soil temperature

地层表面日间受到太阳辐射作用而获得热量，使其温度高于地层下部温度。于是，除部分热量与空气进行对流和辐射散热和部分热量消耗于水体蒸发和植物蒸腾作用外，剩余的热量从地层表面向地层下部传输；与日间相反，夜间地层表面因对天空的长波辐射而冷却，使得地层表面温度低于地层下部温度，于是地层下部的热量以导热形式向上输送。通过这种方式，地层表面的温度波动向地层下部传递。

由于地层的蓄热作用，地层表面温度波在向地层下部传递时，会存在幅度的衰减和时间的延迟。随着地层深度的增加，温度波的衰减幅度加大，延迟时间增长。以 24h 为周期的日温度波动影响深度有 1.5m 左右，也即当地层深度大于 1.5m 后，日温度波动由于衰减可以忽略不计。除日温度波动外，地层表面温度还随年气温的变化而波动，年温度波动幅度大、波动周期长，年温度波动对地层下部的影响深度比日温度波动大很多。实际测量结果表明，达到更深的深度后，年温度波动的幅度也可衰减到接近于零，也即该深度的地层温度全年达到了一个近似的恒定值，此处称为恒温层。恒温层的深度因地层材质的不同而变化，未受人为影响的地层温度称为地层原始温度，其值与地层表面年平均温度基本相等。为了计算及叙述方便，一般以 15m 作为恒温层的分界线，深度小于 15m 的地层称为浅层，大于 15m 的称为深层。在浅层地层中，不同深度的地层原始温度随时间而变化；而深层地层的原始温度则认为不随时间变化，但这个温度一般要比地层表面气温的全年平均值高 1~3℃，这是由于地球深处存在恒定热源造成的。受地热的影响，深度每增加 30m，地层平均温度一般会增加 1℃，这个数值是一个估算的值，实际大小还跟地层的结构和地热源的条件有很大关系。我国主要城市地层温度（即恒温层温度）及地层表面温度波幅见表 2-3。

At soil depths greater than 15 meters below the earth surface, the soil temperature is relatively constant，and corresponds roughly to the annual average temperature of the stratigraphic surface. This is referred to as the "mean earth temperature".

我国主要城市地层温度及地面温度波幅　　　　表 2-3

地名	纬度	海拔高度(m)	地层温度(℃)	地面温度波幅(℃)	地层表面年平均温度(℃)
哈尔滨	45°41′	171.7	4.6	22.7	3.6
长春	43°54′	236.8	5.8	20.15	4.9
沈阳	41°45′	41.6	8.5	18.8	7.8
呼和浩特	40°49′	1063.0	7.9	18	5.8
乌鲁木齐	43°54′	653.5	6.6	19.6	5.7
兰州	36°03′	1517.2	11.6	14.7	9.1
西安	34°18′	396.9	15.7	14.3	13.3
石家庄	38°04′	81.8	14.6	15.2	12.9
北京	39°48′	31.3	13.1	15.4	11.4
天津	39°06′	3.0	13.5	15.35	12.2
太原	37°47′	777.9	11.3	15.75	9.5
济南	36°41′	51.6	15.7	15.25	14.2
南京	32°00′	8.9	17.2	13.1	15.3
上海	31°10′	4.5	17.0	11.9	15.7
杭州	30°19′	7.2	18.1	9.9	16.2
洛阳	34°41′	138	16.5	13.95	14.6
长沙	28°12′	44.9	19.3	12.5	17.2
南昌	28°40′	46.7	19.8	12.1	17.5
南宁	22°49′	72.2	24.1	7.75	21.6

续表

地名	纬度	海拔高度 (m)	地层温度 (℃)	地面温度波幅 (℃)	地层表面年平均温度 (℃)
广　州	23°08′	9.3	24.6	7.3	21.8
海　口	20°02′	14.1	27.0	5.7	23.8
成　都	30°40′	505.9	18.6	10	16.2
重　庆	29°35′	260.6	19.9	10.15	18.3
昆　明	25°01′	1891.4	18.0	5.9	14.7
贵　阳	26°35′	1071.2	16.5	9.8	15.3

影响地层温度波衰减和延迟状况的主要因素是地层材料的导温系数、地层深度和温度的波动周期。同一地层深度处导温系数越大（如岩石），温度波动的衰减程度越小，延迟时间越短；导温系数越小（如干燥土壤），温度波动的衰减程度越大，延迟时间越长；波动周期越大，同一地层深度温度波动的衰减程度越小，延迟时间越短；地层越深，温度波动的衰减程度越大，延迟时间越长。图 2-21 为不同深度地层原始温度全年变化曲线，由图中可以看出，随着地层深度的增加，温度波动的衰减增大（即波幅减小），而且温度波峰延迟出现的时间也随着地层深度的增加而增加。地层表面的温度波动幅度基本等于室外气温全年波动的幅度。例如，北京全年月平均温差最大值为 30.8℃，由此得北京室外气温的全年波动幅度为 15.4℃，地层表面温度的全年波动幅度也相应为 15.4℃。

Deeper soils not only experience less extreme seasonal variations in temperature, but also the changes that occur lag farther behind those of shallower soils. Referring to Fig. 2-21，for example，the maximum soil temperature occurs in August（when cooling demand is high）at a depth of 1.5m below the ground surface, but occurs in October（after the heating season has begun）at a depth of 3.7m below the surface.

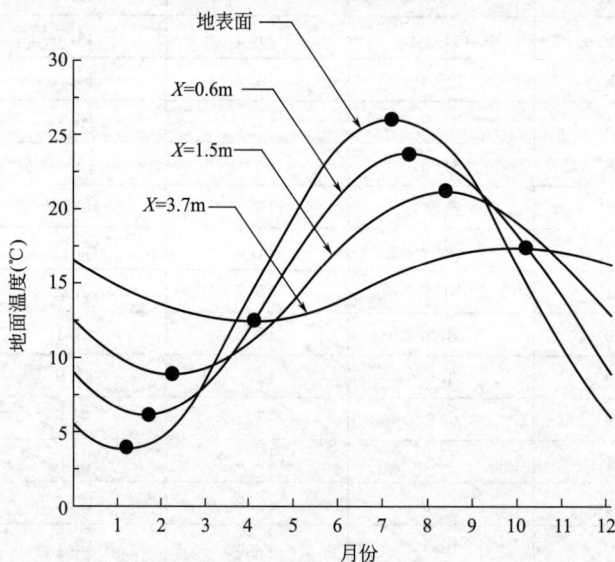

图 2-21　不同深度地层原始温度全年变化曲线

在地下建筑的空调负荷计算中，需要对不同深度处的地层温度进行准确的预测。对此，可以采用傅立叶导热微分方程求解地层在周期温度作用下的温度场。假定地壳是一个半无限大的物体，不考虑地热的影响，则有：

$$\frac{\partial \theta}{\partial \tau} = a\frac{\partial^2 \theta}{\partial y^2} \tag{2-22}$$

式中 a——地层材质的导温系数，m^2/h；

y——地层深度，m；

τ——时间，h；

θ——过余温度，℃，即地层内任意点的瞬间温度与全年地层表面平均温度的差值。

如任意瞬间地层内任意点的温度和过余温度分别为 $t_{(y,\ \tau)}$ 和 $\theta_{(y,\ \tau)}$，地层表面全年平均温度为 t_g，相当于最冷月地面温度和最热月地面温度的平均值，则有：

$$\theta_{(y,\ \tau)} = t_{(y,\ \tau)} - t_g \tag{2-23}$$

由于地层表面瞬时温度与大气瞬时温度同步变化，也呈现余弦函数波动。因此，第一类边界条件为：

$$\theta_{(0,\ \tau)} = A_g \cos\frac{2\pi}{Z}\tau \tag{2-24}$$

式中 $\theta_{(0,\tau)}$——地层表面过余温度，℃；

A_g——地层表面温度波动振幅，℃；

Z——地层表面温度波动周期，h。

由此，对微分方程式（2-22）进行积分求解，最后可得到周期性温度波作用下的地层温度场，如下：

$$\theta_{(y,\ \tau)} = A_g e^{-y\sqrt{\frac{\pi}{aZ}}}\cos\left(\frac{2\pi}{Z}\tau - y\sqrt{\frac{\pi}{aZ}}\right) \tag{2-25}$$

公式（2-25）可以改写为地层内任一深度 y，任一 τ 时刻地层原始温度 $t_{(y,\ \tau)}$ 的计算公式，如下：

$$t_{(y,\ \tau)} = t_g + A_g e^{-y\sqrt{\frac{\pi}{aZ}}}\cos\left(\frac{2\pi}{Z}\tau - y\sqrt{\frac{\pi}{aZ}}\right) \tag{2-26}$$

从地层原始温度随深度变化的示意图（图 2-22）中可以看到，在地层下部达到某一个深度时，最热月此处的温度反而低于该深度处的全年平均温度，而最冷月的温度要高于该深度处的全年平均温度。这样，当地层表面温度出现最高值时，地下构筑物如地下室、坑道内的地层温度却并未同时达到最高，可能会随着深度的不同而处于最低值或较低值。基于地层温度相对于地表温度衰减和延迟的变化特性，可以实现夏季对建筑进行自然供冷，冬季对室外冷空气进行一级预热，以达到改善室内热环境的目的。这种利用地下土壤温度来冷却或加热空气的通风技术被称为地道风。这些被动式设计策略的合理利用，会在很大程度上降低供暖空调的运行能耗。

Soil temperature varies from month to month as a function of incident solar radiation, rainfall, seasonal swings in overlying air temperature, local vegetation cover, type of soil, and depth in the earth. Due to the much higher heat capacity of soil relative to air and the thermal insulation provided by vegetation and surface soil layers, seasonal changes in

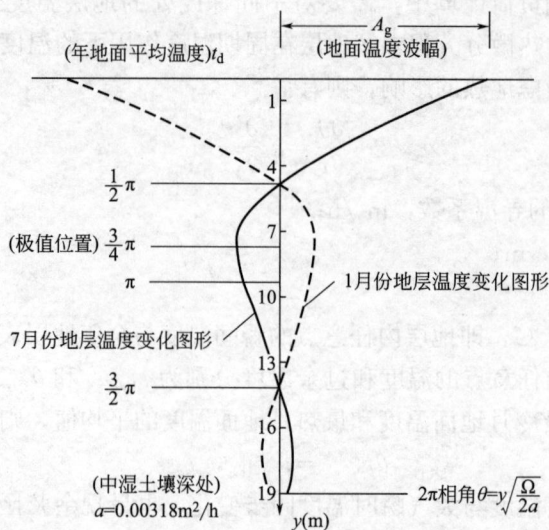

图 2-22　地层原始温度随深度变化示意图

soil temperature deep in the ground are much less than, and lag well behind seasonal changes in overlying air temperature. Thus, in spring, the soil naturally warms more slowly and to a lesser extent than the air, and by summer, it has become cooler than the overlying air and is a natural sink for removing heat from a building. Likewise in autumn, the soil cools more slowly and to a lesser extent than the air, and by winter it is warmer than the overlying air and a natural source for adding heat to a building.

2.2.6　可再生能源

2.2.6　Renewable energy

扫码阅读
（详见封底说明）

2.2.6　可再生能源

2.3　建筑气候区划

2.3　Climate classification for buildings

通过对气温、湿度、风、地温、大气逆辐射等各个气候要素变化特性的分析，可进一步认识到作为气候系统主要能源的太阳辐射关键性的影响作用。这样，由于地理纬度以及地形地势的变化，太阳辐射的不均匀必然引起地球各地气候条件的差异。我国幅员辽阔，地形复杂，各地由于纬度、地形地势条件的不同，气候相差悬殊。气象数据资料表明，我国东部从漠河到三亚，1月的平均气温相差50℃，平均相对湿度从东南到西北逐渐降低，1月份从海南岛中部的87%降低到拉萨的29%，7月份从上海的83%降低到吐鲁番的31%。

作为对气候条件的适应，不同地区的建筑相应呈现出不同的形式。因此，为满足炎热地区建筑的通风、遮阳和隔热，寒冷地区建筑的保温和防冻的需要，明确建筑和气候两者的科学联系，首先需要建立科学合理的建筑气候区划标准，使得建筑设计与当地气候条件相适应。对此，在《建筑气候区划标准》GB 50178—1993 中提出了建筑气候区划，《民用建筑热工设计规范》GB 50176—2016 又从建筑热工设计的角度，将全国划分为 5 个建筑热工设计分区。

我国针对民用建筑（包括住宅、学校、医院、旅馆）的 5 个建筑热工设计分区分别为：严寒地区、寒冷地区、夏热冬冷地区、夏热冬暖地区和温和地区，该设计分区一级区划的具体区域分布参见《民用建筑热工设计规范》GB 50176—2016。我国各直辖市、省会城市、自治区首府及特别行政区所属的建筑热工设计分区如表 2-4 所示。

我国主要城市所属的建筑热工设计分区　　　　　　　　　　　　表 2-4

分区名称	城市
严寒地区	哈尔滨、沈阳、长春、乌鲁木齐、西宁、呼和浩特
寒冷地区	北京、天津、石家庄、济南、郑州、拉萨、兰州、银川、西安、太原
夏热冬冷地区	成都、重庆、武汉、合肥、南京、杭州、上海、南昌、长沙、福州
夏热冬暖地区	广州、南宁、海口、香港、澳门、台北
温和地区	昆明、贵阳

分区的主要指标是最冷月平均温度和最热月平均温度，另有日平均温度≤5℃和≥25℃的天数为辅助指标，这 5 个建筑热工设计分区的气候分区指标、气候特征的定性描述以及对建筑热工设计的基本要求见表 2-5。再有，上述每个热工一级区划的区域非常广，导致同一个区划的气候条件仍会有较大的差异。例如，同为严寒地区的黑龙江漠河和内蒙古的额济纳旗两者最冷月的平均温度相差 18.3℃，寒冷程度差别如此大的两个地区对建筑热工设计的要求显然不同。对此，《民用建筑热工设计规范》GB 50176—2016 以基准温度为 18℃的供暖度日数（HDD18）和基准温度为 26℃的空调度日数（CDD26）作为区划指标，进一步对各建筑热工一级区划进行细分，得到各个一级区划的二级区划。与一级区划指标（最冷、最热月平均温度）相比，该指标既表征了气候寒冷和炎热的程度，也反映了寒冷和炎热持续时间的长短。建筑热工设计二级区划指标及设计要求见表 2-6。所谓供暖度日数（HDD18），（Heating Degree Day based on 18℃）是指一年中所有低于 18℃的室外日平均温度与 18℃差值累加和的绝对值，单位为℃·d。所谓空调度日数（CDD26），（Cooling Degree Day based on 26℃）是指一年中所有高于 26℃的室外日平均温度与 26℃差值的累加和，单位为℃·d。

建筑热工设计分区及设计要求　　　　　　　　　　　　表 2-5

分区名称	分区指标		设计要求
	主要指标	辅助指标	
严寒地区	最冷月平均温度≤−10℃	日平均温度≤5℃的天数≥145 天	必须充分满足冬季保温要求，一般可不考虑夏季防热
寒冷地区	最冷月平均温度−10~0℃	日平均温度≤5℃的天数为90~145 天	应满足冬季保温要求，部分地区兼顾夏季防热
夏热冬冷地区	最冷月平均温度 0~10℃，最热月平均温度 25~30℃	日平均温度≤5℃的天数为0~90 天，日平均温度≥25℃的天数为 49~110 天	必须满足夏季防热要求，适当兼顾冬季保温

续表

分区名称	分区指标		设计要求
	主要指标	辅助指标	
夏热冬暖地区	最冷月平均温度＞10℃,最热月平均温度 25～29℃	日平均温度≥25℃的天数为100～200 天	必须充分满足夏季防热要求,一般不可考虑冬季保温
温和地区	最冷月平均温度 0～13℃,最热月平均温度 18～25℃	日平均温度≤5℃的天数为0～90 天	部分地区应考虑冬季保温,一般可不考虑夏季防热

建筑热工设计二级区划指标及设计要求　　　　　　表 2-6

二级区划名称	区划指标(℃·d)		设计要求
严寒 A 区（1A）	6000≤HDD18		冬季保温要求极高,必须满足保温设计要求,不考虑隔热设计
严寒 B 区（1B）	5000≤HDD18＜6000		冬季保温要求非常高,必须满足保温设计要求,不考虑防热设计
严寒 C 区（1C）	3800≤HDD18＜5000		必须满足保温设计要求,可不考虑防热设计
寒冷 A 区（2A）	2000≤HDD18＜3800	CDD26≤90	应满足保温设计要求,可不考虑防热设计
寒冷 B 区（2B）		CDD26＞90	应满足保温设计要求,宜满足隔热设计要求,兼顾自然通风、遮阳设计
夏热冬冷 A 区（3A）	1200≤HDD18＜2000		应满足保温、隔热设计要求,重视自然通风、遮阳设计
夏热冬冷 B 区（3B）	700≤HDD18＜1200		应满足隔热、保温设计要求,强调自然通风、遮阳设计
夏热冬暖 A 区（4A）	500≤HDD18＜700		应满足隔热设计要求,宜满足保温设计要求,强调自然通风、遮阳设计
夏热冬暖 B 区（4B）	HDD18＜500		应满足隔热设计要求,可不考虑保温设计,强调自然通风、遮阳设计
温和 A 区（5A）	CDD26＜10	700≤HDD18＜2000	应满足冬季保温设计要求,可不考虑防热设计
温和 B 区（5B）		HDD18＜700	宜满足冬季保温设计要求,可不考虑防热设计

There are five climate zones in China according to the *Thermal Design Code for Civil Building* GB 50176—2016，consisting of severe cold，cold，hot summer and cold winter，temperate，hot summer and warm winter regions. This climate zoning is primarily based on the mean temperature in the hottest and coldest months of the year.

The hot summer and warm winter zone is in southern China，where the summer is hot and long while the winter is warm and short. The hot summer lasts from around May to October，with a mean temperature over 26℃. Around half the year is sunny but its average relative humidity is around 71%~85%. There is a big demand for space cooling in summer but there is almost no need for space heating in winter as the average temperature in cold months is over 10℃. Most existing buildings have no building envelope insulation.

The hot summer and cold winter zone is in central China, where the average temperature is usually 25~30℃ in the hottest month and 2~7℃ in the coldest month. The summer incorporates June, July, August, and September, but the cold winter is restricted to December, January and February. The annual mean humidity of up to 70%~80% is much higher than other parts of China. The annual sunshine rate is below 50% and 30% less than that in the cold season. The annual wind speed is around 1~3m/s and has little impact on space cooling and heating demand. The building design standard has no strict requirement for building envelope insulation in this region. Space cooling and heating are necessary in summer and winter respectively to provide a comfortable indoor environment.

The cold zone covers most areas of northern China, having a typically dry, cold and long winter which usually lasts from November to March with a mean temperature of −10 to 0℃ and lowest temperature less than −20℃. The summer months of June, July and August are mild, with an average temperature of 18~28℃ in the hottest month. Strongly windy days, with a wind speed higher than 5 m/s, are quite common in winter. It is quite dry in winter, and its mean relative humidity is approximately 44%. Even in summer, its average maximum humidity is only 77% and thus its relative moisture is far less than that of other two climatic zones. Recent construction codes require buildings to have building envelope insulation and energy-efficient window glazing.

《建筑气候区划标准》GB 50178—1993 的适用范围为一般工业建筑和民用建筑，适用范围广，涉及的气象参数更多。该标准以累年 1 月和 7 月的平均气温、7 月平均相对湿度等作为主要指标，以年降水量、年日平均气温≤5℃和≥25℃的天数作为辅助指标，将全国划分为七个一级区划，即Ⅰ、Ⅱ、Ⅲ、Ⅳ、Ⅴ、Ⅵ、Ⅶ区。在一级区划内，又以 1 月、7 月平均气温、冻土性质、最大风速、年降水量等指标，划分成若干二级区划，并提出相应的建筑基本要求。建筑气候区划与建筑热工设计分区划分的主要指标是相同的，因此两者是互相兼容、基本一致的。

目前，针对我国的建筑节能设计，主要采用的是建筑热工设计分区（区划）。

我国东部地区各个一级区划的分界线基本与地理纬度线相互平行或基本一致。这是由于太阳辐射是气候系统最根本的能源，到达地球表面的太阳辐射的时空分布及变化，决定了地球气候的基本特征。相对照，我国西部地区各个一级区划的分界线，则没有呈现出随地理纬度规律性的变化。与东部地区相比较，地处西部的温和地区（如昆明）的地理纬度与东部夏热冬冷地区福州的地理纬度一致，而西部寒冷地区与东部夏热冬冷地区在相同的地理纬度范围内，西部严寒地区则与东部寒冷地区的纬度范围相同。如，西藏拉萨的纬度甚至低于湖北武汉，但拉萨被区划为寒冷地区，而武汉则呈现典型的夏热冬冷气候。这是由于在一定的区域内，地形地势对气候的影响甚至可以超过纬度的影响，成为形成局地气候的主要因素。至于西藏拉萨气温比东部同纬度地区要低很多的具体原因，一是在于气温随海拔高度的降低，海拔每上升 1000m，气温大约会降低 6℃，西藏拉萨高海拔的地势导致其比同纬度其他地区气温要低；二是在于高大山脉的阻隔作用，西藏地区南侧巍峨高耸的喜马拉雅山脉阻止了印度洋暖湿气流进一步北上进入西藏地区。因此，西藏拉萨高海拔的地势以及没有暖湿气流汇入是造成该地区比东部同纬度其他地区气温低的根本原因。而昆明四季如春气候条件的形成原因，同样是由于海拔的影响。昆明处于海拔 2000m 左右的云贵高原上，高海拔的地势，再加上滇池庞大水体蒸发吸热，造就了昆明夏季相对较低的平均气温。此外，同样由于高大山脉的阻隔作用，昆明三面环山的地形阻挡了冬季的西伯利亚寒流，使得昆明冬季的平均气温相对较高。

2.4 城市气候
2.4 Urban climate

上一节对拉萨和昆明地区的气候条件分析反映出，由于地形地势等地面情况的不同，一些地区往往具有不同于其所处地区宏观气候的独特气候。这种在一定区域范围内，因受各地方因素影响而形成的气候，称为微气候（Microclimate）。根据下垫面的不同，可以形成不同的微气候类型，其中包括森林气候、湖泊气候和城市气候等。城市气候是指在人类活动特别是城市化活动的影响下形成的一种特殊气候。城市气候主要表现在城市热岛，城市风速降低、污染加剧和城市大气透明度降低等几个方面。

Urban climate, any set of climatic conditions that prevails in a large metropolitan area and differs from the climate of its rural surroundings.

Urban climates are distinguished from those of less built-up areas by differences of air temperature, humidity, wind speed and wind direction. These differences are attributable in large part to the altering of the natural terrain through the construction of artificial structures and surfaces. For example, tall buildings, paved streets, and parking lots affect wind flow, precipitation runoff, and the energy balance of a locale.

2.4.1 城市热岛
2.4.1 Urban heat island

城市热岛是指城市中心的温度高于周围郊区的温度，且市内各区的温度分布也不一样，如果绘制出等温曲线，就会看到与岛屿的等高线极为相似，人们将这种气温分布的现象称为"热岛现象"。将城市热岛中心气温与同时间同高度附近远郊气温的差值称为热岛强度。图 2-23 为某地区城市热岛的气象卫星监测图，可以看出，随着向西南地区，尤其西北地区的移动，气温也由热岛中心区域的 12.5℃降低到接近外围的 6.5℃左右，热岛强度高达 6℃。

An urban heat island (UHI) is a city or metropolitan area that is significantly warmer than its surrounding rural areas due to human activities. The temperature difference is usually larger at night than during the day, and is most apparent when winds are weak. UHI is most noticeable during the summer and winter. The less-used term heat island refers to any area, populated or not, which is consistently hotter than the surrounding area.

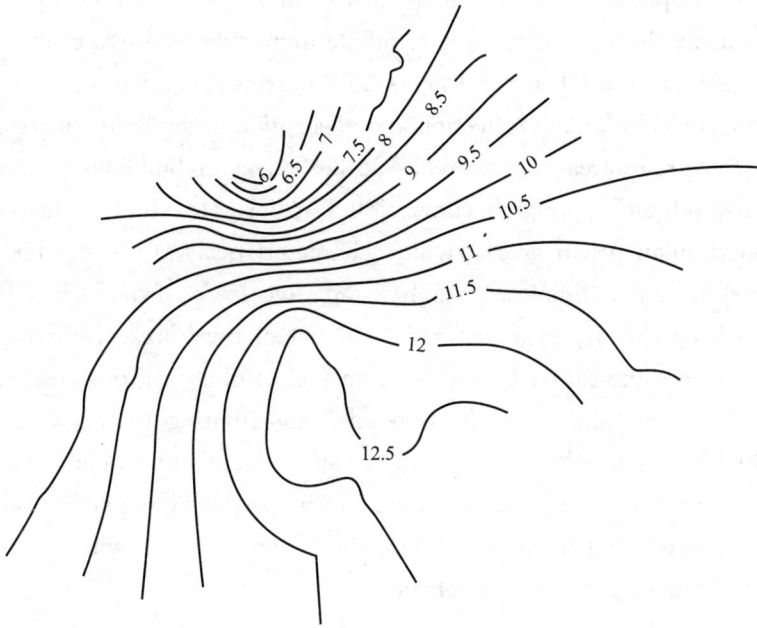

图 2-23   某地区城市热岛监测图

据其基本定义，城市热岛的成因本质上是城区与郊区之间净得热量的不一致所导致，见图 2-24。从得热的角度，其一，是作为人类生产生活密集活动的场所，城市工厂运行、交通运输等各项生产以及居住者生活活动的进行都需要燃烧各种燃料，燃烧的热量最终将向外排放，同时，城市高密度的人口也加大了人体向外的散热；其二，城市大量的建筑物和道路构成以砖石、水泥和沥青等材料为主的错落有致、参差不齐的立体下垫面，这加大了对太阳辐射热的吸收面积，并且这些材料对太阳辐射的反射率小和吸收率大，这样，从城市内部得热和太阳辐射得热两方面，城市获得了远多于郊区的热量。从散热的角度，其一，同样是由于错落有致、参差不齐的城市立体下垫面，相邻建筑或区域之间相互遮挡的增强，再由于各种燃料燃烧量的增加和植被量的减少，城市向大气排放的 CO_2 温室气体量增加，这两方面的作用使得城市的地面有效辐射散热要明显小于郊区；其二，城市中水体和植被面积要小于郊区，城市道路的沥青和混凝土材料储藏水分的能力要低于郊区的土壤，水分蒸发量比郊区要小，因而通过水汽蒸发和植物蒸腾作用以潜热形式带走的热量也要明显低于郊区；其三，空气流动是促进城市热量以对流形式散失的重要途径，对城市热岛强度起着重要的影响作用，有研究表明，晴朗而静风的夜晚，特大城市比周围乡村气温高 10℃以上，当风速超过 6.7～10m/s 时，城乡温差大多会消失，然而，城市建筑群数量的增多和建筑高度的增加使得城市下垫面的粗糙度加大，由于摩擦力的作用，消耗了空气水平运动的动能，城市地面的平均风速低于远郊的来流风速，大大削弱了城市对流散热的能力；其四，城市下垫面的建筑材料主要是沥青、混凝土、石子、砖瓦、金属等，这些材料的比热容比较大，这样，建筑材料的大量存在，会增强蓄热作用，进而减缓城市内部热量的散失。上述各个方面综合作用导致城市得热能力的增强和散热能力的削弱，作用结果是城市的净得热量要明显高于郊区，最终形成了城市的热岛效应。

Several primary processes influence the formation of this "urban heat island". Urban masonry and asphalt absorb，store，and reradiate more solar energy per unit area than do the vegetation and soil typical of rural areas. The tall buildings within many urban areas provide multiple surfaces for the reflection and absorption of sunlight，increasing the efficiency with which urban areas are heated. Another effect of buildings is the blocking of wind，which also inhibits cooling by convection. Furthermore，less of this energy can be used for evaporation in urban areas，which characteristically have greater precipitation runoff from streets and buildings. At night，radiative losses from urban buildings and street materials keep the city's air warmer than that of rural areas. Moreover，urban atmosphere is warmed significantly by energy from fuel combustion for home heating，power generation，industry，and transportation. Also contributing to the warmer urban atmosphere is the blanket of pollutants and water vapor that absorbs a portion of the thermal radiation emitted by the earth's surface. Part of the absorbed radiation warms the surrounding air，a process that tends to stabilize the air over a city，which in turn increases the probability of higher pollutant concentrations.

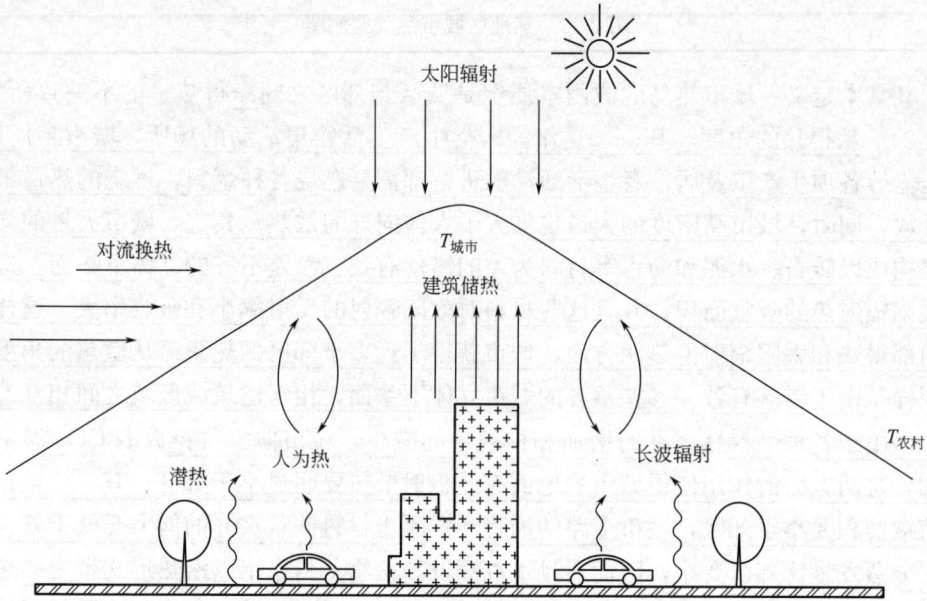

图 2-24　城市热岛成因示意图

综合上述的分析说明，下垫面是气候形成的重要的影响因素，它与空气存在复杂的物质交换和热量交换，对空气的温度、湿度、风向、风速等都有很大的影响作用。由沥青、混凝土、石子等密实材料构建的错落有致、参差不齐的城市下垫面，正是导致城市气候不同于农村气候的重要因素。而这种性质的下垫面是在城市化进程中不断形成和积累下来的，因此，城市化才是热岛形成的内因，在城市化不断推进的过程中，城市热岛效应也会变得越来越明显。但若能做到对城市的合理布局和规划，则可在一定程度上缓解城市热岛效应。相比较城市呈团块状的紧凑布置，城市呈条形状或星形状的分散布局，会减弱城市中心的增温效应。再有，控制城市人口密度和城市规模，减少人为热的释放和 CO_2 温室气体的排放，保护并增大城区的绿地和水体面积也会对减缓城市热岛效应起到积极的作用。

2.4.2　逆温层和热岛
2.4.2　Temperature inversion and urban heat island

在接近地面的大气层中，正常情况下日间气温随高度增加而降低，即由于地面对太阳辐射热的吸收作用，靠近地面的气温高，而远离地面的气温低。这样，靠近地面的热空气上升，高处的冷空气下降，空气很容易产生垂直和水平方向的自然对流运动。因此，距离地面一定高度范围内的空气层会处于不稳定的状态，这种不稳定状态有利于地面附近的污染物向外部空间扩散。与正常情况相反，某些情况下在距离地面一定高度的空气层范围内，空气的温度随高度增加而增加，这样的空气层称为逆温层，逆温层的存在对自然对流运动有很强的抑制作用，使得空气层处于相对稳定的状态，因而逆温层不利于地面附近空气层中污染物的扩散，加剧了城市的大气污染，极端情况下形成雾霾。

Temperature inversion, also called thermal inversion, a reversal of the normal behavior of temperature in the troposphere (the region of the atmosphere nearest Earth's surface), in which a layer of cool air at the surface is overlain by a layer of warmer air. (Under normal conditions air temperature usually decreases with height.)

Temperature inversion acts as a cap on the upward movement of air from the layers below. As a result, convection produced by the heating of air from below is limited to levels below the inversion. Such conditions strongly inhibit atmospheric mixing, and the diffusion of dust, smoke, and other air pollutants is limited. It would cause acute distress in the population and even, under extremely severe conditions, loss of life. Atmospheric inversion caused an air-pollution disaster in London in December 1952 in which about 3500 persons died from respiratory diseases.

逆温层形成的机理有多种。最常见的是冬季夜间长波辐射的作用，在白天晴朗无风的情况下，地面吸收太阳辐射热后，进而以长波辐射和对流换热的方式加热大气层；而夜间则由于长波辐射的作用地面冷却，这样，近地面的气温会低于其上部空气层的温度，由此形成逆温层。大气越处于静风状态，并且白天越晴朗无云，夜间就越容易形成自地面向上的逆温层。再有一种情况是，如果有大量工业散热的城市坐落在海滨，其上空的空气层被大量的城市排热加热，另一方面，由于海陆风的作用，较低温的海风贴近地面吹入城市，使得城市近地面的空气层温度低于上部大气层的温度，也会形成逆温层，并且城市上空的排热量越大，大气层逆温的状况就更为严重。

同样的道理，热岛效应对逆温层的出现也会有很大的促进作用，并且由于城市特殊的物理性质，进而会产生城市热岛混合层，见图2-25。城市热岛混合层是指靠近城市下垫面的一部分大气层，夜晚，郊区由于地面辐射冷却，在近地面形成逆温层，当郊区低温的冷空气贴近地面进入城市时，会被城市较高温的热空气加热，这样，城市靠近地面的逆温层被破坏，但其上部仍维持逆温现象，从而形成城市热岛混合层。此混合层高度在小城市大约为50m，在大城市可达500m，混合层内的空气易于对流混合，这会使得处在此混合层内的低矮污染源对城市地面造成严重污染，但混合层上部逆温层的大气则呈稳定状态而不扩散，就如同热毯子一样，使得发生在热岛范围内的各种污染物都被封闭在热岛中。因此，城市热岛现象对大范围内的大气污染会有很大的影响。

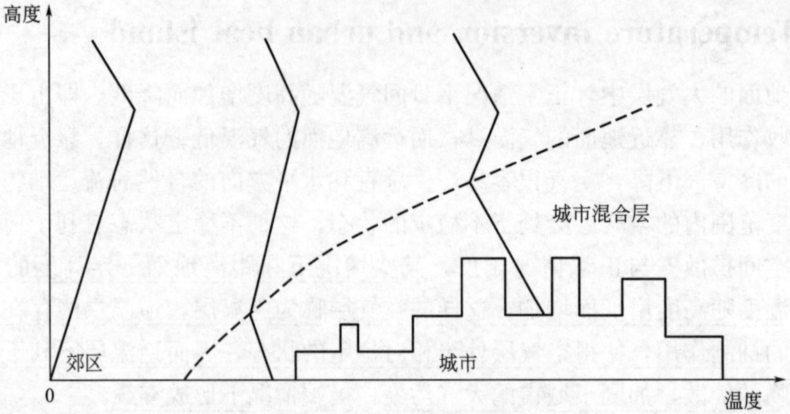

图 2-25　城市热岛混合层

2.4.3　城市气候的其他特征

2.4.3　Other characteristics of urban climate

1. 城市风场变化

城市中密集的建筑群及其错落有致、参差不齐的空间布局明显加大了城市下垫面的粗糙度，进而加大水平流动空气与地面的摩擦力，导致城市的平均风速低于远郊的来流风速，边界层高度加大。图 2-19 中城市中心建筑密集地区、城市边缘的森林区、开阔农村区域的风速变化梯度以及边界层高度的差异说明了下垫面对风场的影响。另一方面，当流动空气遇到一个障碍物比如建筑物时，会在障碍物的迎风面产生一个风速较高的高压区，而在障碍物的背风面一侧产生一个风速较低的低压区，同时会发生风向的变化。尤其对于高层建筑的情况，当风吹至高层建筑的墙面时，在迎风面上形成下行气流，并在向下偏转时，与水平方向的气流一起在建筑物侧面形成高速风和涡旋，而在背风面则形成上升气流。还有，根据流体力学的文丘里（Venturi）效应，风被挤压的时候，静压会转换成动压而导致风速加大，由此会发生局部地区风速增强的现象，如在高层建筑狭长的建筑巷道、两个建筑之间狭窄的缝隙等都会导致流经此处风速的加大，将这种由高层建筑引起的空气流动现象称为"城市峡谷风"。

The flow of wind through a city is characterized by mean speeds that are 20 to 30 percent lower than those of winds blowing across the adjacent countryside. This difference occurs as a result of the increased frictional drag on air flowing over built-up urban terrain, which is rougher than rural areas.

因此，城市空间丰富多彩的变化立面营造出复杂多样的城市风环境。

2. 城市污染加重

城市风速的减小会导致对污染物排除能力的降低，污染物就有可能滞留在某些局部区域内，造成空气污染。此外，对两侧耸立高层建筑的街道，当城市主流风向与街道垂直时，街道通常会成为风漏斗，靠近两边墙面的风汇集于此，造成近地面处的高速风。这种风常掀起灰尘，在背风侧的下部聚集垃圾。再有，在晴朗平稳的天气下，由于热岛效应的存在，周围农村的低温冷空气会贴近地面吹向城市，形成"城市风"，这种风在城市中心辐合产生上升气流，通常在 300～500m 的高度向四周辐散，再与郊区下沉的气流形成城市热岛环流，见图 2-26，尤其在夜晚城乡温差较大的情况下，下沉气流又从近地面不断流向城市中心，风速可达 2.0m/s，并可将郊区工厂排出的污染物带入城市，致使城市的空气污染更加严重。

Another difference between urban and rural wind flow is the convergence of low-level wind over a city (i. e., air tends to flow into a city from all directions). This is caused primarily by the horizontal thermal gradients of the urban heat island.

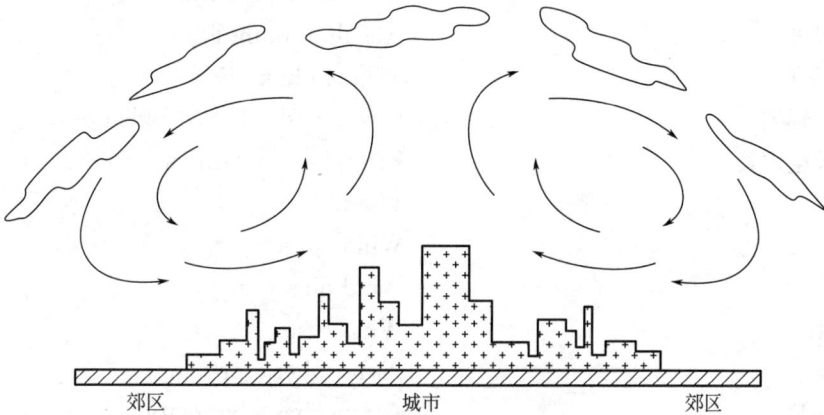

图 2-26   城市热岛环流示意图

3. 城区大气透明度降低

城市在运转的过程中，会因为矿物燃料的燃烧、工业粉尘的产生等向大气排放大量气溶胶粒子，同时，还会向大气排放大量硫氧化物和氮氧化物等污染气体，这些污染气体通过气-粒转化而形成硫酸盐和硝酸盐气溶胶粒子。这些气溶胶粒子对太阳辐射有散射和吸收作用，会减弱到达地面的太阳辐射，城市的太阳总辐射比郊区减少15％左右。再有，气溶胶数量的增加会加大云量，特别是低空云量，降低大气的透明度，特别是城市出现扬沙、浮尘、霾、轻雾等天气时，大气透明度会更低。

The amount of solar radiation received by cities is reduced by the blanket of particulates in the overlying atmosphere. Moreover, the higher particulate concentrations in urban atmospheres reduce visibility by both scattering and absorbing sunlight.

本章关键词（Keywords）

太阳辐射	Solar radiation
太阳辐射照度	Solar irradiance

太阳光谱	Solar radiation spectrum
紫外线	Ultraviolet light
可见光	Visible light
近红外线	Near-infrared light
远红外线	Long-wave infrared light
太阳常数	Solar constant
太阳高度角	Solar altitude
太阳方位角	Solar azimuth
太阳直射辐射	Direct solar radiation
太阳散射辐射	Diffuse solar radiation
长波辐射	Long-wave radiation
外温	Outdoor temperature
绝对湿度	Absolute humidity
相对湿度	Relative humidity
大气逆辐射	Downward infrared radiation
有效天空温度	Effective sky temperature
风	Wind
风速	Wind speed
风向	Wind direction
风玫瑰	Wind rose
大气压	Atmospheric pressure
大气环流	Atmospheric circulation
地方风	Local wind
海陆风	Sea and land breeze circulation
山谷风	Mountain wind
土壤温度	Soil temperature
可再生能源	Renewable energy
太阳能	Solar energy
风能	Wind power
地热能	Geothermal energy
天空辐射制冷	Radiative sky cooling
气候区划	Climate zoning
严寒地区	Severe cold region
寒冷地区	Cold region
夏热冬冷地区	Hot summer and cold winter region
夏热冬暖地区	Hot summer and warm winter region
温和地区	Temperate region
城市气候	Urban climate
微气候	Microclimate

城市热岛	Urban heat island
温差	Temperature difference
逆温层	Temperature inversion（Thermal inversion）

复习思考题

1. 为保证日照时间满足规范要求，南方地区和北方地区要求的最小住宅楼间距是否相同？为什么？

2. 分析影响到达地面的太阳辐射照度大小的各个因素。

3. 分析说明太阳辐射穿过大气层的传播机理。

4. 简述地表温度与空气温度的相互关系。

5. 影响地面附近气温变化的因素是什么？

6. 为什么日最高气温出现的时间在14：00，而不是在12：00？为什么日最低气温出现的时间是在5：00，而不是在日落的19：00？

7. 何为气温的"日较差"和"年较差"？我国各地的"日较差"和"年较差"遵循什么规律？

8. 简述风的两大种类及其形成机理。

9. 将污染物排放严重的工业厂房设置在海滨，是否合适？

10. 分析简述风玫瑰图的作用及其绘制。

11. 北京地区地铁的地下车站没有设置供暖系统，请问是否合理？为什么？

12. 南方某城市在夏季从山洞引入冷风，对某影剧院建筑进行自然供冷，试分析说明该技术措施利用了什么样的气候要素特性。

13. 在北方冬季晴朗的夜间，将汽车分别放置于开敞车棚和室外，分析比较哪种情况下汽车表面更容易结霜？

14. 为什么要大力降低大气中 CO_2 气体的排放量？

15. 北京四合院建筑朝南的围护结构几乎都是外窗，分析解释这种建筑形式的形成原因。

16. 北方住宅的朝向通常坐北朝南，并且外墙颜色深；而我国华南地区却对住宅朝向没有严格要求，并且外墙颜色较浅。分析解释这种建筑形式的形成原因。

17. 说明哈尔滨、北京、上海、深圳和昆明所处的建筑热工设计分区及这五个城市建筑的热工设计要求，并分别举一个例子说明如何在建筑形式上实现设计要求。

18. 什么是逆温层？逆温层的成因是什么？举例说明逆温层可能形成的危害。

19. 从室外气候的角度，解释在同样的污染排放条件下，寒冷地区冬季比夏季更容易发生雾霾的原因。

20. 什么是热岛现象？说明热岛现象的形成原因。

21. 气象观测数据表明夏季北京市区中心的气温要高于颐和园的气温，试分析解释该现象。

22. 从城市规划设计的角度，列举降低城市热岛强度的至少三种措施及其原理。

23. 依据太阳高度角和方位角的计算公式，分析计算并比较深圳、上海、北京和哈尔滨四个城市太阳高度角和太阳方位角的全年变化特点。

24. 依据太阳总辐射照度的计算公式，分析计算并比较深圳、上海、北京和哈尔滨四个城市东、南、西、北以及水平方向表面太阳总辐射照度的逐月变化。

25. 设定冬季晴朗天空条件下的北京地面温度为 0℃（273K），有效天空温度为 230K，计算分析地面单位面积的有效辐射。

参考文献

[1] 朱颖心. 建筑环境学 [M]. 5 版. 北京：中国建筑工业出版社，2024.

[2] 李念平. 建筑环境学 [M]. 北京：机械工业出版社，2021.

[3] 杨柳. 建筑气候学 [M]. 北京：中国建筑工业出版社，2010.

[4] 姜世中. 气象学与气候学 [M]. 北京：科学出版社，2010.

[5] 伍光和，田连恕，胡双熙，等. 自然地理学 [M]. 北京：高等教育出版社，2010.

[6] 宇田川光弘，近藤靖史，秋元孝之，等. 建筑环境工程学——热环境与空气环境 [M]. 陶新中，译. 北京：中国建筑工业出版社，2016.

[7] 今村仁美，田中美都. 图解建筑环境 [M]. 雷祖康，等译. 北京：中国建筑工业出版社，2021.

[8] 牟灵泉. 地道风降温计算与应用 [M]. 北京：中国建筑工业出版社，1982.

[9] Brown G Z, Mark DeKay. Sun, Wind & light: architectural design strategies [M]. 2th ed. New Jersey：John Wiley & Sons, Inc，2000.

[10] ASHRAE. 2021 ASHRAE handbook fundamentals：SI edition [S]. Atlanta：ASHRAE，2021.

[11] 中华人民共和国住房和城乡建设部. 民用建筑热工设计规范：GB 50176—2016 [S]. 北京：中国建筑工业出版社，2016.

[12] 国家技术监督局，中华人民共和国建设部. 建筑气候区划标准：GB 50178—1993 [S]. 北京：中国计划出版社，1994.

[13] 中华人民共和国住房和城乡建设部. 城市居住区规划设计规范：GB 50180—2022 [S]. 北京：中国建筑工业出版社，2022.

[14] 中华人民共和国住房和城乡建设部. 民用建筑供暖通风与空气调节设计规范：GB 50736—2017 [S]. 北京：中国建筑工业出版社，2017.

[15] 刘森元，黄远峰. 天空有效温度的探讨 [J]. 太阳能学报，1983，4（1）：63-68.

[16] 成实，牛宇琛，王鲁帅. 城市公园缓解热岛效应研究——以深圳为例 [J]. 中国园林，2019，35（10）：40-45.

[17] Zhao D, Aili A, Zhai Y, et al. Radiative sky cooling：fundamental principles，materials, and applications [J]. Applied Physics Reviews，2019（6）：021306.

[18] Zeyghami, Mehdi, Goswami, et al. A review of clear sky radiative cooling developments and applications in renewable power systems and passive building cooling [J]. Solar Energy Materials and Solar Cells，2018（178）：115-128.

[19] 郭晨玥，潘浩丹，徐琪皓，等. 天空辐射制冷技术发展现状与展望 [J]. 制冷学报，2022，43（3）：1-14.

[20] 刘霞，王春林，景元书，等. 4 种城市下垫面地表温度年变化特征及其模拟分析 [J]. 热带气象学报，2011，27（3）：373-378.

第 3 章 建筑热湿环境
Chapter 3 Indoor Thermal Environment

建筑热湿环境是指建筑室内温度、湿度及其变化状况。热湿环境是建筑环境的重要组成部分。以最低的能源消耗营造适宜的热湿环境始终是建筑环境与能源应用理论研究与实际应用领域最重要的工作目标。

Two main parameters used to describe the indoor thermal environment are air temperature and humidity.

室内环境是室内外各个扰量共同作用和影响后的结果。就热湿环境而言，对其产生影响的扰量分为外扰和内扰。外扰主要包括室外空气温湿度、太阳辐射、风速、风向变化、大气逆辐射以及地温等。此外，房间邻室室温也是影响热湿环境的重要外扰。内扰则包括室内的人员、灯光和电器设备。外扰以导热（水蒸气渗透）、对流换热（对流质交换）和辐射以及室内外空气交换的形式，通过围护结构将热量及湿量传入室内；内扰则是直接在室内散发热量和湿量。外扰和内扰共同作用，进而对室内热湿环境产生影响。

It is evident that indoor thermal environment depends on outdoor climate conditions including outdoor air temperature，humidity，solar radiation，wind speed，long-wave radiation and ground temperature. The air temperature of adjacent space can also contribute a non-negligible influence on indoor thermal environment. In addition，the indoor thermal environment is subjected to several internal heat sources such as people，lights，and electrical equipment.

将某时刻在外扰和内扰作用下进入房间的总热量定义为该时刻的室内得热。得热包括（1）透过半透光构件（外窗）的太阳辐射；（2）通过外墙和屋顶的热传导；（3）通过顶棚、地板和室内隔板的热传导；（4）室内人员、灯光和电器设备在空间内产生的热量；（5）通过室内外空气交换的热量传递。

Space heat gain is the instantaneous rate of heat gain at which heat enters into and/or is generated within a space. Heat gain is classified by its mode of entry. Entry modes include（1）solar radiation through transparent surfaces；（2）heat conduction through exterior walls and roofs；（3）heat conduction through ceilings，floors，and interior partitions；（4）heat generated in the space by occupants，lights，and appliances；and（5）energy transfer through direct-with-space ventilation and infiltration of outdoor air.

外扰和内扰的作用最终体现在得热量对建筑热湿环境产生的影响上。图 3-1 表示出 1999 年夏季北京地区未安装空调的三户住宅房间某段时间内室温及外温的变化，表 3-1 还同时列出这三个房间室温及外温变化的特征参数。这三个房间中，房间 1 为多层住宅楼底层的南向卧室，房间 2 为高层住宅楼中间层的西向客厅，房间 3 为多层住宅楼顶层的南向卧室。

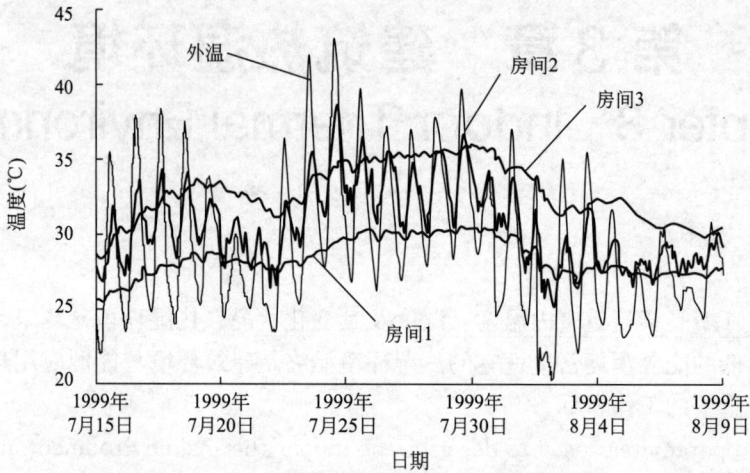

图 3-1　典型房间夏季室温与外温的逐时变化

典型房间夏季室温及外温的特征参数　　　　　　　　　　　　　　表 3-1

	平均值(℃)	最大值(℃)	最大日波幅(℃)	大于30℃小时数的百分比
外温	29.1	43.1	16.7	38.6%
房间 1 室温	28.6	30.5	1.6	20.8%
房间 2 室温	30.6	38.6	7.5	50.8%
房间 3 室温	33.0	36.0	2.1	98.5%

　　图 3-1 的温度变化曲线以及表 3-1 的数据结果表明三个房间的室内热环境存在显著差异。当外温高达 40℃以上时，房间 1 的室温最大不超过 30.5℃；相比较而言，其他两个房间的室温则明显高出很多，房间 2 的最大室温甚至高达 38.6℃，房间 3 的室温则在98.5%的测试时间内超过 30℃，最高达到了 36.0℃。

　　上述各个房间室温的显著差异说明了相同气候条件下通过围护结构得热量的明显不同。那么接下来的问题是通过围护结构得热量的变化规律是什么？或者说围护结构的热性能是如何影响得热量变化的？本章后续的第 1 至 4 节将针对此问题展开详细的分析说明。

3.1　通过非透光围护结构的热传递
3.1　Heat transfer through opaque skins

3.1.1　室外表面的传热
3.1.1　Heat transfer through exterior surface

1. 室外表面的热平衡
以外墙为例，不透光围护结构外表面一方面由于温差的存在与室外空气发生对流换热，另一方面吸收直接来自太阳和由地面反射的太阳直射和散射辐射，同时还与天空、地面及其他周围环境进行长波辐射热交换。这些对流、太阳辐射以及长波辐射得热会经外墙表面，以导热形式在墙体内部传至墙体内表面，最后传给室内空气。

Heat transfer through exterior surface consists of very complicated physical phenomena，with radiative，conductive，and convective heat transfer almost always occurring simultaneously. On the one hand，convective heat transfer will occur between exterior opaque surface and outdoor air due to a temperature difference. On the other hand，exterior opaque surface absorbs direct and diffuse solar radiation directly from the sun and that reflected by the ground，and emits long-wave radiation heat to the surrounding environments. After that，heat gains through exterior opaque surface will be transferred to inside of the opaque surface in the form of heat conduction，and finally to the indoor air.

墙体外表面的热平衡见图 3-2，由此得到单位面积的得热量为：

The heat balance at a sunlit surface gives the heat flux into the surface as：

$$q = Q_w + Q_e - Q_{lw}$$
$$= \alpha_{out}(t_{air} - t_w) + aI - Q_{lw} \tag{3-1}$$

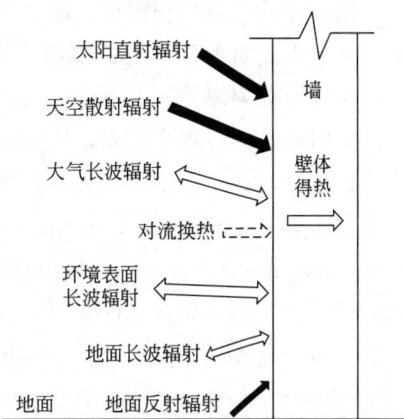

图 3-2   围护结构外表面的热平衡

式中 q——围护结构外表面得热量，W/m^2；

Q_w——围护结构外表面与室外空气的对流换热量，W/m^2；

Q_e——围护结构外表面吸收的太阳辐射热，W/m^2；

Q_{lw}——围护结构外表面与包括大气、地面在内的四周环境的长波辐射换热，W/m^2；

α_{out}——围护结构外表面的对流换热系数，$W/(m^2 \cdot ℃)$；

t_{air}——室外空气温度，℃；

t_w——围护结构外表面温度，℃；

a——围护结构外表面对太阳辐射的平均吸收率；

I——太阳辐射照度，W/m^2。

2. 室外空气综合温度

对公式（3-1）提取公因式，得到公式（3-2）：

$$q = \alpha_{out}\left[\left(t_{air} + \frac{aI}{\alpha_{out}} - \frac{Q_{lw}}{\alpha_{out}}\right) - t_w\right] \tag{3-2}$$

再令 $t_Z = t_{air} + \dfrac{aI}{\alpha_{out}} - \dfrac{Q_{lw}}{\alpha_{out}}$，则有：

$$q = \alpha_{out}(t_Z - t_w) \tag{3-3}$$

将 t_Z 定义为室外空气综合温度（Solar-air temperature）。室外空气综合温度是建筑热工设计领域非常重要的一个基本概念，它是相当于室外气温由自身的 t_{air} 增加了一个太阳辐射和长波辐射换热扰量的等效数值，为了计算方便推出的一个当量的室外温度，并非实际的室外空气温度。室外空气综合温度以单独一个参数的形式体现出外温、太阳辐射以及长波辐射换热等多个扰量对不透光围护结构外表面的综合热作用。

Solar-air temperature is the outdoor air temperature that，in the absence of all radiation changes，gives the same rate of heat entry into the surface as would the combination of incident solar radiation，radiant energy exchange with the sky and other outdoor surroundings，and convective heat exchange with outdoor air.

3. 太阳辐射热作用

当太阳照射到非透光围护结构外表面时，一部分会被反射，另一部分会被吸收。吸收的太阳辐射热和反射的太阳辐射热在照射太阳辐射热中的占比分别称为围护结构外表面对太阳辐射的吸收率和反射率，两者之和为 1。围护结构外表面对不同波长辐射的吸收具有选择性，特别是对太阳辐射可见光和近红外波段区的选择性更为显著。影响选择性差异的主要因素为围护结构表面的颜色和粗糙度。图 3-3 给出了不同类型表面对不同波长辐射的反射率。可以看出，黑色表面对各种波长的辐射几乎是全部吸收，而白色表面可以反射几乎 90% 的可见光，但对长波辐射基本可以做到全部吸收。总之，不透光围护结构的表面越粗糙，颜色越深，对太阳辐射的吸收率越高，反射率越低，但绝大多数材料表面对长波辐射的吸收率基本不随波长变化，在 0.9 左右。表 3-2 列举出各种主要建筑材料对太阳辐射的吸收率。

Solar radiation incident on the surface of opaque building envelope is partly reflected at the interface. Further，as this radiation passes through building envelopes，an additional fraction is absorbed because of the absorptive nature of the material. The reflectance and the absorptance of a layer are formally defined as the fractions of incident flux that reflect and are absorbed by the layer，respectively. Their sum equals unity.

The surfaces of opaque building envelopes do have strong spectral selectivity over the solar spectrum，especially in the wavelength region below 0.8 μm of visible light，so their spectral properties can not be considered constant. It greatly depends on the color and roughness of the surface of opaque building envelopes.

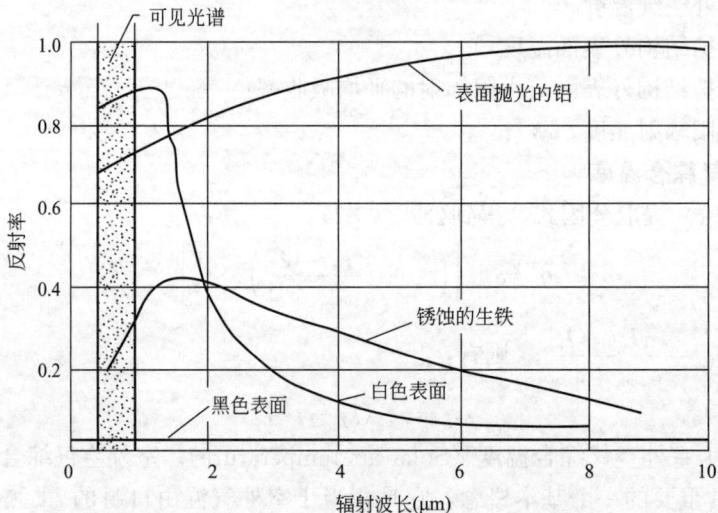

图 3-3　不同类型表面对不同波长辐射的反射率

各种材料的围护结构外表面对太阳辐射的吸收率 a　　　　　表 3-2

材料类别	颜色	吸收率 a	材料类别	颜色	吸收率 a
石棉水泥板	浅	0.72～0.87	红砖墙	红	0.7～0.77
镀锌薄钢板	灰黑	0.87	硅酸盐砖墙	青灰	0.45
拉毛水泥面墙	米黄	0.65	混凝土砌块	灰	0.65
水磨石	浅灰	0.68	混凝土墙	暗灰	0.73
外粉刷	浅	0.4	红褐陶瓦屋面	红褐	0.65～0.74
灰瓦屋面	浅灰	0.52	小豆石保护屋面层	浅黑	0.65
水泥屋面	素灰	0.74	白石子屋面		0.62
水泥瓦屋面	暗灰	0.69	油毛毡屋面		0.86

除围护结构材料自身的热性能外，围护结构材料表面对太阳辐射的吸收还会受到太阳辐射入射角的影响。这样，公式（3-1）的太阳辐射吸收率受太阳直射辐射、太阳散射辐射以及地面反射辐射共同影响后，取为墙体外表面对这三类太阳辐射的平均吸收率。之所以采用平均值，是因为天空散射辐射、地面反射辐射以及太阳直射辐射的入射角三者各有所不同，再有，地面反射辐射的途径更为复杂，反射强度还与地面的表面特性有关，这些使得围护结构外表面对太阳直射辐射、散射辐射和地面反射辐射有着不同的吸收率。

In addition to the thermal properties of building envelopes，the radiation incident angle on the surface exerts a significant impact on the reflectance and the absorptance of a layer. Furthermore，the radiation incident angle differs with each other for direct solar radiation，diffuse solar radiation and the solar radiation reflected by the ground. For these reasons，the coefficient a in Equation 3-1 is the equivalent absorptance of surface for these three types of solar radiations.

4. 夜间辐射

式（3-1）和式（3-2）中，围护结构外表面吸收的太阳辐射热在数量上会远大于围护结构外表面与周围环境包括天空大气、地面以及四周建筑物的长波辐射换热。因此，对于室外空气综合温度的计算，在日间去除长波辐射换热导致的误差会在可接受的范围内。然而，对于不存在太阳辐射热的夜间，尤其对于北方地区冬季供暖的情况，建筑围护结构外表面温度因室内供暖而升高，其对周围环境的长波辐射换热随之加大，进而导致该长波辐射换热在整个热平衡关系式中所占比重的加大。因此，不可以忽略夜间围护结构外表面与周围环境的长波辐射换热。该长波辐射换热也因此被称为夜间辐射。

如果仅考虑对天空的长波辐射和对地面的长波辐射换热，则有：

$$Q_{lw} = \sigma \varepsilon_w \left[(x_{sky} + x_g \varepsilon_g) T_{wall}^4 - x_{sky} T_{sky}^4 - x_g \varepsilon_g T_g^4 \right] \tag{3-4}$$

式中　ε_w——围护结构外表面对长波辐射的系统黑度，接近壁面黑度，即壁面的吸收率 a；

ε_g——地面的黑度，即地面的吸收率；

x_{sky}——围护结构外表面对天空的角系数；

x_g——围护结构外表面对地面的角系数；

T_{sky}——有效天空温度，见第 2 章，K；

T_g——地面温度，见第 2 章，K；

T_{wall}——围护结构外表面温度，K；

σ——斯蒂芬-玻尔兹曼常数，为 $5.67 \times 10^{-8} W/(m^2 \cdot K^4)$。

围护结构外表面与天空的长波辐射换热除受到温度影响外，还取决于角系数，这与外表面的形状、距离和角度都有关系，很难求解得出。对此往往采用经验数值，常用的一种方法是对于垂直表面近似取 $Q_{lw} = 0$，对于水平面取 $\dfrac{Q_{lw}}{\alpha_{out}} = 3.5 \sim 4.0 ℃$。

When surfaces receive long-wave radiation from the sky only, an appropriate value of ΔR (difference between long-wave radiation incident on surface from sky and surroundings and radiation emitted by blackbody at outdoor air temperature) is about $63 W/m^2$, and the long-wave correction term is usually about 4℃. Therefore, especially for the case of space heating in winter in northern China, the long-wave radiation exchange between the exterior surface of building envelope and the surrounding environment at night cannot be ignored.

When surfaces receive long-wave radiation from the ground and surrounding buildings as well as from the sky, accurate ΔR values are difficult to determine. When solar radiation intensity is high, surfaces of terrestrial objects usually have a higher temperature than the outdoor air; thus, their long-wave radiation compensates to some extent for the sky's low emittance. Therefore, it is common practice to assume a zero value for the long-wave correction term.

3.1.2　围护结构内部传热
3.1.2　Heat transfer within the envelope

1. 影响内部传热的围护结构热性能

建筑围护结构外表面的得热通过墙体、屋顶等不透光围护结构，通过导热到达围护结构内表面，在围护结构内的传热过程可看作是通过非均质板壁的一维不稳定导热过程，基于传热学的基本原理，通过不透光围护结构（墙体、屋顶）的导热微分方程如公式（3-5）：

In a building envelope, the heat gain of the exterior surface is conducted to the interior surface through opaque envelope assemblies such as walls, roofs, etc., which process can be considered as a one-dimensional transient heat conduction in the non-homogeneous slab. Governed by Fourier's law, heat transfer by conduction in an opaque building envelope can be described as follows:

$$\frac{\partial t}{\partial \tau} = a(x) \frac{\partial^2 t}{\partial x^2} + \frac{\partial a(x)}{\partial x} \frac{\partial t}{\partial x} \tag{3-5}$$

如果将边界定义为围护结构外侧，考虑太阳辐射、长波辐射换热和围护结构外侧与室外空气对流换热的作用，可给出围护结构外侧的边界条件如下：

$$\alpha_{out} [t_{a,out}(\tau) - t(0,\tau)] + Q_{sol} + Q_{lw} = -\lambda(x) \frac{\partial t}{\partial x}\Big|_{x=0} \tag{3-6}$$

式中　$a(x)$——墙体材料的导温系数，m^2/s；

τ——时间，s；

t——围护结构温度，℃；

α_{out}——围护结构外表面对流换热系数，W/(m² · ℃)；

$t_{a,out}(\tau)$——围护结构外侧的空气温度，℃；

$t(0,\tau)$——围护结构外表面的温度，℃；

Q_{sol}——围护结构外表面接收的太阳能辐射热量，W/m²；

Q_{lw}——围护结构外表面与包括大气、地面在内的四周环境的长波辐射换热，W/m²；

$\lambda(x)$——墙体材料的导热系数，W/(m · K)。

下标：

a——空气；

out——室外侧；

lw——长波辐射；

sol——太阳辐射。

考虑太阳辐射和长波辐射换热的作用，进而可利用室外空气综合温度 $t_Z(\tau)$ 对围护结构外侧的边界条件进行如下修改和调整：

$$\alpha_{out}\left[t_Z(\tau)-t(0,\tau)\right]=-\lambda(x)\frac{\partial t}{\partial x}\bigg|_{x=0} \tag{3-7}$$

导热微分方程式（3-5）和外侧边界条件式（3-6）和式（3-7）表明，针对外扰随时间变化的动态传热，通过不透光围护结构（墙体、屋顶）的热传导不仅与围护结构的热阻大小（围护结构导热系数及板壁厚度）有关，还同时取决于围护结构材料的蓄热特性，围护结构的蓄热特性由材料的导温系数所表征，根本上取决于材料的比热、密度及板壁的厚度，导温系数表征物体加热或被冷却时物体内部各部分温度趋向均匀一致的能力，物体的导温系数越大，物体内部各处的温度差别越小。围护结构的蓄热特性使得通过围护结构的传热量和温度的波动幅度与外扰波动幅度之间存在衰减和延迟的关系，见图 3-4。

It can be shown from equation 3-5 to equation 3-7 that，for dynamic heat transfer process of external disturbance over time，the heat transfer through opaque envelope assemblies is associated not only with the thermal resistance of building envelope but also with its heat storage characteristics. The heat storage characteristics of building envelope are characterized by the thermal diffusivity of materials，which depend on the specific heat，density，and thickness of slab. The thermal diffusivity is a material-specific property for characterizing unsteady heat conduction and describes how quickly building envelope reacts to a change in temperature. The higher the thermal diffusivity is，the faster the rate of heat transfer is through building envelope. Accordingly，the thermal mass of building envelopes and furniture will certainly introduce a thermal lag or time delay in the flow of heat from the exterior to the interior；and moderate the fluctuations of indoor temperature and the heat transfer.

建筑围护结构的保温隔热性能和蓄热性能对建筑室内热湿环境会产生重要影响。针对

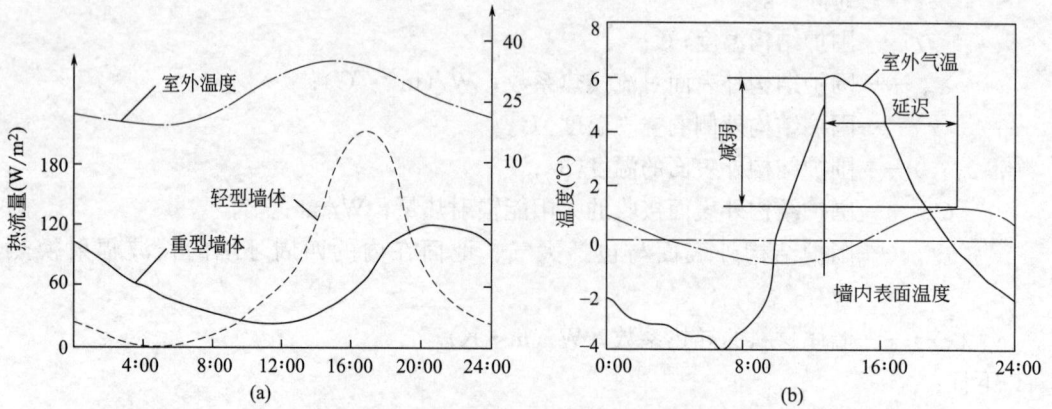

图 3-4　墙体的传热量与温度对外扰的响应
(a) 墙体得热与外扰之间的关系；(b) 墙内表面温度与外温的关系

冬季未供暖的情况，计算并分析对比围护结构热阻相同但蓄热能力不同，以及围护结构蓄热能力相同但热阻不同房间室温的变化。相类似，针对夏季未开空调的情况，计算并分析对比围护结构热阻相同但蓄热能力不同，以及围护结构蓄热能力相同但热阻不同房间室温的变化。具体结果如图 3-5 所示。可以看出，围护结构的热阻越大，其保温隔热性能越好，室内的热量越不容易散失出去，室内温度越容易保持在较高的水平，这有利于冬季的室内热环境，但在夏季容易造成过热。另一方面，围护结构的比热容量越大，蓄热能力就越强，室内温度波动的衰减越为显著，峰值出现的滞后时间越长，室内温度的稳定性越好，越不倾向于随外温而变化。对于墙体热阻较低的情况，围护结构蓄热性能的加大不利于冬季的室内热环境。

The thermal insulation and heat storage characteristics of building envelope have a significant impact on indoor thermal environment. On one hand，the higher the thermal resistance of building envelope，the better its insulation performance，which contributes to the reduction of heating demand in winter. On the other hand，the higher the specific capacity of building envelope，the stronger its heat storage capacity，which facilitates the stability of indoor temperature，creating a more significant time lag and dampening effect.

再有，对于图 3-1 的房间 1 和房间 2，尽管两个房间所在的建筑都为重型建筑，但室内温度相对于外温的衰减和延迟状况却显著不同。图 3-6 表示出测试期某日两个房间室温和外温的变化。该日的外温日较差为 14.8℃，外温在 14：30 达到最大。相比较，房间 2 的室温日较差降低为 6.9℃，峰值出现的时间滞后 2h。明显不同的是，房间 1 室温的日波动幅度则不超过 1.0℃，并且一天 24h 内几乎呈现单调上升的状态，至 24：00 达到最大。这主要是由于房间 2 的楼层位置高，四周没有阻挡物，房间室内外的通风换气充足；而房间 1 位于密集小区的底层，房间室内外的通风换气量很少。因此，围护结构蓄热性能对传入室内热流以及室温衰减和延迟的影响状况还取决于房间的通风换气状况，通风换气量的加大会削弱围护结构蓄热性能的影响。

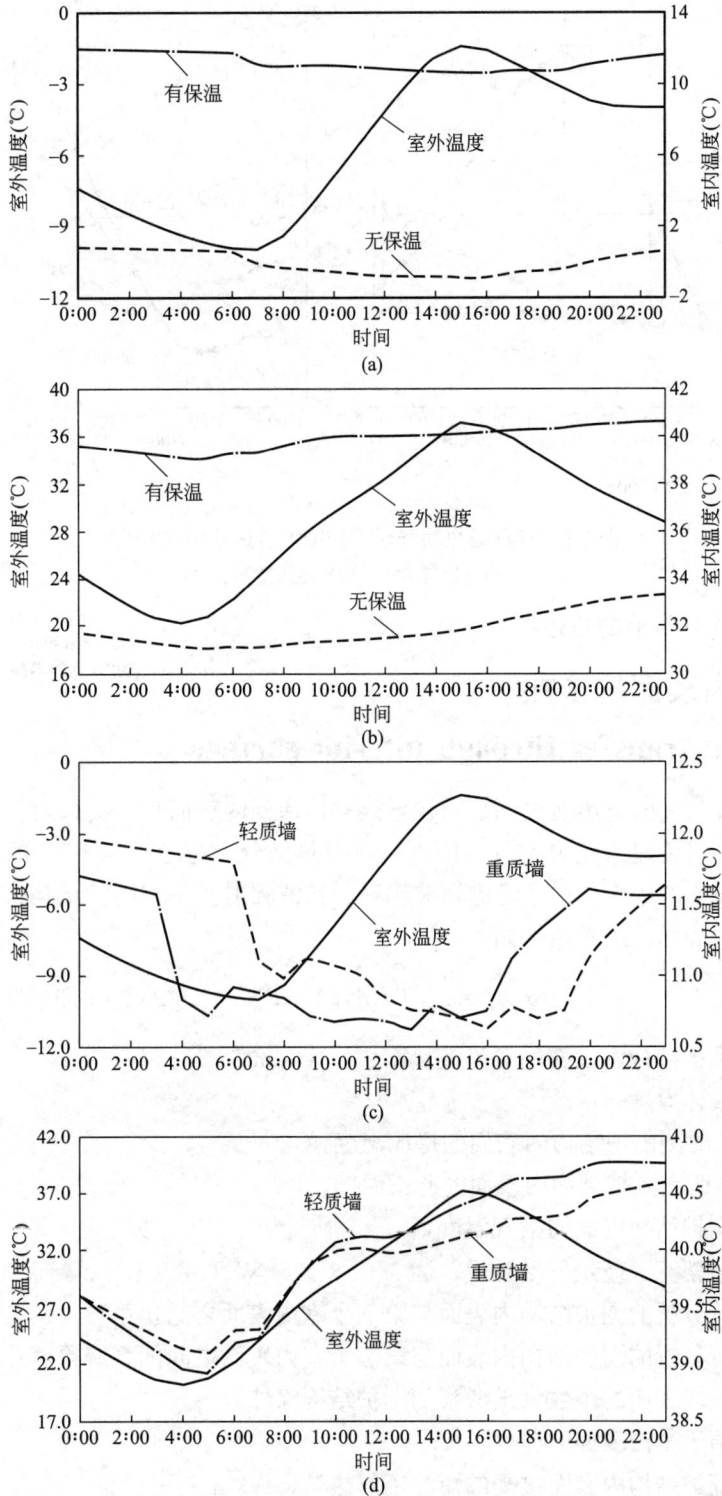

图 3-5 非供暖空调情况下不同保温和不同蓄热性能房间室温的变化

（a）不同保温性能房间冬季室温的对比；（b）不同保温性能房间夏季室温的对比；

（c）不同蓄热性能房间冬季室温的对比；（d）不同蓄热性能房间夏季室温的对比

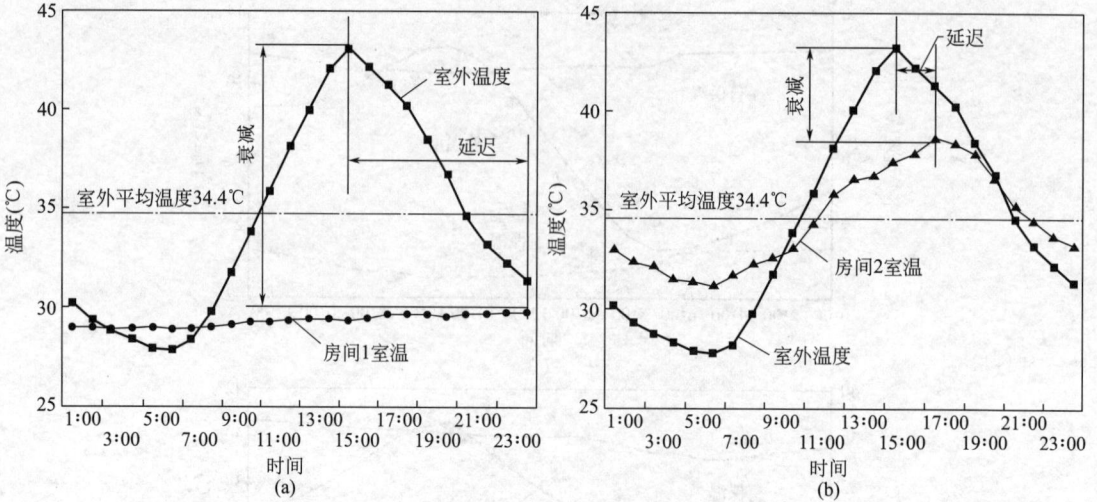

图 3-6　房间通风换气对围护结构蓄热效果的影响
（a）通风换气量小；（b）通风换气量大

2. 围护结构热性能的描述

📖 扫码阅读
（详见封底说明）

3.1.3　室内表面的传热

3.1.3　**Heat transfer through interior surface**

2. 围护结构热
性能的描述

　　围护结构外表面的得热通过围护结构导热，传递到内表面后，再以对流换热和长波辐射换热的形式最终传递给室内空气。因而，对导热微分方程公式（3-5）的求解还需要给出围护结构内表面的边界条件，考虑短波辐射、长波辐射换热和围护结构表面与室内空气的对流换热，内表面的边界条件如下：

$$\alpha_{in}\left[t(\delta,\tau)-t_{a,in}(\tau)\right]+\sigma\sum_{j=1}^{m}x_j\varepsilon_j\left[T^4(\delta,\tau)-T_j^4(\tau)\right]-Q_{shw}=-\lambda(x)\left.\frac{\partial t}{\partial x}\right|_{x=\delta} \qquad (3-8)$$

式中　α_{in}——围护结构内表面的对流换热系数，$W/(m^2\cdot℃)$；

　　　　δ——墙体厚度，m；

　　$t(\delta,\tau)$——τ 时刻围护结构内表面的摄氏温度，℃；

　　$T(\delta,\tau)$——τ 时刻围护结构内表面的开氏温度，K；

　　$t_{a,in}(\tau)$——围护结构内侧的空气温度，℃；

　　　　σ——斯蒂芬—玻尔兹曼常量，为 5.67×10^{-8} $W/(m^2\cdot K^4)$；

　　　　x_j——所分析的围护结构内表面与第 j 个室内表面之间角系数；

　　　　ε_j——所分析的围护结构内表面与第 j 个室内表面之间的系统黑度；

　　　　m——室内表面的个数（被考察的围护结构除外）；

　　$T_j(\tau)$——第 j 个内表面的温度，K；

　　Q_{shw}——围护结构内表面接受的短波辐射热量，W/m^2；

　　$\lambda(x)$——围护结构材料的导热系数，$W/(m\cdot K)$。

　　下标：

　　　　a——空气；

in——室内侧；

shw——短波辐射。

　　围护结构内侧的边界条件式（3-32）所描述的其实就是通过非透光围护结构的导热实际传入室内的热量，包括对流和辐射两个部分。这些热量到达围护结构内表面后，再通过对流和辐射的形式传给室内空气和室内其他表面。该边界条件式进一步表明，通过非透光围护结构的传热不仅取决于室内外环境参数以及围护结构板壁的热工性能，还要受到其他室内长波辐射热源以及短波辐射热源的影响。也就是说，室内其他围护结构、室内设备、家具和人体表面温度，以及照明灯具的辐射散热等都会影响到通过该围护结构传入室内的热量。作为示意，图 3-7 给出了室内辐射热源对通过墙体传入室内热量的影响。图中墙体内的实线表示的是在没有室内照明灯具热辐射时的墙体内部温度分布曲线，这是在室外空气综合温度 t_Z、室内空气温度 t_{in} 以及墙体本身热工性能共同作用下形成的，$Q_{wall, cond}$ 是此时通过该墙体传入室内的热量。

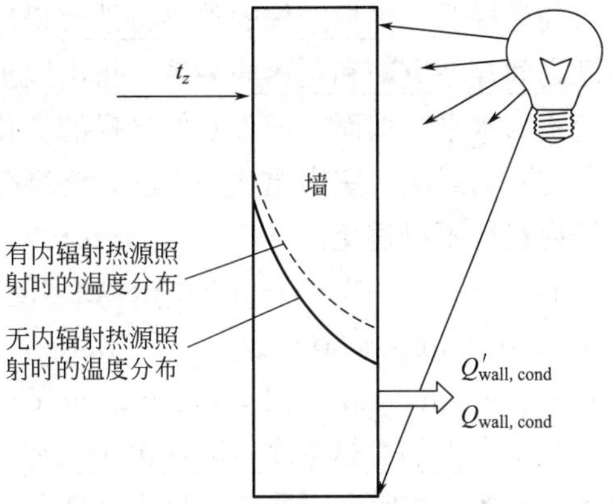

图 3-7　室内长波或短波辐射对
通过围护结构传热量的影响

在此基础上，如果有一个辐射热源如一个射灯的辐射热落在这面墙体的内表面上，就会导致墙体内表面温度的提高，从而提高整个墙体的温度分布曲线，如图 3-7 中的虚线，$Q'_{wall, cond}$ 成为有射灯情况下通过该墙体传入室内的热量。从图 3-7 中的墙体温度与室外空气综合温度 t_Z 的差值以及从墙体内侧的温度梯度就可以判断出，虽然室内外温度和墙体热工参数保持不变，当有额外的室内辐射热源时，由于传热温差的降低，从室外传入室内的热量变小了。如果用长波辐射热源替代图中的短波辐射热源（射灯），原理和结果也是一样的。

　　The boundary equation of heat transfer on the interior surface of building envelope represents the actual heat transfer into the room through opaque envelope assemblies, including convection and radiation heat exchange.

　　因此，即便室外参数和室内空气温度维持不变，通过非透光围护结构从室外进入室内的热量却可能是一个不确定的值，因为这个传热量不仅取决于室内外的环境参数和围护结构的热工参数，还取决于室内其他长波或短波辐射热源的强度。因而求解通过非透光围护结构的传热量是一个非常复杂的问题。

　　Therefore，even if the outdoor parameters and indoor air temperature remain unchanged，the amount of heat transfer from outdoors to indoors through opaque envelope assemblies may be an uncertain value. In fact，the heat transfer is not only related to the outdoor environments，indoor air temperature and the thermal properties of building envelope，but also influenced by other long-wave or short-wave radiations，which means that it is a complex issue to calculate the heat transfer through opaque envelope assemblies.

3.1.4 非透光围护结构热性能与热环境营造

3.1.4 Thermal performance of opaque envelopes and indoor thermal environment

1. 蓄热性能与间歇供暖

前已提及，围护结构的蓄热特性使得通过围护结构的传热量和温度的波动幅度与外扰波动之间存在衰减和延迟的关系，指出围护结构蓄热性能的增强有助于室温维持在一个较为稳定的水平。然而，随着室外气候的变化，对于实际的居住建筑，纵然存在围护结构蓄热所起到的影响，室内温度并无法始终维持在居住者所要求的温度水平上，供暖空调设施的开启运行不可避免。

The thermal storage properties of the building envelope help in maintaining the indoor temperature in a relatively steady range，controlling the temperature swing and reduces the energy consumption by shifting the peak load to the off-peak hours.

我国南方的夏热冬冷地区，由于气候条件、历史文化、生活习惯等多种因素的影响，该地区的冬季供暖和夏季空调呈现"部分时间、部分空间"的运行模式；再有，由于功能所限，影剧院、会议礼堂、体育场馆等公共建筑的供暖空调系统也处于间歇运行的状态。此时，供暖空调能耗不仅源于外墙热损失，还有一部分来自内墙等室内蓄热体的吸热。有研究表明在"部分空间、部分时间"的间歇供暖模式下，无论供暖间隔和持续时间如何分布，传到室外和邻室的热量以及供暖期间储存于围护结构内部的热量在间歇供暖房间总供暖能耗中均占有较大比例，并且相对于储存在墙体内部的蓄热量，直接传递到室外和邻室的热量占比较小，即蓄热能耗成为间歇供暖能耗的主要部分。由于围护结构内表面积通常远大于外围护结构，故其表面吸热引起的蓄热能耗明显大于后者。在内围护结构蓄热能耗中，地板和顶棚表面吸热造成蓄热能耗占比最大。因此，降低内围护结构表面蓄热量可以有效地降低供暖能耗，尤其对于夏热冬冷地区内冬季气候偏寒冷的区域（如上海）具有间歇供暖特征的建筑物。该地区室外空气温度低，供暖时间占比小，在每次停止供暖期间内，外围护结构和家具的温度降低明显，相应导致再次供暖时的蓄热能耗较大，更应设法降低围护结构材料层内表面蓄热系数。

In the hot summer and cold winter（HSCW）region of China，heating devices are commonly used in the way of "part time and part space，"（i. e.，occupants usually run heating devices only in the room they are using），which is different from the "full time and full space" pattern in north China. In this case，research results demonstrate that heat storage and release processes of the internal walls，roof and floor are major effects on the room heating load.

Results further suggest that，for the intermittently heated buildings，the thermal performance of walls with the thermal insulation layer placed at the room side is much better and therefore should be preferred，especially for the short daily heating cycles. For the intermittently heated room with heating duration shorter than 2h，the heating load of the internal walls increases linearly with the increase of the surface thermal absorption coefficient, which can be reduced by placing thermal insulation on the surface of the internal walls. When the heating duration is longer than 2h, the heating load of the internal walls grows linearly with the inside thermal storage coefficient, which can be reduced by increasing the thermal resistance of the thermal insulation or decreasing heat capacity of the internal walls.

2. 蓄热性能与夜间通风

围护结构的蓄热性一方面可以起到稳定室内温度的作用。另一方面，由于围护结构自身蓄热的作用，也会使得室温维持在一个较高的水平，并且难以降低。这对于冬季室内热环境的营造是有利的，但却不利于夏季室内温度的降低。

对此，可以通过其他的被动式技术手段（如夜间通风）来减少围护结构蓄热对夏季室内热环境带来的不利影响，进而实现对围护结构蓄热性能的合理利用。所谓夜间通风，是指在日间气温较高的过渡季和夏季，利用夜间周围环境的低温空气作为热容来将建筑围护结构构件中蓄存的热量排放到室外环境，从而降低室内空气温度和建筑构件温度，以改善室内舒适度的被动式降温技术。夜间通风的降温效果可通过无夜间通风和有夜间通风两种情况下房间温度的对比表示，如图 3-8 所示。夜间通风技术在我国和世界各地其他地区的办公和居住建筑中都得到广泛应用，尤其对于昼夜温差较大的地区，如地处我国北方的严寒和寒冷地区。

As a productive passive cooling technique, night ventilation is to utilize the relatively low-temperature ambient air during the nighttime by the natural or mechanical ventilation systems to cool down the indoor air as well as the building construction components to provide a heat sink for the following day. Night ventilation demonstrates a high potential for reducing cooling loads and improving thermal comfort.

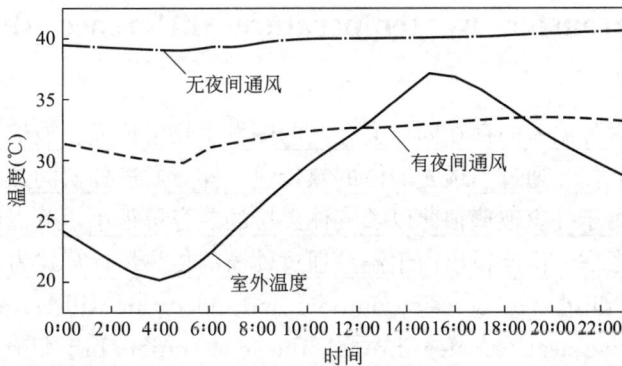

图 3-8　夜间通风的效果

国内外就夜间通风的降温效果及其特性开展了大量研究。相关研究表明，夜间通风可通过对建筑物的冷却，进而在时间上延缓建筑的空调制冷需求，并提高新风量的供给，从而节省空调制冷用电，有效减少对空调的需求。在一项关于克罗地亚萨格勒布和斯普利特的办公建筑夜间被动供冷潜力的研究中，分析计算出在大陆性气候下采用夜间通风被动供冷可节省年供冷能耗 43.5%，在海洋性气候下可节省年供冷能耗 32.2%，使萨格勒布和斯普利特的人工供冷周期分别缩短 21% 和 34%。在西安地区的夏季，当室外昼夜温差达到 6℃ 以上时，对办公建筑进行夜间通风同样可显现出降温效果。

A large number of studies have been undertaken to model and assess the effectiveness of night ventilation across a wide variety of climates and building types. Using heavy thermal masses in building walls is well known in moderate climates as means of regulating indoor temperature through nighttime ventilation. It is found that night ventilation is expected to cool down the building enough to delay the need for cooling by several hours and improve fresh air requirements，thus saving power for cooling，and effectively reducing the need for air conditioning. In one study to determine the potential of night passive cooling in an office building in Croatia-Zagreb and Split，savings of the annual cooling energy need with the cross ventilation passive cooling were calculated to be 43.5% for the continental climate，and 32.2% for the maritime climate，shortening the period with artificial cooling need by 21% in Zagreb and 34% in Split.

3.2　通过外窗的热传递
3.2　Heat transfer through glazing system

建筑外窗是建筑物采光通风以及居住者与外界环境沟通的重要通道，是建筑物的"眼睛"，也是建筑围护结构保温隔热最薄弱的部分。

External window can serve as a physical and/or visual connection to the outdoors，as well as a means to admit solar radiation for daylight and heat gain to a space.

3.2.1　通过外窗的温差传热
3.2.1　Heat transfer by temperature difference through glazing system

对于外窗，室内外温差的存在同样会在其两侧发生热量传递。玻璃和玻璃间的气体夹层本身有热容，因此，与通过不透光墙体的热传递一样，通过外窗的热传递理论上也会呈现衰减和延迟。但由于外窗玻璃很薄以及气体夹层的热容量很小，可以将通过外窗的热传递近似按稳态传热考虑，由此得出由于温差通过外窗的传热量计算式为：

A temperature difference between outdoor and indoor air will certainly result in conductive and convective heat transfer through the fenestration. In reality，the glass of the glazing unit is so thin that the ability of this thermal mass to store energy can be ignored. This leaves a simple steady-state heat transfer rate calculation through a fenestration system，i. e.，increasing linearly with the temperature difference across the fenestration as follows：

$$HG_{\text{wind,cond}} = K_{\text{wind}} F_{\text{wind}} (t_{\text{a,out}} - t_{\text{a,in}}) \tag{3-9}$$

式中　$HG_{\text{wind,cond}}$——通过外窗的传热得热量，W；

　　　K_{wind}——综合窗框和玻璃的外窗总传热系数，$W/(m^2 \cdot \text{℃})$；

　　　F_{wind}——外窗的总传热面积，m^2；

$t_{a,out}$——外窗室外侧的空气温度,℃；

$t_{a,in}$——外窗室内侧的空气温度,℃。

下标：

wind——外窗。

尽管上式右侧的温差给出的是外窗两侧的室内外空气温差，但室外空气通过外窗玻璃导热进入到室内的热量并不完全以对流换热的形式传给室内空气，而是其中一部分以长波辐射换热的形式传给室内其他表面，室外侧与环境之间同样有长波辐射热交换。因此，外窗传热系数 K_{wind} 构成中的室内、外侧换热系数不仅应包括对流换热部分，还应该包含长波辐射换热的折算部分。

Heat transfer between the glazing surface and its environment is driven not only by local air temperatures but also by radiant temperatures to which the surface is exposed. In this way, part of the overall thermal resistance of a fenestration system derives from convective, and radiative heat transfer between the exposed surfaces and the environment, and in the cavity between glazing layers. Accordingly, surface heat transfer coefficients at the outer and inner glazing surfaces, and in the cavity, combine the effects of radiation and convection.

3.2.2　窗户类型及其传热性能

3.2.2　Types of glazing system and their thermal performance

外窗包括玻璃、框架、隔热、竖梃、窗格条、隔板以及室内和室外遮阳设备，如百叶窗、窗帘、卷帘、灯架、金属格栅和遮阳篷。外窗的传热性能主要取决于玻璃的材料和构造以及窗框型材和形式，这些又都与窗户类型有关。

Fenestration components include glazing material, either glass or plastic; framing, insulation, mullions, door bars, dividers; and indoor and outdoor shading devices such as louvered blinds, drapes, roller shades, light shelves, metal grills, and awnings.

目前常用的窗框主要采用 PVC 塑料和铝合金两类型材，少部分为木框和钢框。PVC 塑料型材的导热系数小，具有良好的节能效果，但单纯塑料窗框的抗风压性能和支撑强度不够。对此，目前多采用在空心多腔的塑料型材内，穿插增强型钢衬并经机械热熔焊接而成的塑钢窗框，从而在保温以及抗压两方面达到较好的结合。相比较，铝合金窗框具有很好的美观性、抗老化性和抗风压强度，但其保温性能较低，目前主要采用断热桥技术以解决其保温性的问题。最为典型的做法是注胶断热冷桥技术，其基本原理是将铝合金型材分成内外两个整体看待，两者之间利用一种特殊配方的高分子绝缘聚合物——断热胶进行结合。从而在铝合金型材的内、外侧之间形成有效断热层，使通过外窗框型材散失热量的途径被阻断，达到高效的断热目的。

The three main categories of fenestration framing materials are wood, metal, and polymers. Wood has good structural integrity and insulating value but low resistance to weather, moisture, warpage, and organic degradation (from mold and insects). Metal is durable and has excellent structural characteristics, but it has very poor thermal performance. The metal of choice in fenestration is almost exclusively aluminum alloy, because of its ease of manufacture, low cost, and low mass, but aluminum alloy has a thermal conductivity roughly 1000 times that of wood or polymers. Steel is sometimes used. Although lower in its thermal conductivity, the overall U-factor of a steel frame is similar to that of an aluminum frame of the same geometry. The poor thermal performance of metal-frame fenestration can be improved with a thermal break (a nonmetal component that separates the metal frame exposed to the outdoors from the surfaces exposed to the indoors). However, to be most effective, there must be thermal breaks in all operable sashes as well as in the frame. Polymer frames are made of extruded vinyl [unplasticized PVC (UPVC)] or pultruded fiberglass (glass-reinforced polyester). Their thermal and structural performance is similar to that of wood. Vinyl frames for large fenestration must be reinforced, which degrades their thermal performance slightly and substantially increases their weight. Polymer frames are generally hollow and thus can also be filled with polyurethane insulation, which reduces convective and radiative heat transfer, thereby achieving a better thermal performance than wood.

　　中空玻璃是指将两层或多层平板玻璃以有效支撑均匀隔开并周边粘结密封，使玻璃层间形成有干燥气体（空气或惰性气体）空间的高效隔热隔声的玻璃制品。中空玻璃主要利用干空气的低导热性能来实现保温，因而干燥剂是保证玻璃平板间空气干燥以及中空玻璃保温隔热性能的关键。再有，当玻璃间层的厚度大于 13mm 后，玻璃间层空气的自然对流开始凸显，自然对流的出现将对空气层厚度增加的导热热阻产生抵消作用，使得中空玻璃的传热系数基本不随玻璃间层厚度而变化，见图 3-9。因此，中空玻璃两层平板玻璃的间隔（空气层厚度）不超过 12mm，通常采用 6mm、9mm、12mm。

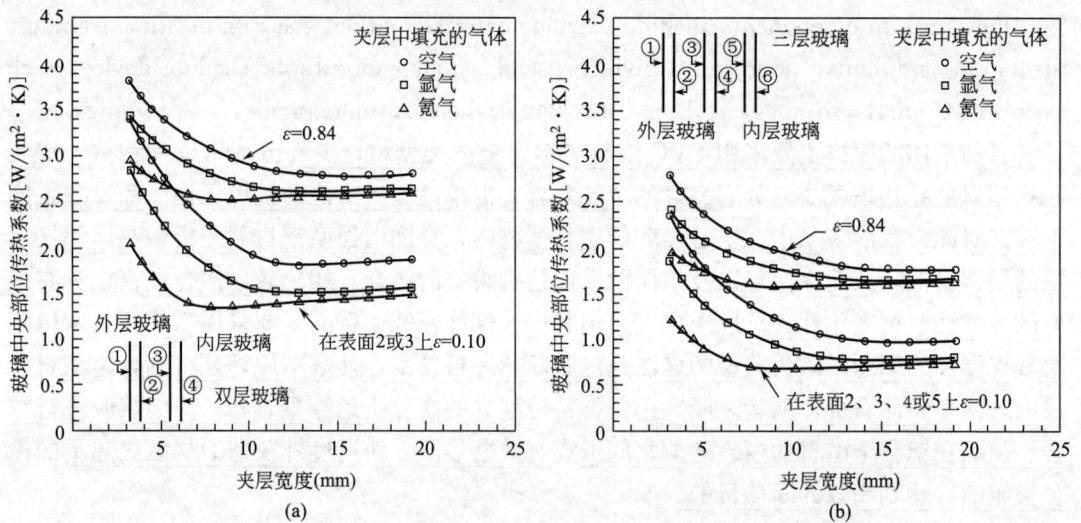

图 3-9　中空玻璃传热系数随玻璃间层厚度的变化
（a）双层玻璃；（b）三层玻璃

Double glazing system refers to the glazing unit consisting of two or more glazing layers that are held apart by an edge seal of width 6mm，9mm or 12mm. The main requirements of the edge seal are to exclude moisture，provide a desiccant for the sealed space，and retain the glazing unit's structural integrity. Further，the edge seal isolates the cavity between the glazing materials，thereby reducing the number of surfaces to be cleaned，and creating an enclosure suitable for nondurable Low-e coatings and/or fill gases. The edge seal is composed of a spacer，single-or multilevel sealant，and desiccant. Desiccants are used to absorb moisture trapped in the glazing unit during assembly or that gradually diffuses through seals after construction. In addition，fill gases such as argon，krypton，and xenon are used in lieu of air in the gap between glass panes. These fill gases reduce convective heat transfer across the glazing cavity. Krypton and xenon also reduce gap width，because their optimal gap widths are nearly half that of air.

Fig. 3-9 shows the effects of gas space width on coefficient of heat transfer for vertical double and triple-glazing units. U-factors are plotted for air，argon，and krypton fill gases and for high (uncoated) and low (coated) values of surface emissivity. The optimum gas space width is 13mm for air and argon，and 8 mm for krypton. Greater widths have no significant effect on U-factor. Moreover，greater glazing unit thicknesses decrease the U-factor of the glazing unit because the length of the shortest heat flow path through the frame increases.

除导热和对流换热外，长波辐射换热也是重要的热传递方式。就此，将具有低红外发射率、高红外反射率的金属（铝、铜、银、锡等）采用真空沉积技术，在普通玻璃表面沉积一层极薄的金属涂层，这样就制成了低辐射玻璃，也称为 Low-e（low-emissivity）玻璃。这种玻璃外表面看上去是无色的，就透光性而言，可见光透射率可以保持在 70%～80%，但其传热系数相比较普通玻璃却显著降低。其原理在于 Low-e 玻璃具有对长波辐射的低发射率和高反射率。普通玻璃的长波红外辐射发射率即吸收率为 0.84，而 Low-e 玻璃可低达 0.1，其对太阳辐射的透射和反射特性见图 3-10。

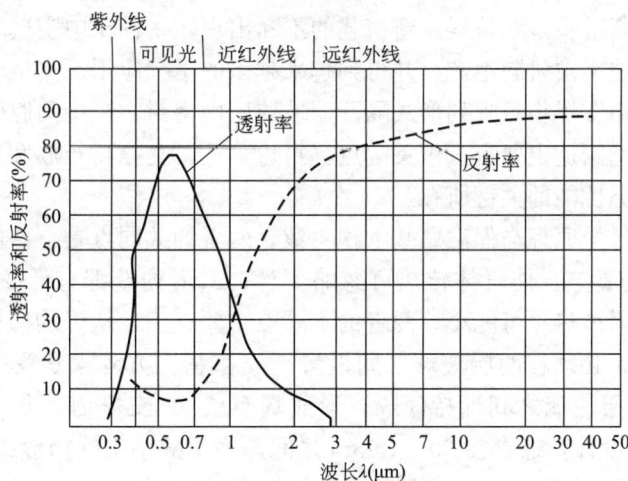

图 3-10　Low-e 玻璃对太阳辐射的透射和反射性质

在冬夜，玻璃一方面吸收了室内表面的长波辐射热，另一方面又被室内空气加热使其具有较高的表面温度，因此会向室外低温环境以长波辐射的方式散热。对于 Low-e 玻璃，由于其对长波辐射的低发射率、低吸收率和高反射率，能够有效地将室内长波辐射热反射回室内；同时低长波发射率保证 Low-e 玻璃对室外环境的长波辐射散热量也大大减小。相类推，在炎热的夏季，低长波发射率使得 Low-e 玻璃被室外空气和太阳辐射加热后向室内进行长波辐射的散热量也会显著减少。这种长波辐射的传热量可以折合到玻璃的总传热量中，长波辐射换热系数也可以折合在总传热系数中，最终使 Low-e 玻璃的总传热系数得以有效降低。Low-e 玻璃是当前节能玻璃发展的主导品种。

Clear glazing material transmits more than 75% of the incident solar radiation and more than 85% of the visible light. Body-tinted glass containing a pigment is available in many colors, all of which differ in the amount of solar radiation and visible light they transmit and absorb. Some coated glazing materials are highly reflective, whereas others have very low reflectance. Some spectrally selective glazing products include coatings that have a visible light transmittance more than double their solar transmittance; they are desirable for good daylighting while minimizing cooling loads.

Coatings that reduce radiant heat exchange are called low-emissivity (Low-e) coatings. The term "Low-e" refers to a low emissivity over the long-wavelength portion of the spectrum. Kirchhoff's law shows that low emissivity means low absorptance. Because of the conservation of energy, low long-wave absorptance means high long-wave reflectance and low transmittance as well. This is the principle of operation of the Low-e coating on glass. Such a coating has high transmittance over the entire solar spectrum, producing high solar heat gain while being highly reflective to long-wave infrared radiation emitted by the indoor surfaces, reflecting this radiation inward.

Low-e coated glass is energy efficient, improves daylighting potential, and enhances occupant comfort. Thus, it is now used in the vast majority of fenestration products. Low-e coatings are typically applied to one of the protected internal surfaces of the glazing unit.

随着技术的不断进步，新材料、新工艺的不断出现，一种比中空玻璃保温性能更好的新型玻璃——真空玻璃被研制生产，并得到越来越多的工程应用。真空玻璃是在两片或两片以上的玻璃之间用支撑物呈阵列形式隔开，玻璃四周密封，在中间腔体内形成真空层的玻璃制品。真空玻璃制造主要有三个关键点：封边工艺、支撑物布放和真空获取，这三点是保证真空玻璃保温性能的关键所在。

真空玻璃的热传导原理与保温瓶基本相一致。两者的共同点是，两层玻璃的夹层均为气压低于 10^{-1} Pa 的真空，使气体传热可忽略不计；二者内壁都有低发射率的辐射镀膜，使得两层玻璃的辐射传热尽可能小。两者的不同点主要在于，从可均衡抗压的圆筒形或球形保温瓶变成平板，必须在两层玻璃之间设置"支撑物"方阵来承受每平方米约 10t 的大气压，才可使两层玻璃之间保持间隔，形成真空层。"支撑物"方阵间距根据玻璃板的厚度及力学参数设计，通常在 20～40mm 之间。为了减小支撑物形成的"热桥"传热，并尽量降低肉眼的可辨识度，支撑物直径通常低至 0.3～0.5mm，高度在 0.1～0.2mm 之间。

表 3-3 表示出部分常用窗户的构造和传热性能。

常用窗户的构造和传热性能

表 3-3

窗框型材	窗户类型	空气层厚度（mm）	玻璃厚度（mm）	传热系数 $[W/(m^2 \cdot K)]$
钢、铝	单框单玻	—	6	6.4
	单框 Low-e 单玻		6	5.8
	单框中空	6	6	4.3
		9	6	4.1
		12	6	3.9
	双层窗	100～140	6	3.5
	单框中空断热桥	6	6	3.3
		12	6	3.0
	单框 Low-e 中空断热桥	12	6	2.6
	断热桥 Low-e 中空充惰性气体	9～12	6	2.2
塑料、木	单框单玻	—	6	4.7
	单框 Low-e 单玻		6	4.1
	单框中空	6	6	3.4
		9	6	3.2
		12	6	3.0
	双层窗	100～140	6	2.5
	单框 Low-e 中空	9～12	6	2.2
	单框 Low-e 中空充惰性气体	9～12	6	1.7

窗框型材	真空玻璃结构	Low-e	支撑物间距（mm）	传热系数 $[W/(m^2 \cdot K)]$
真空玻璃	无 Low-e 真空玻璃	无 Low-e	40	2.15
	单 Low-e 真空玻璃	单银	40	0.78
	单 Low-e 真空玻璃	双银	40	0.53
	单 Low-e 真空玻璃	三银	40	0.39

3.2.3 通过半透光薄层的太阳辐射得热

3.2.3 Solar heat gains through glazing layer

1. 半透光薄层对太阳辐射的热作用

半透光薄层对太阳光线有一定的阻隔作用。当太阳光射线照到两侧均为空气的半透光薄层时，射线要通过两个分界面才能从一侧透射到另一侧，在空气与玻璃两种介质之间的界面处部分透射和部分反射，并在通过玻璃的过程中，会被玻璃吸收，如图 3-11 所示。阳光从空气入射到玻璃薄层，首先要通过第一个分界面，以 r 代表空气—半透光薄层界面的反射百分比，a_0 代表太阳射线单程通过半透光薄层的吸收百分比，由于分界面的反射作用，只有 $(1-r)$ 的辐射能可以进入半透光薄层。再经半透光薄层的吸收作用，有 $(1-r)(1-a_0)$ 的辐射能可以达到第二个分界面。再由于第二个分界面的反射作用，只有 $(1-r)^2(1-a_0)$ 的辐射能可以进入另一侧的空气，其余 $(1-r)(1-a_0)r$ 的辐射能又被反射回去，再经过玻璃吸收以后，抵达第一分界面……如此反复。

Radiation passing from one medium into another is partly transmitted and partly reflected at the interface between the two media. Further, as this radiation passes through either medium, an additional fraction is absorbed because of the absorptivity of the material.

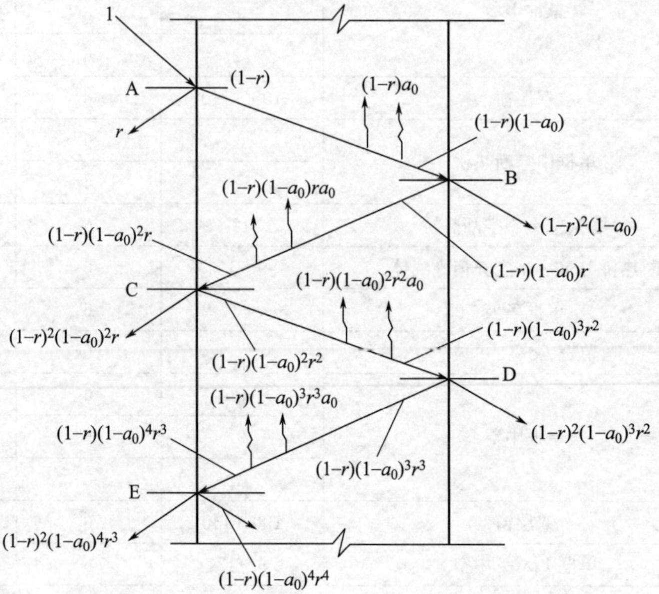

图 3-11　单层半透光薄层中太阳光射线的行程

因此，太阳光射线入射到单层半透光薄层时，单层半透光薄层对于太阳辐射的总反射率、总吸收率和总透射率是太阳光线在半透光薄层内进行反射、吸收和透过的无穷次反复之后的无穷多项之和。

Accordingly, the transmittance, reflectance, and absorptance of the glazing layer contain the effects of multiple reflections between the two interfaces of the layer as well as the effects of absorption during the passage through the layer of each interreflection.

半透光薄层的总吸收率为：

$$a = a_0(1-r)\sum_{n=0}^{\infty} r^n (1-a_0)^n = \frac{a_0(1-r)}{1-r(1-a_0)} \tag{3-10}$$

半透光薄层的总反射率为：

$$\rho = r + r(1-a_0)^2(1-r)^2 \sum_{n=0}^{\infty} r^{2n}(1-a_0)^{2n} = r\left[1 + \frac{(1-a_0)^2(1-r)^2}{1-r^2(1-a_0)^2}\right] \tag{3-11}$$

半透光薄层的总透射率为：

$$\tau = (1-a_0)(1-r)^2 \sum_{n=0}^{\infty} r^{2n}(1-a_0)^{2n} = \frac{(1-a_0)(1-r)^2}{1-r^2(1-a_0)^2} \tag{3-12}$$

同理，当太阳光线入射到双层半透光薄层时，其总反射率、总透射率和各半透光薄层的吸收率也可以用类似方法求得。

双层半透光薄层的总透射率为：

$$\tau = \tau_1\tau_2\sum_{n=0}^{\infty}(\rho_1\rho_2)^n = \frac{\tau_1\tau_2}{1-\rho_1\rho_2} \tag{3-13}$$

双层半透光薄层的总反射率为：

$$\rho = \rho_1 + \tau_1^2\rho_2\sum_{n=1}^{\infty}(\rho_1\rho_2)^n = \rho_1 + \frac{\tau_1^2\rho_2}{1-\rho_1\rho_2} \tag{3-14}$$

第一层半透光薄层的总吸收率为：

$$a_{c1} = a_1\left(1 + \frac{\tau_1\rho_2}{1-\rho_1\rho_2}\right) \tag{3-15}$$

第二层透光薄层的总吸收率为：

$$a_{c2} = \frac{\tau_1 a_2}{1-\rho_1\rho_2} \tag{3-16}$$

式中　τ_1、τ_2——分别为第一、第二层半透光薄层的透射率；

ρ_1、ρ_2——分别为第一、第二层半透光薄层的反射率；

a_1、a_2——分别为第一、第二层半透光薄层的吸收率。

公式（3-10）～式（3-16）所用到的空气—半透光薄层界面的反射百分比 r 与太阳光线的入射角和波长有关，可用以下公式计算：

$$r = \frac{I_P}{I} = \frac{1}{2}\left[\frac{\sin^2(i_2-i_1)}{\sin^2(i_2+i_1)} + \frac{\tan^2(i_2-i_1)}{\tan^2(i_2+i_1)}\right] \tag{3-17}$$

式中，i_1 和 i_2 分别为太阳光线入射角和折射角，见图 3-12，入射角和折射角的关系取决于半透光薄层和空气的性质，即与这两种介质的折射指数 n 有关，具体可用公式（3-18）表示。空气的平均折射指数为1.0，在太阳光谱的范围内，玻璃的平均折射指数为1.526。

$$\frac{\sin i_2}{\sin i_1} = \frac{n_1}{n_2} \tag{3-18}$$

再有，太阳光射线单程通过半透光薄层的吸收百分比 a_0 取决于对应其波长的材料的消光系数 K_{sol} 以及太阳光射线在半透光薄层中的行程 L，具体可通过公式（3-19）进行计算：

$$a_0 = 1 - \exp(-K_{sol}L) \tag{3-19}$$

图 3-12　空气—半透光薄层
界面的反射和折射

在太阳光谱主要范围内，普通窗玻璃的消光系数 $K_{sol} \approx 0.045$，水白玻璃的消光系数 $K_{sol} \leqslant 0.015$；行程 L 与入射角和折射指数有关。

The layer has a thickness and is characterized by reflectivity r of each of the two surfaces and by the absorptivity a_0 of the glazing layer of thickness d. In general, r and a_0 are characteristics of the interface between the material and the adjacent medium; they may in principle be different for the two surfaces (e. g., for a coated surface, or where a material layer is adjacent to another material rather than air).

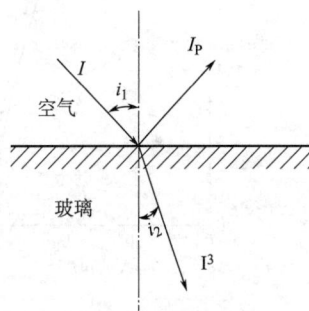

　　式（3-17）～式（3-19）表明，空气—半透光薄层界面的反射百分比和太阳光射线单程通过半透光薄层的吸收率最终取决于太阳光线的入射角以及半透光薄层的自身特性（消光系数和半透光薄层的厚度）。针对特定的半透光薄层，则只与入射角有关。这样，半透光薄层对太阳辐射的总吸收率、总反射率和总透射率都只随太阳光射线的入射角改变。图 3-13 表示出 3mm 和 6mm 厚白玻璃和 6mm 厚着色玻璃对太阳辐射的总吸收率、总反射率和总透射率与入射角之间的关系曲线。由图可见，当入射角大于 60°时，透射率会急剧减少，反射率则显著增大，吸收率则是在入射角大于 70°后急剧降低。

　　The interfacial properties r and a_0, and consequently the glazing layer properties of transmittance，reflectance，and absorptance also depend on the incident angle i of the radiation incident on the layer. Fig. 3-13 shows the optical properties of three types of window glass as a function of incidence angle and compares the effects of glasses thickness and composition. As the incident angle increases from zero，transmittance decreases，reflectance increases，and absorptance first increases because of the lengthened optical path and then decreases as more incident radiation is reflected. Moreover，although the shapes of the property curves are superficially similar，note that both the magnitude of the transmittance at normal incidence and the angle at which the transmittance changes significantly vary with glass type and thickness.

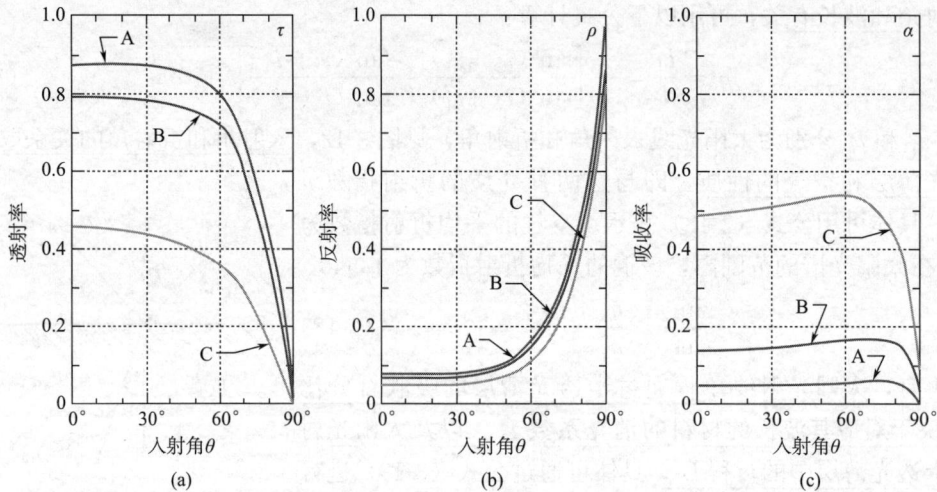

图 3-13　不同类型玻璃对太阳辐射总吸收率、反射率和透射率随太阳光线入射角的变化
注：A 为 3mm 厚白玻璃，B 为 6mm 厚白玻璃，C 为 6mm 厚着色玻璃；
图（b）中位置上、中、下的三条线分别对应 A、B、C 三种玻璃类型。

2. 通过标准玻璃的太阳辐射得热

　　太阳光线入射到半透光薄层（如玻璃）表面后，一部分被反射掉，不会成为房间的得热；一部分直接透过半透光薄层进入室内，成为房间得热量；还有一部分被半透光薄层吸收，吸收的热量使半透光薄层的温度升高，其中一部分将以对流和辐射的形式扩散到室外，而另一部分同样以对流和辐射的形式传入室内，进而成为房间的得热。这样，通过半透光薄层的太阳辐射得热应包括透过的全部和吸收的一部分。太阳直射和散射光线方向的不同导致太阳直射和散射光线对半透光薄层入射角的变化。因此，对太阳直射和散射辐射得热两者应该区分计算。

Fenestration solar heat gain has two components. First is directly transmitted solar radiation. The quantity of radiation entering the fenestration directly is governed by the solar transmittance of the glazing system，and is determined by multiplying the incident irradiance by the glazing area and its solar transmittance. The second component is the inward flowing fraction of absorbed solar radiation，radiation that is absorbed in the glazing and framing materials of the fenestration，some of which is subsequently conducted，convected，or radiated to the interior of the building.

这样，透过单位面积半透光薄层（如玻璃）的太阳辐射得热量为：

$$HG_{\text{glass},\tau} = I_{\text{Di}}\tau_{\text{Di}} + I_{\text{dif}}\tau_{\text{dif}} \tag{3-20}$$

进一步假定半透光薄层（如玻璃）吸热后，其两侧表面与周围空气的温差相等，则可推导得出由于玻璃吸收而进入到室内的太阳辐射热量为：

$$HG_{\text{glass},a} = \frac{R_{\text{out}}}{R_{\text{out}} + R_{\text{in}}}(I_{\text{Di}}a_{\text{Di}} + I_{\text{dif}}a_{\text{dif}}) \tag{3-21}$$

式中　　$HG_{\text{glass, a}}$——半透光薄层的太阳辐射吸收热，W/m^2；

$\qquad HG_{\text{glass, }\tau}$——半透光薄层的太阳辐射透射热，$\text{W/m}^2$；

$\qquad I_{\text{Di}}$——太阳直射辐射照度，W/m^2；

$\qquad I_{\text{dif}}$——太阳散射辐射照度，W/m^2；

$\qquad \tau_{\text{Di}}$——半透光薄层的太阳直射辐射透射率；

$\qquad \tau_{\text{dif}}$——半透光薄层的太阳散射辐射透射率；

$\qquad a_{\text{Di}}$——半透光薄层的太阳直射辐射吸收率；

$\qquad a_{\text{dif}}$——半透光薄层的太阳散射辐射吸收率；

$\qquad R_{\text{out}}$——半透光薄层室外侧的表面换热热阻，$\text{m}^2 \cdot \text{℃/W}$；

$\qquad R_{\text{in}}$——半透光薄层室内侧的表面换热热阻，$\text{m}^2 \cdot \text{℃/W}$。

由于包括玻璃在内的半透光薄层的种类繁多，而且厚度不同，颜色也不同，所以通过同样面积大小半透光薄层的太阳辐射得热量会有所变化。为了便于比较，同时简化计算，常以某种类型和厚度的玻璃作为标准透光材料，取其在无遮挡条件下的太阳辐射得热量作为标准太阳得热，用符号 SSG（Standard Solar Heat Gain）来表示，单位为 W/m^2。当采用其他类型和厚度的透光材料，只对标准玻璃的太阳辐射得热量进行修正即可。目前我国、美国和日本均采用 3mm 厚的普通玻璃作为标准透光材料，我国标准玻璃的法向入射透射率为 0.8，反射率为 0.074，吸收率为 0.126。美国标准玻璃的法向入射透射率为 0.86，反射率为 0.08，吸收率为 0.06。

根据式（3-20）和式（3-21），可得出入射角为 i 时标准玻璃的太阳辐射得热量 SSG（W/m^2）为：

$$\begin{aligned}
SSG &= (I_{\text{Di}}\tau_{\text{Di}} + I_{\text{dif}}\tau_{\text{dif}}) + \frac{R_{\text{out}}}{R_{\text{out}} + R_{\text{in}}}(I_{\text{Di}}a_{\text{Di}} + I_{\text{dif}}a_{\text{dif}}) \\
&= I_{\text{Di}}\left(\tau_{\text{Di}} + \frac{R_{\text{out}}}{R_{\text{out}} + R_{\text{in}}}a_{\text{Di}}\right) + I_{\text{dif}}\left(\tau_{\text{dif}} + \frac{R_{\text{out}}}{R_{\text{out}} + R_{\text{in}}}a_{\text{dif}}\right) \\
&= I_{\text{Di}}g_{\text{Di}} + I_{\text{dif}}g_{\text{dif}} = SSG_{\text{Di}} + SSG_{\text{dif}}
\end{aligned} \tag{3-22}$$

式中　g_{Di}——标准太阳直射辐射得热率；

　　　g_{dif}——标准太阳散射辐射得热率；

　SSG_{Di}——标准太阳直射辐射得热，W/m^2；

　SSG_{dif}——标准太阳散射辐射得热，W/m^2。

此外，欧美国家多用太阳辐射得热系数 $SHGC$（Solar Heat Gain Coefficient）来描述玻璃窗或玻璃幕墙的热工性能。太阳辐射得热系数 $SHGC$ 涉及直接透过玻璃进入室内的太阳辐射得热和被玻璃吸收后又传入室内的得热两部分，其定义为：

$$SHGC = \tau + \sum_{k=1}^{n} N_k a_k \tag{3-23}$$

式中　τ——玻璃的太阳辐射总透射率；

　　　a_k——第 k 层玻璃的吸收率；

　　　n——玻璃的层数；

　　　N_k——第 k 层玻璃吸收的太阳辐射向室内传导的比率。

$SHGC$ 是一个无量纲的量。实际上 $SHGC$ 数值的大小与太阳辐射的入射角有关，最复杂的是玻璃吸收的太阳辐射向室内传导的比率与室内的状况有关，即与内、外表面对流换热系数、玻璃窗总传热系数、室内空间形状和室内表面的长波辐射特性有关。目前对此很难加以精确求解，在一般工程应用中，采用的是特定参数条件下的 $SHGC$ 值作为玻璃窗的评价指标，即指定对流换热系数和传热系数，不包含长波辐射的影响。基于太阳得热系数 $SHGC$，通过透光外围护结构（外窗）的瞬态得热量 Q 可以计算确定。具体为：

$$Q = K_{wind} F_{wind} \left[t_{a,out}(\tau) - t_{a,in}(\tau) \right] + (SHGC) F_{wind} I \tag{3-24}$$

The concept of the solar heat gain coefficient（$SHGC$）is best shown for the case of a single glass pane in direct sunlight. If E_D is the direct solar irradiance incident on the glass，with τ the solar transmittance，a the solar absorptance，and a_n the inward-flowing fraction of the absorbed radiation，then the total solar gain（per unit area，W/m^2）S_g that enters the space because of incident solar radiation is as follows：

$$S_g = E_D(\tau + aa_n) \tag{3-25}$$

The quantity in parenthesis in Equation（3-23）is called the solar heat gain coefficient（$SHGC$）. The total solar gain power per unit area（from direct beam radiation）can therefore be determined by the product of $SHGC$ and the solar irradiance incident on the glass.

The $SHGC$ is needed to determine the solar heat gain through a fenestration's glazing system，and should be included along with U-factor and other instantaneous performance properties in any manufacturer's description of a fenestration's energy performance. Moreover，because the optical properties of solar transmittance and solar absorptance vary with the angle of incidence and wavelength，the solar heat gain coefficient is also a function of these variables.

3. 2. 4　太阳能合理利用
3. 2. 4　Effective utilization of solar energy

1. 被动式太阳能供暖

太阳能是人们熟知的一种取之不尽，用之不竭，无污染且价廉的能源。对太阳能的充分利用无疑有助于提高和改善建筑冬季的室内热环境，进而降低冬季供暖能耗。因而，太阳能供暖技术在建筑热环境的营造中始终是关键所在。

太阳能供暖技术一般分为"主动式"和"被动式"两种。"主动式"太阳能技术是将太阳能在集热器中转化为热能，进而随着流体工质的流动，通过蓄热器、管网、散热设备以及泵与风机，最后输送到室内，泵和风机的运转需要外界提供机械动力。与之相对照的，"被动式"太阳能技术则是不借助于外在的机械动力，而是通过建筑形式的合理设计，包括朝向和周围环境的布置、内部空间布局和外部形体设计等，以及结构构造和建筑材料的恰当选择，使建筑物以自然的热传导方式（导热、对流和长波热辐射），在冬季能充分集取、有效贮存和分布太阳热能，最大限度地满足建筑的冬季供暖需求。习惯上，人们将利用"主动式"技术以满足供暖需求的房屋称为"主动式太阳房"，而将利用"被动式"技术的则称为"被动式太阳房"。

Unlike active techniques, passive techniques use solar energy directly and require no external power to heat buildings (i. e., without pumps, blowers, etc.). For passive solar heating, a higher $SHGC$, higher insulation and thermal mass, proper building orientation, more reduction of air infiltration, and energy-efficient construction are desirable but becoming harder to find; efforts have focused on conservation rather than energy capture and production with passive solar systems.

In summary, the primary focus in passive heating is hoarding internal heat gain and capturing the sun's energy. The challenges include keeping this heat for use at night and on cloudy days and avoiding overheating on sunny days.

"被动式"建筑技术的充分利用应该是改善室内热环境、降低建筑用能的首要环节，被动式太阳能供暖更是其中一个经久不衰的话题。目前，被动式太阳能供暖主要有直接受益式、特朗勃集热墙和附加日光间式。

Passive solar heating is the ultimate in environmentally responsible technology. It has a long history. Before HVAC systems became so pervasive in the 1950s, most buildings were passive. Supplying comfort to a home or office without noisy, energy-guzzling furnaces or air conditioners, the highly successful approaches to interior climate control in winter are not only gentle on the Earth, but also easy on the pocketbook. In subsequent sections, we focus on the specifics of three passive solar heating designs: direct gain, thermal storage systems, and attached sunspace.

（1）直接受益式

建筑物利用太阳能供暖最普通、最简单的方法就是冬季让阳光透过外窗进入室内以获得太阳辐射热。阳光透过外窗玻璃，直接入射到室内各围护结构和家具上，室内围护结构和家具吸收大部分太阳辐射热，之后温度升高。所吸收的太阳辐射热一部分以辐射、对流方式在室内空间传递，一部分蓄存在围护结构和家具内部，然后再以对流和辐射的形式逐渐释放，使没有太阳时（如夜间）的室温能维持在较高的水平。相比较，夏季的太阳高度角较大，屋檐或挑檐的设置可以有效遮挡太阳光线进入室内，从而使得太阳辐射热对夏季室内热环境只产生较小的影响。直接受益式被动太阳房的结构示意及工作原理见图 3-14。

Direct gain is the most widely used passive solar heating strategy. Appropriate for mild to moderate climates，direct gain is a relatively simple and straightforward approach. It involves the use of south-facing windows to permit low-angled sun to enter a living space during the heating season and block the high-angled sunlight coming into the room during the cooling season. Sunlight absorbed by interior surfaces is then converted to heat to warm interior spaces day and night，heating it directly，hence the name direct gain.

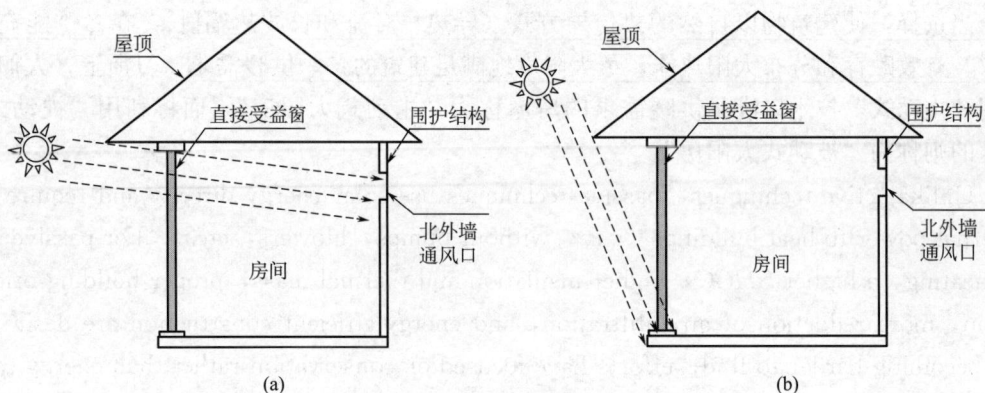

图 3-14　直接受益式被动太阳房结构示意及工作原理图
(a) 冬季；(b) 夏季

因此，对于直接受益式的被动式太阳房，外窗类型的选择、外窗朝向及外窗面积大小的合理确定至关重要。

The most promising passive solar options show the important effects of building configurations，window area and orientation，window solar heat gain coefficient，wall and ceiling insulation，thermal-mass placement，and ventilation options.

外窗面积的大小可用窗墙比来表示。所谓窗墙比是指某朝向的外窗（包括透光幕墙）面积，与同朝向墙面总面积（包括窗面积在内）之比。加大窗墙比一方面会增加房间的太阳辐射得热，另一方面会由于外窗相比较外墙有较大的传热系数，室内向室外散热量的加大。太阳辐射热的增加有利于冬季室内热环境的改善，但会导致夏季室温的升高；室内向室外散热量的加大会导致冬季室温的降低，但有利于夏季室内热环境的改善。这样，窗墙比加大对冬季和夏季的室内热环境都分别存在有利和不利的方面。因此，为充分有效地利用太阳能，应合理确定窗墙比的大小。分析计算的研究表明，北向和东、西向窗墙比的加大均会导致建筑全年供暖能耗的增加，并且北向窗墙比加大所导致供暖能耗增加的幅度要大于东西向；而与北向和东西向相反，南向窗墙比的加大则有利于全年供暖能耗的降低，这表明外窗布置于南向时，理论上是一个得热构件。至于对全年空调能耗的影响，由于玻璃对太阳辐射热的透射性能及其相对于外墙较强的传热性能，无论对哪个朝向，加大窗墙比对降低夏季空调能耗都是不利的。

综合窗墙比对冬季和夏季室内热环境的影响特性可以得出：对于东、西向和北向，加大窗墙比总是不利的，会导致全年供暖、空调总能耗的增加，并且该影响特性与外窗的类型无关。因此，在东、西向和北向应尽可能限制窗墙比的大小。对于南向，由于外窗在供暖季是净得热构件，全年供暖能耗随窗墙比加大会降低。这样，加大南向窗墙比对全年供暖、空调总能耗的影响就有可能是有利的，也有可能是不利的，这取决于窗墙比对全年供暖能耗和全年空调能耗影响的相对大小。

Window area is usually presented as window wall ratio (WWR), which refers to the fenestration area as a percent of the gross wall area. In direct-gain passive solar homes, solar glazing should range between 7 and 12 percent of the total floor space. Depending on the climate and solar availability, this level of glazing could provide 50 to 80 percent of the annual heat requirements, perhaps even more. Effective design of a direct-gain passive solar home also requires attention to non-solar glazing—that is, windows on the other sides of a home. In a direct-gain passive solar house in most climates, north-facing and east-facing glass should be minimized, each accounting for no more than 4 percent of the floor space. West-facing glass should not exceed 2 percent of the total floor space.

Orientation matters most. The simple choice of window orientation can have large implications for cost, energy use, and comfort. Orienting a house to the south means orienting its long axis east and west, so that the house presents the largest possible amount of exterior wall space and window area to the south. In most cases, vertical windows in south-facing walls provide an avenue for sunlight to enter a home. Skylights also permit solar gain when located on south-facing roofs. In addition, a direct-gain passive solar home requires overhang to regulate solar gain. Fortunately, design for passive solar heating in winter can reduce summer cooling demand as well, since facing south allows easy solar control in the summer with overhangs.

从对全年空调能耗影响的角度，有研究指出遮阳和自然通风状况对全年空调能耗的重要影响，遮阳设施和夜间通风的采用会使得建筑的空调能耗明显降低，进而降低了增大窗墙比对全年空调能耗不利影响的程度，并且这种降低的幅度会随着夜间通风换气次数的加大而增强。再从对全年供暖能耗影响的角度，在夏季外窗无遮阳和固定 $1h^{-1}$ 换气次数的计算条件下，对于塑钢单玻窗，住宅全年的供暖空调总能耗在窗墙比约为 $0.3\sim0.4$ 时达到最低；采用外窗遮阳和夜间通风后，由于窗墙比增加对夏季空调能耗不利影响程度的降低，加大南向窗墙比，全年供暖空调总能耗会降低，此时，当夜间通风换气次数大于 $3h^{-1}$ 时，即使对于塑钢单玻窗，南向窗墙比的增大始终有利于建筑全年供暖空调总能耗的降低。

图 3-15 表示出南向房间全年供暖能耗、全年空调能耗和全年供暖空调总能耗随窗墙比的变化，以及房间遮阳、通风和外窗类型对窗墙比影响特性的作用。

Window shading is vital to the success of most direct-gain passive solar

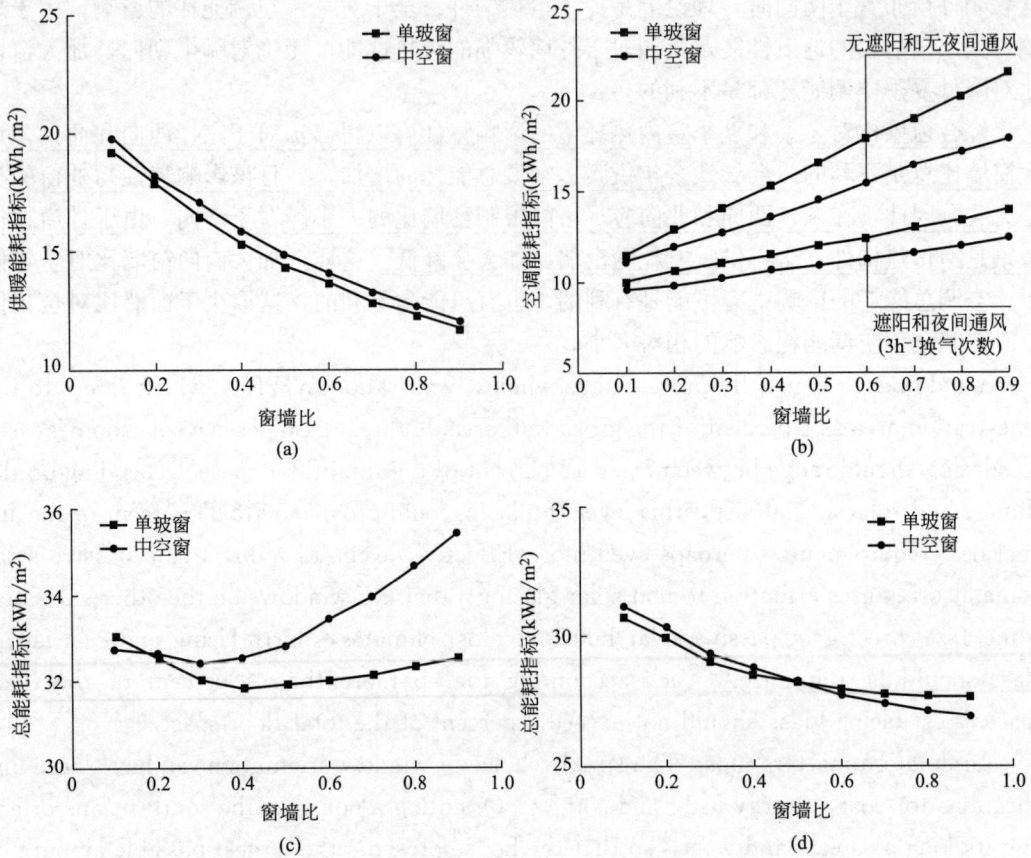

图 3-15 全年供暖能耗、空调能耗和总能耗随南向窗墙比的变化

（a）供暖能耗；（b）空调能耗；（c）无遮阳和无夜间通风下的总能耗；（d）有遮阳和夜间通风下的总能耗

homes. Window shades are particularly useful in reducing solar gain in the late summer and early fall. The warmer the climate, the more important shading can be.

日间太阳辐射透过外窗进入到房间内，被墙体、楼板等围护结构以及室内家具吸收并蓄存；夜间室温降低时，围护结构及室内家具蓄存的热量就以对流和辐射散热形式逐渐散发室内，从而起到维持室温的作用，使之维持在较高的温度范围内。这对于满足房间对冬季室内热环境的要求、降低建筑供暖能耗显然是有利的。此时，室内向室外释放热量的多少或夜间室温的高低就受到外围护结构保温性能的影响，在外围护结构保温性能较低的条件下，室内蓄存的热量容易通过外围护结构散发到室外，这样，日间的太阳辐射得热对夜间室温的影响较小。而外围护结构保温性能的增强则会削弱室内向室外散热的程度，此时日间太阳辐射得热对室内热环境的影响较大，夜间室温相对较高，相应可降低对供暖能耗的需求。故外围护结构保温性能也同样影响建筑对太阳能热利用的状况。在外围护结构保温性能增强的条件下，房间的太阳辐射得热才能得到有效利用，从而可降低对供暖能耗的需求；反之，较低的外围护结构保温性能会增强室内向室外散热的程度，从而不能充分有效地利用太阳能。计算结果表明，外墙保温性能增强、但南向窗墙比较大情况下的全年供暖能耗仍可低于外墙不保温、但南向窗墙比较小情况下的全年供暖能耗，见图 3-16。

A well-insulated home is a prerequisite for the success of a direct-gain system. Well-insulated

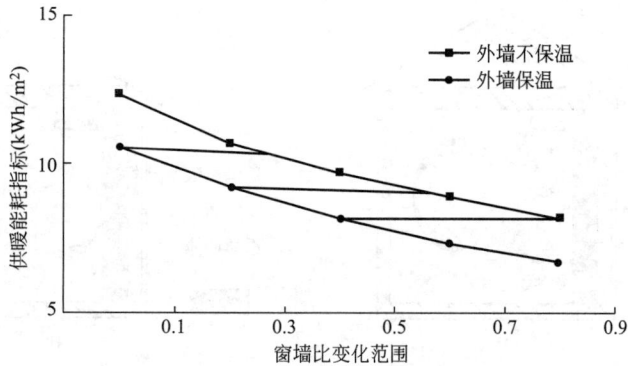

图 3-16　不同外墙保温性能下，全年供暖能耗随南向窗墙比的变化

means well-insulated walls，floors，ceilings，foundations to retain solar heat. It also typically requires window insulation to prevent heat loss during the heating season. Window insulation effectively reduces heat loss through windows during the evening and during long，cloudy periods. The colder the climate，the more important is window insulation.

Thermal mass is also of great importance in direct-gain systems. Thermal mass prevents overheating and stores heat，which is released passively when indoor temperatures fall below mass surface temperature. Mass therefore helps to provide more heat and greater thermal stability. As a rule，mass should be evenly distributed throughout the space heated directly by the sun in a direct-gain system. This works better than concentrating mass in one area.

因此，鉴于南向太阳辐射热冬季大、夏季小的特点，在建筑围护结构保温性能增强以及夏季外窗遮阳和充分利用夜间通风的条件下，建筑南向窗墙比的加大可增强对太阳能的充分利用，从而始终有利于建筑全年供暖空调总能耗的降低。认识把握该特性有助于直接受益式"被动太阳房"的设计。

（2）集热墙式

1956 年，法国奥德曼太阳能研究所所长菲利西·特朗勃（Felix Trombe）等提出并设计了一种被动太阳房，称为集热蓄热墙式被动太阳房，或特朗勃集热墙（Trombe Wall）式被动太阳房，这是目前应用最广泛的被动太阳房。特朗勃墙是由朝南的重型黑色墙体与间隔一定距离的玻璃等半透光薄层盖板组成，盖板和墙体顶部和底部分别开有通风孔，并设有可控制的开启活门。特朗勃集热墙式被动太阳房的结构示意及工作原理如图 3-17 所示。

A French engineer named Felix Trombe is credited with the simple idea of building a solar collector comprised of a south-facing glass and a blackened concrete wall with rectangular openings at the bottom and top of the wall. In passive circles，this design became known as a Trombe wall and found widespread use in the 1970s.

在冬季，日间太阳光透过半透光薄层盖板被表面涂成黑色的集热墙体吸收并储存起来，所吸收的太阳辐射热量一部分通过半透光薄层向室外散失，另一部分则加热夹层内的空气，从而使夹层内的空气与室内空气密度不同，通过上下通风口而形成热循环流动，从而将热空气送进室内；其余部分则通过集热蓄热墙体以对流和长波辐射传至室内。再有，半透光薄层盖板和空气间层抑制了墙体所吸收太阳辐射热以长波辐射方式向外的散失，集

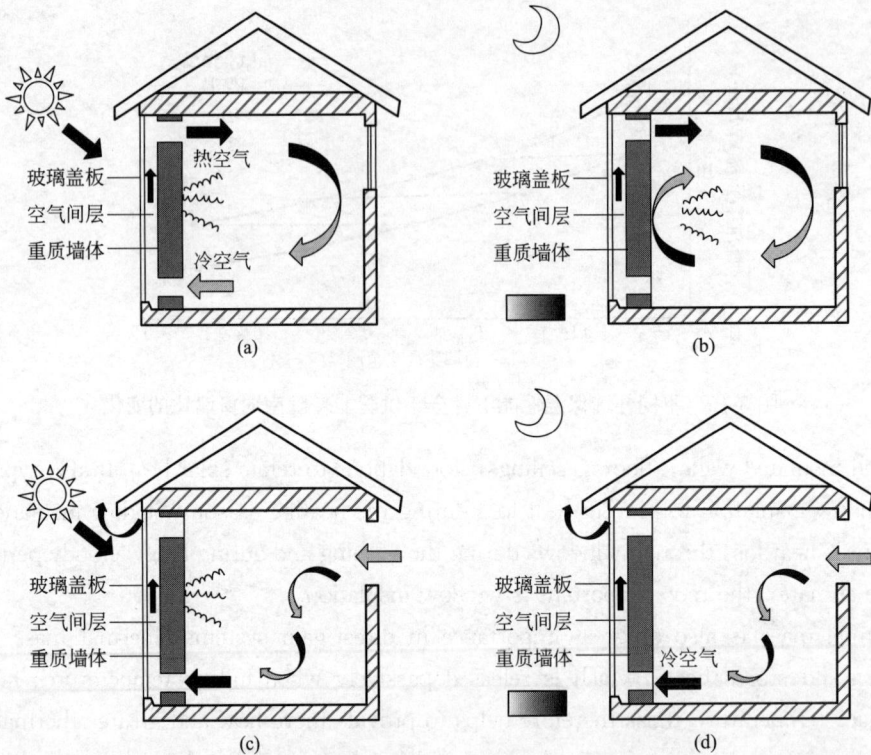

图 3-17　特朗勃集热墙式被动太阳房结构示意及工作原理图
(a) 冬季白天；(b) 冬季夜间；(c) 夏季白天；(d) 夏季夜间

热蓄热墙体吸收的太阳辐射热主要以对流和长波辐射的方式向室内传递。夜间或阴天无太阳照射时，关闭盖板和墙体的上、下通风口，将蓄存在墙体内的热量释放到室内，进而加热房间并维持室温在较高的水平。对辽宁农村地区采用集热蓄热墙式被动太阳房进行实测，表明集热蓄热墙式被动太阳房室内温度比参照房间在冬季高 9℃。

The sun's energy passes through the glass; and is trapped and absorbed by the blackened wall. As the concrete warms, air rises in the space between the glass and the blackened concrete wall. Rectangular openings at the bottom and top of the Trombe wall allow this warm air to flow in to the living space. At night the blackened concrete wall will radiate, or release, its heat to the interior. On the other hand, the process can reverse at night bringing warm air from the living space over to the cold glass. As this warmer air is cooled by the glass, it drops to the floor which, in turn, pulls more warm air from the living space. The colder it is outside, the more the Trombe wall will reverse thermosiphon. One way to control this heat loss is mechanically close the rectangular openings at night and to reopen them when the sun comes out.

另外要注意的是，冬季的集热蓄热效果越好，夏季越容易出现过热问题。目前采取的办法是利用集热蓄热墙体进行被动式通风，即在半透光薄层盖板上侧设置风口，通过空气流动带走室内热量。另外，可利用夜间天空冷辐射使特朗勃集热墙蓄冷或在空气间层内设置遮阳卷帘，在一定程度上也能起到降温的作用。

Since the Trombe wall needs to build up a temperature greater than normal room temperature in order to transfer heat to the adjacent living space，which can result in overheating in summer. It should be noted that the stronger the heat collection and storage in winter，the more obvious the overheating in summer. To address this issue，the Trombe wall reverses its air flow in summer by opening the vents at the bottom and top of the glass to allow the warm air in the living space to flow out.

特朗勃墙兼具有集热和蓄热的作用。与直接受益式太阳房相比较，相当于加大了太阳房的蓄热性。在夜间或阴天无太阳光照射时，特朗勃墙所蓄存的热量将散发到室内，这有利于将室温维持在相对较高的水平，相应减少室温的昼夜波动。此外，还可以通过在墙体外表面涂抹相变材料来增强墙体的集热性能和放热性能。

（3）附加日光间

附加日光间是指在房屋主体结构的南侧用玻璃或其他透光材料附建的一个空间，其中建筑南墙作为间隔墙分隔需要供暖的相邻房间与日光间。附加日光间通过隔墙向相邻房间传热；同时，南向隔墙上开有门、窗或通风孔洞等作为空气对流的通道，日间过热的空气可以通过对流作用加热需要供暖的相邻房间。其结构示意及工作原理见图 3-18。

Isolated-gain solar designs，or more commonly，attached sunspaces，are used in a wide variety of climates，ranging from moderate to severe cold. As its name implies，an attached sunspace is a passive solar structure attached to the south side of a house. Attached sunspaces can be used alone or in conjunction with direct-gain and indirect-gain systems and often do double duty—that is，they produce heat and provide additional living space. The essential details for an effective sunspace are sufficient vent areas for effective air exchange with the conditioned building space. This means large vents up high to move hot air into the house and low vents for cooler return air.

In other instances，they are designed to gain heat and serve as growing areas，hence the name solar greenhouses or attached greenhouses.

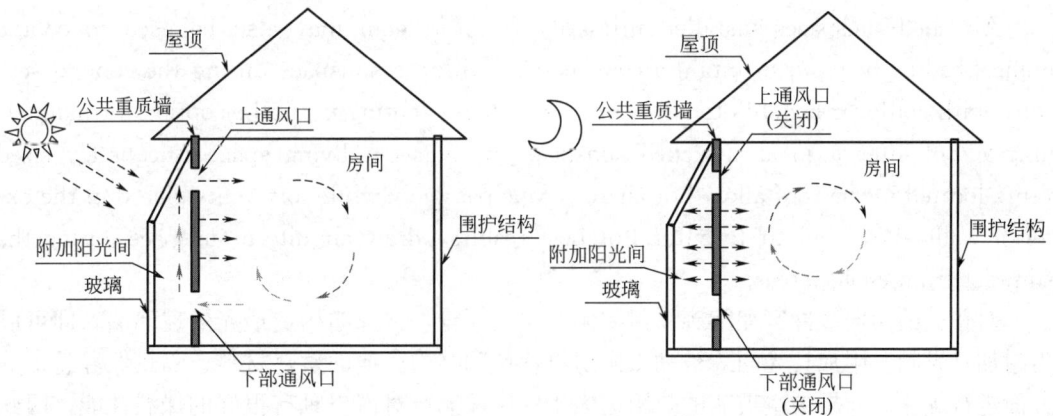

图 3-18　附加日光间式被动太阳房的结构示意及工作原理图

附加日光间工作的基本原理在于玻璃等半透光围护结构对太阳辐射的选择性。玻璃对不同波长辐射具有透射选择性，其透射率与入射波长的关系见图 3-19，表现为普通玻璃对于可见光和波长为 $3\mu m$ 以下的近红外线来说几乎是透明的，但却能够有效地阻隔长波红外线辐射。这样，当太阳光线入射到普通玻璃上时，绝大部分的可见光和短波红外线将会透过玻璃，长波红外线（也称作长波辐射）将会主要被玻璃反射，但这部分能量在太阳辐射总能量中所占的比例很少。另一方面，玻璃又能够有效地阻隔室内向室外发射的长波辐射。对太阳辐射得热量的增加和散失热量的减少，最终导致"温室效应"的形成。作为温室效应的具体体现，附加日光间冬季白天受太阳辐射得热的影响，其内部温度升高，通过间隔墙体向相邻房间传热，同时通过开门、开窗或打开通风口，将附加日光间内的热量通过对流方式传入相邻房间，使相邻房间室温升高；夜晚，则关闭门、窗或通风口，由于温室效应，附加日光间还可作为缓冲保温区，减少需供暖房间主体的热损失；再加上间隔南墙的蓄热作用，从而使相邻房间保持较好的热舒适性。附加日光间式被动太阳房保持了直接受益式被动太阳房和集热蓄热墙式被动太阳房的优点。现场实测数据表明附加日光间的节能率在 $10\%\sim28\%$ 之间。

Usually, glazing shows strong changes in its optical properties with variations in wavelength over the spectrum. Almost all window glass is opaque to long-wave radiation. This characteristic produces the greenhouse effect, by which solar radiation passing through fenestration is partially retained indoors by the following mechanism. Radiation absorbed by surfaces in the room is emitted as long-wavelength radiation, which cannot escape directly through the glass because of its opaqueness to radiation beyond $4.5\ \mu m$. Instead, radiation from room surfaces is absorbed and reemitted to both sides.

In an attached sunspace, solar energy streaming through the south-facing glass strikes solid surfaces within the sunspace and is converted to heat, thus warming the room air. Heat generated inside the sunspace is allowed to enter the home, typically through a sliding glass or patio door that connects the sunspaceand living area. If the sunspace is not deep, and most are not, some sunlight may also enter the adjacent living space, providing direct gain.

Attached sunspaces installed primarily for heat gain may also be used to cool a home. Shading helps to maintain a cool interior within a sunspace during the cooling season, with spillover benefits to adjacent living space. Venting is another option for maintaining a cool interior in an attached sunspace and adjacent living space. Adequately sized vents located in the roof allow hot air to escape passively while low vents placed in the exterior walls allow cool air to enter. For best results, draw air into a sunspace during the summer from cooler areas.

对普通的南向缓冲区如南廊、封闭阳台、门厅等，在南向构造透光的玻璃墙，即可成为附加日光间。附加日光间式被动太阳房可从玻璃结构、地面蓄热材料、隔热保温卷帘等方面进行优化。双层中空玻璃的热阻远大于单层玻璃，对窗户具有很好的保温性能，因此附加日光间采用双层中空玻璃代替单层玻璃将起到很好的节能效果；再有，为了最大限度获得太阳照射热并使夜间的热损失最小，也可安装上卷式保温帘供夜间使用。此外日光间的南向隔墙和地板可以充分接收太阳照射，并把其热量的一部分传给房间，其余的热量温

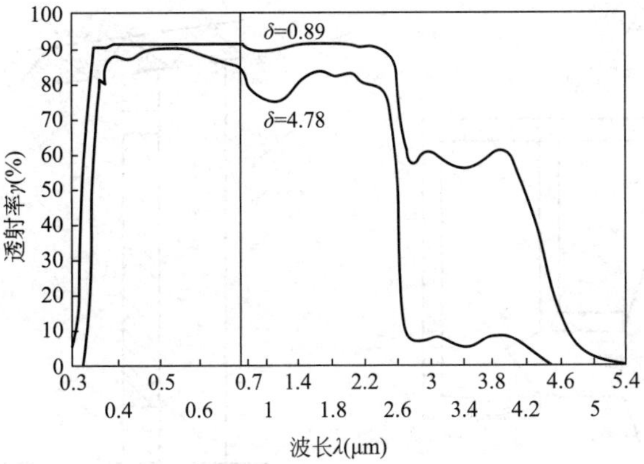

图 3-19   玻璃的太阳辐射透射性质

暖日光间，<u>二者是蓄热的有效部位。因此，南向隔墙和地面应选择蓄热性能和保温性能好的材料。</u>

To minimize heat loss during the winter and heat gain during the summer, open-walled sunspaces must be well insulated. High-performance glazing, insulated shades, perimeter insulation，and sub-slab insulation are all vital. In addition，thermal mass can provide the ability to store heat or cool so that the interior temperature swings of the building are dampened. Accordingly，more thermal mass should be added to the south-facing wall and floors.

图 3-20（a）所示的是一种"抱合式"平面布置的附加日光间，能使日光间的东西两侧有较好的供暖性能，图 3-20（b）所示的是一种"暖廊式"布置的附加日光间，采用直立的南向墙面，这种附加日光间与集热蓄热墙（Trombe Wall）式被动太阳房相比，只是空气夹层加宽了。因此，这种"暖廊式"被动房的热性能与传热原理类似于集热墙式被动房。

Attached sunspaces may be "all glass" —that is，may contain glazing on the roof and the walls—or may be designed with only south-wall glass. Generally，the more glass，the more dramatic the temperature swings. In addition，all-glass designs suffer from intense sun drenching. A far more useful approach is an attached sunspace with south-wall glass only. Solid roof design and overhangs permit less sunlight to enter the sunspace but insulation in the roof helps retain heat，making the structure more efficient than an all-glass design.

Sunspaces can be an extension of living space or can be thermally isolated from them. In other words，they can open directly into a living space or be separated from living space by a wall. The first is known as an open-wall design；the second is a common-wall design.

在建筑设计中采用太阳能被动式供暖时，除考虑供暖效果外，和常规建筑一样，还必须做到功能适用，造型美观，结构安全合理，维护管理方便，以及节约用料，减少投资等，因而需要反复进行方案论证和比较。此外，特别应该注意的是，利用被动式太阳能供暖时，必须使得该建筑的外围护结构具有良好的保温性能，从而起到很好的保存热量的作

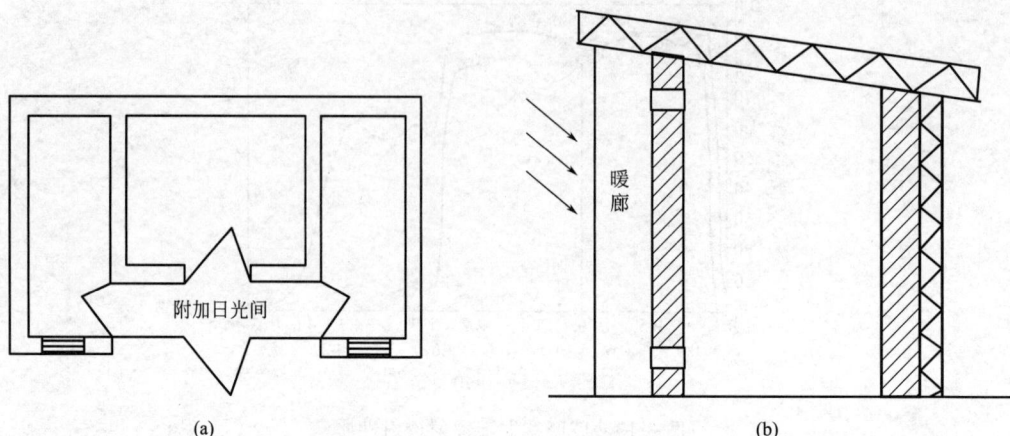

图 3-20　附加日光间的其他两种形式
(a) 抱合式；(b) 暖廊式

用。否则，建筑物获得的太阳热能量毕竟有限，而外围护结构平均传热系数的增加会使被动式供暖系统变得毫无意义。

2. 窗口遮阳

太阳能供暖对冬季室内热环境营造起到关键作用。相对照，<u>窗口遮阳则是改善夏季室内热环境、降低空调能耗的重要手段。</u>

The most effective way to reduce the solar load on fenestration is to intercept direct radiation from the sun before it reaches the glazing system. Fenestration products fully shaded from the outdoors reduce solar heat gain by as much as 80%.

(1) 遮阳形式

<u>常用的遮阳形式包括内遮阳、外遮阳和中间层遮阳。内遮阳是指将遮阳设施安置在外窗的室内侧，遮阳设施主要包括各种材质的窗帘和百叶；外遮阳则指的是将遮阳设施安装在外窗的室外侧，外遮阳设施主要包括作为固定建筑构件的挑檐、遮阳板以及可调节遮阳篷、活动百叶挑檐、外百叶帘、外卷帘等；中间层遮阳是指将固定或可调节的百叶安置在外窗的两层玻璃中间。</u>

Fenestration attachments generally consist of items that can be used as part of a system to provide solar and daylighting control，as well as privacy，aesthetics，and comfort for building occupants. Attachments also include other devices that，though not intended for solar control，affect the solar and visual performance of the fenestration system. Attachments to the indoor side of fenestration can include horizontal louvers（venetian blinds），vertical louvers，roller shades，insect screens，and drapery. Between glazing of multi-glazed fenestration，horizontal louvers and roller shades may be incorporated. On the outdoor side，fenestration can be shaded by roof overhangs，vertical and horizontal architectural projections，awnings，heavily proportioned outdoor louvers，or a variety of vegetative shades，including trees，hedges，and trellis vines. In all outdoor shading structures，it is necessary to consider the structures' geometry relative to changing sun position to determine the times and quantities of direct sunlight penetration.

遮阳设施的遮阳效果用遮阳系数 C_n（shading coefficient）来描述。其物理意义是设置了遮阳设施后通过外窗的太阳辐射得热量与未设置遮阳设施时通过外窗的太阳辐射得热量之比，包含了通过包括遮阳设施在内的整个外窗的透射部分和被外窗吸收后传入室内的两部分热量之和。

玻璃或透光材料本身对太阳辐射也具有一定的遮挡作用，用遮挡系数 C_s 来表示。其定义是太阳辐射通过某种玻璃或透光材料的实际太阳得热量与通过厚度为 3mm 厚标准玻璃的标准太阳得热量 SSG 的比值，同样包含了通过玻璃或透光材料直接透射进入室内和被玻璃或透光材料吸收后又散到室内的两部分热量总和。不同种类的玻璃或透光材料具有不同的遮挡系数。

表 3-4 和表 3-5 分别给出了不同种类玻璃或透光材料本身的遮挡系数 C_s 和一些常见内遮阳设施的遮阳系数 C_n。

窗玻璃的遮挡系数C_s　　　　　　　　　　　　　　　表 3-4

玻璃类型	C_s	玻璃类型	C_s
标准玻璃	1.00	双层 5mm 厚普通玻璃	0.78
5mm 厚普通玻璃	0.93	双层 6mm 厚普通玻璃	0.74
6mm 厚普通玻璃	0.89	双层 3mm 玻璃，一层贴 low-e 膜	0.66～0.76
3mm 厚吸热玻璃	0.96	银色镀膜热反射玻璃	0.26～0.37
5mm 厚吸热玻璃	0.88	茶(棕)色镀膜热反射玻璃	0.26～0.58
6mm 厚吸热玻璃	0.83	蓝色镀膜热反射玻璃	0.38～0.56
双层 3mm 厚普通玻璃	0.86	单层 Low-e 玻璃	0.46～0.77

内遮阳设施的遮阳系数C_n　　　　　　　　　　　　　　表 3-5

内遮阳设施	颜色	遮阳系数C_n
白布帘	浅色	0.50
浅蓝布帘	中间色	0.60
深黄、紫红、深绿布帘	深色	0.65
活动百叶	中间色	0.60

外遮阳和内遮阳两者都可以反射、吸收和透过部分太阳光线。对于外遮阳设施来说，只有透过的太阳辐射部分才会进入到室内以提高室温，而被外遮阳设施吸收和反射的太阳辐射热基本会完全散发到室外而不影响室内热环境。相对照，被内遮阳设施反射的太阳辐射热又会被外窗玻璃反射回室内，被内遮阳设施吸收的太阳辐射热则会慢慢地在室内全部释放。因此，在相同总反射率、吸收率和透射率的情况下，外遮阳的遮阳效果要优于内遮阳。然而，活动百叶帘的外遮阳设施易损坏和易污染，并难以清洗和维护，进而降低其遮阳效果。相比较，内遮阳实施便利、调节灵活和便于清洗；再有，固定外遮阳不易损坏，维护简单，并可通过合理设计达到全年最佳的遮阳效果。因此，内遮阳和固定外遮阳这两

种形式应用得更为广泛。对于有玻璃幕墙的公共建筑，还有一种折中的做法是将活动百叶安置在两层玻璃之间，如双层皮幕墙（Double-skin Facade）。这种中间层遮阳的方式又带来新的问题，就是遮阳设施吸热后会加热玻璃间层的空气，甚至使得这些空气的温度高于室外温度，进而加大向室内的热传导而降低其隔热能力。对此，可在内层和外层玻璃的底部和顶部加设通风口，再通过自然通风或机械通风将玻璃间层的热量排出，由此保证中间层遮阳设施的遮阳效果更接近外遮阳设施。

External window shading is a means of providing protection against unwanted heat gain. Canvas awnings, roll-down blinds, and vertical louvers all prevent sunlight from entering windows. Interior shades are an option as well. Interior shading devices are generally easier to operate and more convenient than many exterior window shading devices, for example, exterior shutters. They can even be motor-driven and automated. Although interior shades offer some significant advantages over most exterior shading devices, they are not as effective at blocking heat gain as exterior shading devices. This is because exterior shades block sunlight before it penetrates a window; interior shading devices do not. As a result, considerable heat can build up between a window shade and the glass. Much of this heat will eventually enter the room, increasing the cooling load.

If properly managed, airflow between panes of a double-glazed window can improve fenestration performance. In normal use, a venetian blind is located between the glazing layers. Ventilation air from the room enters the double-glazed cavity, flows over the blind, and can be exhausted from the building or returned through the ducts to the central HVAC system.

These systems can control window heat transfer under many different operating conditions. During sunny winter days, the blind acts as a solar air collector; heat removed by the moving air can be used elsewhere in the building. Furthermore, the window acts as a heat exchanger when so that the indoor glazing temperature nearly equals the room air temperature and improves thermal comfort. In the summer, the window can have a very low solar heat gain coefficient if the blinds are appropriately placed, because the majority of solar gains are removed from the window.

已知玻璃或透光材料本身的遮挡系数和遮阳设施的遮阳系数，可通过对标准玻璃的太阳辐射得热量进行修正，求解通过透光外围护结构的实际太阳辐射得热量，具体如下：

$$HG_{wind,sol} = (SSG_{Di}X_s + SSG_{dif})C_sC_nX_{wind}F_{wind} \tag{3-26}$$

式中　$HG_{wind,sol}$ ——通过透光外围护结构的太阳辐射得热量，W；

　　　X_{wind} ——透光外围护结构的有效面积系数（一般取单层木窗为 0.7，双层木窗为 0.6，单层钢窗为 0.85，双层钢窗为 0.75）；

　　　F_{wind} ——透光外围护结构面积，m^2；

　　　X_s ——阳光实际照射面积比，即透光外围护结构上的光斑面积与透光外围护结构面积之比，可以通过几何方法计算求得；

　　　C_s ——玻璃或其他透光外围护结构对太阳辐射的遮挡系数；

　　　C_n ——遮阳设施的遮阳系数；

　　　SSG_{Di} ——标准太阳直射辐射得热，W/m^2；

SSG_{dif}——标准太阳散射辐射得热，W/m^2。

（2）外遮阳构造

固定外遮阳主要有水平式遮阳、垂直式遮阳、综合式遮阳和挡板式遮阳四种方式。遮阳方式的选择，应从地区气候特点和被遮阳面的朝向来综合考虑。表 3-6 给出这四种遮阳方式的基本形式、遮阳效果、适用地区和适用朝向等。

四种固定外遮阳方式使用的基本信息　　　　　　　　　　　表 3-6

序号	基本形式	遮阳效果	适用区域
1	水平式遮阳	有效地遮挡太阳高度角大，从窗口前上方投射下来的直射阳光	对北回归线以北地区，它适用于南向附近窗口；而在北回归线以南地区，它既可用于南向窗口，也可用于北向窗口
2	垂直式遮阳	可有效地遮挡太阳高度角较小，并从窗侧向斜射过来的直射阳光	主要适用于北向、东北向和西北向附近的窗口
3	综合式遮阳	可有效地遮挡从窗前侧向斜射下来，并且太阳高度角中等大小的直射阳光	主要适用于东南向或西南向附近窗口，适应范围较大
4	挡板式遮阳	可有效地遮挡从窗口正前方射来，太阳高度角较小的直射阳光	主要适用于东向、西向附近窗口

In the northern hemisphere，horizontal projections can considerably reduce solar heat gain on south，southeast，and southwest exposures during late spring，summer，and early fall. On east and west exposures during the entire year，and on south exposures in winter，the solar altitude is generally so low that，to be effective，horizontal projections must be excessively long. On the other hand，recessing the fenestration deeper back into the wall achieves the same effect as a horizontal projection.

为达到满足要求的遮阳效果，同时避免遮阳设施对房间通风、采光、视野产生阻碍作用，可以对外遮阳板采用多种形式的板面组合，如图 3-21 所示。或者将遮阳板面做成内部空心的孔口或条缝形，或者遮阳板距离墙面一定距离安装，以利于热空气能通过孔口有效逸散或者沿墙面排走，而不是堆积在外窗与遮阳板之间的夹角处，从而导致对房间室内传热的增加；此外，冲孔挡板式遮阳也是一种常见的形式，挡板可用轻质铝板、玻璃钢或塑料制成，并在遮阳板朝向阳光的一面涂以浅色发亮的油漆，而为避免产生眩光，在背阳光的一面涂以较暗的无光泽油漆。这两种遮阳板构造对隔热、通风、采光都非常有利，具体见图 3-22。作为实际工程应用的实例，图 3-23（a）和（b）分别表示出某办公楼条缝形水平遮阳板和某学生宿舍楼冲孔挡板的遮阳效果，外窗口几乎全部处于阴影中，条缝口和冲孔孔口产生虚实相映的遮阳效果，并且不存在挑檐对上升热气流的阻碍。

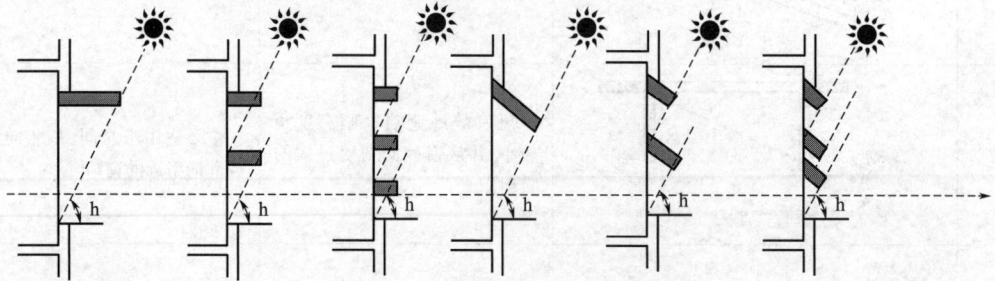

图 3-21　外遮阳板面的各种组合形式

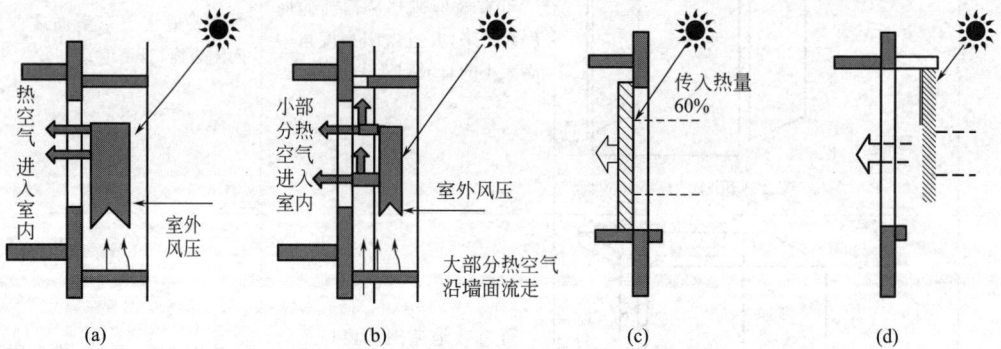

图 3-22　遮阳板的构造形式

（3）智能窗及其应用

除采用各类遮阳设施实现遮阳外，技术的快速发展带来了具有太阳辐射透过调控功能的各类智能窗，这为太阳辐射热的控制提供了新的手段和方法。所谓智能窗，是一种由玻璃或其他透光材料等基材和调光材料所组成的调光智能器件，在一定的物理条件下（如光照、电场、温度），调光材料可改变自身的颜色状态，从而有选择性地吸收或反射太阳辐射热和阻止内部热扩散，达到调节进入室内的太阳辐射热，进而调节室内温度，并最终实现建筑节能的目的。根据对调光材料激励方式的不同，可分为电致变色、热致变色、光致变色和气致变色四大类，其中电致变色具有广阔的市场前景。

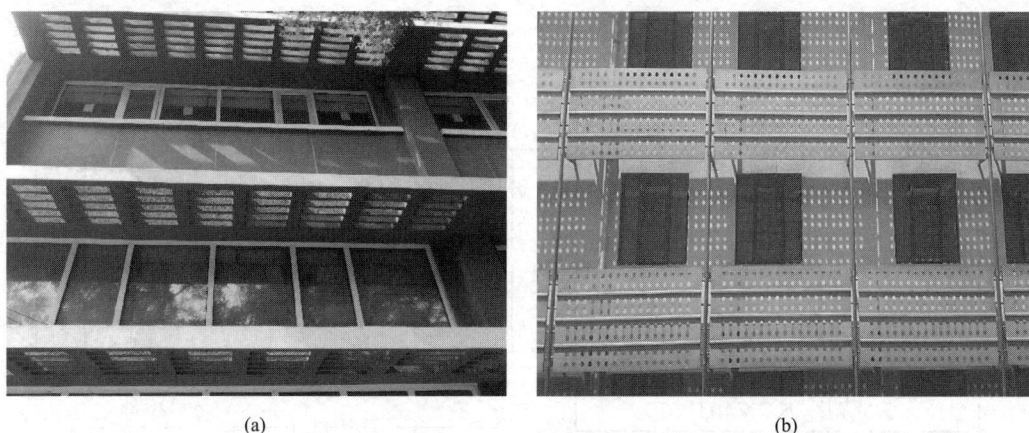

图 3-23 外遮阳板实际遮阳效果的实例
（a）条缝形水平遮阳板；（b）冲孔挡板

Smart window refers to the on-demand window that can dynamically modulate light transmittance intelligently and can consequently minimize both solar heat gain and heat loss through the building envelope. Smart window is recognized as a promising technology，as it can reduce the HVAC energy usage by tuning the transmitted sunlight in a smart and favored way：blocking the solar irradiation in hot days，while passing through in cold days. Smart window technology has attracted significant scientific interests and undergone rapid development in the last decade，including several categories of windows based on different stimuli. Significant research effort has been put onto the windows based on electro-，thermo-，gaso-，and photo responses. Among them，the electrochromic（EC）window is the most attractive category that undergoes a gradual evolution in many years and several commercialized EC windows are now available in market.

1）电致变色（EC）

电致变色（Electrochromic，EC）技术的研究已经超过了 30 年。电致变色玻璃是由基础玻璃和电致变色材料组成的系统装置，具体的构造是利用现有的夹层玻璃制造方法，将五层且每层厚度一般为 $1\mu m$ 的电致变色涂层镀于玻璃基板上而制作形成，分别为透明导电层、电致变色层、电解质层、离子存储层及另一透明导电层，其基本结构及工作原理如图 3-24 所示。

The electrochromic（EC）window is commonly constructed of a sandwich structure with a functional material layer between two transparent electrodes. It typically consisting of multilayer structures（EC material，electrolyte，and ion storage layer）sandwiched by two transparent conductive electrodes，can reversibly modulate the optical properties upon application of potential.

理论上，当在两个导体间加上电压后，一个分布电场就会建立，电场会驱使镀膜层上的各种有色离子（大部分为锂离子或氢离子）做反向移动，穿过离子导体（电解质）并进入到电致变色涂层，使得玻璃从透光状态转换成普鲁士蓝的着色状态，但并不降低视野效

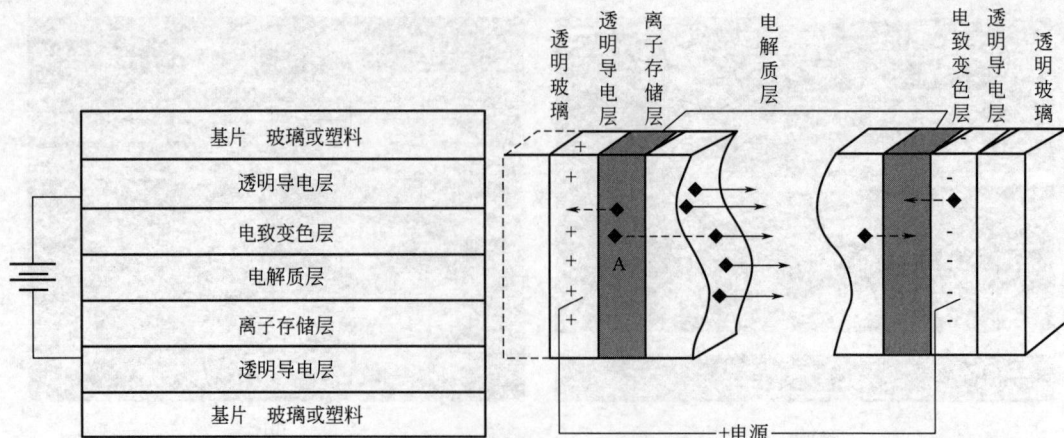

图 3-24　电致变色玻璃结构及工作原理图

果。电致变色玻璃一般只需要较低的转换电压（0～10V 直流电），在整个转换范围内可以保持透光，并且可以调整到处于透光和完全着色之间的任意中间态。于是，电致变色玻璃可利用电致变色材料在电场作用下具有光吸收透过的可调性，进而实现依据居住者意愿调节光照度的目的。

用于电致变色层的电致变色材料通常分为无机材料和有机材料两大类。无机电致变色材料的典型代表是 WO_3。有机电致变色材料种类相对较多，并且具有成本低、循环性好、变色响应时间快和变换颜色种类多等优点。无机电致变色材料相对有机电致变色材料而言，虽然在色彩的多样性和响应速度方面不具备优势，但其具有性能稳定，耐候性强，与玻璃基板粘附力强和易于大面积生产等优点，在建筑物上的应用前景要好于有机电致变色材料。

Common EC materials include inorganic metal oxides（WO_3, etc.）and organic materials.

电致变色玻璃因其透光性可在较大范围内任意调节、颜色连续变化，有存储记忆功能，还有着驱动电压小、可主动调节不受环境影响的优点，可用作光通阈门、红外波段隐身，在军事、航空、航天等领域有很好的前景，见图 3-25。EC 设备已在智能窗户、电子显示器、自动调光后视镜等领域得到广泛应用。同时，智能 EC 窗的应用可显著降低供暖空调能耗，并为居住者提供隐私和舒适，是绿色建筑的关键特征之一。电致变色窗可以与太阳能电池组合在一起形成自供电的电致变色窗（PV-ECG）。

EC devices have found wide applications in smart windows, electronic displays, self-dimming rear mirrors, camouflage among others. Smart EC windows, with the capability of reducing energy consumption, offering privacy and comfort for occupants, is one of the key features for green buildings.

2）热致变色

热致变色（Thermochromics）是指材料对太阳辐射的透过性基于温度不同而产生变化。热致变色玻璃是在玻璃上涂敷一层热致变色材料，它可以随着环境温度的改变实现玻璃透光率的调节。热致变色材料通常都存在一个相变温度，在相变温度之上或之下，材料表现出不同的光学性质。这使得热致变色玻璃适用于当空调负荷过高时阻断太阳辐射，以

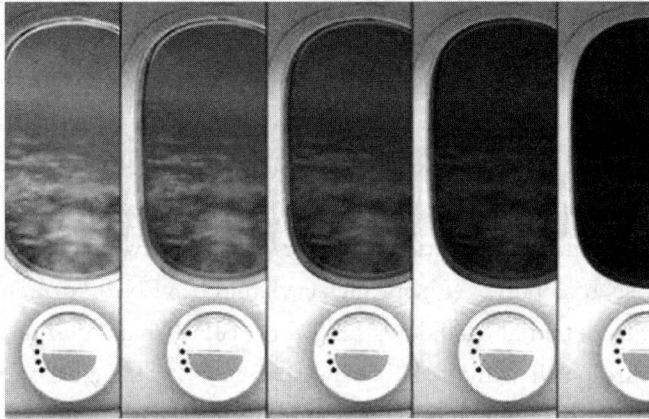

图 3-25　电致变色玻璃的航空应用及效果

达到阻隔热量传递的目的，在控制被动太阳能加热装置上非常实用。热致变色材料的种类虽然较多，但应用在建筑领域时所要求的相变温度应与室温基本一致，为 28℃左右。因此，可供选择的热致变色材料的余地并不大。

相对于电致变色，热致变色的一个最大优点是，它可以通过环境温度自动调节通过玻璃进入室内的太阳辐射热，而不需要额外的能源消耗。

The smart window based on thermochromics can change its transparency according to the temperature. This mechanism is commonly considered to be a passive way for light modulation，as such a smart window may modulate the light adaptively in response to the dynamic environmental temperature. The mechanism makes such window a good candidate for the building energy economization，where the indoor solar irradiation is more transmitted in cold day than in hot days automatically without extra energy input. The most important advantage of the thermochromics smart window is that it is purely materials-driven and does not require the additional control system，which is an essential part of the EC smart windows.

光伏建筑一体化（BIPV）玻璃是一种将太阳能电池集成到普通玻璃上的技术，其不但能发电供建筑使用，同时又能隔热和防眩光。近年来，低浓度光学技术取得了显著的进步，人们对建筑集成聚光光伏玻璃的开发越来越感兴趣，以改善光收集和电力输出。尽管如此，传统的 BIPV 玻璃也面临着新的挑战，即无法调节自身的光学属性以适应不同的天气条件，并满足随季节和时间变化的建筑供暖和供冷需求。在光伏玻璃中加入热致性水凝胶的热致变色材料，比如，聚异丙基丙烯酰胺水凝胶和羟丙基纤维素水凝胶等。这些材料在低温时呈现透光状态，在高温时转变为白浊遮光状态，见图 3-26。这样，这些热致变色材料与光伏玻璃结合时可随温度变化自动调节玻璃的可见光透射率和太阳辐射得热系数（SHGC），从而进一步提高节能效果。

Building Integrated Photovoltaic（BIPV）glazing has a prominent position due to its ability to reduce cooling load and visual discomfort while simultaneously generating electricity from sunlight. Recent years have witnessed remarkable advances in low-concentration optics，with a growing interest in the development of Building Integrated Concentrating Photovoltaic glazing to improve light harvesting and electric power output. Nevertheless，one of the challenges faced by traditional BIPV glazing systems is the lack of dynamic control over daylight and solar heat transmission to cope with variations in weather conditions and seasonal heating/cooling demands of buildings. A promising solution is to integrate an optically switchable smart material into a BIPV glazing system，which enables dynamic daylighting control in addition to solar power conversion. Thermotropic（TT）hydrogel materials such as poly（N-isopropylacrylamide）（PNIPAm）and Hydroxypropyl Cellulose（HPC）are potential candidates for hybrid BIPV smart glazing applications，due to their unique features such as high visible transparency（in the clear state），strong light-scattering capability（in the translucent state）and large solar energy modulation.

图 3-26　聚异丙基丙烯酰胺水凝胶智能窗不同温度下的透光效果

3.3　通过围护结构的湿传递

3.3　Moisture transfer through building envelopes

以温差为动力，热量会从温度高处向温度低处传递。同样，对于围护结构两侧存在水蒸气分压力差的情况，水蒸气也会从绝对湿度（含湿量、水蒸气分压力）高处向低处移动。通常情况下，通过围护结构的湿传递量相对较小，对室内热湿环境及围护结构热工性能的影响基本可以忽略。但对于室内环境低温或高湿的情况，通过围护结构的湿传递有可能会导致围护结构受潮，进而影响围护结构的传热性能及结构自身的安全性能，甚至危害环境卫生和人体健康。因此，需要认识和掌握通过围护结构的湿传递，以尽量避免建筑围护结构的受潮。

Typically，water vapor diffusion in building envelope is driven by partial water vapor pressure difference.

Diffusion of moisture through building materials is a natural phenomenon that is always present. Usually，moisture transfer through walls and roofs is often neglected in comfort air conditioning because the actual rate is quite small and the corresponding latent heat gain is insignificant. But it can still be important in industrial applications，such as cold-storage facilities and built-in refrigerators.

　　围护结构受潮分为两种情况，即表面结露和内部冷凝。表面结露是指围护结构表面出现冷凝水，这主要是由于水蒸气含量较多的空气接触到冷的表面后，空气温度降低，进而低于水蒸气分压力所对应的露点温度所致。内部冷凝是指当水蒸气通过围护结构时，遇到围护结构内部某个区域温度低于水蒸气分压力所对应的空气露点温度，或者说该内部区域温度所对应的水蒸气饱和压力小于实际的水蒸气分压力时，水蒸气凝结成水。围护结构内部温度低于 0℃时，甚至会产生冻冰现象。这会降低围护结构的保温性能，并会对围护结构本身造成损害。

The condition where the calculated partial water vapor pressure is greater than saturation has been called condensation. For both surface condensation and interstitial condensation，it occurs when water vapor contacts a nonporous surface that has a temperature lower than the dew point of the surrounding air.

3.3.1　热传递与湿传递的对比
3.3.1　Comparison of heat transfer and moisture transfer

　　一维稳态热传递以温差为驱动力，用围护结构材料的总传热系数 K 来表现单位温差下的传热量。与热传递的描述相类似，通过围护结构的湿传递也可用一维稳态线性模型，以水蒸气分压力差为驱动，用总传湿系数 K_w 作为特征参数分析描述单位压差下的湿传递量。热传递和湿传递特征参数的对应关系如表 3-7 所示，此外，热传递与温度分布以及湿传递与绝对湿度（含湿量，水蒸气分压力）分布的对比如图 3-27 所示。

The equation used to calculate water vapor flux by diffusion through materials is based on Fick's law for diffusion of a very dilute gas（water vapor）in a binary system（water vapor and dry air）. Clearly，water vapor flux by partial water vapor pressure difference driven diffusion，characterized by overall vapor permeability，closely parallels Fourier's equation for heat flux by temperature difference driven conduction，characterized by overall coefficient of heat transfer.

热传递与湿传递的相似性　　　　　　　　　　　　　　表 3-7

热传递	导热系数 λ W/(m·K)	对流传热系数 α W/(m²·K)	总传热系数 K W/(m²·K)
湿传递	导湿系数 λ_w kg/{m·s·[kg/kg(干)]}	对流传湿系数 α_w kg/{m²·s·[kg/kg(干)]}	总传湿系数 K_w kg/{m²·s·[kg/kg(干)]}

注：热传递的传热系数是包含辐射换热和对流换热的总传热系数，湿传递则只有对流传湿。在这一点上热传递与湿传递并不相似。

　　根据传热学的基本理论，由 n 个材料层所构成多层围护结构的传热系数 K 的计算公式为：

$$K = \frac{1}{(1/\alpha_i) + \sum_{m=1}^{n} (d_m/\lambda_m) + (1/\alpha_o)} \tag{3-27}$$

式中　K——由 n 个材料层所构成墙体的传热系数，$W/(m^2 \cdot K)$；

　　α_i——室内侧的传热系数，$W/(m^2 \cdot K)$；

　　d_m——墙体第 m 层的厚度，$m=1,2,3\cdots,n$，m；

　　λ_m——墙体第 m 层的导热系数，$m=1,2,3\cdots,n$，$W/(m \cdot K)$；

　　α_o——室外侧的传热系数，$W/(m^2 \cdot K)$。

相类似，获得由 n 个材料层所构成墙体传湿系数 K_w 的计算公式为：

$$K_w = \frac{1}{(1/\alpha_i') + \sum_{m=1}^{n}(d_m/\lambda_m') + (1/\alpha_o')} \tag{3-28}$$

式中　K_w——由 n 个材料层所构成墙体的传湿系数，$kg/\{m^2 \cdot s \cdot [kg/kg(干)]\}$；

　　α_i'——室内侧的传湿系数，$kg/\{m^2 \cdot s \cdot [kg/kg(干)]\}$；

　　λ_m'——墙体第 m 层的导湿系数，$m=1,2,3\cdots,n$，$kg/\{m \cdot s \cdot [kg/kg(干)]\}$；

　　α_o'——室外侧的传湿系数，$kg/\{m^2 \cdot s \cdot [kg/kg(干)]\}$。

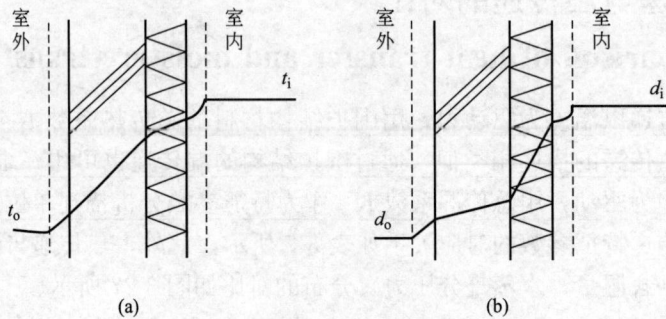

图 3-27　墙体内的热传递与湿传递
（a）热传递；（b）湿传递

部分材料的导热系数、导湿系数以及不同位置的传热系数和传湿系数如表 3-8 所示。

部分材料的热传递和湿传递性能参数　　　　　　　　表 3-8

材料名称	导热系数 W/(m·K)	导湿系数 kg/{(m·s·[kg/kg(干)]}
混凝土	1.4	0.00044
发泡混凝土	0.17	0.013
砂浆	1.5	0.00064
胶合板	0.18	0.00044
防湿膜(乙烯树脂等)	10	1.5×10^{-6}
隔热材料(石棉等)	0.028	0.00064
位置	传热系数* W/(m²·K)	传湿系数 kg/{m²·s·[kg/kg(干)]}
室内侧	9	5
室外侧	23	7.5
中空层	5	1.7

＊ 总传热系数是对流传热系数与辐射换热系数的合计。

3. 3. 2　结露和内部冷凝的检验

3. 3. 2　Detection of surface and interstitial condensation

围护结构是否出现表面结露和内部冷凝主要取决于内部各处的实际温度是否低于该处水蒸气分压力所对应的露点温度，也可以根据该处的水蒸气分压力是否高于该处温度所对应的饱和水蒸气压力加以判断。主要的判定步骤如下。

The best-known simple steady-state design tools for evaluating surface condensation and interstitial condensation and drying within exterior envelopes (walls, roofs, and ceilings) are the dew-point method. The method assumes that steady-state conduction governs heat flow and steady-state diffusion governs water vapor flow. This analysis compares partial water vapor pressures in the envelope, as calculated by steady-state water vapor diffusion, with saturation water vapor pressures, which are based on calculated steady-state temperatures in the envelope.

1. 表面结露的检验

（1）根据室内外的空气温度、围护结构各层的导热系数和厚度，以及围护结构室内侧和室外侧的传热热阻，按照公式（3-29），计算确定围护结构内表面的温度。

$$\theta_i = t_i - \frac{R_i}{R_o}(t_i - t_e) \tag{3-29}$$

式中　θ_i——围护结构内表面的温度，℃；

R_i，R_o——围护结构室内侧和围护结构的总传热阻，$m^2 \cdot K/W$；

t_i，t_e——围护结构室内侧、室外侧的空气温度，℃。

（2）利用焓湿图，根据室内空气温度和相对湿度确定空气的露点温度。

（3）比较围护结构内表面温度与空气露点温度的大小，如果围护结构内表面温度低于露点温度，就会产生结露，否则不会出现结露。

2. 内部冷凝的检验

（1）根据室内外的空气温度、围护结构各层的导热系数和厚度，以及围护结构室内侧和室外侧的传热热阻，按照公式（3-30），计算确定围护结构内部温度的分布，同时确定各个温度所对应的饱和水蒸气分压力 p_s，并做出饱和水蒸气分压力 p_s 的分布线。

$$\theta_m = t_i - \frac{R_i + \sum_{j=1}^{m-1} R_j}{R_o}(t_i - t_e) \tag{3-30}$$

式中　$\displaystyle\sum_{j=1}^{m-1} R_j$——顺着热流方向从围护结构第 1 层至 $m-1$ 层的传热阻之和，$m^2 \cdot K/W$；

$R_j = d_j/\lambda_j$——第 j 层围护结构的传热阻，$m^2 \cdot K/W$；

R_i，R_o——围护结构室内侧和总的传热阻，$m^2 \cdot K/W$；

t_i，t_e——围护结构室内侧、室外侧的空气温度，℃；

θ_m——围护结构任一界面层的温度，℃；

d_j——第 j 层围护结构的厚度，m；

λ_j——第 j 层围护结构的导热系数，$W/(m \cdot K)$。

（2）根据室内外空气温度和相对湿度分别确定对应的水蒸气分压力，再按照公式（3-31），计算确定围护结构内部水蒸气分压力，并做出实际水蒸气分压力的分布线。

$$p_m = p_i - \frac{\sum\limits_{j=1}^{m-1} H_j}{H_o}(p_i - p_o) \tag{3-31}$$

式中　$\sum\limits_{j=1}^{m-1} H_j$——从室内一侧算起，由第 1 层至 $m-1$ 层的蒸汽渗透阻之和，$m^2 \cdot h \cdot Pa/g$；

　　　H_o——围护结构的总蒸汽渗透阻，$m^2 \cdot h \cdot Pa/g$；

　　　p_i，p_o——围护结构室内侧、室外侧界面上的水蒸气分压力，Pa；

　　　p_m——围护结构任一层界面上的水蒸气分压力，Pa。

（3）根据饱和水蒸气分压力 p_s 线和实际水蒸气分压力 p 线的相交与否，可判定围护结构内部是否会出现冷凝现象。如果两条线不相交，并且饱和水蒸气分压力 p_s 线始终在实际水蒸气分压力 p 线的上方，则围护结构内部不会产生冷凝；如果两条线相交，则在饱和水蒸气分压力 p_s 线低于实际水蒸气分压力 p 线的区域内会产生冷凝。具体如图 3-28 所示。

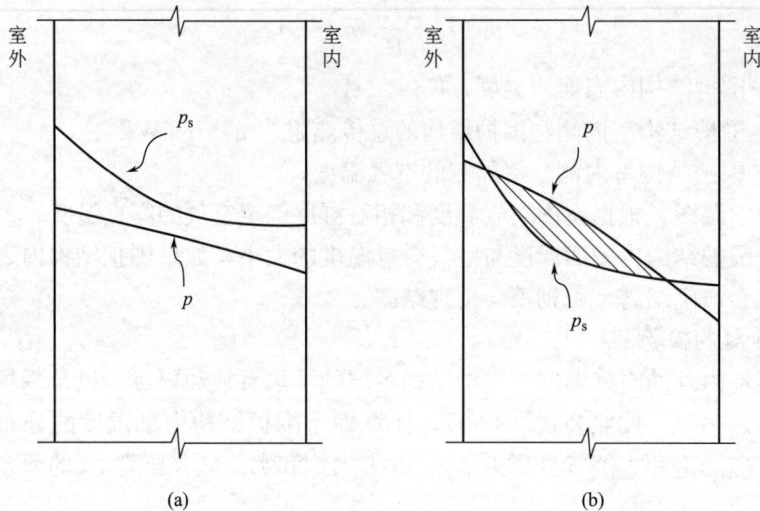

图 3-28　围护结构内部冷凝状况的判断
（a）内部无冷凝的情况；（b）内部有冷凝的情况

3.3.3　围护结构的防潮策略
3.3.3　Moisture-proof strategy of building envelopes

1. 表面结露的防止与控制

（1）正常湿度的房间

这类房间一般情况下不会出现表面结露现象。如果出现表面结露，则主要原因在于外围护结构的保温性能不够，导致内表面温度低于室内的空气露点温度。因此，提高外围护结构的保温性能以保证围护结构内表面温度不至于过低是关键。同时，对于存在冬季间歇供暖的情况，可对围护结构内表面层采用蓄热系数较大的材料，利用它蓄存热量所起的调节作用，以减少出现周期性结露的可能。

Insulation should therefore be thick enough to ensure that the surface temperature on the warm side of an insulated assembly always exceeds the dew point temperature there.

（2）高湿房间

一般是指冬季室内相对湿度高于 75％（相应的室温在 18～20℃以上）的房间。对于此类建筑，同样应尽量加大围护结构热阻以防止产生表面结露现象。有些高湿房间，室内气温已接近露点温度（如浴室、洗染间等），即使加大围护结构的热阻，也不能防止表面结露，这时应力求避免在表面形成水滴掉落下来，影响房间的使用质量，并防止表面结露渗入围护结构的深部，使围护结构内部受潮。对此，高湿房间围护结构的内表面应设防水层。

对于短时间或间歇性处于高湿条件的房间，为避免结露形成水滴，围护结构内表面可增设吸湿能力强且本身又耐潮湿的饰面层或涂层。目前市场上已有一种名为 SWA 的高吸水性的树脂，1 mm 厚涂层的吸湿能力可达 $600g/m^2$。在凝结期，水分被饰面层所吸收，待房间比较干燥时，水分自行从饰面层中蒸发出去，从而起到有效调节室内湿环境的作用。

对于连续地处于高湿条件下，又不允许屋顶内表面的凝水滴落到设备和产品上的房间，可设吊顶（吊顶空间应与室内空气相通），将滴水有组织地引走，或加强屋顶内表面附近的通风，防止水滴的形成。

2. 内部冷凝的防止和控制

（1）合理布置材料层的相对位置

宜采用材料蒸气渗透系数由小变大或材料导热系数由大变小的布置方式，即材料层次的布置应尽量在水蒸气渗透的通路上做到"难进易出"，从而避免内部冷凝的形成。

（2）设置隔汽层

在具体的构造方案中，材料层的布置往往不能完全符合"难进易出"的要求。为了消除或减弱围护结构内部的冷凝现象，可在保温层的水蒸气流入侧设置隔汽层（如沥青或隔气涂料等）。这样可使水蒸气在抵达低温表面之前，其分压力已得到急剧的下降，从而避免内部冷凝的产生。采用隔汽层防止或控制内部冷凝是目前设计中应用最普遍的一种措施。

Vapor retarders should be specified and installed in the proper location to keep moisture transfer to a minimum，and to minimize condensation within the envelope.

（3）设置通风间层或泄汽沟道

对于高湿的房间（如纺织厂）的外围护结构以及卷材防水屋面的平屋顶结构，由于施工和运行过程中存在的问题，隔汽层并不总是最妥当的方法，而采用在围护结构中设置通风间层或泄汽沟道的办法更为妥当且具有可操作性。由于保温层外侧设有一层通风间层，从室内渗入的水蒸气可由不断与室外空气交换的气流带走，对围护结构中的保温层起到风干的作用。

3.4　以其他形式进入室内的热量和湿量

3.4　Other heat gains

其他形式进入室内的热量和湿量包括室内的产热产湿（即内扰）和因室内外空气交换带来的热量和湿量两部分。在现代建筑中，这些内部热量和湿量可以对室内热环境产生重要影响，并往往构成暖通空调系统负荷的重要部分。

The space can be subjected to several internal heat sources and infiltration. These heat gains contribute the majority of the effects on indoor thermal environment in a modern building，and often compose a significant portion of HVAC system loads.

3.4.1　室内产热产湿

3.4.1　Internal heat gains

室内的热、湿源一般包括人体、照明设施和室内设备。人体一方面通过皮肤和服装向环境散发显热，另一方面通过呼吸、汗液蒸发向环境散发水蒸气以构成潜热；照明设施和设备在使用过程中向环境散发热量和湿量。一般民用建筑的散热、散湿设备包括家用电器、厨房设施、食品、游泳池、体育和娱乐设施等；工业建筑的散热、散湿设备包括电动机、加热水槽等，设备的散热散湿取决于设备使用状况和工艺过程。

Typical sources of internal heat gains include occupants，lighting，and plug loads. Some buildings also include significant heat from cooking，refrigeration，laboratory，or manufacturing equipment.

People give off heat，which is especially important when they are densely packed. The heat which raises indoor air temperature is called sensible heat. In addition to heat，people generate moisture，which cannot be removed from the air by passive cooling system. The moisture can be removed in the cooling process by requiring additional energy to condense the water vapor. This additional load on the cooling system is called latent heat.

When people enter a building，they turn on its lights and equipment，both of which are sources of heat in the space. Many sources of internal heat gain，such as lighting and most office equipment，produce only sensible heat. However，other sources，such as occupants and some cooking equipment，produce both sensible and latent heat. For those cases，the portion of the total heat gain entering the space as latent heat must be identified.

1. 照明与设备散热

室内设备可分为加热设备和电动设备。加热设备只要把热量散入室内，就全部成为室内得热。而电动设备所消耗的能量中有部分转化为热能散入室内成为得热，还有部分成为机械能。这部分机械能如果在室内消耗，最终会转化为室内得热。但如果这部分机械能没有消耗在室内，而是输送到室外或者其他空间，就不会成为设备所在房间的室内得热。

另外，电器设备铭牌标注的通常是额定功率，这反映了设备的装机容量，但其实际运行的最大功率往往小于装机容量，而且电器设备也往往不在最大功率下运行。因此，在计算电器设备实际发热量时一定要考虑这些因素的影响，图 3-29 给出了一个示例。

Another to be noted is that the actual peak heat rate for sources such as office equipment is often lower than the equipment's nameplate rating，as shown in Fig. 3-29. In addition，the heat gain from most sources varies by hour and may vary by day of the week and by season.

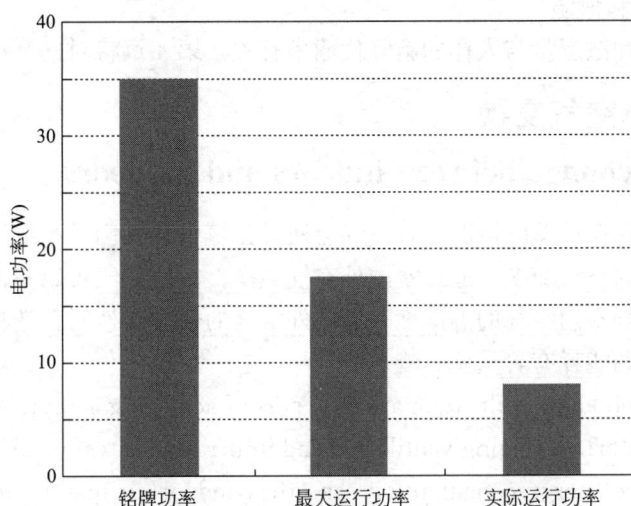

图 3-29　某办公设备铭牌功率、最大运行功率与实际运行功率的对比

2. 设备散湿

如果室内有一个热的湿表面，水分被热源加热而蒸发，则该表面与室内空气既有显热交换又有潜热交换。显热交换量取决于湿表面与室内空气的传热温差、传热面积以及空气掠过湿表面的流速。除面积和流速外，潜热交换量的影响因素主要为湿表面与室内空气的水蒸气分压力差，体现潜热交换的散湿量可用下式求得：

$$W = \beta(p_b - p_a)F\frac{B_0}{B} \tag{3-32}$$

式中　W ——湿表面的散湿量，kg/s；

　　　p_b ——湿表面温度下饱和空气的水蒸气分压力，Pa；

　　　p_a ——空气的实际水蒸气分压力，Pa；

　　　F ——湿表面蒸发面积，m^2；

　　　B_0 ——标准大气压力，$B_0 = 101325Pa$；

　　　B ——当地实际大气压力，Pa；

　　　β ——对流传质系数，kg/(N·s)，$\beta = \beta_0 + 3.63 \times 10^{-8} v$ ，β_0 是不同水温下的扩散系数，kg/(N·s)，见表 3-9，v 是空气掠过湿表面的流速，m/s。

不同水温下的扩散系数　　　　　　　　　　　　　表 3-9

水温（℃）	<30	40	50	60	70	80	90	100
扩散系数（$\beta_0 \times 10^8$）[kg/(N·s)]	4.5	5.8	6.9	7.7	8.8	9.6	10.6	12.5

此外，如果室内湿表面的水分没有通过其他的加热热源，而是通过吸收空气中的显热量蒸发，也就是说蒸发过程是一个等焓绝热过程，则室内的总得热量并没有增加，只是部分显热得热转化为潜热得热。再有，如果室内有一个蒸气，则加入蒸气的热量就是设备的潜热散热量。

3. 人体的散热和散湿

人体的散热量和散湿量与人体的新陈代谢率有关，第 4 章将对此有详细的介绍。

3.4.2　室内外空气交换

3.4.2　Air exchange between indoors and outdoors

在室内外空气存在压差的情况下，空气会通过建筑中各种门、窗缝隙和开口等进、出室内，实现室内外的空气交换。通过室内外空气交换，室外空气可给室内空气直接带入热量和湿量，即刻影响室内空气的温湿度。室内外空气的合理交换对营造良好室内空气环境和降低建筑供暖空调能耗有着重要影响。

Proper ventilation and infiltration are only part of achieving acceptable indoor air quality and thermal comfort. Changing ventilation and infiltration rates to solve thermal comfort problems and reduce energy consumption can affect indoor air quality and may be against building code or other regulations，so any changes should be approached with care and be under the direction of a registered professional engineer with expertise in HVAC analysis and design.

建筑物与室外的空气交换可分为两大类：通风和渗透。通风是指在人为组织（有组织）下，有意将室外空气引入建筑物或将室内空气直接排出至室外的现象；渗透是指室外空气通过裂缝和其他无意的开口或洞口进入室内或室内空气由此排出至室外的现象，也就是所谓的非人为组织（无组织）通风。从引发室内外空气压力差的角度，通风又可分为自然通风和机械通风，与通风一样，渗透也可分为自然渗透和机械渗透。

Air exchange of outdoor air with air already in a building can be divided into two broad classifications：ventilation and infiltration. Ventilation is intentional introduction of air from the outdoors into a building；it is further subdivided into natural and mechanical ventilation. Infiltration is the flow of outdoor air into a building through cracks and other unintentional openings and through the normal use of exterior doors for entrance and egress. Infiltration is also known as air leakage into a building. Exfiltration is leakage of indoor air out of a building through similar types of openings. Like ventilation，infiltration and exfiltration are driven by natural and/or artificial pressure differences.

人们通常以换气次数（单位时间空气交换量与房间体积的比值）来表征室内外的空气交换状况。很多国家对室内通风换气状况都制定了相应的规范和标准。美国 ASHRAE 标准给出通风换气量确定的指导准则是：按地板面积考虑，每平方米换气量为 0.15L/s；按人员占有情况考虑，每人 3.5L/s；以及同时基于面积和基于占有率的列之和。当室内人员的密度超过 $25m^3$/人时，还应再考虑附加通风换气量。在中国，《室内空气质量标准》GB/T 18883—2022 要求住宅建筑的通风率应大于 $30m^3$/(h·人)，这对应于体积为 $72m^2 \times 2.5m = 180m^3$ 三人住宅 $0.5h^{-1}$ 的换气次数。因此，有必要掌握无组织渗透和有组织通风情况下的房间通风换气量。

The air change (or exchange) rate compares airflow to the space's volume and is defined as the ratio of the volumetric flow rate of air into space to the interior volume of space. The air change rate has units of 1/time, usually h^{-1}. When the time unit is hours, the air change rate is also called air changes per hour (ACH), with units of h^{-1}.

Each dwelling should be provided with outdoor air according to code adopted by the local jurisdiction. General guidance according to ASHRAE Standard is given as follows: the rate is 0.15 L/s per square meter of floor space; 3.5 L/s per person based on normal occupancy, and the sum of the Area-Based and Occupancy-Based columns. Additional ventilation should be considered when occupant densities exceed one person per $25m^3$.

1. 空气渗透风量

由于空气压力变化的随机性和复杂性，房间空气渗透风量几乎无法被准确求解。为满足实际工程需要，目前在计算由于室内外空气压差造成的空气渗透时，通常采用基于实验和经验数据的估算方法，即缝隙法和换气次数法。

Infiltration also depends on wind direction and magnitude, temperature differences, construction type and quality, and occupant use of exterior doors and operable windows. As such, it is impossible to accurately predict infiltration rates. Designers usually predict overall rates of infiltration using the number of air changes per hour (ACH).

（1）缝隙法

缝隙法是针对不同种类窗的缝隙状况，给出在不同室外平均风速条件下单位窗缝隙长度的空气渗透量。这是考虑了不同朝向门窗的平均值。因此，在不同地区的不同主导风向下，需要对不同朝向的门窗给出不同的修正值。房间的空气渗透风量 L_a 可通过下式计算：

These models of residential infiltration are based on statistical fits of infiltration rate data for specific houses. They use pressurization test results to account for house airtightness and take the form of simple relations between infiltration rate, an airtightness rating, and, in most cases, weather conditions. Empirical models account for envelope infiltration only and do not include intentional ventilation. The only other data required are wind speed and temperature difference.

$$L_a = kl_a l \tag{3-33}$$

式中　L_a——房间的空气渗透风量，m^3/h；

　　　l_a——单位长度门窗缝隙的渗透量，m^3/(h·m)，见表 3-10；

　　　l——门窗缝隙总长度，m；

　　　k——各个地区、各个主导风向下的修正系数，考虑风向、风速和频率等因素对空气渗透量的影响，见表 3-11。

不同门窗单位长度缝隙的渗透风量 [m³/(h·m)] 表 3-10

门窗种类	室外平均风速(m/s)					
	1	2	3	4	5	6
单层木窗	1.0	2.5	3.5	5.0	6.5	8.0
单层钢窗	0.8	1.8	2.8	4.0	5.0	6.0
双层木窗	0.6	1.3	2.0	2.8	3.5	4.2
双层钢窗	0.6	1.3	2.0	2.8	3.5	4.2
门	2.0	5.0	7.0	10.0	13.0	16.0

各个地区冬季各主导风向下渗透风量的修正系数 表 3-11

城市	朝向							
	北	东北	东	东南	南	西南	西	西北
齐齐哈尔	0.90	0.40	0.10	0.15	0.35	0.40	0.70	1.00
哈尔滨	0.25	0.15	0.15	0.45	0.60	1.00	0.80	0.55
沈阳	1.00	0.90	0.45	0.60	0.75	0.65	0.50	0.80
呼和浩特	0.90	0.45	0.35	0.10	0.20	0.30	0.70	1.00
兰州	0.75	1.00	0.95	0.20	0.25	0.25	0.35	0.45
银川	1.00	0.80	0.45	0.35	0.30	0.25	0.30	0.65
西安	0.85	1.00	0.70	0.65	0.65	0.75	0.50	0.30
北京	1.00	0.45	0.20	0.20	0.20	0.15	0.25	0.85

（2）换气次数法

当缺少足够的门窗缝隙数据时，对于带有门窗的围护结构数目不同的各类房间给出一定室外平均风速范围内的平均换气次数，通过换气次数，即可求得空气渗透风量 L_a 的估算值，如下：

$$L_a = nV \tag{3-34}$$

式中 　L_a ——房间的空气渗透风量，m³/h；

　　　　n ——换气次数，次/h；

　　　　V ——房间容积，m³。

表 3-12 给出了我国目前采用的不同类型房间的换气次数，其适用条件是冬季室外平均风速小于或等于 3m/s。

换气次数估算数据 表 3-12

房间具有门窗的外围护结构的面数	一面	二面	三面
换气次数 n	0.25~0.50	0.5~1.0	1.0~1.5

此外，美国采用的是基于室外风速和室内外温差的换气次数估算方法，具体如下式：

$$n = a + bv + c(t_{a,out} - t_{a,in}) \tag{3-35}$$

式中 　n ——换气次数，1/h；

　　　　v ——室外平均风速，m/s；

$t_{a, out}$——室外空气温度，℃；

$t_{a, in}$——室内空气温度，℃；

a，b，c——换气次数的估算求解系数，见表3-13。

换气次数的估算求解系数 表 3-13

建筑气密性	a	b	c
气密性好	0.15	0.010	0.007
一般	0.20	0.015	0.014
气密性差	0.25	0.020	0.022

2. 通风换气量

相比较通过缝隙的空气渗透，人为组织（有组织）下通风换气计算更为复杂，难度更大。对于通过缝隙的空气渗透情况，由于门窗缝隙面积很小，室内外空气压差产生的影响也相对较小。另一方面，作为建筑围护结构的重要元素，可开启的窗户可为居住者提供主动适应室内外环境的机会，并且开窗行为会导致换气速率的显著变化。相关的研究表明，室内外总通风换气量的87%是开窗行为导致的，半开窗户的卧室换气速率大约是关窗情况下的两倍。上述研究结果表明开窗行为及与此相对应的外窗开度对室内外通风换气的重要影响。居住者通常会根据他们的通风需求或对环境的热偏好来随意调节外窗的开度，加大外窗开度会增强室外风压对室内外空气交换的影响；同时，外窗开度又随居住者个体以及室内外环境呈现出随机性。这些最终使得外窗可随意调节情况下的自然通风换气量呈现动态变化。因此，确定房间通风换气量的动态变化对合理认识和把握居住建筑的室内空气品质及热环境状况有着重要意义。

In comparison with infiltration/exfiltration, determining air exchange rates by natural ventilation in actual in-use building always remains a more challenging issue. Occupants' behavior exerts a stronger influence compared to meteorological conditions. As an illustration, a Japanese study illustrated the effects of human behavior on indoor environments and pointed out that 87% of the total air change rate（ACR）was caused by occupants' behavior, such as opening doors and windows. Researchers further found that the ACR in bedrooms with windows half-open or ajar was approximately twice as high as those in rooms with closed windows. Simultaneously, the air change rates can vary with time during natural ventilation because of the time dependence of the meteorological driving forces （wind pressure，indoor-outdoor temperature difference）and the variation in occupants' behavior, including window operation pattern and the usage pattern of heating or air-conditioning systems.

目前，自然通风换气量的确定通常依据流量系数法和采用示踪气体法，包括以室内人员产生的 CO_2 作为示踪气体的测量方法。为全面地反映房间自然通风的动态变化特性，有研究通过对室内空气环境的连续测量，以人员活动释放的 CO_2 作为示踪气体，建立一种房间通风换气量的动态分析计算方法。

The tracer gas methods were often used to characterize natural ventilation in buildings owing to its double advantages of not interfering with the flow pattern. On this basis, another method is derived by using occupant-generated CO_2 as a "tracer of convenience". Taking advantage of the CO_2 gas directly generated by occupants，this occupant-generated CO_2 method is relatively inexpensive，requires no injection of any other exogenous tracer gas into occupied spaces，and avoids interference with the daily lives of occupants，thus allowing for real-time monitoring of indoor air CO_2 concentration.

Another to be noted is that the steady-state results of air change rates failed to represent the effects of weather conditions and especially occupants' window opening behavior. To address the technical issues related to the calculation of the dynamic air change rates，a new method is proposed to investigate the real-time dynamic airflow to consider the uncertain measurement of occupancy and CO_2 concentration，and some case studies were conducted for classroom and dormitory of natural ventilation.

关于北京地区的案例研究给出了房间自然通风换气次数的逐时变化及其变化特征的统计结果，如图 3-30 和图 3-31 所示。统计分析的结果表明，春、夏、秋各季节开窗时段换气次数平均值及标差分别为（2.80±1.30)h^{-1}、（3.77±1.99)h^{-1} 和（2.36±1.55)h^{-1}，春、夏季换气次数明显大于秋季换气次数。各季节关窗时段的换气次数分别为（0.56±0.43)h^{-1}、（0.65±0.49)h^{-1} 和（0.42±0.33)h^{-1}，远小于开窗时换气次数，说明开窗对通风换气量的影响极大，同时通风换气次数的变化呈现出季节差异。此外，通风换气次数表现出与室外温度环境的密切关联。在气候适宜的春秋季，房间换气次数总体上随室外温度的上升而加大，体现出外窗开启率加大的影响。在夏季，由于居住者开启空调并同时关闭外窗的作用，使得室外温度继续上升时，换气次数随室外温度的上升而降低，如图 3-32 所示。

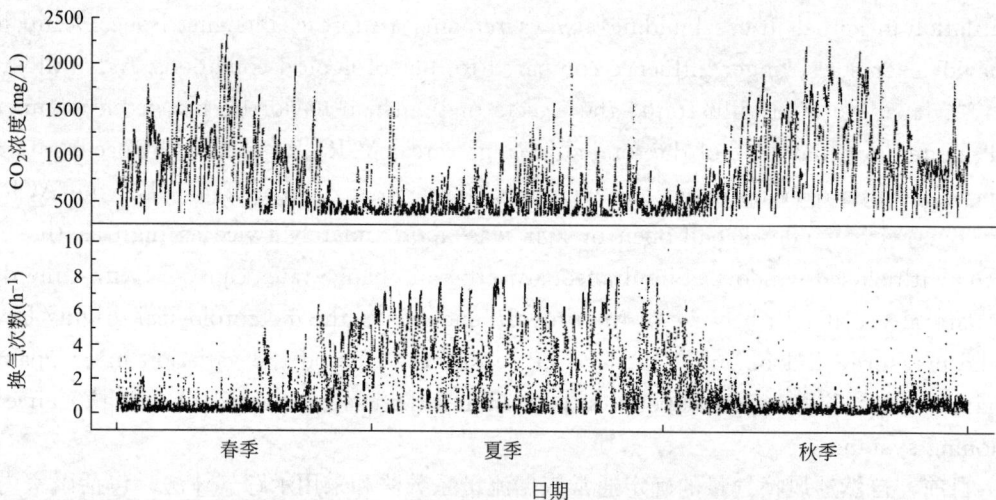

图 3-30　春、夏、秋三个季节 CO_2 测量结果及通风换气次数计算结果

A case study of a dormitory in Beijing presents the time series of the measured indoor CO_2 concentration and the calculated air change rates every 10 minutes in spring，summer，and autumn. Obviously，the calculated air change rates show a dynamic change over time， as shown in Fig. 3-30. Moreover，Fig. 3-31 demonstrates that the mean $\pm$ standard deviations（S. D.）of the air change rates during the period of the window being open were（2. 80$\pm$1. 30)h^{-1}，（3. 77$\pm$1. 99)h^{-1}，and（2. 36$\pm$1. 55)h^{-1}；and（0. 56$\pm$0. 43)h^{-1}，（0. 65$\pm$0. 49)h^{-1} and（0. 42$\pm$0. 33)h^{-1} when the window was closed in spring，summer，and autumn，respectively. It is obvious that the air change rates in the case of closing window were much lower than the air change rates during the period of window being open，demonstrating that window opening behavior has a greater effect on natural ventilation compared to meteorological conditions.

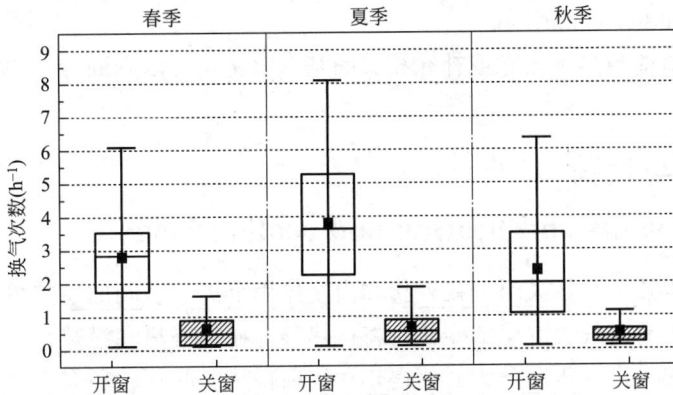

图 3-31　春、夏、秋三个季节开窗和关窗状态下的换气次数

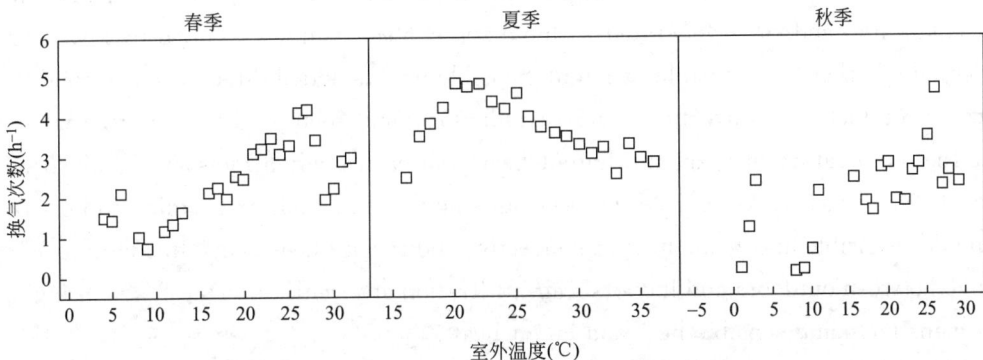

图 3-32　春、夏、秋三个季节换气次数随室外温度的变化

3.5　冷负荷与热负荷

3.5　Cooling load and heating load

3.5.1　冷、热负荷的定义

3.5.1　Definition of heating and cooling loads

涉及室内热湿环境控制时，需要引入负荷的基本概念，负荷包含冷负荷和热负荷。

所谓冷负荷，是指维持室内空气温度和湿度参数在一定要求范围内时，单位时间内需要从室内去除的热量。该热量包括显热量和潜热量两部分，冷负荷相应包括显热负荷与潜热负荷。如果将潜热量表示为单位时间内需排除的水分，则潜热负荷又可称作湿负荷。所谓热负荷，则是指维持室内空气温度和湿度参数在一定要求范围内时，单位时间内需要向室内补充的热量，同样包括显热负荷和潜热负荷两部分。如果只考虑控制室内温度，则热负荷就只包括显热负荷。

Space heating and cooling loads are the rates of sensible and latent heat input（heating）or removal（cooling）required to maintain an indoor environment at a desired temperature and humidity condition.

根据冷、热负荷与热量去除或补充相关的基本定义，可以判断冷、热负荷与室内得热密切相关。

3.5.2　得热与负荷

3.5.2　Heat gains and heating and cooling loads

前已述及，得热即是指某时刻在外扰和内扰作用下进入房间的总热量。在建筑环境工程领域，根据是否有空气含湿量的变化，将得热分为显热得热和潜热得热；根据热量传递的方式，显热得热可进一步区分为对流得热和辐射得热。此外，还有通过室内外空气交换（渗透和通风）带来的热量，这部分得热同时包括显热得热和潜热得热。

As mentioned above, space heat gain is the instantaneous rate of heat gain at which heat enters into and/or is generated within a space. Heat gain is classified by heat transfer mode and whether it is sensible or latent. Sensible heat is added directly to the conditioned space by conduction, convection, and/or radiation, and relates to the energy that would raise the temperature of space air. Latent heat gain occurs when moisture is added to the space（e. g. , from vapor emitted by occupants and equipment）. According to heat transfer mode, sensible heat gains include convective and radiant heat gains. In addition, air exchange between outdoors and indoors（air infiltration and ventilation）can also bring space heat gains including sensible heat and latent heat.

围护结构内装修和家具的吸湿与蓄湿量很小，通常忽略吸湿与蓄湿的作用。因而潜热得热一般会直接进入到室内空气中，形成瞬时冷负荷。室内外空气交换带来的得热也会直接进入到室内空气中，成为瞬时冷负荷。显热得热的作用情况相对复杂，其中对流部分会直接传给室内空气，成为瞬时冷负荷；而辐射得热部分并不直接进入到空气中，而是以长波辐射的方式传递到各围护结构内表面和家具表面，提高这些表面的温度后，再通过对流换热方式逐步释放到空气中，形成冷负荷。

Latent heat gains are usually considered instantaneous, indicating moisture sources within a building（e. g. , shower areas, swimming pools or natatoriums, arboretums）and moisture migration through the building envelope can contribute to space cooling load immediately. In addition, heat gains due to air exchange between outdoors and indoors also contribute to space cooling load directly without time delay from building mass.

Unlike latent heat gains, the conversion of sensible heat gains to space cooling load is affected by the thermal storage characteristics of that space and whether it is convective or radiant. Convective heat gains will result in an immediate increase of the space air temperature, and is assumed to immediately become cooling load in the hour in which that heat gain occurs. On the other hand, radiant energy is usually first absorbed by thermal mass that enclose the space (walls, floor, and ceiling) and objects in the space (furniture, etc.). When these surfaces and objects become warmer than the surrounding air, some of this heat gain transfers to the air by convection, and contributes to space cooling load. This process creates a time lag and dampening effect.

因此，冷负荷与得热量密切相关。对于辐射得热引起的冷负荷，冷负荷与得热量之间存在着幅度差和相位差，即幅度有衰减，时间上也有延迟。这样，冷负荷的峰值只会等于或低于辐射得热量的峰值，并且冷负荷峰值出现的时间会滞后辐射得热峰值出现的时间。而对于除辐射得热之外的其他得热引起的冷负荷，冷负荷与得热总是保持一致。图 3-33 给出了冷负荷与辐射得热量关系的一个典型示例，图中冷负荷的峰值低于得热的峰值，冷负荷峰值出现的时间也滞后辐射得热峰值出现的时间，由此直观说明了冷负荷相对于辐射得热的衰减和延迟。导致冷负荷与辐射得热存在衰减和延迟的主要原因在于各围护结构内表面和家具的蓄热作用。基于能量守恒的原则，扰量作用时间内的辐射得热量总和等于自扰量作用时刻起无限长时间内冷负荷的总和。由此，将扰量作用时间段内辐射得热量总和与冷负荷总和的差值称为蓄热量，而将扰量作用停止后的冷负荷总和称为需除去的蓄热量，蓄热量和需除去的蓄热量两者在数量上相等。

与冷负荷相一致，热负荷与辐射得热之间同样存在着幅度差和相位差，并且同样是由于围护结构和室内家具的蓄热作用所导致，也同样遵循能量守恒的原则。

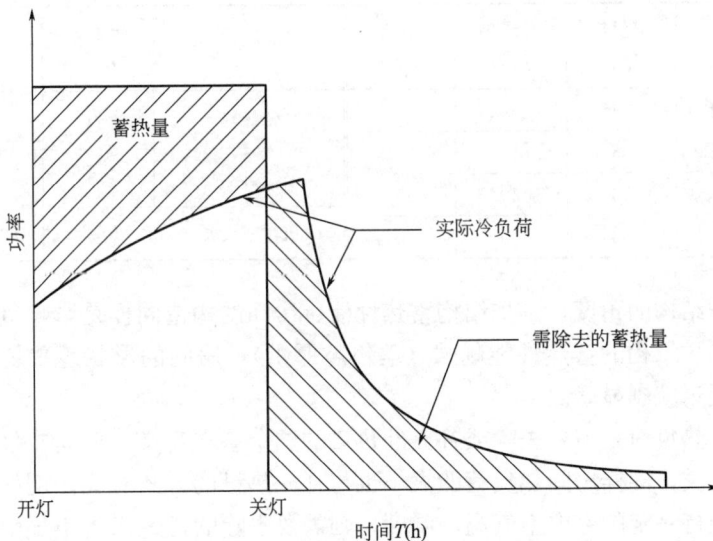

图 3-33　冷负荷和辐射得热的变化关系示例

Accordingly, the sum of all space instantaneous heat gains at any given time does not necessarily （or even frequently） equal the cooling load for the space at that same time. There is always significant delay between the time a heat source is activated，and the point when reradiated energy equals that being instantaneously stored. Some of this energy is still present and reradiating even after the heat sources have been switched off or removed，as shown in Fig. 3-33. The thermal storage effect is critical in differentiating between instantaneous heat gain for a given space and its cooling load at that moment.

This time lag must be considered when calculating cooling load，because the load required for the space can be much lower than the instantaneous heat gain being generated，and the space's peak load may be significantly affected.

3.5.3　负荷变化的其他影响因素
3.5.3　Other influencing factors of heating and cooling loads

基于包括辐射得热在内的各项得热与负荷相互关系的分析描述，可以确定影响负荷与得热关系的首要因素是热源的特性。辐射得热在总得热中所占比例的大小影响了冷负荷与得热之间的关系，辐射得热的比例越大，负荷相对于得热的衰减和延迟就越显著。因此，在室内冷、热负荷的计算确定上，要掌握各种得热的对流和辐射的比例。对流散热量与辐射散热量的比例与热源温度、室内空气温度以及四周表面温度有关，各表面之间的长波辐射换热量还与各内表面的角系数有关。这样，准确计算热源的对流辐射分配比例是非常复杂的工作。表 3-14 给出了一般情况下各种瞬时得热中不同得热成分的大概比例。照明和机械设备对流和辐射得热的比例分配与其表面温度有关，人体的显热和潜热比例分配与人体的活动强度以及空气温度有关。

各种瞬时得热中不同得热成分所占比例　　　　　表 3-14

得热类型	辐射热（%）	对流热（%）	潜热（%）	得热类型	辐射热（%）	对流热（%）	潜热（%）
太阳辐射(无内遮阳)	100	0	0	传导热	60	40	0
太阳辐射(有内遮阳)	58	42	0	人体	40	20	40
荧光灯	50	50	0				
白炽灯	80	20	0	机械或设备	20～80	80～20	0

进而从围护结构的角度，围护结构蓄热性能、房间的构造同样是影响负荷与得热关系的重要因素。围护结构的蓄热性能越强（墙体越厚重），房间的形状越狭长，负荷相对于得热的衰减和延迟就越显著。

再根据冷、热负荷是需要去除或补充的热量的这个基本定义，房间冷负荷的大小与去除热量的方式有关，同样房间热负荷的大小也与补充热量的方式有关。例如，如果采用送风空调方式以维持一定的室内空气温、湿度，则需要去除的是进入到空气中的热量。至于蓄存在围护结构或家具中的热量只要不进入到空气中，就不必考虑。相对照，如果采用辐射空调方式，冷辐射板的存在会加大围护结构内表面的长波辐射散热，相应加大围护结构内表面温度的降低幅度，进而使得通过围护结构传入室内的热量增加。这样，与送风空调方式相比较，辐射空调方式除去的热量除了进入到室内空气中的热量外，还要包括以冷辐射形式去除的蓄存在围护结构和家具内部的热量。因此，在维持相同的室内空气温度的条件下，辐射板空调方式的冷/热负荷与常规的送风空调方式的冷、热负荷相比是偏高的。

The instantaneous sensible cooling load is the rate of heat flow into the space air mass. This quantity differs from heat gain, which usually contains a radiative component that passes through the air and is absorbed by other bounding surfaces. Instantaneous sensible cooling load is entirely convective; even loads from internal equipment, lights, and occupants, enter the air by convection from the surface of such objects or by convection from room surfaces that have absorbed the radiant component of energy emitted from these sources. However, some adjustment must be made when radiant cooling and heating systems are evaluated because some of the space load is offset directly by radiant transfer without convective transfer to the air mass.

再有，对于间歇空调，室内空气存在急速降温或升温的情况。当室内空气在开启空调而导致降温的过程中，也即是空气的显热增值为负时，房间冷负荷比室温恒定时的冷负荷要大。两者的差值除了空气的显热增值以外，还要加上围护结构内表面以及其他室内表面温度随着室内空气温度降低所导致通过墙体等非透光围护结构进入室内热量的增加。并且，由于热容的差别，后者造成的影响往往比前者的影响要大。在供暖工况下，热负荷也存在类似的变化规律。所以，间歇运行的空调或供暖系统在启动时段的"启动负荷"往往比连续稳定运行时的负荷要大很多。因此，供暖空调运行方式也是影响负荷与得热关系的一个不可忽视的重要因素。

3.6 典型负荷计算方法介绍

3.6 Cooling and heating loads calculation

负荷计算是建筑环境与能源应用专业学习的基础，是暖通空调系统中设备选型、系统形式以及系统运行调节策略分析确定的重要基础，是预估建筑供暖空调能耗的基本参数，同时也是衡量和评价建筑热工性能的重要指标。因此，认识和掌握负荷及其变化特性是建筑热湿环境营造的关键所在。可以说建筑负荷问题的研究始终贯穿于暖通空调技术的发展和推进中。

Heating and cooling loads calculation is the primary design basis for most heating and air-conditioning systems and components. These calculations affect the size of piping, ductwork, diffusers, air handlers, boilers, chillers, coils, compressors, fans, and every other component of systems that condition indoor environments, and further affect first cost of building construction, comfort and productivity of occupants, and operating cost and energy consumption.

基于其定义，负荷的大小最终可通过室内空气的热平衡确定。冷、热负荷热流方向相反，但原理都是一样。房间空气从各室内表面、热源和室内外空气交换中获得对流热，这些需要排除的对流热构成了房间的瞬时冷负荷。由于房间各内表面之间、内表面和热源之间存在着长波和短波辐射换热，室内表面对流散热状况因而取决于其所在围护结构的导热得热、各个壁面之间的长波辐射换热以及通过外窗获得的太阳辐射得热。因此，建筑热过程是导热、对流、辐射和蓄热综合作用的结果。如果各时刻各围护结构内表面和室内空气温度已知，就可以求出室外扰量通过围护结构向室内的对流传热量，再已知热源和室内外空气交换的对流热，可最终计算确定房间冷负荷。但是，各围护结构内表面温度和室内空气温度之间存在显著的耦合关系，这样，求解房间冷负荷，需要联立求解围护结构内表面热平衡方程和室内空气热平衡方程所组成的微分方程组。但是，由于边界条件的复杂性，依靠手工计算根本无法实现对微分方程组的合理求解。

Cooling loads result from many conduction, convection, and radiation heat transfer processes through the building envelope and from internal sources and system components. Building components or contents that may affect cooling loads include the following:

- External: Walls, roofs, windows, skylights, doors, partitions, ceilings, and floors
- Internal: Lights, people, appliances, and equipment
- Infiltration: Air leakage and moisture migration

Cooling load estimation involves calculating a surface-by-surface conductive, convective, and radiative heat balance for each room surface and a convective heat balance for the room air. These principles form the foundation for all methods of cooling and heating load calculations. The heat balance (HB) method allows the net instantaneous sensible heating and/or cooling load to be calculated on the space air mass. Generally, a heat balance equation is written for each enclosing surface, plus one equation for room air. Although not necessary, linearization is commonly used to simplify the radiative transfer formulation. This set of equations can then be solved for the unknown surface temperatures of building envelope and room air temperature. The problem is that, However, due to the complexity of the boundary conditions, it is impossible to manually solve the differential equations.

为解决供暖空调系统设计中负荷计算确定的问题，从 20 世纪 40 年代起，研究人员在不断加深认知的基础上，提出了供暖负荷的稳态计算方法和基于反应系数法的冷负荷动态计算方法。我国从 20 世纪 70 年代末开展冷负荷计算方法的研究，1982 年在原城乡建设环境保护部主持下通过了两种新的冷负荷计算法：谐波反应法和冷负荷系数法。并针对我国的建筑形式特点推出一批典型围护结构的冷负荷温差（冷负荷温度）以及冷负荷系数（冷负荷强度系数），该方法至今仍广泛应用于我国暖通空调系统的工程设计中。伴随着计算机软件和硬件技术的发展，从 20 世纪 70 年代起，国内外研究人员投入大量精力研发建筑逐时负荷和能耗的模拟计算软件，取得了卓有成效的进展。目前，通过模拟软件分析确定建筑全年能耗和负荷状况已经成为暖通空调领域基础研究与工程应用的必备手段。

以下对负荷的稳态计算、动态计算以及软件模拟计算这三类方法作简要介绍。

3.6.1　稳态计算法

3.6.1　Steady state method

稳态计算法是指只采用室内外瞬时或平均温差与围护结构的传热系数、传热面积的乘积来求取负荷的方法，即 $Q=KF\Delta t$。因而，稳态计算法简单直观，甚至可以直接手工计算或估算。

然而，稳态计算方法无法体现出由于围护结构蓄热，之前时刻扰量对当前时刻室内热环境的影响，因而所求得的冷、热负荷与真实值会存在偏差，而且围护结构的蓄热性能愈强，采用稳态方法的负荷计算误差就愈大。因此，针对蓄热性能小的轻型、简易围护结构的建筑，可以用逐时室内外温差乘以传热系数和传热面积进行负荷的近似计算，计算误差会在允许范围内。这样，如果室内外温差的平均值远远大于室内外温差的波动幅度，采用平均温差的稳态计算带来的误差比较小，在工程设计中是可以接受的。例如在我国北方冬季，室外温度的波动幅度远小于室内外温差的平均值（图 3-34），故在进行供暖负荷计算时，通常采用稳态计算法，即：

$$Q_{hl}=K_{wall}F_{wall}(t_{a,out}-t_{a,in})\qquad(3-36)$$

式中　Q_{hl}——房间供暖负荷，W；

　　　K_{wall}——围护结构的传热系数，W/(m²·K)；

　　　F_{wall}——围护结构的传热面积，m²；

　　　$t_{a,out}$——冬季室外设计温度，对于供暖系统为每年不保证 5 天的最低日平均温度，℃；

　　　$t_{a,in}$——冬季室内设计温度，℃。

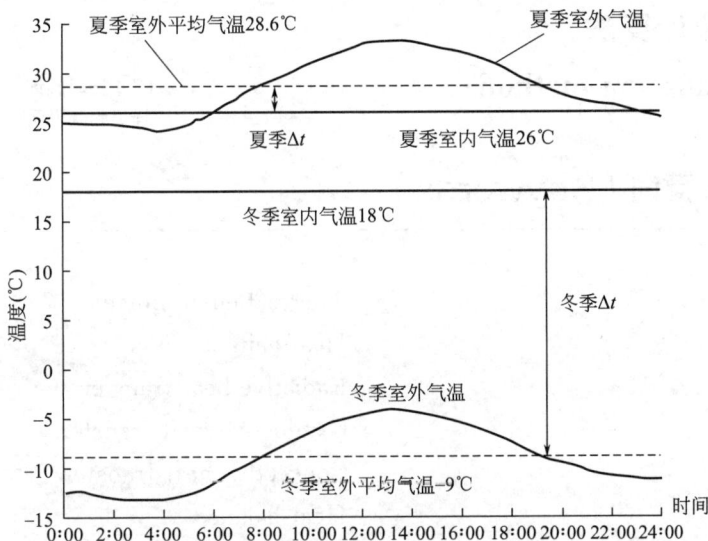

图 3-34　冬夏室内外温差的比较示例

Although the physics of heat transfer that creates a heating load is identical to that for cooling loads, a number of traditionally used simplifying assumptions facilitate a much simpler calculation procedure. Typical assumptions of design heating load calculations are as follows:

• Outdoor temperature is single and significantly lower than maintained space temperatures

- Credit for solar or internal heat gains is not included
- Thermal storage effect of building structure or content is ignored
- Heat transfer is under steady-state conditions

On this basis, space heating load is determined by computing the heat transfer rate through building envelope elements plus heat required because of outdoor air infiltration.

By ignoring solar and internal gains, this simplified heating load calculation provides a built-in safety factor. Nonetheless, it is justified because it evaluates worst-case condition that can reasonably occur during a heating season.

图 3-34 的结果同时表示，尽管夏季日间瞬时室外温度可能要比室内温度高很多，但夜间瞬时外温却有可能低于室内温度，这使得夏季室内外平均温差并不大，但波动的幅度却相对比较大。如果采用日平均温差的稳态算法，则导致夏季冷负荷的计算结果偏小。另一方面，如果采用逐时室内外温差，忽略围护结构的衰减延迟作用，则会导致冷负荷计算结果偏大。因此，在围护结构蓄热性能不可忽略的情况下，计算夏季冷负荷不能采用日平均温差或瞬时温差的稳态算法，否则可能导致错误的结果。

3.6.2 动态计算法
3.6.2 Dynamic method

扫码阅读
（详见封底说明）

3.6.2 动态计算法

3.6.3 模拟计算法
3.6.3 Simulation method

扫码阅读
（详见封底说明）

3.6.3 模拟计算法

本章关键词（Keywords）

热湿环境	Thermal environment
得热	Heat gain
辐射换热	Radiative heat transfer
导热	Conductive heat transfer
对流换热	Convective heat transfer
热平衡	Heat balance
室外空气综合温度	Solar-air temperature
建筑围护结构	Building envelopes
不透光围护结构	Opaque skins
外表面	Exterior surface
内表面	Interior surface
热性能	Thermal properties（Thermal performance）
太阳入射角	Radiation incident angle
动态热传递	Dynamic heat transfer

非稳态导热	Unsteady heat conduction
热阻	Thermal resistance
保温	Thermal insulation
保温性能	Thermal insulation performance
蓄热能力	Heat storage capacity
热扩散率（导温系数）	Thermal diffusivity
比热容	Specific heat capacity
重型建筑	Heavy thermal mass building
轻型建筑	Light thermal mass building
热延迟	Thermal lag
延迟时间	Time delay（time lag）
衰减	Thermal dampening
热交换	Heat exchange
部分时间、部分空间	Part time and part space
全时间、全空间	Full time and full space
夜间通风	Night ventilation
透光系统	Glazing system
门窗	Fenestration
中空玻璃	Double glazing
Low-e 镀膜	Low-emissivity（Low-e）coating
Low-e 镀膜玻璃	Low-e coated glass
透射率	Transmittance
反射率	Reflectance
吸收率	Absorptance
太阳辐射得热系数	Solar heat gain coefficient（SHGC）
传热系数	U-factor
被动式太阳能供暖	Passive solar heating
直接受益式	Direct gain
窗墙比	Window wall ratio（WWR）
特朗勃集热墙	Trombe wall
附加阳光间	Attached sunspace
光谱选择性	Spectral selectivity
外窗遮阳	External window shading
外遮阳设施	Exterior shading devices
内遮阳设施	Interior shading devices
双层皮幕墙	Double-skin façade
遮阳系数	Shading coefficient
标准太阳得热	Standard solar heat gain（SSG）
智能窗	Smart window

电致变色窗	Electrochromic（EC）window
热致变色窗	Thermochromics（TC）window
湿传递	Moisture transfer
水蒸气分压力	Partial water vapor pressure
表面结露	Surface condensation
内部冷凝	Interstitial condensation
露点温度	Dew point temperature
室内得热	Internal heat gains
显热	Sensible heat
潜热	Latent heat
空气交换	Air exchange
换气次数	Air exchange（change）rate
通风	Ventilation
渗风（渗入/渗出）	Air infiltration/exfiltration
示踪气体法	Tracer gas method
热负荷	Heating loads
冷负荷	Cooling loads
瞬时冷负荷	Instantaneous cooling loads
蓄热量	Heat stored
除热量	Stored heat removed
负荷计算	Load calculation
稳态计算法	Steady state method
动态计算法	Dynamic method
模拟计算法	Simulation method

复习思考题

1. 从扰量的角度，分析说明建筑热湿环境的主要影响因素。

2. 分析说明什么是室外空气综合温度。

3. 什么情况下建筑与环境的长波辐射散热可以忽略？

4. 为什么我国规定围护结构的传热阻不得低于最小传热阻？

5. 分析说明墙体的热阻和蓄热性对通过墙体热传导的影响特性。

6. 简述夜间通风对过渡季和夏季室内热环境的影响特性。

7. 对夏热冬冷地区间歇供暖的居住建筑，宜采用内保温还是外保温？为什么？

8. 在室外参数和室内空气温度维持不变的条件下，通过某围护结构从室外进入室内的热量是否确定？为什么？

9. 在寒冷地区冬季（如 12 月），若供暖系统故障检修 1h，居住建筑房间温度会有明显变化吗？为什么？

10. 计算通过外窗的太阳辐射得热时，为什么将太阳直射和散射辐射分开来计算？

11. 确保中空玻璃保温性能的两个主要构造因素是什么？

12. 分析说明被动式太阳能供暖的三种主要形式及其特点。

13. 简述温室大棚的形成机理。

14. 分析比较内遮阳和外遮阳的遮阳效果。

15. 简述太阳辐射通过外墙和外窗如何影响室内热环境。

16. 分别针对夏热冬冷地区和寒冷地区的居住建筑，分析讨论封阳台对室内热环境的影响。

17. 对于寒冷地区的住宅，南墙和北墙的保温厚度是否一致？

18. 什么是窗墙比？分析说明寒冷地区农村传统住宅坐北朝南，并且南立面比北立面窗墙比明显加大的原因。

19. 分析对比东向和西向房间的夏季室内热环境状况。

20. 人员密集的办公建筑与普通居住建筑相比较，哪一类建筑对围护结构保温性能的要求更高？

21. 从建筑的角度，分析说明建筑热湿环境的主要影响因素。

22. 简述围护结构表面及内部结露的分析判定方法。

23. 简述得热与负荷以及两者之间的相互关系。

24. 简述影响负荷与得热相互关系的主要因素及其影响特性。

25. 夏季透过玻璃窗的太阳辐射是否等于建筑物的瞬时冷负荷？

26. 夏季室内照明和设备散热是否直接转变为瞬时冷负荷？

27. 从冬季节约供暖能耗的角度分析，在相同面积的情况下，正方形平面与长方平面何者有利？

28. 为什么冬季往往可以采用稳态算法计算供暖负荷，而夏天却一定要采用动态算法计算空调冷负荷？

29. 为什么夏季空调负荷中一般不考虑渗透负荷，而冬季一般必须考虑渗透负荷？

30. 一间用彩钢板（表面为有机涂层的钢板，芯材是高热阻的轻质保温材料）建造的简易房要配空调，需要计算冷负荷，彩钢板的热阻已知，但是现有的设计手册并无这种建材的冷负荷温度。你会采用什么方法计算冷负荷？理由是什么？

参考文献

[1] 朱颖心. 建筑环境学 [M]. 第4版. 北京：中国建筑工业出版社，2016.

[2] 李念平. 建筑环境学 [M]. 北京：机械工业出版社，2021.

[3] 宇田川光弘，近藤靖史，秋元孝之，等. 建筑环境工程学——热环境与空气环境 [M]. 陶新中，译. 北京：中国建筑工业出版社，2016.

[4] 刘加平. 建筑物理 [M]. 第4版. 北京：中国建筑工业出版社，2009.

[5] 柳孝图. 建筑物理 [M]. 第2版. 北京：中国建筑工业出版社，2000.

[6] 杨世铭，陶文铨. 传热学 [M]. 第2版. 北京：高等教育出版社，2006.

[7] 李元哲，狄洪发，方贤德. 被动式太阳房的原理及其设计 [M]. 北京：能源出版社，1989.

［8］ 陆耀庆 . 实用供热空调设计手册（上册）［M］. 第 2 版 . 北京：中国建筑工业出版社，2008.

［9］ 赵荣义，范存养，薛殿华，等 . 空气调节［M］. 第 4 版 . 北京：中国建筑工业出版社，2009.

［10］ 中国电子工程设计院 . 空气调节设计手册［M］. 第 3 版 . 北京：中国建筑工业出版社，2017.

［11］ 今村仁美，田中美都 . 图解建筑环境［M］. 雷祖康，等译 . 北京：中国建筑工业出版社，2021.

［12］ 简毅文 . 住宅热性能评价方法的研究［D］. 北京：清华大学，2003.

［13］ ASHRAE. 2021 ASHRAE Handbook Fundamentals：SI Edition［S］. Atlanta：ASHRAE，2021.

［14］ 中华人民共和国住房和城乡建设部 . 民用建筑热工设计规范：GB 50176—2016［S］. 北京：中国建筑工业出版社，2016.

［15］ 国家技术监督局，中华人民共和国建设部 . 建筑气候区划标准：GB 50178—1993［S］. 北京：中国计划出版社，1994.

［16］ 中华人民共和国住房和城乡建设部 . 城市居住区规划设计规范：GB 50180—2022［S］. 北京：中国建筑工业出版社，2022.

［17］ 中华人民共和国住房和城乡建设部 . 民用建筑供暖通风与空气调节设计规范：GB 50736—2017［S］. 北京：中国建筑工业出版社，2017.

［18］ 陈焕 . 不同室外空气温度条件下间歇供暖房间能耗特征分析［D］. 上海：东华大学，2015.

［19］ Wang S，Kang Y，Yang Z，et al. Numerical study on dynamic thermal characteristics and optimum configuration of internal walls for intermittently heated rooms with different heating durations［J］. Applied Thermal Engineering，2019（155）：437-448.

［20］ Tsilingiris P T. Wall heat loss from intermittently conditioned spaces-The dynamic influence of structural and operational parameters［J］. Energy and Buildings，2006（38）：1022-1031.

［21］ Versic Z，Binicki M，Mesic M N. Passive Night Cooling Potential in Office Buildings in Continental and Mediterranean Climate Zone in Croatia［J］. Buildings，2022（12）：12081207.

［22］ Jones J，West A W. Natural ventilation and collaborative design［J］. Ashrae Journal，2001（43）：46-50.

［23］ 亓晓琳，杨柳，刘加平 . 北方地区办公建筑夜间通风适用性分析［J］. 太阳能学报，2011，32（5）：669-673.

［24］ 李楠，杨柳，朱小波 . 西安地区办公建筑夜间通风降温实验研究［J］. 暖通空调，2015，45（4）：106-110.

［25］ 胡悦 . 办公建筑墙体蓄热与通风降温耦合技术研究［D］. 重庆：重庆大学，2016.

［26］ 刘月莉，曾晓武，袁涛 . 透光围护结构节能技术研究与工程应用［M］. 北京：中国建筑工业出版社，2021.

［27］ 褚清松 . 不同形式的门窗节能效果对比研究［J］. 建筑节能，2014（8）：53-54.

［28］ 邹赟涵，奚小波，张翼夫，等 . 真空玻璃技术现状与发展趋势［J］. 真空科学与技术学报，2022，42（8）：563-572.

［29］ 简毅文 . 建筑形式对太阳能热利用的影响研究［J］. 太阳能学报，2007，28（1）：108-112.

［30］ 简毅文，江亿 . 窗墙比对住宅供暖空调总能耗的影响［J］. 暖通空调，2006，36（6）：1-5.

［31］ 王恒一 . 太阳房的特朗勃墙与高效集热墙的对比分析［J］. 太阳能，2010（6）：40，27.

［32］ 韦笑 . 太阳能辅助供暖技术综述［J］. 节能与环保，2019（10）：60-62.

［33］ 清华大学建筑节能研究中心 . 中国建筑节能年度发展研究报告 2008［M］. 北京：中国建筑工业出版社，2008.

［34］ Aburas M，Soebarto V，Williamson T，et al. Thermochromic smart window technologies for building application：A review［J］. Applied Energy，2019（255）：113522.

［35］ Ke Y，Chen J，Lin G，et al. Smart Windows：Electro-，Thermo-，Mechano-，Photochromics，and

Beyond [J]. Advanced Energy Material, 2019 (9): 1902066.

[36] Ke Y, Tan Y, Feng C, et al. Tetra-Fish-Inspired aesthetic thermochromic windows toward Energy-Saving buildings [J]. Applied Energy, 2022 (315): 119053.

[37] Liu X, Wu Y. A review of advanced architectural glazing technologies for solar energy conversion and intelligent daylighting control [J]. Architectural Intelligence, 2022: 1-10.

[38] 刘玮, 郝雨楠. 智能窗发展现状研究 [J]. 门窗, 2017 (8): 12-14.

[39] 汪华, 师磊. 浅谈节能玻璃发展现状 [J]. 建材世界, 2010, 31 (6): 4-6.

[40] 杨晓燕. 建筑外窗型材对传热系数影响的分析 [J]. 绿色建筑, 2022, 14 (3): 72-76.

[41] Bainbridge D A, Haggard K. PASSIVE SOLAR ARCHITECTURE-Heating, Cooling, Ventilation, Daylighting, and More Using Natural Flows [M]. Vermont: CHELSEA GREEN PUBLISHING COMPANY, 2011.

[42] James K. THE PASSIVE SOLAR HOUSE [M]. Vermont: CHELSEA GREEN PUBLISHING COMPANY, 1997.

[43] Daniel D, Chiras. THE SOLAR HOUSE-PASSIVE SOLAR HEATING AND COOLING [M]. Vermont: CHELSEA GREEN PUBLISHING COMPANY, 2002.

[44] 中华人民共和国国家卫生健康委员会. 室内空气质量标准: GB/T 18883—2022 [S]. 北京: 中国计划出版社, 2022.

[45] Hou J, Zhang Y, Sun Y, et al. Air change rates at night in northeast Chinese homes-ScienceDirect [J]. Building and Environment, 2018 (132): 273-281.

[46] Wilkins C K, McGaffin N. Measuring computer equipment loads in office buildings [J]. ASHRAE Journal, 1994, 36 (8): 21-24.

[47] 李楠, 胡小倩, 刘庆, 等. 居住建筑门窗开启对自然通风特性影响的数值研究 [J]. 暖通空调, 2017, 47 (10): 96-101.

[48] 王立鑫, 白郁华, 刘兆荣, 等. CO_2 示踪气体法测定室内新风计算方法研究 [J]. 建筑科学, 2007, 121 (8): 36-40.

[49] 齐美薇, 李晓锋, 黄河. 示踪气体法利用人体作为 CO_2 释放源测量宿舍换气次数的方法探究 [J]. 建筑科学, 2013, 29 (6): 52-57.

[50] Liu S, Jian Y, Liu J, et al. Associating occupants' interaction with windows with air change rate-One case study [J]. Building and Environment, 2022 (222): 109387.

[51] 潘毅群. 实用建筑能耗模拟手册 [M]. 北京: 中国建筑工业出版社, 2013.

[52] Yan D, Xia J, Tang W, et al. DeST-An Integrated Building Simulation Toolkit, Part Ⅰ: Fundamentals [J]. Building Simulation, 2008 (1): 95-110.

[53] Yan D, Zhou X, An J, et al. DeST 3.0: A new-generation building performance simulation platform [J]. Building Simulation, 2022 (15): 1849-1868.

第 4 章　人体对热湿环境的反应
Chapter 4　Human Response to Thermal Environments

在建筑环境中，热湿条件会影响人们的生理反应（如皮肤温度、排汗量和寒颤产热量等）和心理反应（如热感觉和热舒适等）。热环境条件影响人体热反应的机理是什么？人体是通过什么方式来应对不舒适环境？请尝试用自己的认识来解释这些问题，并通过本章内容的学习，判断自己的理解是否正确。

人体代谢产热是生命过程的必然现象，这些热量主要通过对流、辐射和汗液蒸发等方式释放到环境中。人体通过产热和散热平衡维持体温恒定。多样的热湿环境总会打破某种平衡，而人体的体温调节系统会建立新的平衡。体温调节强度越大，人越感觉不舒适。人体对热湿环境的反应可以采用数学模型表达，并给出评价指标。但人体系统极为复杂，目前没有一个指标能完全解释人体所有热反应。热偏好差异的存在使问题变得更加复杂。热湿环境不仅影响人们热舒适，还会影响劳动效率，且对体力劳动和脑力劳动的影响规律不同。

Metabolic heat is an inevitable phenomenon of life processes and is released into the environment mainly by convection, radiation, and evaporation. The human body maintains a constant body temperature by balancing heat production and heat dissipation. Diverse thermal environments always upset one balance, and the thermoregulatory system establishes a new one. The intenser the thermoregulation, the more uncomfortable people feel.

4.1　人体生理热调节
4.1　Human physiological thermoregulation

4.1.1　产热、散热和热平衡
4.1.1　Heat generation, heat dissipation and heat balance

1. 人体能量的来源与利用

人体摄取食物，通过新陈代谢获得能量，维持正常的生命活动。提供能量的主要物质是糖、脂肪和蛋白质。糖是机体的重要能量物质，机体所需能量的 70% 以上由食物中的糖提供。脂肪主要功能是贮存和供给能量，它贮存的能量比糖多。1g 脂肪在体内氧化所释放的能量是 1g 糖的 2 倍多。蛋白质的基本组成单位是氨基酸。氨基酸主要用于重新合成蛋白质，作为细胞成分以实现细胞的自我更新，或者用于合成酶、激素、神经递质等生物活性物质。氨基酸的次要功能是为机体提供能量。当长期不能进食或体力极度消耗时，机体靠氨基酸供能。

The main energy sources of the human body are sugar, fat and protein. Sugar is an important energy substance for the body, and more than 70% of the energy required by the body is provided by sugar in food.

虽然机体所需的能量来源于食物，但机体的细胞并不能直接利用食物进行各种生理活动。在人体细胞中，糖、脂肪和蛋白质通过化学反应被分解氧化，并释放能量。其中 50% 以上的能量用来产热以维持体温，其余的能量转化为三磷酸腺苷（ATP），见图 4-1。ATP 是广泛存在于人体细胞内的一种高能化合物，它的分子中蕴藏大量能量，是机体所需能量的直接来源。每摩尔 ATP 在生理条件下可释放 51.6kJ 能量。ATP 既是体内重要储能物质，又是直接的供能物质。

ATP is a high-energy compound that exists widely in human cells, and its molecules contain a lot of energy. It is the energy source that the body can directly use.

体内含有高能磷酸键的分子还有肌酸磷酸（CP）。CP 主要存在于肌肉组织中，由肌酸和磷酸合成。当物质氧化释放的能量过剩时，可通过 ATP 转给肌酸，合成 CP 贮存起来。当 ATP 转化为二磷酸腺苷（ADP）释放能量后，CP 可以将所贮存的能量传给 ADP，生成 ATP。这种作用比从食物氧化获取能量要快得多，可以满足机体在应急生理活动时对能量的需求。因此，CP 可以被看作是 ATP 的贮存库。

经常劳动和运动的人，肌肉中 ATP 和 CP 的含量比一般人多，而肌萎缩、肌无力的人含量较少。通常 ATP 可用于休克、昏迷、脑血管疾病、心肌炎的急救辅助性药物，以及肝炎、神经炎、肌萎缩等疾病的治疗。

People who work and exercise regularly have more ATP and CP in their muscles than ordinary people, but those diagnosed with muscle atrophy or weakness have less.

人在休息时，能量主要用于细胞内化学反应、神经冲动的产生和传导、呼吸的机械运动、心血管循环、消化和维持体温等。静息状态，成年人平均耗能为 84～105kJ/(kg·24h)，消耗氧气为 288～360L/24h。人在进行各种活动时，能量主要用于骨骼肌的收缩和扩张。这部分能量消耗因个体和活动强度的不同而有所差异。能量在体内转移和利用详见图 4-1。

When people perform various activities, energy is mainly used to contract and expand skeletal muscles.

能量代谢所释放的化学能，50% 以上以热能的形式维持体温，其余能量经多次转化和利用，最终也变成热能，由血液循环送至体表并散发于体外。人体之所以能够维持体温恒定，是因为在体温调节中枢的控制下，产热和散热保持动态平衡。

2. 产热

人体的热量产生主要来源于肝和骨骼肌。肝是人体内代谢最旺盛的器官。安静时，肝血的温度比主动脉高 0.4～0.8℃。静息状态下，每块骨骼肌产热量并不大，但骨骼肌约占全身重量的 40%，因而产热总量很大。短时间剧烈运动，骨骼肌产热量比静息时增加 100～1200 倍；长时间中等强度运动（如马拉松赛跑），产热量也可增加 20～30 倍。

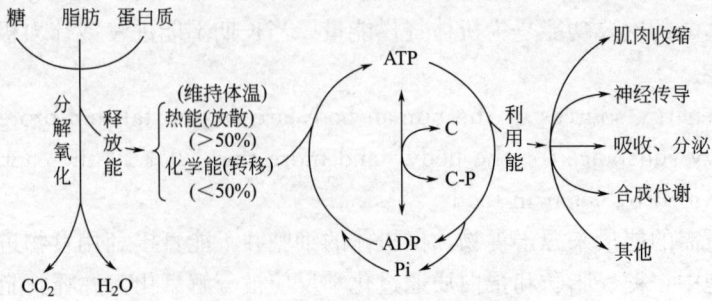

图 4-1　体内能量的转移和利用

Human body's heat production mainly comes from the liver and skeletal muscle.

在寒冷环境中，机体散热量显著增加，主要产热形式是非寒颤产热和寒颤产热。非寒颤产热又称代谢产热，典型活动代谢率详见表 4-1。非寒颤产热发生于细胞，涉及能量代谢的许多环节，如食物氧化分解、ATP 和 CP 降解等。褐色脂肪组织在非寒颤产热中有重要作用，它的细胞内含有丰富的线粒体，表明其具有很高的代谢能力。褐色脂肪组织主要分布于人类腹股沟、腋窝、肩胛下区、颈部大血管周围等处。由于新生儿不能发生寒颤，非寒颤产热意义尤为重要。寒颤是骨骼肌发生节律性收缩的表现，其节律可达 10～20 次/min。寒颤特点是关节的屈肌和伸肌同时收缩，所以不做外功，但产热量很高。发生寒颤时，代谢率可增加 4～5 倍。

In a cold environment，the heat dissipation of the body increases significantly, and the main forms of heat production are nonshivering thermogenesis and shivering thermogenesis.

典型活动代谢率　　　　　　　　　　　　　　　　　　　　　　表 4-1

活动形式		新陈代谢率	
		（met）	（W/m²）
静止活动	睡眠	0.7	40
	静卧	0.8	45
	静坐	1.0	60
	站立休息	1.2	70
行走活动（在平坦路面）	0.9m/s,3.2km/h,2.0mph	2.0	115
	1.2m/s,4.3km/h,2.7mph	2.6	150
	1.8m/s,6.8km/h,4.2mph	3.8	220
办公活动	静坐阅读	1.0	55
	写字	1.0	60
	打字	1.1	65
	整理文件（坐姿）	1.2	70
	整理文件（站姿）	1.4	80
	走动	1.7	100
	搬运、包装物品	2.1	120

续表

活动形式		新陈代谢率	
		(met)	(W/m^2)
驾驶活动	汽车	1.0～2.0	60～115
	飞机(正常飞行时)	1.2	70
	飞机(导航着陆时)	1.8	105
	战斗机	2.4	140
	重型卡车	3.2	185
各种职业活动	做饭	1.6～2.0	95～115
	家政清洁	2.0～3.4	115～200
	重体力劳动(坐姿)	2.2	130
	锯东西(桌锯)	1.8	105
	轻体力劳动(电气工业)	2.0～2.4	115～140
	重体力劳动	4.0	235
	负重50kg(110磅)	4.0	235
	使用铁铲挖掘工作	4.0～4.8	235～280
各种休闲活动	跳交谊舞	2.4～4.4	140～255
	体操/训练	3.0～4.0	175～235
	打网球(单打)	3.6～4.0	210～270
	打篮球	5.0～7.6	290～440
	竞技格斗	7.0～8.7	410～505

产热的生理调节方式主要是神经调节和体液调节。冷刺激作用于中枢神经系统，通过促进下丘脑释放促甲状腺激素，再刺激腺垂体促甲状腺激素的释放增强甲状腺的活动，完成甲状腺激素这种体液产热调节。甲状腺激素是调节产热活动最重要的体液。如果机体在寒冷环境中停留几周，甲状腺的活动会明显增强，并分泌大量的甲状腺激素，提高代谢率20%～30%。甲状腺激素的作用特点是：缓慢但持续时间长。此外，寒冷还可通过反射活动引起肾上腺髓质活动增加，来增加肾上腺素和去甲肾上腺素释放，从而增加产热。它们的作用特点是：迅速但持续时间短。去甲肾上腺素是肾上腺素能神经冲动时释放的神经递质，去甲肾上腺素作用重点在循环调节，肾上腺素作用重点在代谢调节。

The physiological regulation of thermogenesis is mainly by neuromodulation and humoral regulation.

Thyroid hormones are the most important body fluids that regulate thermogenic activity. If the body stays in a cold environment for a few weeks，the thyroid gland will be significantly active. Many thyroid hormones will be secreted，increasing the metabolic rate by 20% to 30%.

3. 散热与散湿
人体向环境散热的方式有以下几种：皮肤显热、皮肤汗液蒸发和扩散潜热、呼吸显热和呼吸潜热。着装人体的皮肤显热比较复杂，包含导热、对流和辐射。这些散热方式及其计算公式详见表 4-2。人体在较低的温度环境中，即使没有汗液分泌，皮肤和呼吸道也有水分蒸发散热。它与汗液的蒸发毫无关系，属于从皮肤和呼吸道蒸发出去的水分，称为"不显汗"。当环境温度低于 30℃时，一天内以不显汗形式蒸发的水分约有 1000mL，其中皮肤蒸发量约 600mL，呼吸道蒸发量为 400mL。当环境温度较高或肌肉运动加强时，体温上升，汗腺活动加强并分泌汗液。通过汗液蒸发出去的水分，称为"显汗"。在炎热气候条件下进行重度劳动或剧烈运动时，每小时可分泌 1.5L 汗液。

Heat dissipates from the body to the immediate surroundings in several ways: sensible heat flow from the skin; latent heat flow from the evaporation of sweat and evaporation of moisture diffused through the skin; sensible heat flow during respiration; and latent heat flow due to evaporation of moisture during respiration. Sensible heat flow from the skin may be a complex mixture of conduction, convection, and radiation for a clothed person.

人体散热方式及其计算公式　　　　　　　　　　　　　　　　　　　　表 4-2

散热方式	公式	公式编号
辐射	$R = A_D f_{eff} f_{cl} \varepsilon \sigma \left[(t_{cl} + 273)^4 - (t_r + 273)^4 \right] \approx A_D f_{eff} f_{cl} h_r (t_{cl} - t_r)$	(4-1)
对流	$C = A_D f_{cl} h_c (t_{cl} - t_a)$	(4-2)
皮肤扩散	$E_{dif} = 3.06 A_D (0.255 t_{sk} - 3.365 - P_a)$	(4-3)
呼吸潜热	$E_{res} = 0.0173 M (5.852 - P_a)$	(4-4)
呼吸显热	$C_{res} = 0.0014 M (34 - t_a)$	(4-5)
皮肤汗液蒸发	$E_{rsw} = 0.42 (M - W - 58.2 A_D)$	(4-6)

注：R、C、E_{rsw}、E_{dif}、E_{res}、C_{res}、M、W 分别是辐射、对流、显汗蒸发、皮肤扩散、呼吸潜热、呼吸显热、人体能量代谢和做功等热量，W；A_D 人体皮肤表面积，m^2；f_{eff} 有效辐射面积系数（有效辐射面积与着装表面积之比）；f_{cl} 服装面积系数（着装表面积与皮肤表面积之比）；ε 系统发射率；σ 斯蒂芬-玻尔兹曼常数，$5.67 \times 10^{-8} W/(m^2 \cdot K^4)$；$t_{cl}$ 着装人体表面平均温度，℃；t_r 平均辐射温度，℃；t_a 人体周围空气温度，℃；t_{sk} 皮肤层温度，℃；h_c 对流换热系数，$W/(m^2 \cdot ℃)$；h_r 辐射换热系数，$W/(m^2 \cdot ℃)$；P_a 人体周围空气的水蒸气分压力，kPa。

计算人体皮肤表面积常用的方法，最初由 DuBois 兄弟（1916）提出，详见式（4-7）。后来有学者采用纸膜包裹皮肤，通过纸膜面积推算皮肤面积。随着技术的发展，人体皮肤表面积可以采用三维激光扫描更精确地测量。关于人体皮肤表面积各种计算方法的比较，详见文献 [6]。

$$A_D = 0.202 m_b^{0.425} H^{0.725} \tag{4-7}$$

式中　m_b——体重，kg；

　　　H——身高，m。

A common method for calculating the surface area of human skin, originally proposed by DuBois and his brother (1916), is described by equation (4-7).

辐射散热是指身体以红外线向环境散热的方式，取决于体表温度、辐射温度、有效辐射面积、所处空间位置等因素。人体表面温度与辐射温度之差越大，散热越多。当辐射温度高于体表温度时，人体会从周围环境获得热量。对流散热是通过空气流动而带走热量的散热方式，取决于体表温度、空气温度和风速等因素。体温和空气温度影响人体表面与环境的对流换热温差，从而影响对流换热量。风速通过影响对流换热系数来影响人体对流换热量。对流散热非常复杂，不像辐射散热那样简单明了。即便是流体流经简单形状的物体，也不容易用解析法得出结果，需要依靠实验测量。对流散热量可以采用风洞实验测量或计算：受试者站在专门建造的风洞中，风洞中的空气温度和风速受到精确控制；分别测量受试者迎风面和背风面空气温度，采用空气流量和比热，根据热平衡规律对受试者对流散热量进行间接计算。在无风情况下，人体对流换热依然存在。采用条纹摄影技术可以看到这股气流。自然对流的气流强度正比于体表和空气之间的温差。对于站着从事某种活动的人，尽管没有空气流动，但是肢体活动也会增加对流热损失。考虑人体的位置、姿态和气流方向等因素的变化，大多数人在室内处于混合对流区。Kurazumi 等人采用实验数据拟合出风速小于 0.2m/s 情况下，人体各种姿态对应的对流换热系数和辐射换热系数，见表 4-3。

Radiative heat loss is described as how the body dissipates heat to the environment by infrared rays，which depends on factors such as body surface temperature，radiant temperature，effective radiation area，and spatial location.

Convective heat loss removes heat from the human body by flowing air. It is affected by body surface temperature，air temperature and air speed.

人体表面的对流换热系数和辐射换热系数　　　　　　　　　表 4-3

姿态	对流换热系数 h_c [W/(m² · ℃)]	辐射换热系数 h_r [W/(m² · ℃)]	相关系数 R
直立（人体与地板无接触）	$1.007\Delta T^{0.408}$	4.432	0.985
直立（人体站立于地板上）	$1.183\Delta T^{0.347}$	4.308	0.993
坐姿（人体与地板、椅子无接触）	$1.175\Delta T^{0.351}$	3.871	0.989
坐姿（人体坐于椅子上，双脚着地）	$1.222\Delta T^{0.299}$	3.617	0.956
双腿交叉盘绕席地而坐	$1.271\Delta T^{0.355}$	2.958	0.978
双腿伸直席地而坐	$1.002\Delta T^{0.409}$	3.555	0.981
仰卧	$0.881\Delta T^{0.368}$	3.235	0.972

注：ΔT 为修正平均皮肤温度与空气温度之差，℃。

当外界温度高于皮肤温度时，机体将从外界吸收热量。此时汗液的产生和蒸发散热是人体最有效的温度调节方式。需要说明的是，<u>人体被冷却的原因是汗液的蒸发，而不是汗液的产生。形成水珠而滑落的汗液完全起不到冷却作用。</u>

The human body is cooled by the evaporation of sweat，not the amount of sweat. Sweat that forms droplets of water and drips has no cooling effect at all.

皮肤扩散的散热过程不受人体热调节控制。水蒸气扩散与该皮肤温度对应的饱和蒸气压力和皮肤周围环境空气中的水蒸气分压力有关。呼吸潜热和呼吸显热散热量，分别与空气水蒸气分压力和空气温度有关。人体吸气时，气管中的黏液物质以对流和蒸发的形式将热和水蒸气传到吸入的空气中；当吸入空气到达肺泡时，则处于身体的深层温度中，并被水蒸气饱和。人体呼吸时吸入的热湿气体，一部分热和湿被呼吸道吸收和冷凝成水分，一部分排出体外。

人体向环境散热量中显热和潜热的比例随着环境空气温度和肌肉活动强度变化。空气温度越高，人体显热散热量越少，潜热散热量越多。空气温度达到或超过人体体温时，人体向外界的散热形式全部变成蒸发潜热散热。肌肉活动强度越大，人体散湿量以及与之相关的潜热散热量越多。表4-4给出我国成年男子在不同环境温度和不同活动强度条件下向外界散热、散湿量。在该表中，平均辐射温度被认为与空气温度相同，着装是该环境温度和活动强度条件下人们感到舒适的常规服装。

成年男子在不同环境温度和不同活动强度条件下向外界散热、散湿量　　　表 4-4

活动强度	散热和散湿	环境温度(℃)										
		20	21	22	23	24	25	26	27	28	29	30
静坐	显热(W)	84	81	78	74	71	67	63	58	53	48	43
	潜热(W)	26	27	30	34	37	41	45	50	55	60	65
	散湿(g/h)	38	40	45	50	56	61	68	75	82	90	97
极轻劳动	显热(W)	90	85	79	75	70	65	61	57	51	45	41
	潜热(W)	47	51	56	59	64	69	73	77	83	89	93
	散湿(g/h)	69	76	83	89	96	102	109	115	123	132	139
轻度劳动	显热(W)	93	87	81	76	70	64	58	51	47	40	35
	潜热(W)	90	94	100	106	112	117	123	130	135	142	147
	散湿(g/h)	134	140	150	158	167	175	184	194	203	212	220
中等劳动	显热(W)	117	112	104	97	88	83	74	67	61	52	45
	潜热(W)	118	123	131	138	147	152	161	168	174	183	190
	散湿(g/h)	175	184	196	207	219	227	240	250	260	273	283
重度劳动	显热(W)	169	163	157	151	145	140	134	128	122	116	110
	潜热(W)	238	244	250	256	262	267	273	279	285	291	297
	散湿(g/h)	356	365	373	382	391	400	408	417	425	434	443

4. 热平衡

人体为了维持正常体温，必须使产热和散热保持平衡。图4-2是人体和环境的热交换，它用一个多层圆柱断面来表示人体的核心部分、皮肤部分和衣着。考虑物理量"单位面积的散热率"，对于呼吸散热而言没有实际物理意义。参考 Fanger 的文献 [2，3]，本章中人体各种散热量的单位均采用 W，而不是 W/m^2。人体的热平衡可用下式表示：

$$M - W - C - R - E - S = 0 \tag{4-8}$$

式中　M ——人体能量代谢率，取决于人体活动量大小，W；

W ——人体所做机械功，W；

C ——人体外表面向周围环境通过对流形式散发的热量，W；

R ——人体外表面向周围环境通过辐射形式散发的热量，W；

E ——汗液蒸发和呼出的水蒸气所带走的热量，W；

S ——人体蓄热率，W。

人体处于热平衡状态是热舒适的首要条件。它是热舒适的必要条件，但不是充分条

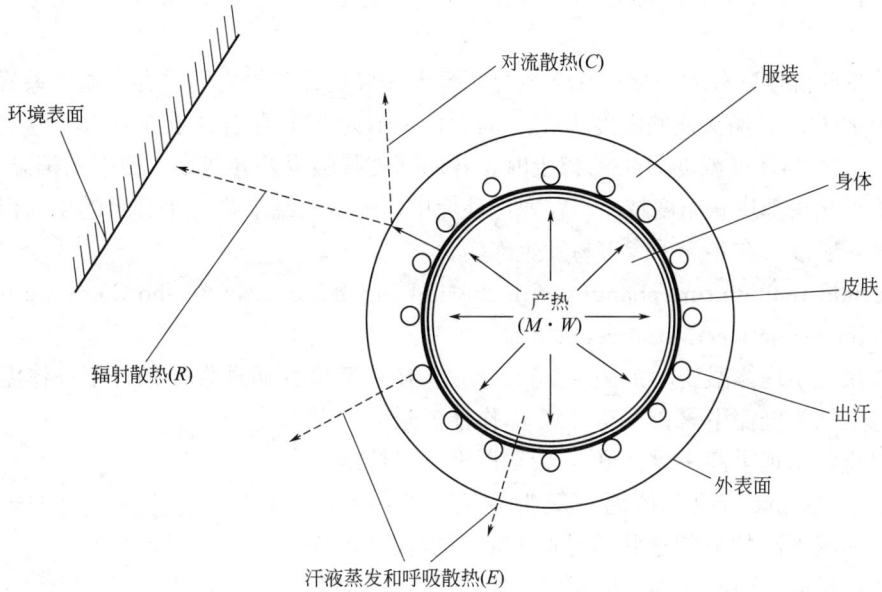

图 4-2　人体和环境的热交换

件。一个人可以热不舒适，但会通过出汗维持热平衡；或者可以冷不舒适，但会通过降低皮肤温度减少热损失来维持热平衡。

The first condition for thermal comfort is that a person is in heat balance. This is a necessary but not sufficient condition for thermal comfort. A person can be hot and uncomfortable but maintain heat balance by sweating or cold and uncomfortable but maintain heat balance by reducing heat loss with low skin temperatures.

4.1.2　体温调节
4.1.2　Thermoregulation

1. 体温

人体散热不充分会导致过热，又称为体温过高；散热量过多会导致降温，又称为体温过低。人体各部分的温度并不相同。身体表层的温度称为表层温度或皮肤温度，身体深部组织的温度称为核心温度。身体表面的温度比深部组织的温度低，而且容易受环境温度影响，但是深部组织的温度却比较稳定。人们通常所说的体温是指机体深部的平均温度，可以采用该温度判别健康状况。由于深部温度不易直接测量，在医学和生理研究中通常采用腋窝、口腔和直肠等部位的温度来间接反映。测量直肠温度时，如果测温探头插入直肠 6cm 以上，所测的值基本接近深部温度。我国成年人静止状态下，正常腋温范围 36.0～37.4℃，平均值 36.8℃；正常口温范围 36.7～37.7℃，平均值 37.2℃；正常肛温范围 36.9～37.9℃，平均值 37.5℃。

Insufficient heat loss leads to overheating，also called hyperthermia，and excessive heat loss results in body cooling，also called hypothermia.

The temperature of the skin layer of the body is called the surface temperature or skin temperature, and the temperature of the body's deep tissues is called the core temperature.

人体皮肤温度随外界温度变化而变化，且人体各局部部位之间也存在温度差异。当环境温度为 23℃时，额头皮肤温度为 33~34℃，躯干为 32℃左右，手部为 30℃左右，足部为 27℃左右；当环境温度达 32℃以上时，各局部皮肤温度差异变小。四肢末梢温度最低，越接近躯干和头部皮肤温度越高。在寒冷环境中，随着气温下降，手和足的皮肤温度降低最为明显。所以，在冬天手脚容易发生冻伤。

The skin temperature changes with the ambient temperature, and there are temperature differences between local segments.

人体最大生理体温变动范围为 35~40℃。在非感染性病理发热条件下，体温上升至 38.3℃以上则为轻症中暑；升至 40℃称作体温过高，此时出汗停止，出现重症中暑；升至 42℃以上，身体组织开始受到损伤；最高致死体温一般为 45℃。在冷环境中，核心体温下降的最初症状是呼吸和心率加快，出现头痛等不适反应。核心体温下降至 34℃以下时，产生健忘、呐吃和定向障碍；下降至 30℃时，全身剧痛，意识模糊；下降至 28℃以下，瞳孔反射、随意运动丧失、深部腱反射和皮肤反射全部消失、濒临死亡；下降至 20℃时，通常不能复苏。人体体温变化及相关症状详见图 4-3。在正常生理情况下，体温也会随昼夜、年龄和性别等因素变化，但变化幅度一般不超过 1℃。但因劳动强度导致的体温改变，一般不容忽视。

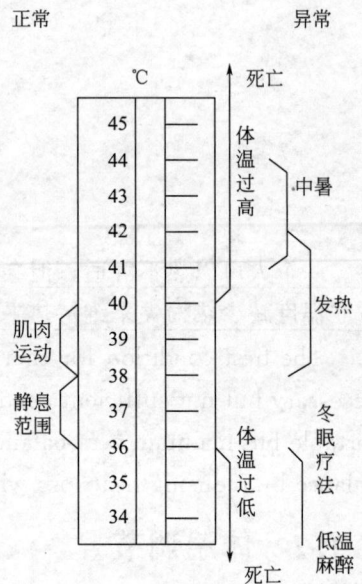

图 4-3 人体体温变化及相关症状

Under normal physiological conditions, body temperature varies with circadian rhythms, age, and sex, but the variation is generally not more than 1℃. However, the body temperature change caused by labor intensity cannot be ignored.

因代谢水平不同，各内脏器官的温度略有差异：肝脏代谢率较高，温度约 38℃；脑产热量较多，温度也接近 38℃。在机体内部，血液循环较快，且流入的血液和排出的血液会在心脏混合，使得各个器官的温度趋于一致。因此，动脉血液的温度可以代表体内平均温度。然而，深部血液的温度并不容易测试。

Since the recirculation rate of blood in the body is rapid and returning blood is mixed together in the heart before returning to the body, the temperature of each organ tends to be the same. Therefore, arterial blood temperature can represent the average internal body temperature.

2. 体温调节系统

体温调节是生物体最出色的生理成就之一。这种调节主要通过特定的外周神经结构和中枢神经结构来实现。这些结构不断检测生物体的温度波动，并试图通过适当的对策保持它们的平衡。体温调节需要三部分结构完成：温度感受器、中枢神经系统、产热或散热的效应器官。温度感受器将机体内外环境的温度变化信息输送到体温调节中枢；体温调节中枢对温度信息进行整合后，传递给产热或散热的效应器官，效应器官通过血管收缩、寒颤、血管扩张和出汗的方式调节产热和散热。

Thermoregulation is one of the most remarkable physiological accomplishments of the organism. This regulation is made possible mainly by specific peripheral and central nervous structures that constantly detect the organism's temperature fluctuations and attempt to keep them balanced by utilizing appropriate countermeasures. Thermoregulation requires three components: temperature receptors, the central nervous system, and effector organs that produce or dissipate heat.

温度感受器分为外周温度感受器和中枢温度感受器两类。外周温度感受器位于皮肤、黏膜和内脏中，是游离的神经末梢。根据动态响应标准，外周温度感受器被分为定义明确的热感受器和冷感受器。这两种感受器分别对特定范围的温度敏感。无论初始温度如何，热感受器总是会在突然变暖时瞬间兴奋，而在突然变冷时瞬间被抑制；而冷感受器会以相反的方式响应，即在变冷时兴奋，在变暖时被抑制。

Temperature receptors are divided into cutaneous thermoreceptors and central thermoreceptors.

The variety of cutaneous thermoreceptors can be divided, by the criterion of their dynamic response, into well-defined classes of warm and cold receptors.

Irrespective of the initial temperature, a warm receptor will always show a transient increase infrequency on sudden warming and transient inhibition of its discharge on sudden cooling. In contrast, a cold receptor will respond oppositely, namely, with an overshoot on cooling and inhibition on warming.

在皮肤某些固定位置有一些神经末梢，它们对冷或热敏感，被称为"冷点"和"热点"。单个冷点或热点不一定对应神经生理学中的单个温度感受器。Hensel 研究发现人体冷点数目明显多于热点，具体数量见表 4-5。1930 年，Baxett 等人发现冷感受器位于贴近皮肤表面下 0.15～0.17mm 的生发层中，而热感受器位于皮肤表面下约 0.3～0.6mm 处。由于冷点数量比热点多且位置比热点浅，所以人们对冷刺激比对热刺激更敏感。

In certain fixed locations on the skin, there are nerve endings that are sensitive to cold or heat, known as "cold spots" and "warm spots". A single cold or warm spot must not necessarily correspond to a single thermoreceptor established by neurophysiological methods. Cold spots seem to be distributed more densely than warm spots in Hense's research. See Table 4-5.

人体各部位冷点和热点分布密度（个/cm²）　　　　　　　　表 4-5

部位	冷点	热点	部位	冷点	热点
前额	5.4～8.0	—	手背	7.4	0.5
鼻子	8.0	1.0	手掌	1.0～5.0	0.4
嘴唇	16.0～19.0	—	手指背	7.0～9.0	1.7

部位	冷点	热点	部位	冷点	热点
脸部其他部位	8.5～9.0	1.7	手指腹	2.0～4.0	1.6
胸部	9.0～10.2	0.3	大腿	4.5～5.2	0.4
腹部	8.0～12.5	—	小腿	4.3～5.7	—
后背	7.8		脚背	5.6	—
上臂	5.0～6.5	—	脚底	3.4	—
前臂	6.0～7.5	0.3～0.4			—

中枢温度感受器是指中枢神经系统内对温度变化敏感的神经元，位于脊髓、脑干网状结构和下丘脑等处。局部温度升高时，放电频率增加的神经元称为热敏神经元；局部温度降低时，放电频率增加的神经元称为冷敏神经元。动物实验表明，在视前区—下丘脑前部中热敏神经元较多，而在下丘脑的弓状核和脑干网状结构中冷敏神经元的数量较多。这些神经元对局部温度变化非常敏感，0.1℃的变化就能引起神经元放电频率的改变，无适应现象。下丘脑前部某些温度敏感神经元，除了能感受下丘脑局部脑温变化外，还对中脑、延髓、脊髓以及皮肤、内脏等处的温度变化发生反应。这表明，来自中枢和外周的温度信息可汇聚于这类神经元。这类神经元能直接对致热原、血清素、去甲肾上腺素以及多种多肽类物质发生反应，导致体温变化。

Central thermoreceptors are neurons in the central nervous system sensitive to temperature. They are located in the spinal cord, brainstem reticular formation, and hypothalamus.

恒温动物脑部实验表明：只要保持下丘脑及其以下神经结构的完整，动物虽然在行为方面可能出现失调，但仍具有维持体温相对恒定的能力。如果破坏下丘脑，则不再能维持相对恒定的体温。这也说明，体温调节中枢位于下丘脑。

Temperature control centre is located in the hypothalamus.

下丘脑通过控制身体各种生理过程来调节体温。它的控制行为与设定点温度的偏差成正比。最重要和最常用的生理调节是控制皮肤血流量。当体温高于设定点时，流向皮肤的血液比例增加。这种血管舒张作用可使皮肤血流量增加 15 倍，从静息舒适时的 $1.7mL/(s \cdot m^2)$ 增至极热时的 $25mL/(s \cdot m^2)$，从而将内部热量带到皮肤并传递到环境中。体温升高时还会出汗，这种防御机制是冷却皮肤和增加核心散热的有效方法。当体温低于设定点时，血管收缩，皮肤血流量减少以保存体温。血管收缩的最大作用，相当于一件厚毛衣的保温效果。此外，肌肉收缩时增加产热，当肌群抖动时产生明显的颤抖并使产热量加倍。人体体温调节系统工作过程见图 4-4。

The hypothalamus controls various physiological processes of the body to regulate body temperature. Its control behavior is primarily proportional to deviations from set-point temperatures. The most important physiological process is regulating blood flow to the skin. When internal temperatures rise above a set point, an increasing proportion of the total blood is directed to the skin. This vasodilation of skin blood vessels can increase skin blood flow by 15 times (from 1.7 mL/(s $\cdot$ m^2) at resting comfort to 25 mL/(s $\cdot$ m^2) at extreme heat) to carry internal heat to the skin for transfer to the environment. At elevated internal temperatures, sweating occurs. This defense mechanism is a powerful way to cool the skin and increase heat loss from the core. When body temperatures fall below the set point, vasoconstriction happens, and skin blood flow is reduced to conserve body heat. The effect of maximum vasoconstriction is equivalent to the insulating effect of a heavy sweater. Moreover, muscle tension increases to generate additional heat; where muscle groups are opposed, this may increase visible shivering. Shivering can double the resting rate of heat production.

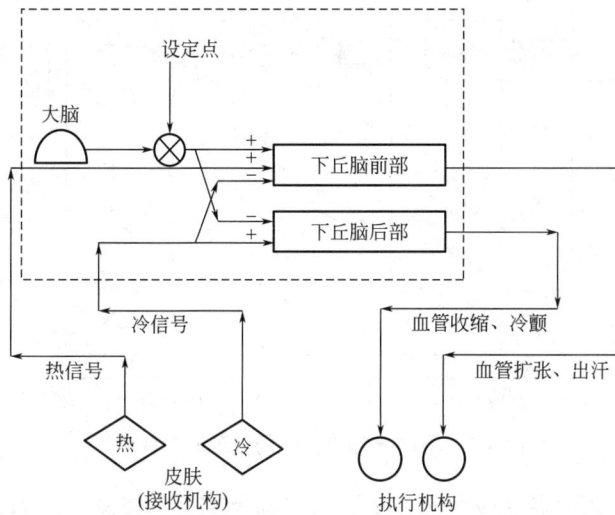

图 4-4　人体体温调节系统工作过程

　　正常情况，体温调节系统能控制合理体温。但在非正常情况下，体温调节系统也会被干扰而维持异常体温，比如发热。发热是由致热原（比如细菌或病毒感染）引起。在致热原的作用下，下丘脑热敏神经元的温度反应阈值升高，而冷敏神经元的阈值下降，导致设定点上移。假如设定点上移至39℃，当体温没有达到39℃之前，冷敏神经元发出冲动的频率持续增多，主观感觉冷，先是减少散热量（皮肤血管收缩），但靠减少散热不能使体温达到新的设定点，于是发动骨骼肌寒颤产热，直到体温升高到39℃以上才出现散热反应。只要致热因素不消除，产热和散热过程就继续在此新的体温设定点上维持平衡。也就是说，发热时体温调节功能并无障碍，只是设定点上移，体温才升高到发热水平。中暑与发热不同，它不是因致热原而产生，而是体内热量蓄积不能及时散热所导致。关于中暑将在"4.1.3 热失调"中重点解释。

Fever is caused by a pyrogen (bacterial or viral infection). Under the action of pyrogens, the temperature response threshold of hypothalamic thermo-sensitive neurons is increased. In contrast, the threshold of cold-sensitive neurons is decreased, resulting in an upward shift of the set point.

Heat stroke is different from fever. It is not caused by pyrogens but caused by heat accumulation in the body that cannot be dissipated in time.

4.1.3　热失调
4.1.3　Thermoregulation disorder

在舒适的热环境区域，如图4-5的A区，人体体温不需要调节。在热不舒适的B+区人体会出现排汗量增加、心率增加和核心温度略微上升等生理反应；在冷不舒适的B-区会出现寒颤、心率增加和核心温度略微下降等现象，但体温仍在可调节控制范围内。在环境温度过高的C+区或过低的C-区，人体体温调节系统则会出现过热失调和过冷失调。

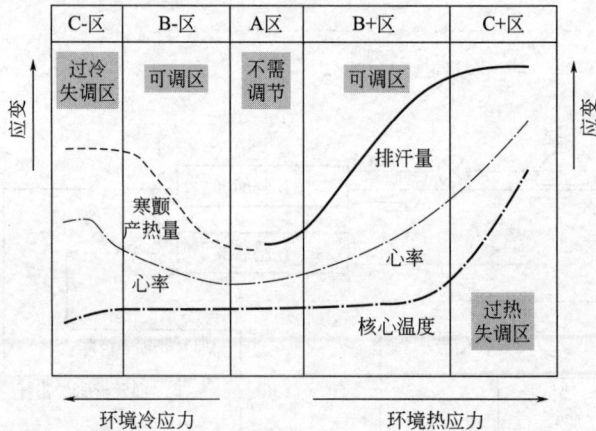

图4-5　不同热环境对应的生理调节区域

针对生理功能失调的炎热或寒冷环境，这里提出应力的概念。应力是作用在系统上引起应变的一种力。本章内容指的是与热有关的应力，包含热应力和冷应力。当环境热应力作用于人体时，人体将产生应变，会改变皮肤温度、排汗量、心率和核心温度等生理参数。

The stress in this chapter is thermal stress，including heat stress and cold stress. Whenever stress from the thermal environment is imposed on the human body，the body will develop strain that will change physiological parameters such as skin temperature，perspiration，heart rate and core temperature.

1. 过热失调

能产生热应力的环境有高温（夏季）、高热辐射（铸造厂、钢铁厂、玻璃和陶瓷厂、砖厂、水泥厂、焦炉等）和高湿环境（矿井、洗衣店），或者工作场所有高活动水平（增加代谢率）或身着防护服。此外，在炎热气候下从事建筑、农业、体育活动等户外工作，也可能导致热应力。无论由于活动增强还是由于环境温度升高，当体内热量增大时，体温调节系统总是力图保持体内热平衡，可利用的最重要的调节机能就是排汗，但随之引起体内水分和盐分过量损失。因此，长期在炎热环境中工作的人，应该补充足够的水分和盐。如果环境温度太高，超出了温度调节系统的调节范围，体温将升高到危险程度，这时便产生生理失调。体温调节的生理负担本身就是一种热失调，特别是对于不适应环境的人群。

Heat stress may occur in environments with high air temperatures（summer-time）， high thermal radiation (foundries, steel mills, glass and ceramic factories, brick factories, cement plants, coke ovens etc.), high levels of humidity (mines, laundries) or at workplaces where a high activity level (increasing metabolic rate) or protective clothingare needed. Also, outdoor work like construction, agriculture, sports activities and others in hot climates may result in heat stress.

If the ambient temperature is too high and beyond the adjustment range of the temperature regulation system, the body temperature will rise to a dangerous level, and a physiological disorder will occur.

在高温和劳动强度过大的严重热应力条件下，原有的体温调节能力不能满足人体要求，体温居高不下，从而发生中暑。中暑是由于体温升高到危险水平以上所引起的严重情况。易中暑的危险因素有疲劳、身体素质差、不适应环境、旧疾、肥胖和高温。中暑一般呈现三种症状：直肠温度高达 40.5℃ 及其以上，无法出汗（汗闭）和极度精神失常（躁狂症、惊厥或昏迷）。一旦体温达到危险程度，由于汗分泌机能开始失效，可能会突然发生虚脱。身体组织会在 42℃ 时开始受到损伤。因此，如果要避免死亡或永久性损伤，就必须迅速采取措施使患者降温。降温目标是在 1h 内使患者的直肠温度降至 39℃ 以下。最有效的方法是服用泻药，或者将患者浸在盛有冰和水的浴盆中使其快速冷却。

Under severe heat stress of high temperature and excessive labor intensity, the original thermoregulation cannot meet the human body's requirements. The body temperature remains high, resulting in heat stroke. Heat stroke is a serious condition caused by increased body temperature above a threshold. Risk factors predisposing to heat stroke include fatigue, lack of physical conditioning, failure of acclimatization, previous illness, obesity, and high temperature.

受热引起头昏或眩晕，是因为人体通过血管扩张增加散热，使得血液集中在四肢，并随之出现血压降低，脑部短暂缺血引起供氧不足。严重时则出现热昏厥。在热天举行军事检阅时，身穿厚衣服的士兵长时间全神贯注地站着，腿部的肌肉不再能促使静脉中的血液从下肢返回头部，容易出现热昏厥。当发生热昏厥时，应将患者头部放低，并使其在凉爽的环境中休息，以便能较快地恢复知觉。

Humans feel faint and dizzy when exposed to a hot environment because the body increases heat dissipation through vasodilation so that blood is concentrated in the limbs and blood pressure drops. Transient ischemia of the brain causes insufficient oxygen supply, resulting in heat syncope in severe cases.

2. 过冷失调

冷应力对健康的危害比热应力小，因为低温环境对人体的作用比较缓慢，而且人体对低温比较敏感，容易及时采取措施将冷应变消除，比如生火、添加衣服、运动或寻找庇护所。

Cold stress is less harmful to health than heat stress because low-temperature environments act more slowly on the human body. The human body is more sensitive to low temperatures and can easily take timely measures to eliminate the cold strain, such as making a fire, adding clothes, exercising or seeking shelter.

体温在 32～35℃范围内，人体出现冷颤，体温越低冷颤越激烈。当体温降到 32℃ 以下，颤抖停止，心率和呼吸减弱，精神开始错乱。体温进一步降低，人将失去知觉，心室的纤维性颤动引起的心脏停搏，通常会发生心力衰竭导致死亡。

长期在低温户外活动的人，因慌乱、疲劳和新陈代谢率下降，将失去采取适当行为的能力，可能发生虚脱。四肢剧烈冷却将降低神经传导速度，削弱神经对肌肉的控制，这一作用会加速身体的虚脱。

在平常的室内环境，有些 65 岁以上的老人和不满一岁的婴儿也会发生体温过低问题。与成人相比，婴儿的体温调节效果较差，对产热和散热平衡的控制能力较弱。温度调节的反应能力和控制能力随年龄的增长而下降。老人的血管收缩和寒颤功能较弱，导致在寒冷环境中体温调节能力衰退。老人感觉温度变化的能力也显著下降，这将导致不能及时采取行动措施。但在舒适温度下，Fanger 发现老年和青年受试者热舒适感觉几乎没有差别。

Infants are less effective in thermoregulation than adults and have poor control over the balance of heat production and heat dissipation.

The elderly have a weaker control over vasoconstriction and shivering, which reduces the ability to regulate body temperature in cold environments.

4.2　人体对热环境的心理反应
4.2　Human psychological response to thermal environment

4.2.1　热感觉
4.2.1　Thermal sensation

热感觉是人们对环境热感知的主观意识表达。它不是人们能直接感觉到的空气温度，而是位于皮肤表面下神经末梢或温度感受器（见 4.1.2 节内容）的温度。当温度感受器受到冷热刺激时会产生冲动，向大脑发出约 50mV 的脉冲信号，通过脊髓传递到大脑，信号的强弱由脉冲的频率决定。热感受器与冷感受器的信号在传输过程中是分开传送的，在中枢神经系统的不同层次进行整合，产生对应的冷感觉和热感觉。用小而尖的暖或冷金属探针探测皮肤，可以发现大部分皮肤表面并不产生热或冷感觉。只有在皮肤某些固定位置的"冷点"和"热点"对冷或热敏感，见表 4-5。

The thermal sensation is the conscious subjective expression of an occupant's thermal perception of the environment.

人对热感觉的感知属于心理学领域，不能简单地用刺激温度加以预测。它与很多因素有关，比如刺激的面积和延续时间以及人体原有热状态等。例如将一只手放在温水盆里，另一只手放在凉水盆里，经过一段时间后，再把两只手同时放在具有中间温度的第三个水盆里，则会出现第一只手感到凉，另一只手感到暖和，尽管它们处于同一温度。可见，人体对某种刺激的适应能够误导其对真实情况的判断。人体不同部位有不同的温度适应范围。相同的刺激作用于人体不同部位时，产生的热感觉也不同。

Human perception of thermal sensation belongs to the realm of psychology and cannot be predicted simply by stimulus temperature. It is related to many factors，such as the area and duration of stimulation and the original thermal state of the human body.

即使掌握刺激部位、延续时间和原有热状态等所有信息，热感觉也不能被准确地预测。这是心理反应与生理反应最大区别。感觉不能用任何方法来直接测量，因此只能采用问卷的方式了解受试者对环境的热感觉，即要求受试者按某种等级标度来描述其冷热感受。心理学研究认为，一般人可以不混淆地区分感觉的量级不超过七个。因此对热感觉的评价指标往往采用七度分级。人的热感觉为"中性"时的温度称为中性温度。常见的热感觉七点标度见表4-6。

Thermal sensations cannot be accurately predicted，even with all the information about the stimulation site，duration，and original thermal state，which is the biggest difference between the psychological response and the physiological response.

Neutral temperature is the temperature described by subjects as "neutral" from the thermal sensation.

热感觉七点标度

表 4-6

	贝氏标度			ASHRAE 热感觉标度	
7	Much too warm	过分暖和	+3	Hot	热
6	Too warm	太暖和	+2	Warm	暖
5	Comfortably warm	令人舒适的暖和	+1	Slightly warm	微暖
4	Comfortable(and neither cool nor warm)	舒适(不冷不热)		Neutral	中性
3	Comfortably cool	令人舒适的凉快	−1	Slightly cool	微凉
2	Too cool	太凉快	−2	Cool	凉
1	Much too cool	过分凉快	−3	Cold	冷

此外，Spagnolo 为了研究热中性概念且便于分析数据，将 7 点标度简化为 5 点标度：−2（凉）、−1（微凉）、0（适中）、+1（微暖）、+2（暖）。Zhang 的研究包含了非常冷和非常热的工况，因此在 ASHRAE 热感觉标度基础上，添加了−4（很冷）和+4（很热），形成 9 点标度。美国建筑技术协会为了能同时预测适宜和不适宜热环境下人体热感觉，在 9 点标度基础上添加了−5（极冷）和+5（极热），形成 11 点标度。在这些增加标度的研究中，当热感觉取值−3～3 时，各标度的意义与 ASHRAE 七点标度相同。

4.2.2　热舒适

4.2.2　Thermal comfort

热舒适是人体对热环境表示满意的意识状态。Gagge 和 Fanger 认为，热舒适是指人体处于不冷不热的"中性"状态，即认为"中性"的热感觉就是热舒适。Hensel 认为舒适的含义是满意、高兴和愉悦。Cabanac 认为热舒适是热不舒适的消退。

Thermal comfort is the condition of mind that expresses satisfaction with the thermal environment.

当人获得快感的刺激时，环境温度不一定是中性的；而当人体处于中性温度时，并不一定能得到舒适条件。例如，在体温略低时，浴盆中较热的水会使受试者感到舒适或愉悦，但其热感觉评价却应该是"暖"而不是"中性"。相反，当受试者体温略高时，用较凉的水洗澡却感到舒适，但其热感觉的评价应该是"凉"而不是"中性"。因此，热舒适与热感觉存在分离现象。在热舒适研究中，通常采用热舒适投票了解受试者对环境的愉悦程度。常见的热舒适标度见表4-7。

热舒适标度　　　　表 4-7

五点标度			六点标度			七点标度		
0	Comfortable	舒适	0	Comfortable	舒适	+3	Very comfortable	非常舒适
1	Slightly uncomfortable	稍不舒适	1	Slightly uncomfortable but acceptable	稍不舒适但能接受	+2	Comfortable	舒适
2	Uncomfortable	不舒适	2	Uncomfortable and unpleasant	不舒适和不愉快	+1	Slightly comfortable	微舒适
3	Very uncomfortable	很不舒适	3	Very uncomfortable	很不舒适	0	Neutral	中性
4	Intolerable	不可忍受	4	Limited tolerance	有限范围内可忍受	1	Slightly uncomfortable	微不舒适
			5	Intolerable	不可忍受	2	Uncomfortable	不舒适
						3	Very uncomfortable	非常不舒适

4.2.3　其他心理热反应

4.2.3　Other psychological thermal response

在热舒适研究中，除了用热感觉和热舒适标度评价人体对热环境的心理反应外，还用到了热可接受度、热期望（或热偏好）和潮湿感等主观投票方法。但各文献采用的标度方法有所不同。表4-8和表4-9分别总结了常见的热可接受度和热期望的标度方法。

热可接受度标度方法　　　　表 4-8

方法	标度		
3点标度	+1	接受	Acceptable
	0	不确定	Not sure
	−1	不接受	Unacceptable
4点标度	+2	完全接受	Absolutely acceptable
	+1	接受	Acceptable
	−1	不接受	Unacceptable
	−2	完全不接受	Absolutely unacceptable
6点标度	1	完全不接受	Totally unacceptable
	2	不接受	Unacceptable
	3	勉强不接受	Just unacceptable

续表

方法	标度		
6点标度	4	勉强接受	Just acceptable
	5	接受	Acceptable
	6	完全接受	Totally acceptable
6点标度	1	完全不接受	Totally unacceptable
	2	不接受	Unacceptable
	3	微不接受	Slightly unacceptable
	4	微接受	Slightly acceptable
	5	接受	Acceptable
	6	完全接受	Totally acceptable

热期望标度方法　　　　　　表 4-9

方法	标度		
3点标度	+1	暖一点	Warmer
	0	不改变	No change
	−1	凉一点	Cooler
7点标度	3	暖很多	Much warmer
	2	暖一点	Warmer
	1	稍暖一点	Slightly warmer
	0	不改变	No change
	−1	稍凉一点	Slightly cooler
	−2	凉一点	Cooler
	−3	凉很多	Much cooler

热期望的标度方法还可以具体到某种环境参数，比如对温度、风速或湿度的期望：−1（低一点）、0（不变）、+1（高一点）。文献中出现的标度范围和释义不完全相同。

4.2.4　影响热舒适的主要因素
4.2.4　The main factors influencing thermal comfort

定义热舒适条件时，必须考虑两个人体因素，代谢率和服装热阻，以及四个环境因素，空气温度、辐射温度、空气流速和湿度。这六个因素也是影响人体热反应的主要因素。

Six primary factors must be addressed when defining conditions for thermal comfort. Two factors are about human body, namely metabolic rate and clothing insulation. Four factors are from environment, and they are air temperature, radiant temperature, air speed, and humidity.

1. 代谢率
代谢率是指人体通过代谢活动将化学能转化为热量和机械功的速率，单位皮肤表面积

代谢率为 $58.2W/m^2$（1met），相当于一个普通人静坐时单位皮肤表面积产生的能量。人体的代谢率受多种因素影响，如肌肉活动强度、环境温度、性别、年龄、神经紧张程度、进食后时间的长短等。人体能量的释放量和释放方式受主观和客观环境因素影响，并反作用于主观和客观因素。肌肉活动强度引起的代谢率变化详见表 4-1。当人受刺激引起精神高度紧张时，由于骨骼肌紧张性增加和交感神经兴奋引起儿茶酚大量释放，代谢率往往显著升高。人体的代谢率在一定温度范围内比较稳定，当环境温度升高或降低时，代谢率都会增加。实验发现裸身男子静卧于温度 22.5～35℃范围内的小室内，人体的产热量基本不变。但在 22.5℃下停留 1～2h 后，身体会出现冷颤，同时产热量开始增加。环境温度升高时，细胞内的化学反应速度增加，排汗、呼吸以及循环机能加强也会导致代谢率增加。人进食后产热量会逐渐增加，并延续 7～8h。所增加的热量值取决于食品的性质。全蛋白质食物可增加产热量 30％，糖类或脂肪类食物只能增加 4％～6％，混合食物一般增加产热量 10％。

Metabolic rate is the rate of transformation of chemical energy into heat and mechanical work by the metabolic activities of an individual. Per unit of skin surface area (expressed in units of met) equals $58.2 W/m^2$, the energy produced per unit of skin surface area of an average person seated at rest.

临床上规定未进早餐前，保持清醒静卧 0.5h，室温条件维持在 18～25℃之间测定的代谢率叫作基础代谢率（BMR）。由于人体的能量代谢率易受多种因素影响，BMR 可用作衡量代谢的标准。人体的 BMR 随年龄增加逐渐下降，少年较高，老年稍低。女性比男性低 6％～10％。BMR 正常的变动范围在 10％～15％之内，如果变动超过 20％，则处于病理状态。

Basal metabolic rate (BMR) is clinically prescribed that the metabolic rate is measured before breakfast, staying awake and lying down for half an hour at room temperature between 18 and 25 ℃.

2. 服装热阻

服装热阻 I_{cl} 指的是服装本身的显热热阻，常用单位为 $m^2 \cdot K/W$ 和 clo，两者的关系是 $1clo=0.155m^2 \cdot K/W$。在空气温度 21℃、空气流速不超过 0.05m/s，相对湿度不超过 50％的环境中，1clo 是静坐者感到舒适所需要的服装热阻，相当于内穿长袖衬衣、外穿长裤和普通外衣或西装时的服装热阻。夏季服装一般为 0.5clo（0.08 $m^2 \cdot K/W$），工作服装一般为 0.7clo（0.11$m^2 \cdot K/W$），正常室外穿的冬季服装一般为 1.5～2.0clo。

Clothing thermal insulation I_{cl}: the resistance to sensible heat transfer provided by a clothing ensemble, expressed in units of $m^2 \cdot K/W$ and clo, and 1 clo$=0.155 m^2 \cdot K/W$.

大多数椅子对静坐衣服热阻的改变较小，一般不超过 0.15clo。网椅、金属椅、木扶手椅不增加热阻；标准办公椅和老板椅分别增加 0.10clo 和 0.15clo。

For many chairs, the net effect of sitting is a minimal change in clothing insulation, less than 0.15 clo. Net chairs, metal chairs, and wooden side-arm chairs provide no thermal insulation. Standard office and executive chairs add insulation by 0.10 clo and 0.15 clo, respectively.

服装的存在影响了皮肤表面的水分蒸发。一方面服装对皮肤表面的水蒸气扩散有一个附加阻力；另一方面服装吸收部分汗液，降低了原有的显热换热热阻。关于服装增加的皮肤潜热换热热阻计算方法，以及服装热阻被汗湿润后的热阻修正方法详见文献 [4]。潮湿除了增加衣物导热系数以外，还增加部分潜热换热，致使人感到凉爽。

3. 空气温度

干空气是由氮、氧、氩、二氧化碳、氖、氦和其他一些微量气体组成的混合气体。湿空气是由干空气和一定量水蒸气混合而成的气体。绝对干燥的空气在自然界中几乎不存在。我们生活的环境中，空气大多为湿空气。空气中各种大小分子都在不停地做无规则运动，衡量分子热运动强烈程度的物理量就是温度。

All kinds of molecules of various sizes in the air are in a constant and irregular motion. The physical variable that measures the intensity of molecular thermal motion is temperature.

空气温度表示某一点空气的温度，是室内环境重要参数之一。值得注意的是，测量空气温度时，应该排除热辐射的影响，否则测量的结果将是空气温度和辐射温度的综合值。为减小测量误差，应尽量选用小的传感器，且避免日光照射。对于建筑热环境评价而言，温度测点应选择居住者经常停留的地方，以及活动区域具有代表性的地方，比如工作台、座位区等，具体测点选取与建筑功能有关。ASHRAE Standard 55 规定：对于静坐活动，空气温度应该在 0.1m、0.6m 和 1.1m 处分别测量；对于站立活动，空气温度应该在 0.1m、1.1m 和 1.7m 处分别测量。ASHRAE Standard 41 规定：用于计算的连续测试，稳态测试采样点最大间隔是 1min；瞬态测试采样点与温度变化率有关。当温度变化率≥0.5℃/s 时，最大间隔是 5s；0.25～0.50℃/s，最大间隔是 10s；而≤0.25℃/s 时，最大间隔是 20s。

Air temperature：the temperature of the air at a point. It is one of the important parameters of an indoor environment. It should be noted that when measuring air temperature, the influence of thermal radiation should be excluded. Otherwise, the test value will be the combined value of air and radiation temperature.

室内空气温度是建筑环境中影响人体热舒适的主要因素。空气温度直接影响人体的对流换热量。当空气温度发生变化，人体会通过复杂的体温调节机制来调节产热和散热的平衡，但是这种调节是有限度的。在过热或过冷的环境中，人体的生理和心理都会发生变化。在过热环境中，人的心跳加快，皮肤血管内的血流量增加（可达 7 倍之多）；而在过冷环境中，人的情绪和动作灵活性都会受到影响；当环境温度继续降低，手指、耳朵和脚都会产生疼痛感。长期处于这样的环境中，人体调节系统将会出现功能紊乱，严重时威胁人体生命健康。因此，在恶劣的气候条件下，室内热环境控制显得尤为重要。

4. 空气流速

空气是一种典型的流体。当流体局部出现密度差或有外力扰动时，就会流动。流动性是流体最基本的特征。表示某点空气流动快慢的物理量就是流速，与方向无关。空气流速影响人体与环境之间的对流换热。在自然对流中，空气流速主要动力是温差所导致的密度差。当环境温度高于或低于人体表面温度时，都会提高空气流速，但环境与人体之间的热流方向相反。空气流速也会影响人体蒸发散热量和排汗速度。风速大时，汗液蒸发散热增强，但出汗速度减慢；风速小时，汗液蒸发散热量减弱，但出汗速度加快。

Air speed：the rate of air movement at a point without regard to direction.

空气流速会影响人体热感受。在较凉的环境中，空气流动会增强冷感觉，人们把这种由于空气流动造成不舒适的感觉称为"吹风感"。吹风感的一般定义为"人体所不希望的局部降温"。气流速度是影响吹风感的主要因素之一。在高温环境中，风速可以适当增加，在一定程度上补偿较高的空气温度。这对降低室内空调负荷、空调容量和运行费用有重要意义。但是，空气流速过高或者吹风时间过久，会引起人体不良后果，如皮肤紧绷、眼睛干涩、呼吸受阻甚至头晕等症状。国际标准 ISO7730 和 ASHRAE Standard 55 规定：人体静坐于室内，舒适的空气流速冬季不应超过 0.15m/s，夏季不应超过 0.25m/s。

Draft：the unwanted local cooling of the body caused by air movement.

5. 辐射温度

当原子内部的电子受激或振动时，会产生交替变化的磁场和电场（电磁波）并向空间传播，这就是辐射。发射辐射能是物质的固有特性。由自身温度或热运动的原因而激发产生的电磁波就是热辐射。因激发方式不同，产生电磁波的波长不同，投射到物体上所产生的效应也不同。在建筑环境中，经常采用平均辐射温度评价热舒适，或计算人体辐射散热量。

平均辐射温度是一个假想的等温围合面的表面温度，它与人体间的辐射热交换量等于人体周围实际的非等温围合面与人体间的辐射热交换量。解释平均辐射温度时需要详细说明各表面的温度、发射率和反射率，以及人体的方位角、姿态（站立或静坐）和服装，否则它将是一个含糊不清的概念。平均辐射温度的测量方法通常采用定义法（简化后可得到面积平均法）和黑球温度计间接测量法，这两种算法分别见公式（4-9）和式（4-10）。这两种方法的优缺点详见表 4-10。

Mean radiant temperature is defined as the temperature of a uniform, black enclosure that exchanges the same amount of heat by radiation with the occupant as the actual surroundings.

$$T_r = \frac{\sum_{j=1}^{k} A_j T_j}{\sum_{j=1}^{k} A_j} \tag{4-9}$$

式中　T_r——平均辐射温度，K；

　　　A_j——周围环境第 j 个表面的面积，m^2；

　　　T_j——周围环境第 j 个表面的温度，K。

$$T_r = T_g + 2.44 \sqrt{v} (T_g - T_a) \tag{4-10}$$

式中　T_g——黑球温度，K；

　　　T_a——空气温度，K；

　　　v——空气流速，m/s。

平均辐射温度常见测量方法比较　　　　　　　　　　　　　　　表 4-10

方法	优点	缺点
定义法	表面温度为接触式测试,精度高;能够反映单一面对平均辐射温度的作用;适用于瞬态和非均匀热环境	需要测试围护结构所有表面温度;在非标准几何空间中,角系数计算困难

方法	优点	缺点
黑球温度计间接测量法	设备紧凑；容易计算	不宜用于非均匀环境；不宜用于瞬时热环境；引入较多的测量误差

环境热辐射对人体的热舒适以及健康有非常重要的影响。当物体温度高于人体皮肤温度时，热量从物体向人体辐射，使人体受热。当强烈的热辐射持续作用于皮肤表面时，会对皮肤下面的深部组织和血液起加热作用，使体温升高。当辐射温度超出体温调节极限时，会导致中暑。当物体温度比人体温度低时，人体向物体辐射散热。

在冬季，虽然室内空气温度达到供暖标准，但由于大面积玻璃或外墙等冷辐射源存在，辐射温度都会有一些不对称。冷辐射造成的不对称性，会给人带来类似"吹风感"的不舒适感觉，即"人体所不希望的局部降温"。人逗留的某个位置，如果面对冷表面的平面辐射温度比房间其余部分的平均辐射温度低 8K 以上，则该位置就会使人感到不舒适。该结论适用于低室内风速、主要部分舒适且人员着标准服装的场所。

操作温度可以表示空气温度和辐射温度对人体的综合影响。在一个假想的有空气的黑色等温围合结构中，人体的辐射和对流换热量之和与实际非均匀环境中换热量相等，假想环境的温度就是实际环境的操作温度。

Operative temperature：the uniform temperature of an imaginary black enclosure, and the air within it，in which an occupant would exchange the same amount of heat by radiation plus convection as in the actual non-uniform environment.

6. 湿度

液态水通过蒸发和扩散，以气态水分子（水蒸气）的形式进入空气。通常表示空气中含有的水蒸气多少的物理量，称为湿度。它有多个热力学变量表示方法：水蒸气分压力、露点温度、湿球温度、含湿量和相对湿度。

Humidity：a general reference to the moisture content of the air. It is expressed in terms of several thermodynamic variables，including vapor pressure，dew-point temperature，wet bulb temperature，humidity ratio，and relative humidity.

一般情况，室内空气湿度对于人体的影响低于空气温度。但在低温或高温环境中，湿度会加剧人体的热湿感。在低温情况下，较高的空气湿度可以增大人体散热量，增加冷感觉。因为，身体的热辐射被空气中的水蒸气所吸收，同时衣服在潮湿的环境中吸收水分后热阻变小。在高温条件下，人体主要依靠汗液蒸发散热来维持热平衡。较高的空气湿度不能改变出汗量，但是能减少皮肤与空气的水蒸气分压力之差，减少蒸发散热量；还能增加皮肤湿润度，增加皮肤的"黏着性"。潮湿的环境令人感到不舒适的主要原因是皮肤的"黏着性"。

The main cause of discomfort in a humid environment is the "stickiness" of the skin.

湿度会影响室内微生物的生长，从而间接影响人体健康。例如霉菌多喜欢在室温 20℃以上、湿度 60％以上的环境生长。霉菌容易引发各种过敏症，对身体抵抗力弱的人还会造成真菌感染症。如果空气过于干燥，室内环境中容易飞扬尘土，影响人们的呼吸道健康。

ASHRAE 标准推荐室内最佳相对湿度是 30％～60％；德国标准 DIN1946 规定夏季人体舒适区的相对湿度下限是 32％；日本考虑本地夏季高温高湿的特点，《低温送风空调系数设计编》规定夏季室内相对湿度下限是 40%；我国《民用建筑供暖通风与空气调节设计规范》GB 50736—2012 规定，人员长期逗留区域舒适性空调室内相对湿度为 40%～60%（Ⅰ级热舒适度）和≤70%（Ⅱ级热舒适度）；关于人员短期逗留区域相对湿度没有规定。

7. 其他因素

还有一些因素，被人们普遍认为会影响心理热反应。例如年龄、性别、季节、种族等。关于这些因素的影响，详见"4.5.1 劳动效率与激发"。

4.3　人体对热环境反应的数学描述及评价指标
4.3　Mathematical description and evaluation index of human response

人在建筑环境中的热反应，有些情况可以近似为稳态，比如长期停留在空调房内；有些情况属于非稳态，比如停留在环境参数变化较大的室内，或者人在两个不同环境中穿梭。本节内容讲述两个典型的数学模型：适用于稳态环境的热舒适方程和适用于非稳态环境的二节点模型。根据不同的数学模型可以得到不同的评价指标。在评价热环境时，要根据热环境特点选择合适的指标。

4.3.1　热舒适方程与 PMV
4.3.1　Thermal comfort equation and PMV

1. 热舒适方程

早期的热舒适指标，仅限于空气温度、湿度或风速中单一因素或少量组合因素，后来考虑辐射温度、代谢率和衣着的作用。为了将这些影响人体热反应的主要因素综合起来，便提出一个多因素耦合指标，Fanger 于 1967 年基于热平衡方程提出舒适方程。满足热平衡方程，远不是热舒适的充分条件。环境参数在很大范围内能维持热平衡，但只有一个狭小的区间会使人感到热舒适，与之对应的是狭小范围的平均皮肤温度和汗液分泌量。因此，在给定活动水平条件下，人体热舒适的条件是平均皮肤温度和汗液分泌量必须在狭窄范围内。

Fanger derived the comfort equation based on the heat balance equation in 1967. Satisfaction of the heat balance equation is, however, far from being a sufficient condition for thermal comfort. Within the wide limits of the environmental variables for which a heat balance will be maintained, there is only a narrow interval that will create thermal comfort. Corresponding to this is a narrow interval of mean skin temperature and sweat secretion. So it is assumed that a condition for thermal comfort for a given person at a given activity level is that his mean skin temperature and sweat secretion must have values inside narrow limits.

由于体温调节目的是维持基本恒定的体温，可以假设长期暴露在恒温（适中）环境中，代谢率恒定的人体存在热平衡，即产热量等于散热量，且体内不会有显著蓄热量。假如蓄热量 $S=0$ 时，人体的热平衡可用下式表示：

$$M - W - C - R - E = 0 \tag{4-11}$$

式中　M——人体能量代谢率，取决于人体活动量大小，W；

　　　W——人体所做机械功，W；

　　　C——人体外表面向周围环境通过对流形式散发的热量，W；

　　　R——人体外表面向周围环境通过辐射形式散发的热量，W；

　　　E——汗液蒸发和呼出的水蒸气所带走的热量，W。

The purpose of the body's thermoregulatory system is to maintain an essentially constant internal body temperature. So it can be assumed that for long exposures to a constant (moderate) thermal environment with a constant metabolic rate, a heat balance will exist in the human body. That means the heat production will equal heat dissipation, and there will be no significant heat storage within the body.

其中

$$E = C_{res} + E_{res} + E_{dif} + E_{rsw} \tag{4-12}$$

式（4-11）和式（4-12）中各项散热量计算公式详见表 4-2。将式（4-1）～式（4-6）和式（4-12）代入式（4-11），可以得到热舒适方程式：

$$
\begin{aligned}
M - W =& A_{D} f_{eff} f_{cl} \varepsilon \sigma \left[(t_{cl} + 273)^4 - (t_r + 273)^4 \right] + A_{D} f_{cl} h_c (t_{cl} - t_a) \\
&+ 3.06 A_{D} (0.255 t_{sk} - 3.365 - P_a) + 0.0173 M (5.852 - P_a) \\
&+ 0.0014 M (34 - t_a) + 0.42 (M - W - 58.2 A_{D})
\end{aligned}
\tag{4-13}
$$

式（4-13）中有八个变量：M、W、t_a、P_a、t_r、f_{cl}、t_{cl}、h_c。实际上，f_{cl} 和 t_{cl} 均可由服装热阻 I_{cl} 确定，h_c 是风速 v 的函数，W 按 0 考虑。此时，热舒适方程反映了六个变量对人体热舒适的影响，即 M、t_a、P_a、t_r、I_{cl} 和 v。

2. 预测平均评价 PMV

假设人体在实际活动水平下保持一个舒适的平均皮肤温度和排汗率，人体热负荷（TL）定义为单位面积人体产热量与人体向外界散出的热量之间的差值。计算公式为：

$$TL = \frac{M - W - R - C - E}{A_{D}} \tag{4-14}$$

式中　TL ——人体热负荷，W/m^2。

Thermal load of the body is defined as the difference between the internal heat production and the heat loss per unit of body surface area to the actual environment for a man hypothetically kept at the comfort values of the mean skin temperature and the sweat secretion at the actual activity level.

式（4-13）反映了人体蓄热率为 0 时各变量之间的关系。预测平均投票（PMV）是预测一群人的热感觉投票（自我感觉）的平均值，热感觉标度从 -3 到 +3 分别对应冷、凉、微凉、中性、微暖、暖和热。该指标通过反映偏离人体热平衡程度的人体热负荷 TL 得到。当人体处于稳态的热环境下，人体的热负荷越大，人体偏离热舒适的状态就越远。人体热负荷正值越大，人感觉越热；负值越大，人感觉越冷。Fanger 收集了 1396 名美国和丹麦受试者在室内参数稳定的人工气候室内进行热舒适实验的冷热感觉资料，得出人的热感觉与人体热负荷之间的回归公式：

$$PMV = \left[0.303\exp\left(-0.036\frac{M}{A_D}\right) + 0.0275\right] TL \tag{4-15}$$

Predicted mean vote（PMV）：an index that predicts the mean value of the thermal sensation votes（self-reported perceptions）of a large group of persons on a sensation scale expressed from -3 to $+3$ corresponding to the categories "cold"，"cool"，"slightly cool"，"neutral"，"slightly warm"，"warm"，and "hot"．

可以看出，人体热负荷 TL 就是人体热平衡方程式（4-8）中单位面积的蓄热率 S，即把蓄热率看作是造成人体不舒适的热负荷。如果其中对流、辐射和蒸发散热的各项计算采用与热舒适方程式（4-13）相同的计算公式，则蓄热率 S 就相当于式（4-13）两侧的差值。式（4-15）可以展开如下：

$$\begin{aligned}
PMV = & \left[0.303\exp\left(-0.036\frac{M}{A_D}\right) + 0.0275\right] \\
& \times \left\{\frac{M-W}{A_D} - f_{\text{eff}}f_{\text{cl}}\varepsilon\sigma\left[(t_{\text{cl}}+273)^4 - (t_r+273)^4\right] - f_{\text{cl}}h_c(t_{\text{cl}}-t_a)\right. \\
& - 3.06(0.255t_{\text{sk}} - 3.365 - P_a) - 0.0173\frac{M}{A_D}(5.852 - P_a) \\
& \left. - 0.0014\frac{M}{A_D}(34 - t_a) - 0.42\left(\frac{M-W}{A_D} - 58.2\right)\right\}
\end{aligned} \tag{4-16}$$

其中，

$$t_{\text{sk}} = 35.7 - 0.0275 \cdot \frac{M}{A_D}(1-\eta) = 35.7 - 0.0275 \cdot \frac{M-W}{A_D} \tag{4-17}$$

将式（4-17）代入式（4-16）得：

$$\begin{aligned}
PMV = & \left[0.303\exp\left(-0.036\frac{M}{A_D}\right) + 0.0275\right] \\
& \times \left\{\frac{M-W}{A_D} - f_{\text{eff}}f_{\text{cl}}\varepsilon\sigma\left[(t_{\text{cl}}+273)^4 - (t_r+273)^4\right] - f_{\text{cl}}h_c(t_{\text{cl}}-t_a)\right. \\
& - 3.06\left(5.739 - 0.007\frac{M-W}{A_D} - P_a\right) - 0.0173\frac{M}{A_D}(5.852 - P_a) \\
& \left. - 0.0014\frac{M}{A_D}(34 - t_a) - 0.42\left(\frac{M-W}{A_D} - 58.2\right)\right\}
\end{aligned} \tag{4-18}$$

PMV 指标采用了 7 级分度，见表 4-11。

PMV 热感觉标尺　　　　　　　　　　　　　　　　　　　表 4-11

热感觉	热	暖	微暖	中性	微凉	凉	冷
PMV 值	$+3$	$+2$	$+1$	0	-1	-2	-3

需要注意的是，PMV 指标中用到的人体平均皮肤温度 t_{sk} 和出汗造成的潜热散热 E_{rsw} 是保持舒适条件下的参数。PMV 指标代表了同一环境下绝大多数人的感觉，所以可以用来评价一个热环境是否舒适，但是人与人之间存在个体差异，PMV 指标并不一定能够代表所有人的感觉。为此，Fanger 又采用预测不满意百分比（PPD）指标，建立人群对热环境不满意的定量预测，给出 PMV 与 PPD 之间的定量关系：

$$PPD = 100 - 95\exp\left[-(0.03353PMV^4 + 0.2179PMV^2)\right] \qquad (4-19)$$

Fanger further adopted the predicted percentage of dissatisfied (PPD) to establish a quantitative prediction of the percentage of thermally dissatisfied people determined from PMV.

1984 年国际标准化组织提出室内热环境评价与测量的新标准方法 ISO7730，该标准采用 PMV-PPD 指标来描述和评价热环境。图 4-6 是 PMV 与 PPD 之间的曲线关系。该图表明，$PMV=0$ 意味着热舒适状态最佳，但仍然有至少 5％ 的人感到不满意。因此，ISO7730 推荐 PMV 的值在 $-0.5 \sim +0.5$ 之间，相当于人群中允许有 10％ 的人感觉不满意。

The curve has a minimum value of 5％ dissatisfied persons for $PMV=0$, which corresponds to optimal thermal comfort. Therefore, the recommended value of the PMV index in ISO7730 is between -0.5 and $+0.5$, allowing 10％ of dissatisfied persons.

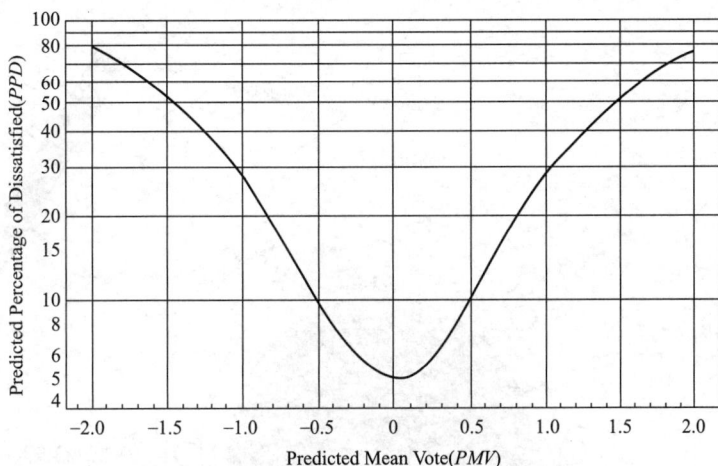

图 4-6 PMV 与 PPD 的关系曲线图

PMV 取决于人体热负荷 TL，而人体热负荷 TL 相当于人体热平衡方程中的蓄热率 S。根据推导过程，可以看出 PMV 方程适用于稳态热环境，而不适用于非稳态热环境（或者过渡热环境）。

另外 PMV 计算式（4-15）采用了人体保持舒适条件下的平均皮肤温度 t_{sk} 和出汗造成的潜热散热 E_{rsw}，当人体偏离热舒适条件较远时，例如在炎热或者寒冷状态下，PMV 的预测值会有较大偏差。

Fanger 在推导 PMV 回归公式（4-15）时，采用的实验数据是在空调系统严格控制的人工气候室内获得，实验过程中室内参数稳定且分布均匀。因此，PMV 回归公式只适用于室内参数稳定且在人体周围均匀分布的热环境。它既不适用于非稳定的热环境，也不适用于人体周围的参数非均匀分布的热环境。例如，人体一部分暴露在偏热的环境中，另一部分暴露在偏凉或者中性的环境中，这种情况称作"局部热暴露"。局部热暴露的热舒适水平不能采用 PMV 公式评价。

One part of the human body is exposed to a warm environment, and the other is exposed to a cool or neutral environment. This situation is called "local heat exposure".

143

4.3.2　二节点模型与 *SET*

4.3.2　Two-node model and *SET*

1. 二节点模型

Gagge 提出的二节点模型是标准有效温度（*SET*）的理论基础，该模型把人体简化为核心层和皮肤层两层（图 4-7），是一种简化的集总参数模型。Gagge 认为，人体的产热来自核心层，通过血液流动将热量传递到皮肤层，皮肤再通过身体表面的服装或者直接与外界环境进行热交换，如图 4-7 所示。

The two-node model proposed by Gagge is the theoretical basis for the standard effective temperature（*SET*）. The human body was simplified as two layers in this model，the core compartment and the skin compartment（see Fig. 4-7）. It is a simplified lumped parameter model.

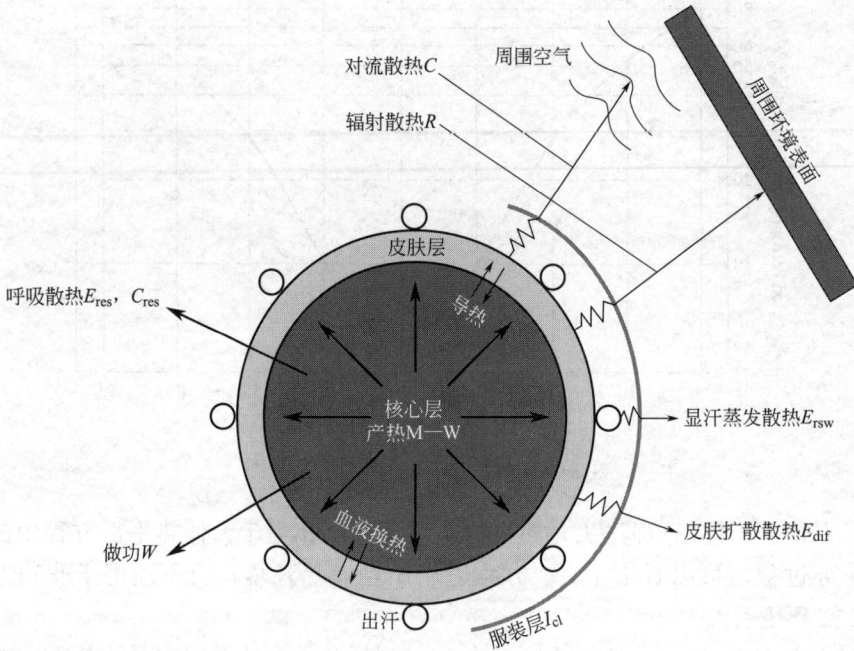

图 4-7　二节点模型示意图

二节点模型考虑了人体蓄热非稳态项。为了与上文一致，本节内容人体产热量和各种散热量单位仍采用 W，而不是 W/m²。在二节点模型中，核心层动态热平衡为：

$$M + \Delta M - W = E_{res} + C_{res} + A_D(K + c_{bl}m_{bl}\rho_{bl})(t_{cr} - t_{sk}) + c_{cr}m_{cr}\frac{dt_{cr}}{d\tau} \tag{4-20}$$

皮肤层动态热平衡为：

$$A_D(K + c_{bl}m_{bl}\rho_{bl})(t_{cr} - t_{sk}) = Q_{sk} + c_{sk}m_{sk}\frac{dt_{sk}}{d\tau} \tag{4-21}$$

式中　ΔM ——冷颤增加的代谢率，W；

　　　K ——由核心层向皮肤层的传热系数，5.28W/(m²·℃)；

Q_{sk} ——皮肤总散热量，包含显热和潜热，W；

c_{bl}、c_{cr}、c_{sk} ——血液、核心层和皮肤层的比热，分别为 $4.19 \times 10^3 J/(kg \cdot ℃)$、$3.5 \times 10^3 J/(kg \cdot ℃)$、$3.5 \times 10^3 J/(kg \cdot ℃)$；

m_{bl} ——皮肤层血流速，m/s；

ρ_{bl} ——血液密度，kg/m^3；

t_{cr}、t_{sk} ——分别为核心温度和平均皮肤温度，℃；

m_{cr}、m_{sk} ——分别为核心层和皮肤层质量，kg；

τ ——时间变量，s。

式（4-20）和式（4-21）中相关物理量计算公式见表4-12。

二节点热平衡方程中某些物理量的计算公式　　　　表 4-12

名称	公式	编号
冷颤增加的代谢率	$\Delta M = 19.4 A_D (33.7 - t_{sk})(36.8 - t_{cr})$	(4-22)
皮肤总散热量	$Q_{sk} = R + C + E_{rsw} + E_{dif}$	(4-23)
显汗蒸发散热量	$E_{rsw} = 170 A_D [t_b - 36.49] e^{(t_{sk} - 33.7)/10.7}$	(4-24)
皮肤表面蒸发散热量	$E_{sk} = E_{rsw} + E_{dif} = A_D w h'_e (P_{sk} - P_a)$	(4-25)
皮肤表面最大蒸发散热量	$E_{max} = A_D h'_e (P_{sk} - P_a)$	(4-26)
皮肤表面平均湿润度	$w = \dfrac{E_{sk}}{E_{max}}$	(4-27)
人体平均体温	$t_b = (1 - \alpha_{sk}) t_{cr} + \alpha_{sk} t_{sk}$	(4-28)
质量比例	$\alpha_{sk} = 0.042 + \dfrac{2.071 \times 10^{-7}}{m_{bl} + 1.626 \times 10^{-7}}$	(4-29)
皮肤层血流速	$m_{bl} = 2.78 \times 10^{-7} \dfrac{6.3 + 120(t_{cr} - 36.8)}{1 + 0.5(33.7 - t_{sk})}$	(4-30)

注：t_b 人体平均体温，℃；w 皮肤表面平均湿润度（无显汗蒸发散热量时为 0.06，无皮肤扩散散热时为 1）；h'_e 潜热传质系数，$W/(m^2 \cdot kPa)$；P_{sk} 皮肤表面的饱和水蒸气分压力，kPa；P_a 环境空气的水蒸气分压力，kPa；α_{sk} 考虑血流热作用的皮肤层占全身的质量比例。

将服装热阻 I_{cl}、代谢率 M、空气温度 t_a、平均辐射温度 t_r、风速 v、相对湿度 φ 作为初始值输进二节点模型，求解微分方程，可以算出人体核心层温度 t_{cr}、平均皮肤温度 t_{sk} 和皮肤湿润度 w。平均皮肤温度 t_{sk}、皮肤湿润度 w 和皮肤总散热量 Q_{sk}，是计算 SET 指标的重要参数。

2. 标准有效温度 SET

SET 的发展经历一个复杂的过程，前后被赋予不同的定义。ASHRAS 55 的定义为：在一个假想标准环境中，相对湿度为 50%，平均风速小于 0.1m/s 且辐射温度等于空气温度，人的活动水平为 1.0met，服装热阻为 0.6clo，该环境中人的皮肤总散热量与实际环境中穿实际服装且从事实际活动水平的人皮肤总散热量相同，则标准环境中的温度就是实际环境中的标准有效温度（SET）。

In an imaginary environment at 50% RH, average air speed<0.1 m/s and $t_r = t_a$, in which the total heat loss from the skin of an imaginary occupant with an activity level of

1.0 met and a clothing level of 0.6 clo is the same as that from a person in the actual environment with actual clothing and activity level，the temperature of the imaginary environment is defined as the standard effective temperature（SET）.

根据式（4-23），人体皮肤的总散热量为：

$$Q_{sk} = R + C + E_{rsw} + E_{dif} = A_D h'(t_{sk} - t_o) + A_D w h'_e (P_{sk} - P_a) \qquad (4\text{-}31)$$

式中　　h'——显热传热系数，$W/(m^2 \cdot ℃)$；

　　　　h'_e——潜热传质系数，$W/(m^2 \cdot kPa)$；

　　　　t_o——操作温度，℃。

其中，

$$h' = \frac{f_{cl}(h_r + h_c)}{1 + 0.155(h_c + h_r)I_{cl}f_{cl}} \qquad (4\text{-}32)$$

$$h'_e = \frac{i_{cl}h_c f_{cl}LR}{i_{cl} + 0.155h_c f_{cl}I_{cl}} \qquad (4\text{-}33)$$

式中　　i_{cl}——服装本身的水蒸气渗透系数，仅考虑透过服装的湿传递过程；

　　　　I_{cl}——服装本身的显热换热热阻，clo；

　　　　LR——刘易斯系数，℃/kPa，典型室内空气环境为 16.541℃/kPa。

根据 SET 定义，Q_{sk} 还应该等于标准环境下人体皮肤总散热量。如果实际环境下人体的皮肤温度和皮肤湿润度与标准环境相同，则必将有相同的皮肤热损失。假设实际环境下人体皮肤温度和皮肤湿润度与标准环境相同，则：

$$Q_{sk} = A_D h'_{SET}(t_{sk} - SET) + A_D w h'_{eSET}(P_{sk} - P_{aSET}) \qquad (4\text{-}34)$$

式中　　h'_{SET}——标准环境显热传热系数，$W/(m^2 \cdot ℃)$；

　　　　h'_{eSET}——标准环境潜热传质系数，$W/(m^2 \cdot kPa)$；

　　　　P_{aSET}——标准环境温度为 SET 时，相应空气的水蒸气分压力，kPa。

If the skin temperature and skin wettedness of the human body in the virtual test environment is the same as in the standard environment，there must be the same heat loss from the skin surface.

转换式（4-34）形式，则得到 SET 计算公式：

$$SET = t_{sk} - \frac{Q_{sk} - A_D w h'_{eSET}(P_{sk} - P_{aSET})}{A_D h'_{SET}} \qquad (4\text{-}35)$$

在上述标准环境条件下，对于高代谢率情况，并不能真实反映与实际环境等效的热状态，从而导致计算不准确。代谢率越高，偏差越大。Gagge 指出：SET 的标准环境不唯一，标准环境的参数与人的实际代谢率有关。合理的 SET 标准环境参数为：辐射温度近似等于空气温度、相对湿度为 50%、代谢率与真实环境中相同、标准服装热阻和标准流速均随代谢率变化。文献［21］还给出标准服装和标准风速的计算方法，分别见式（4-36）和式（4-38）。

The parameters of an appropriate SET standard environment：the radiation temperature is approximately equal to the air temperature，the relative humidity is 50%，the metabolic rate is the same as that in the actual environment，and the clothing insulation and air speed in the standard environment change with the metabolic rate.

$$I_{\text{clSET}} = \frac{1.52}{(M-W)/(58.2A_{\text{D}}) + 0.6944} - 0.1835 \tag{4-36}$$

$$h_{\text{cSET}} = 5.66\left(\frac{M}{58.2A_{\text{D}}} - 0.85\right)^{0.39} \tag{4-37}$$

$$v_{\text{SET}} = \left(\frac{h_{\text{cSET}}}{8.6}\right)^{\frac{1}{0.53}} = \left[0.658\left(\frac{M}{58.2A_{\text{D}}} - 0.85\right)^{0.39}\right]^{\frac{1}{0.53}} \tag{4-38}$$

式中　I_{clSET}——标准环境中的服装热阻，clo；

　　　v_{SET}——标准环境中的流速，m/s；

　　　h_{cSET}——标准环境中的对流换热系数，W/(m² · ℃)。

当用 SET 指标比较人在不同环境中的热状态时，代谢率是一个关键参数。在代谢率相同的情况下，等效的标准环境是完全相同的；在代谢率不同的情况下，对应的 SET 标准环境也有所不同。

将式（4-27）、式（4-32）、式（4-33）代入式（4-31），得到实际环境中人体皮肤总散热量 Q_{sk}；再将式（4-36）代入式（4-32）和式（4-33），得到标准环境显热传热系数 h'_{SET} 和标准环境潜热传质系数 h'_{eSET}。将计算得到的 Q_{sk}、h'_{SET} 和 h'_{eSET} 以及二节点模型计算的平均皮肤温度 t_{sk} 和皮肤湿润度 w，代入式（4-35）可以得到 SET 具体计算结果：

$$SET = t_{\text{sk}} - \frac{1}{h'_{\text{SET}}}[h'(t_{\text{sk}} - t_{\text{o}}) + wh'_{\text{e}}(P_{\text{sk}} - P_{\text{a}}) - wh'_{\text{eSET}}(P_{\text{sk}} - P_{\text{aSET}})] \tag{4-39}$$

SET 是以人体生理反应模型为基础，由人体传热的物理过程分析得出，被认为是合理的导出指标，可用于预测从凉爽环境到炎热环境、从低活动水平到高活动水平以及从稳态到非稳态等条件下人体热反应。从 SET 的推导过程来看，影响 SET 的变量有 M、W、P_{a}、I_{cl}、t_{r}、t_{a} 和 v。五十多年来，很多文献对二节点模型中相关参数进行修正和补充，致使 SET 表达公式也不唯一。

标准有效温度的核心方法是利用平均皮肤温度和皮肤湿润度相结合来描述人的热反应。在可调节范围内，人体能够通过排汗，使热损失量等于新陈代谢能产热量。在其他变量保持不变时，即使空气湿度发生变化，出汗量也不改变。因为当新陈代谢产热量和显热损失保持不变时，人体为了保持热平衡，致使排汗量不会改变。但是，人体热感觉随湿度增加而感到更不舒适。这种不舒适感可以采用皮肤湿润度预测。

The core methodology of the standard effective temperature is to describe the thermal response of the human body using mean skin temperature and skin wettedness.

皮肤湿润度 w 是皮肤实际蒸发热损失与在相同环境下可能出现的最大蒸发热损失的比值。皮肤湿润度与热不舒适密切相关，也是衡量热应力的良好指标。理论上，皮肤湿润度接近 1，身体仍能保持体温调节。在多数情况下，它很难超过 0.8。对于一个持续活动、健康且有适应能力的人，Azer（1982）建议采用 0.5 作为上限。

Skin wettedness w is the ratio of the actual evaporative heat loss to the maximum evaporative heat loss possible from the skin surface in the same environment. Skin wettedness is strongly correlated with warm discomfort and is also a good measure of thermal stress. Theoretically, skin wettedness can approach 1.0 while the body still maintains thermoregulatory control. In most situations, it is difficult to exceed 0.8. Azer (1982) recommends 0. 5 as a practical upper limit for sustained activity for a healthy，acclimatized person.

平均皮肤温度 t_{sk} 是决定热损失的另一项重要参数，将其纳入标准有效温度中非常必要。随周围空气温度的变化，皮肤温度在人体调节区域内缓慢变化。皮肤温度和周围空气温度关系密切，是预测热感觉的重要指标之一。

4.3.3　热适应模型
4.3.3　Thermal adaptive model

在非空调室内环境中，人体实际热感觉 TSV（Thermal Sensation Vote）与 PMV 模型预测的结果出现"剪刀差"，见图 4-8。环境越热，人们的实际热感觉与 PMV 预测值偏离越大。也就是说，在自然通风建筑中，人们的实际热感觉比 PMV 预测的感觉更凉快。

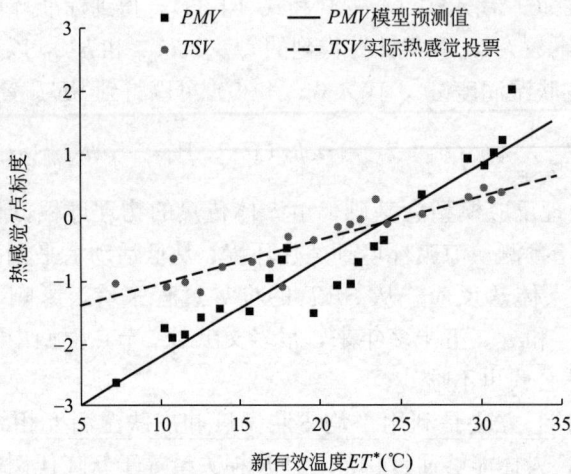

图 4-8　非空调建筑中实际热感觉与 PMV 预测值比较

注：新有效温度 ET^* 是 SET 早期表达形式，见文献 [20]。

针对这种差异，美国供暖、制冷与空调工程师学会（ASHRAE）开展了研究课题 RP-884，在世界范围内进行一系列研究，量化空调建筑与自然通风建筑对人体热反应的影响，并形成 RP-884 数据库。数据库含 160 栋建筑，21000 份问卷，来自泰国、英国、印度尼西亚、美国、加拿大、巴基斯坦、新加坡等国家。这些数据包含全面的热舒适问卷调查答复、估算的服装热阻和新陈代谢、室内气候参数、各种计算的热指标以及室外气象参数。1998 年，Richard de Dear 等人在 RP-884 数据库基础上提出了适应性模型（Adaptive model），并成为 ASHRAE Standard 55 适应性标准 ACS（Adaptive Comfort Standard）的基础。ACS 根据自然通风办公建筑的调研数据，采用简单的回归公式，将室内"最适宜的舒适温度（中性温度）"和室外空气月平均温度联系起来，见式（4-40）。

$$T_{comf} = 0.31 T_{out,m} + 17.8 \tag{4-40}$$

式中　T_{comf}——室内最适宜的舒适温度，即中性温度，℃；

　　　$T_{out,m}$——室外空气月平均温度，℃。

The data includes a full range of thermal questionnaire responses，clothing and metabolic estimates，concurrent indoor climate measurements，a variety of calculated thermal indices，and concurrent outdoor meteorological observations.

The ACS uses a simple regression equation derived from field studies in naturally ventilated office buildings to define "optimal comfort temperature（neutral temperature）" solely in terms of mean monthly outdoor ambient temperature，see Eq.（4-40）.

根据 90% 和 80% 接受率（热感觉投票值分别为 ±0.5 和 ±0.85），每栋建筑可得到两个室内舒适温度范围，见图 4-9。在实际应用中，可根据某个月份的室外空气平均温度，用式（4-40）算出自然通风建筑中室内中性温度，或者根据图 4-9 查出室内温度的可接受范围。适应性模型阐明了在非空调环境下室内舒适温度随室外温度变化的规律，得到不少学者的支持。其他的研究者通过现场调查，也得到了中性温度随季节变化的规律，如表 4-13 所示。因调查时间和地点不同，回归公式与式（4-40）有一定区别。适应性模型中的自变量，不局限于室外月平均气温。根据不同的需求，它可以是过去连续几天的平均温度（比如过去连续 4 天、7 天等），也可以是赋予权重后过去几天的平均温度。

Applying the 0.5 and 0.85 criteria to each building's regression model of thermal sensation as a function of indoor operative temperature produced a 90% and 80% acceptable comfort zone，respectively，for each building，see Fig. 4-9.

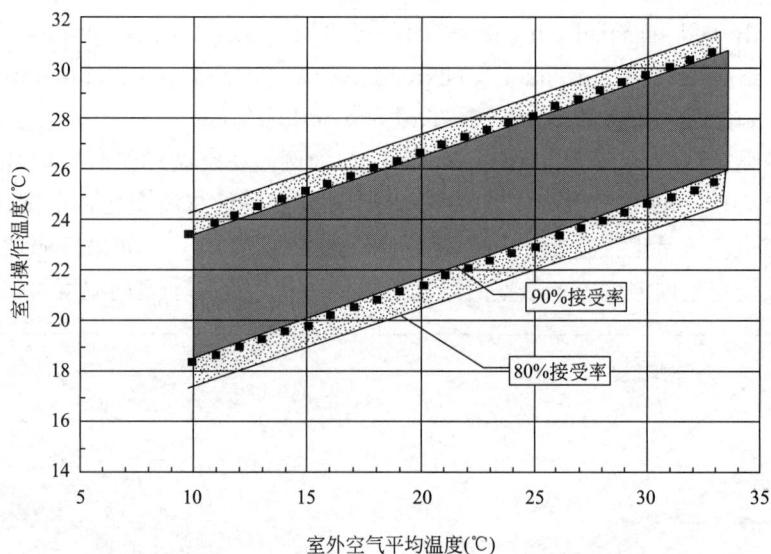

图 4-9　适用于自然通风建筑的 ASHRAE Standard 55 适应性标准 ACS

不同研究者得到的室内中性温度和室外月平均气温的回归公式　　表 4-13

研究者	回归公式
Humphreys(1978)	$T_{comf}=0.53T_{out,m}+11.9$
Auliciems(1983)	$T_{comf}=0.52T_{out,m}+12.3$
Auliciems and de Dear(1986)	$T_{comf}=0.31T_{out,m}+17.6$

研究者	回归公式
Humphreys(2000)	$T_{comf}=0.54T_{out,m}+13.5$
Nicol(2004)	$T_{comf}=0.38T_{out,m}+17.0$

适应性热舒适理论认为，人们的舒适度取决于环境。常年生活在有空调环境里的人，很可能对均匀和凉爽的温度产生很高的期望。如果建筑的热环境偏离了他们所期望的舒适区中心，他们可能会变得很挑剔。相反，在自然通风建筑中生活或工作的人，他们可以打开窗户，习惯于当地日常和季节性气候变化模式的多样性。他们的热感知（包括偏好和容忍度）可能会延伸到比 ASHRAE Standard 55 舒适区更广泛的温度范围。如果自然通风建筑环境中有导致不舒适的情况发生，人们会以心理适应、行为调节、生理热习服等形式，向着恢复自身舒适的方向发展。人们会尽可能减小产生不适因素的影响，使自身接近或达到热舒适状态。因此人们的实际感受与稳态热舒适理论所描述的热反应存在差异。

People living year-round in air-conditioned spaces are quite likely to develop high expectations for homogeneity and cool temperatures，and may become quite critical if thermal conditions in their buildings deviate from the center of the comfort zone they have come to expect. In contrast，people who live or work in naturally ventilated buildings where they are able to open windows，become used to thermal diversity that reflects local patterns of daily and seasonal climate variability. Their thermal perceptions（both preferences as well as tolerances）are likely to extend over a wider range of temperatures than are currently reflected in the ASHRAE Standard 55 comfort zone.

适应性模型被认为具有节能优势。以图 4-10 为例，在空调和供暖室内环境，室内温度分别被设定为单一的 26℃ 和 21℃。室外温度随季节呈正弦波变化，根据适应性理论，室内中性温度也应该呈正弦波变化，而不是单一的 26℃ 或 21℃。如果按照适应性模型建议的中性温度设定室内温度，冬季室内温度可以低一些，而夏季室内温度可以高一些，因

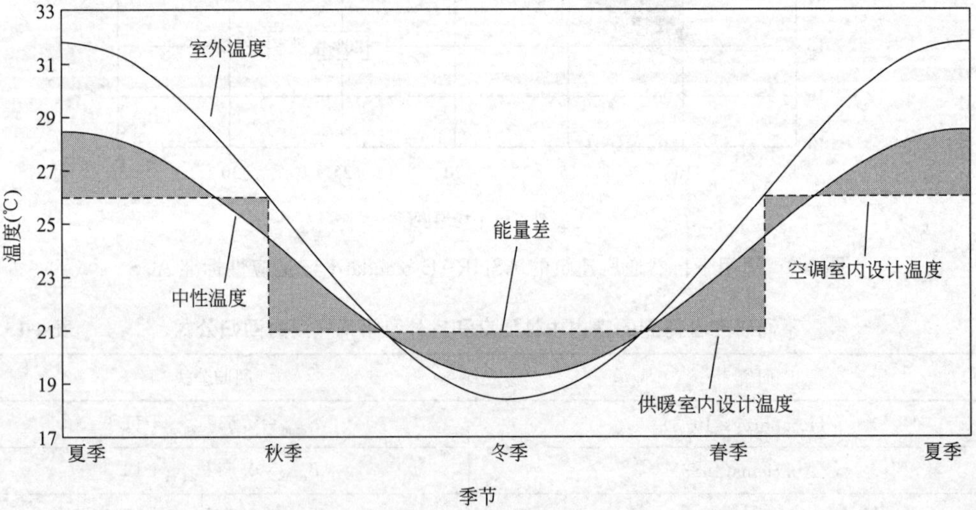

图 4-10　适应性模型的节能示意图

此可以节省供暖和空调能耗。

适应性模型中唯一的变量是室外平均温度，没有考虑室内风速、辐射、服装热阻等其他对人体热感觉有明显影响的因素。因此在机理方面缺乏说服力与严谨性。ASHRAE Standard 55 指出，适应性模型仅适用以下条件：a）没有机械制冷系统（如制冷空调、辐射冷却或去湿冷却）或加热系统运行；b）典型居住者新陈代谢率在 1.0～1.5met 之间；c）典型居住者可以根据室内外热条件自由调整服装，至少在 0.5～1.0clo 范围可以调节；d）平均室外温度高于 10℃且低于 33.5℃。

According to ASHRAE Standard 55，adaptivel mode can be used only under the following circumstances：a）There is no mechanical cooling system（e. g.，refrigerated air conditioning，radiant cooling，or desiccant cooling）or heating system in operation. b）Representative occupants have metabolic rates ranging from 1.0 to 1.5 met. c）Representative occupants are free to adapt their clothing to the indoor and/or outdoor thermal conditions within a range at least as wide as 0.5 to 1.0 clo. d）The prevailing mean outdoor temperature is greater than 10℃ and less than 33.5℃.

4.3.4 其他评价指标

4.3.4 Other indices

热指标是将两个或多个参数（如空气温度、平均辐射温度、湿度、空气速度、服装热阻或代谢率）组合成一个变量。除了典型的 *PMV-PPD*、*SET* 和热适应模型评价指标之外，研究者前后提出许多评价模型，有些以舒适为目标，有些以不危害生命健康为目标；有些只用到物理参数，有些还用到生理参数；有些适用于室内，还有些适用于室外。表 4-14 针对国内外常见的其他评价指标进行总结，关于它们的推导不再赘述。实践表明，没有一个指标适用于所有条件。

One thermal index combines two or more parameters（e. g.，air temperature，mean radiant temperature，humidity，air velocity，clothing insulation，or metabolic rate）into a single variable.

人体对热湿环境反应常见的其他评价指标　　　　　　　　　　表 4-14

序号	指标			适用环境	文献
	中文	英文	简写		
1	有效温度	Effective Temperature	*ET*	室内	[25]
2	修正有效温度	Corrected Effective Temperature	*CET*	室内	[26]
3	净有效温度	Net Effective Temperature	*NET*	冷环境、热环境、室外	[27]
4	新有效温度	New Effective Temperature *	*ET* *	室内	[20]
5	室外标准有效温度	Outdoor-Standard Effective Temperature *	*OUT-SET* *	室外	[28]
6	局部标准有效温度	Local-Standard Effective Temperature	*Local-SET* *	车内热环境	[29]

续表

序号	指标			适用环境	文献
	中文	英文	简写		
7	通用有效温度	Universal Effective Temperature	ETU	室外、室内	[30]
8	扩展的预测平均投票	Predicted Mean Vote extend	PMVe	非空调环境	[31]
9	新预测平均热反应	Predicted Mean Vote *	PMV*	室内舒适和不舒适环境	[32]
10	新的预测平均投票	Predicted Mean Vote new	PMVnew	自然通风环境和空调环境	[33]
11	自适应预测平均投票	Predicted Mean Vote adapt	PMVa	湿热地区、空调环境	[34]
12	伯克利舒适度模型	Berkeley Comfort Model	—	瞬态、非均匀热环境	[35]
13	—	COMFA	COMFA	冷环境、热环境,室外	[36]
14	—	COMFA+	COMFA+	冷环境、热环境,室外	[37]
15	通用热气候指数	Universal Thermal Climate Index	UTCI	室外各种气候、季节、时刻和空间	[38]
16	生理等效温度	Physiological Equivalent Temperature	PET	室内、室外,冷环境、热环境	[39]
17	动态生理等效温度	Dynamic Physiological Equivalent Temperature	dPET	冷环境、热环境,室外	[40]
18	风冷却指数	Wind Chill Index	WCI	室外冷环境	[41]
19	热应力指数	Heat Stress Index	HSI	室内或室外,炎热环境	[42]
20	湿黑球温度	Wet-Bulb-Globe Temperature	WBGT	室外炎热环境	[43]

4.4 个体差异及个性化环境控制
4.4 Individual differences and personal environmental control

4.4.1 个体差异
4.4.1 Individual differences

在建筑环境中,无论设置什么样的热环境参数,总有人不满意,主要原因是个体差异的存在。个体差异体现在即使暴露在相同的热环境中，人与人之间的冷热感受也不相同，或者相同个体在不同时段的冷热感受不同。它分为个体之间的差异，以及个体自身的差异。个体之间的差异比个体自身的差异更明显，本文主要介绍个体之间的差异。

Individual difference describes the phenomenon that occupants' thermal responses differ when they are exposed to the same thermal environment，or the same individual has different thermal perceptions at different periods. It includes interindividual and intraindividual differences.

一般研究认为，男女之间的热感觉和热需求不同。女性比男性更喜欢偏暖环境，且女性对温度比男性更敏感。具体表现在：女性的热中性温度比男性高，热舒适温度范围比男性窄，在冷环境中女性比男性感觉更冷。但也有研究者提出不同观点，他们没有发现热感觉和热偏好存在性别差异。甚至有人提出相反的结论：男性的中性温度比女性还高，女性比男性的舒适温度范围宽。

很多研究认为，老年人比年轻人更喜欢偏暖环境，他们的舒适温度比年轻人高，舒适温度范围比年轻人窄。老年人有更低的核心温度、较差的御寒能力、较弱的温度辨别能力和行为热调节能力。但也有研究发现热舒适温度不存在年龄差异，甚至提出相反的结论：年轻人的舒适温度比老年人高 0.7℃，在低温环境中老年人比年轻人能更好维持体温。

不同生活环境、社会文化背景、经济状况等条件也会影响个体差异。我国北方受试者对偏冷的环境更加敏感，冷耐受力比南方受试者更弱。农村受试者可接受的环境温度范围比城市受试者宽，农村受试者对冷环境的忍受能力比城市受试者高。也有研究发现，即使性别、年龄、生活环境都相同，受试者的热偏好仍然存在显著性差异；这种差异不仅体现在主观感受方面，还体现在热生理指标方面。

Even if the gender，age，and living environment are the same, there are still significant differences in individual thermal preferences. The differences are not only in psychology but also in physiology.

个体差异普遍存在，是什么因素产生这种差异？文献［50］从体型、机体成分、心肺功能和体能中选取 57 个参数，进行实验室测试，通过主成分分析发现，身体质量指数、腰围、比表面积、臀围和脂肪百分比，特征值都大于 1，累计方差百分比在 85％以上，被确定为主成分。身体质量指数（Body Mass Index），简称 BMI，计算方法见式（4-41）。BMI、腰围、臀围和脂肪百分比的物理含义都指向人体脂肪。也就是说，人体脂肪层和比表面积差异，可能是影响热偏好差异的主要原因。但该研究测试样本较少且只从外表测量脂肪层厚度。为了进一步证明其结论的准确性，采用问卷调研了 2000 人的热偏好，并从中选出三组男性受试者（9 名凉偏好，10 名中性偏好和 9 名暖偏好）进一步测试脂肪层和肌肉层厚度。结果发现：暖偏好与运动量少或轻体型有关，凉偏好与运动量大或重体型有关；凉偏好受试者多个部位的脂肪层和肌肉层厚度大于暖偏好受试者。为了进一步证明肌肉和脂肪对热偏好的影响，该研究还做了相同体型不同体成分人体热反应实验，受试者是 10 名体育生和 10 名非体育生。研究发现，体育生（高肌肉含量，低脂肪含量）比非体育生（低肌肉含量，高脂肪含量）更能接受低温环境。肌肉可能是影响人体热偏好差异的另一原因。

Body fat and specific surface area may dominate in explaining individual differences in thermal preference.

$$BMI = \frac{m_b}{H^2} \tag{4-41}$$

式中　m_b——体重，kg；

　　　H——身高，m。

人体热偏好差异与肌肉和脂肪有关，尤其与肌肉有关。高肌肉含量人体能适应更凉环境。这可能与肌肉自身特性有关：一方面，肌肉比热容大于脂肪，且在人体成分中，肌肉质量远大于脂肪质量，故在相同温差下，肌肉的蓄热量远大于脂肪；另一方面，线粒体解偶可能使肌肉在非颤抖性产热中发挥关键作用。这种解偶联蛋白能够降低线粒体内膜上的质子梯度，绕过 ATP 合成酶，从而阻止 ATP 的产生，并以热能的形式耗散能量。在人体热传递中，肌肉起着热源的作用，其含量越大，产热量和蓄热量越大；而脂肪起着保温层的作用，其含量越大，隔热效果越好。凉偏好人群多具有重体型或运动量大的特征，而暖偏好人群多具有轻体型或运动量少的特征。该结论可以解释男女或老少之间的热偏好差异。男性普遍比女性更喜欢凉环境，其肌肉质量通常高于女性。老年人比年轻人更喜欢暖环境，因为随着年龄的增长肌肉质量减少。

Thermal preference differences are associated with muscle and fat; specifically, muscle plays an important role in the thermal preference difference. Participants with more muscle can adapt to a cooler environment, which can be explained by the physical properties of muscles. On one hand, the specific heat of muscle is higher than that of fat, and muscle mass is much higher than fat in the human body. Therefore, muscle can store much more heat than fat at the same temperature variation. On the other hand, muscle maybe play a key role in non-shivering thermogenesis due to mitochondrial uncoupling. This uncoupling protein is able to lower the proton gradient across the mitochondrial inner membrane and bypasses ATP synthase, thereby preventing ATP production and dissipating energy as heat.

4.4.2　人体局部控温

4.4.2　Temperature control around local body

个性化环境控制系统（PEC）是指使用者可以根据自己的舒适需求随时控制局部环境。这些系统采用专用设备，例如个性化热调节系统、工作照明、插头负载监控、窗帘控制和其他类似系统，在使用者周围创造良好的环境条件。这里主要介绍以热舒适为目标的个性化环境控制。

Personal environmental control（PEC）systems are equipment occupants can use to control their local environment to their desired comfort level at any particular moment. These PEC systems create favorable environmental conditions around each occupant, employing specialized equipment, such as a personal thermal conditioning system, task lighting, plug load monitoring and control, window shade control system, and other similar systems.

1. 桌椅加热或冷却

合理降低或升高人体局部皮肤温度，能够提高整体热舒适感。有研究报道，面部冷却可以改善人们对高温环境的接受程度。也有研究提出通过加热手或脚，能改善整体冷不舒适。与整个环境控温设计相比，局部控温设计具有能耗低、投资小、能满足个人热舒适需求等优点。

有研究分别比较了夏季升温和冬季降温人体局部热反应差异，发现：在热环境中，小腿、大腿和背部是人体需要冷却的主要部位；在冷环境中，小腿、大腿、背部和上臂是人体需要保暖的主要部位。针对这些部位提出桌椅加热或冷却方案，见图 4-11。在桌椅的 A、B 和 C 部位安装冷却或加热装置，能起到靶向供热或供冷的作用。该研究的缺点是仅测试了人体面积相对较大的 7 个局部部位，没有测试面积较小且对环境温度敏感的手、脚和面部等部位。

In a hot environment，the leg，thigh，and back were found to be the key body segments to be cooled. In a cold environment，the leg，thigh，back，and upper arm were the principal segments that required warming.

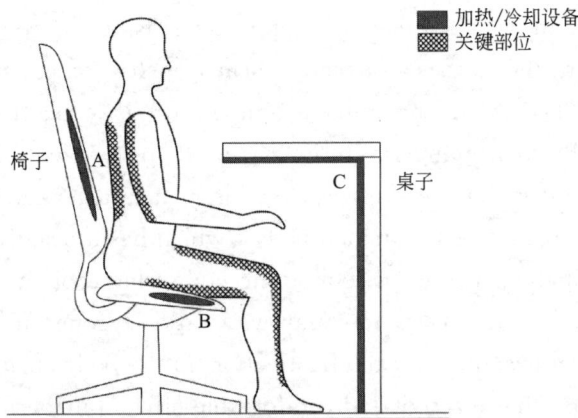

图 4-11　人体需要加热或冷却的主要部位及桌椅控温方式（A-椅背，B-椅座、C-桌面下部）

2. 穿戴式设备冷却

穿戴式设备用在人体体表外，或以配件形式连接，或嵌入服装内。它们配备传感器、互联网连接、处理器、操作系统和带有触摸板/屏幕的界面，可在多种应用中使用。常见的可穿戴设备有智能手表、智能首饰、智能眼镜、皮肤贴片和智能冷却服装等。这里主要介绍具有冷却功能的穿戴式设备，如风扇服和穿戴式水冷服，以满足防疫人员、机场地勤人员、执勤警察和电网等工作人员户外高温作业人群的降温需求。

Wearable devices are used outside the body，either as an accessory or embedded in clothing. They can be used in various applications，including sensors，internet connections，processors，and operating systems，as well as user-friendly interfaces with touch pads/screens. Wearables include smart watches，smart jewelry，smart glasses，skin patches，electronic garments，and other devices.

　　风扇冷却服是在工作服的一些特定位置安装微型风扇。通常微型风扇安置于左右腰间处，见图 4-12（a），该服装的制作应采用透气性低的耐磨布料及选用适合尺寸微型风扇（风扇直径通常在 5～10cm）。其冷却原理是通过风扇送风，将室外的空气吸到衣服内，增强了衣下空气层的对流传热。在环境温度低于皮肤温度工况下（例如室温 28℃），对流传热可帮助人体有效散热。若周围环境温度高于人体皮肤温度，对流传热可导致环境热量加速传递至人体体内，给人体散热带来负面影响。这种情况下，风扇冷却服的主要降温途径是通过强制对流加速汗液蒸发，蒸发的汽化热可以有效地帮助人体体表散热，从而让穿戴者达到凉爽舒适的效果。此外，影响风扇冷却服冷却效果的主要因素有风扇通风量、风扇尺寸、气流出口及路径长度、人体出汗率、人体活动量和环境因素（例如温湿度、辐射等）。因此，在选取风扇冷却服时，要合理考虑上述影响因素，方可最大程度地发挥风扇冷却服的降温效果。

　　Wearable ventilation garments are made possible by placing miniature fans in specific locations on the workwear. The miniature fans are typically placed at the left and right waist region（see Fig. 4-12（a））. The workwear is normally made of wear-resistant fabrics with low air permeability. Miniature fans of appropriate size（the diameter of the fan is 5～10 cm）are mounted onto the workwear. Its cooling principle is to draw outdoor air into the clothing microclimate via the fan's air supply，increasing the convective heat transfer of the air layer beneath the clothes. Convection heat transfer can assist the human body in effectively dissipating heat when the ambient temperature is lower than the skin temperature（for example，the room temperature is 28℃）. If the ambient temperature is higher than the temperature of the human skin，convection heat transfer can result in the accelerated transfer of ambient heat to the human body，which has a negative impact on the human body's heat dissipation. The main cooling method of fan cooling clothing under the above working conditions is to accelerate sweat evaporation through forced convection，and the vaporization heat of evaporation can effectively help the body surface to dissipate heat，so that the wearer can achieve a cool and comfortable effect. Furthermore，fan ventilation volume，fan size，airflow outlet and path length，human sweat rate，human activity，and environmental factors（such as temperature，humidity，and radiation）all have an impact on the cooling effect of a fan ventilation cooling garment. As a result，in order to maximize the cooling effect of fan ventilation cooling garments，the above influencing factors should be reasonably considered.

　　穿戴式水冷服是指直接将微型空调穿在身上，见图 4-12（b）。穿戴式空调由制冷主机、锂电池、延长管路和液冷背心四个部分组成，整体重量不超过 3kg。制冷服为马甲设计。制冷主机通常为一种可穿戴式紧凑型微型制冷机组，重量轻，功耗低，冷却性能高，可提供冷的循环液体。泵通过连接进出口接头将冷液循环到冷却背心，并在身体周围不断流动，它将穿戴者的体温保持在合适的范围内，以抵抗热应激。冷水机组可提供高达 400W 的制冷量，用户可在 -5℃ 至 30℃ 范围内设置温度。一旦循环液达到设定温度，主板将控制制冷运行。根据需求，制冷主机和电池组可装于腰包中并挂在腰间。上述可穿戴式水冷服的冷却效率主要取决于水温、水流流速和水冷管道设计指标（管道密度、总管道长度、管道形状等）。

Wearable water-cooled clothing, as shown in Fig. 4-12 (b), refers to a type of smart clothing that is incorporated with wearable micro refrigeration chiller. The refrigeration host, the lithium battery, the extension pipeline, and the liquid cooling vest comprise the water-cooled clothing, and the overall weight does not exceed 3 kg. Cooling suits are intended for use with a liquid cooling vest. The refrigeration host is typically a wearable compact micro refrigeration unit that is light in weight, consumes little power, performs well in terms of cooling, and can provide cold circulating liquid. By connecting the inlet and outlet fittings, the pump circulates the cold liquid to the cooling vest and continuously flows around the body, keeping the user's body temperature in the proper range to mitigate heat stress. The chiller may have a cooling capacity of up to 400 W, and the user can set the temperature between $-5℃$ and $30℃$. Once the circulating fluid reaches the set temperature, the motherboard will control the cooling operation. The refrigeration unit and battery pack can be installed in a belt bag and worn around the waist on demand. The above-mentioned wearable water-cooling suit's cooling efficiency is primarily determined by water temperature, flow velocity, and water-cooling pipe design indicators (pipe density, total pipe length, pipe shape, etc.).

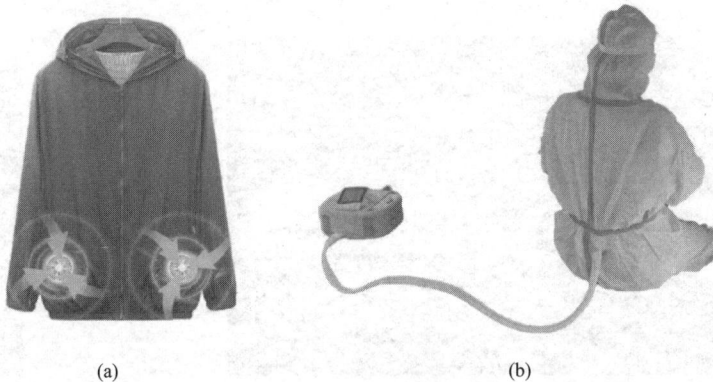

图 4-12　穿戴式设备
（a）风扇服；（b）穿戴式水冷服

4.4.3　环境分区控温
4.4.3　Zoned temperature control in environment

分区控温是指对每个区域的空气温度分别控制。大中型建筑或公共建筑使用分区控温更加节省成本。如学校、办公楼、医院、机场、体育场馆等，可以按照楼层、房间、功能区域分区，减少恒温控制器、热电执行器和温控器的使用数量及相应的电路连接。关于大型建筑分区控温设计，这里主要介绍满足不同热偏好人群的分区控温。

Zoned temperature control means that the air temperature of each area is controlled separately. It can be used in large and medium-sized buildings or public buildings to save energy.

地铁车厢分区控温是根据地铁列车车厢位置情况，采取空调温度分区控制的一种温度控制手段，对所有车厢按照强冷、弱冷两种控制模式进行分区管理，见图 4-13。以"同车不同温"的模式，满足不同热偏好人群的需求。"强冷"（24℃或25℃）、"弱冷"（26℃或27℃）两个区域的温差控制在2℃左右。在车站站台、列车车厢醒目位置给出提示，乘客可根据自身实际情况，按照标识指引选择适宜温度车厢乘坐。目前，西安、贵阳、成都等城市的地铁车厢都已采用分区控温。

Zoned temperature control in subway carriages is one temperature control method adopting zoned air-conditioning according to the location of subway carriages. All carriages are divided into two control modes: high level cool (HL-COOL) and level of detail cool (LOD-COOL).

The temperature difference between " HL-COOL" （24℃ or 25℃） and " LOD-COOL" （26℃ or 27℃） is about 2℃.

家用双温双控空调是目前推出的新型空调之一，用于解决因家庭成员热偏好差异而引起的不同温度需求问题。市面上推出的双温双控空调外观，见图 4-14。通过双温区送风功能，可以在同一个房间内实现两种不同温度，且这两种温度可以根据个人喜好调节，为居住环境提供人性化体验。

图 4-13　西安地铁 9 号线车厢分区控温　　　　图 4-14　双温双控空调

A household air conditioner with dual temperature and control is one of the new air conditioners. It is used to solve the problem of different temperature demands caused by differences in the thermal preferences of the family.

车用分区空调是指在车内不同区域的空气温度可以独立调节，分为简单的双区控制和较为复杂的四区控制，见图 4-15。双区空调是指车内左右两侧的温度可以独立调节；四区空调则是指前后排、左右侧的温度可以分别独立调节。太阳辐射透射的可见光对车内热环境有重要影响，分区目的在于使空调系统能有效地跟踪负荷变化，改善车内热环境。分区空调的实现方式主要是在车内两侧增加空调出风口，尽量减少在车中央的出风口，并对两侧的出风量独立控制。分区空调的最大作用是尽量满足每个人对温度的不同需要，提高驾乘汽车的舒适性。

Vehicle zoned air-conditioning can independently adjust air temperature in different areas in a car，including simple two-zone control and complex four-zone control.

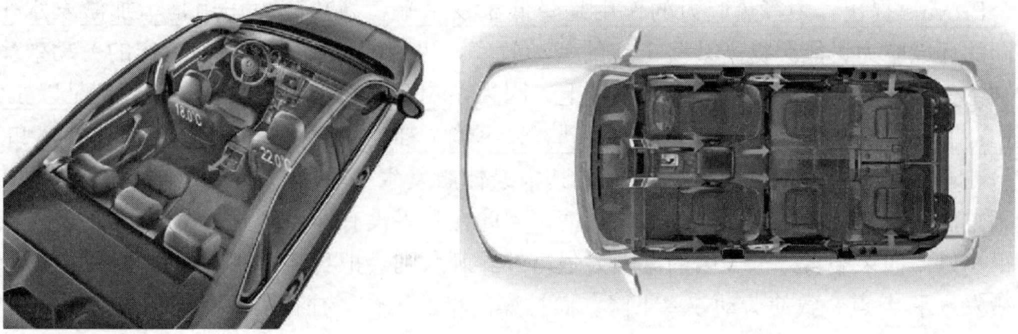

图 4-15　车用分区空调
（a）双区空调独立调节；（b）四区空调独立调节

4.5　热环境与劳动效率
4.5　Thermal environment and working efficiency

4.5.1　劳动效率与激发
4.5.1　Working performance and arousal

热环境对劳动效率的影响程度，因劳动类型和紧张程度而异，且现场调研结果往往受实际环境中多种其他因素影响，如噪声、工作压力、颜色等。为了分析热环境的独立影响，多数研究者选择在实验室内进行劳动效率研究。在 20 世纪初，有研究者用产量和次品率来表征工厂劳动效率，探究热环境对体力劳动生产力的影响；而后用成果的量和错误次数来表征打字员和接线员的劳动效率，研究热环境对办公室生产力的影响。由于多数办公室工作不是上述重复性体力或者脑力劳动，效率的判断非常困难。常规的研究方法是利用 2 位数加法、单词记忆和对一片随机分布的字母按顺序连线的方法，测试在一定工作时间内的错误率，来判断脑力劳动的生产力。随着计算机应用的普及，发展出了用反应测试软件来测试受试者劳动效率的方法，但受试者对电脑操作和对软件的适应程度不同，结果的不确定性较大。也有研究测量脑血流，监测大脑的疲劳度，分析热环境对工作人员劳动负荷的影响。

At the beginning of the 20th century，some researchers used the output and defective rate to characterize factory working performance and explored the influence of the thermal environment on physical work productivity. Then the later researchers used the number of results and the number of errors to characterize the working efficiency of typists and operators and study the impact of the thermal environment on office productivity.

159

The conventional research method uses 2-digit addition, word memory, and sequential connection of a random distribution of letters to test the error rate within a certain working time to judge mental work productivity.

Provins 提出：中等热应力的作用是降低激发水平，高热应力作用是增加激发水平。相同的环境应力可能会提高某些工作的劳动效率，也可能会降低另一些工作的劳动效率。特别工作最高效率出现在中等激发水平上，因为在较低激发水平，人尚未清醒到足以正常工作；而在较高激发水平，由于过度激动，人不能全神贯注于手头的工作。因此效率和激发呈一个倒 U 形关系，见图 4-16（a），其中最佳激发水平 A 与工作的复杂程度有关。一项困难而复杂的工作本身会激起人的热情，因此在几乎没有外界刺激的情况下就能把工作做得更好；如果来自外部原因的激发太强，外界刺激则会把身体总激发的水平移到偏离最佳激发水平 A 点，致使劳动效率下降。而枯燥简单的工作，往往需要有附加外部刺激的情况下，劳动效率才能得到提高。

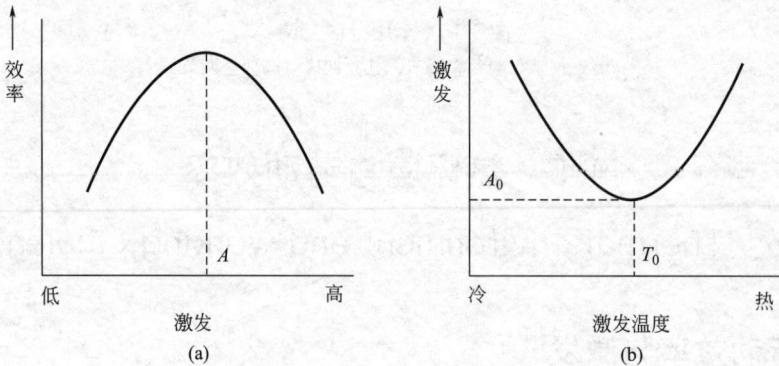

图 4-16　激发与效率以及热刺激的关系
（a）效率与激发的关系；（b）热刺激与激发的关系

Provins has suggested that the effect of moderate heat stress is to lower the level of arousal, while higher levels of heat stress tend to increase the level of arousal.

The highest efficiency of a certain kind of work occurs at a moderate level of arousal because, at a lower level of arousal, the person is not yet awake enough to work properly. At a higher level of arousal, people cannot be preoccupied with work due to excessive excitation.

图 4-16（b）展现了热刺激与激发的关系。冷和热都属于刺激。适中的温度对神经系统应该有最小的感觉输入，但也有研究发现温暖也会减少激发，即微暖常使人有懒洋洋或浑身无力的感觉。所以图 4-16（b）中的最小激发温度 T_0 对应的是热中性或略高于热中性的温度。

Moderate temperature should have minimal sensory input to the nervous system, but some studies have found that warmth also reduces arousal. That is, a slight warmth often makes people feel lazy or weak.

图 4-17（a）和（b）给出了简单工作和复杂工作的环境温度与劳动效率之间的关系。可以看到，人们在从事复杂困难的工作时，希望环境温度越接近热中性或最小激发温度

T_0 越好；而当人们在从事简单枯燥的工作时，环境温度适当偏离最小激发温度 T_0，反而能够获得更高的劳动效率。

When engaged in complex and difficult work，people expect a neutral temperature or a temperature T_0 of the lowest level of arousal. When engaged in simple and boring work，people performed more efficiently in a temperature that slightly deviated from T_0.

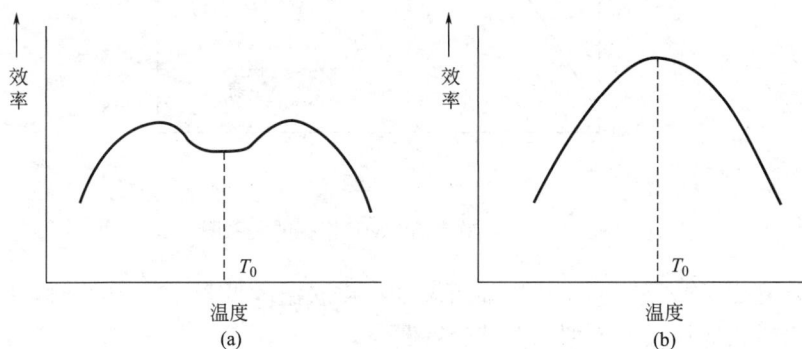

图 4-17　简单工作和复杂工作的环境温度与劳动效率之间的关系
(a) 简单工作；(b) 复杂工作

4.5.2　热环境对体力劳动的影响

4.5.2　Influence of thermal environment on physical work

体力劳动通常单调，但需要肌肉的力量。热环境极大地影响着体力劳动者的工作效率。研究表明，在偏离舒适的环境下从事体力劳动，会增加缺勤和小事故的发生概率，并使工人的生产效率下降。当人处于 27～32℃ 的工作环境时，其工作效率开始下降，并且更加容易疲劳。当温度达到 32℃ 以上时，人的注意力和灵敏度开始受到影响，且事故的发生率增加。Ramsey（1978）等人总结了 WBGT 对劳动效率的影响：当人处于 17～23℃ 时，不安全行为出现概率最低；当超过 35℃ 时，不安全行为出现概率显著增加。图 4-18 给出了镇江和上海的两个工厂工人的生产效率与 PMV 指标的关系图。可以看出，当员工处于热中性状态（PMV=0）时，人工作效率不一定为最高，而是在稍微凉爽的环境下工作效率达到最高。

Manual labor is usually monotonous but requires muscle strength. The thermal environment greatly affects the working efficiency of manual workers. Studies have shown that when workers perform physical work in an uncomfortable environment，the probability of absenteeism and minor accidents increases，resulting in reduced productivity.

低温环境通常出现在冷库、水下或寒冷气候的室外。当室内温度在 21℃ 左右时，手的灵活性就会开始下降。在低温环境中，冷应力将会降低工作效率。当冷气侵入机体内部，肌肉的力量将会减弱，关节处的滑液变黏，手指变得僵硬，其灵敏度也降低。在夏季奥运会上，游泳运动员赛前通常穿冬天的大衣或羽绒服，一方面是为了保持身体热量，另一方面是为了避免肌肉活性下降。手的麻木和僵硬是降低体力劳动工作效能的主要原因。皮肤温度太低，手指会失去感觉细小物体的能力。当肌肉温度降到 27℃ 以下，力量将会减弱；

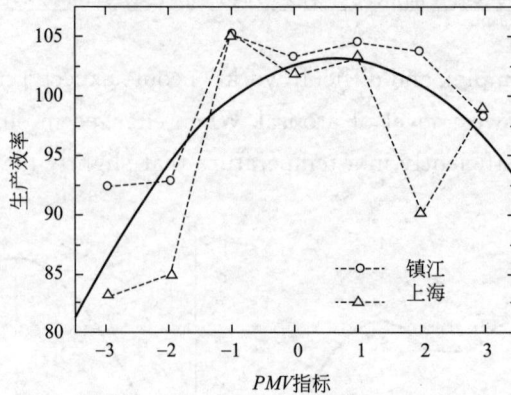

图 4-18　生产效率与 PMV 指标的关系图

当皮肤温度降到 20℃以下，麻木指数显著增加；皮肤温度低于 13～16℃时，手的灵巧性明显变差；当手指冷却到 12℃时，关节变得僵硬。

In a cryogenic environment，cold stress will reduce work efficiency. When cold air invades the inside of the body，the muscle strength will be weakened，the synovial fluid at the joints will become sticky，the fingers will become stiff，and their sensitivity will be reduced.

Numbness and stiffness of the hands are the main reasons for reducing the performance of physical work. When the skin temperature is too low，the fingers lose their ability to sense tiny objects.

高温高湿环境普遍存在于矿井、冶金、印染等行业。在高温环境中，人体的对流和辐射散热方式失效，甚至还会从热环境中获得热量。环境湿度过大，会阻碍蒸发散热。长时间处于高温高湿环境，将导致人体体温调节系统紊乱、体温升高和头晕等症状。如果在高温高湿环境中从事体力劳动，情况会更糟。人体做功所产生的大量热量无法散失，体内蓄热量持续增加，排汗量明显增加，肌肉细胞中的水分含量减少且电解质平衡紊乱，肌肉细胞的收缩能力下降，极易产生疲劳并导致体力作业能力下降。长时间超出生理调节极限，将引起行为退化。

With long-term exposure to a hot and humid environment，the human body generates the symptoms of thermoregulation disorders，hyperthermia，dizziness，and so on. It's even worse if you're physically working in a hot and humid environment. The large amount of heat generated by physical work cannot be dissipated. The heat accumulates continuously in the body. The amount of sweat increases significantly. Muscle cells lose water，which results in electrolyte balance disorder，and then reduce contractility，followed by fatigue and poor performance in physical work.

高温环境下针对劳动人员的保护措施十分有限，可以采用被动的保护手段，如热防护服。防护服对热辐射或有毒有害物质起到抵御作用，但同时又增加了热应力。防护服的重量和热阻，对劳动者的工作表现起反作用。热习服作为一种提高人体热耐受的主动性生理手段，可在短时间内通过周期性的高温体能训练人工诱导形成。对于高温环境下的工作人员来说，它能够有效地提升人体热耐受力，确保劳动安全；对于较热环境下的室内人员来说，能够提升人体对于较热环境的接受度。英国国防部给出关于预防气候疾病和损伤的热习服训练计划，详见表 4-15。该表供身体健康人员抵达炎热地区时使用。

Protective clothing can resist thermal radiation or toxic and harmful substances but also increase heat stress for the human body. Protective clothing can have negative effects on worker performance due to its weight and clothing insulation. Heat acclimation is an active physiological means to improve human thermal tolerance and can be artificially induced by periodic high-temperature physical training in a short period.

英国国防部热习服训练计划　　　　　　　　　　　　　　　表 4-15

天数	训练内容	目标 WBGT 指数(℃)	持续时间(min)
1	禁止运动,休息,正常饮食,喝水,睡觉 24h	26～30	1×50
2	穿着 T 恤和短裤;步行 6km/h		
3	穿着 T 恤和短裤;步行 6km/h,休息 15min,恢复行走	26～30	2×50
4	穿着 T 恤和短裤;步行 6km/h	26～30	100
5	穿着 T 恤,战斗夹克,轻便裤,防弹衣;以 6km/h 的速度步行 50min 后,脱掉防弹衣,休息 15min,恢复行走	26～30	2×50
6	穿着 T 恤,战斗夹克,轻便裤,防弹衣;步行 6km/h	26～30	100
7	穿着 T 恤,战斗夹克,轻便裤,防弹衣,背囊(10kg);步行 6km/h,取下背囊,休息 15min,恢复行走	26～30	2×50
8	穿着 T 恤,战斗夹克,轻便裤,防弹衣,背囊(10kg);步行 6km/h	26～30	100

注：WBGT 指数为湿球黑球温度。

4.5.3　热环境对脑力劳动的影响
4.5.3　Influence of thermal environment on mental work

脑力劳动受智商、文化程度、情绪、压力和心理素质等自身因素影响，在测试脑力劳动效率前，应尽量排除样本自身差异带来的误差。脑力劳动效率测试，通常采用心算、记单词、解题或莫尔斯电码等方式，模拟专注、记忆、推理和规划四种主要认知技能。

Mental work is affected by individual factors such as intelligence quotient, educational level, emotion, stress and psychological quality. Before testing the efficiency of mental work, errors caused by individual differences in the samples should be excluded.

一般认为热环境偏离中性区越多，脑力劳动效率下降得越多，差错率也越高。对于脑力劳动而言，效率最高的热环境一般是比热中性环境略冷。在图 4-19 中，中性温度 25℃会降低劳动效率 1.9%，24℃时打字和思考的劳动效率最高。温度和湿度升高，劳动效率会降低更多。在医院也采用略低的环境温度提高劳动效率，例如我国洁净手术室的温度全年严格控制在 21～25℃，比我国 B 类及以上办公环境温度（夏季 24～26℃）平均低 2℃，比 C 类办公环境温度（夏季 26～28℃）平均低 4℃。在洁净手术室内，医生的服装全国统一旦全年不变，服装热阻约为 1clo。外层为手术衣，见图 4-20（a），是一件长衫；内层为洗手衣，见图 4-20（b），由短袖和长裤组成。在标准服装下，洁净手术室内的温度不影响医生操作的敏捷性，同时对医生和病人起安定作用，避免暖环境带来的闷热、出汗、烦躁或疲劳等现象。

For mental work，the maximum working efficiency occurs in a slightly cooler environment than in a thermoneutral environment.

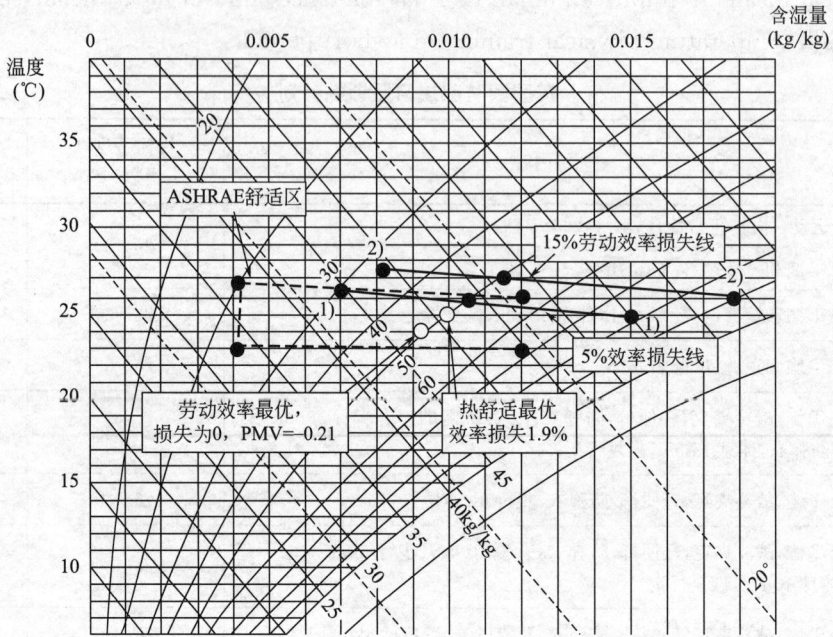

图 4-19　舒适区与劳动效率损失的热环境状态

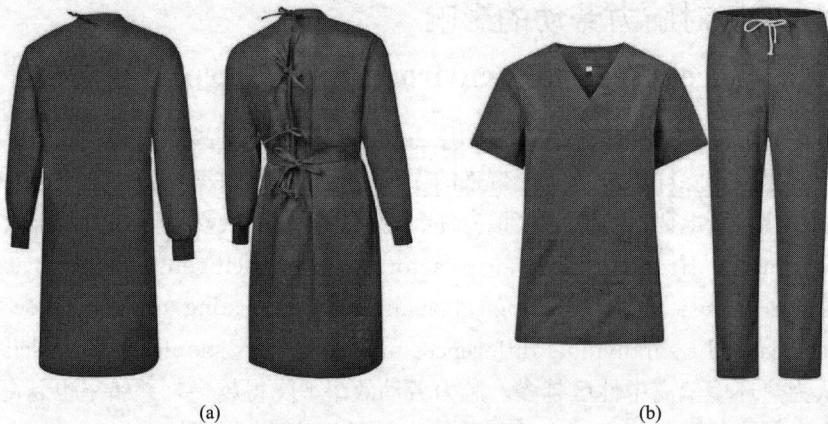

(a)　　　　　　(b)

图 4-20　洁净手术室内标准服装

（a）手术衣；（b）洗手衣

由于温度是否"中性"与衣着有关，研究者提出用热感觉来评价劳动效率比单独用温度来评价更合适。不同类型的办公室工作，其劳动效率损失与 PMV 指标的关系不同。纯打字和纯脑力思考的工作相比，后者与 *PMV* 更相关，如图 4-21 所示。

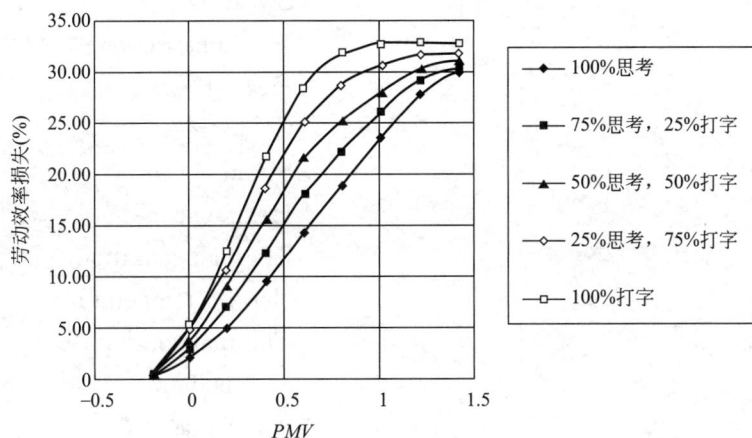

图 4-21　不同类型办公室劳动效率损失与 *PMV* 指标的关系

正常热环境对简单脑力劳动的影响比较轻微，但在热强度较高、热暴露时间较长的环境下，复杂的认知技能（如推理和规划）随热感觉评价的升高呈下降趋势。如果冷应力或热应力的不舒适感强烈刺激神经系统，人将变得过于激奋，从而降低需要持续集中注意力和短期记忆力的脑力劳动生产力。

Simple mental work is mildly affected by a normal thermal environment，but in an environment with high heat intensities and long heat exposure durations，complex cognitive skills，such as reasoning and planning，demonstrate declining trends when occupants' thermal sensation assessments are on the increase. If the discomfort of cold or heat stress strongly stimulates the nervous system，the human body becomes overly agitated，reducing mental work productivity that requires sustained concentration and short-term memory.

💡 本章关键词（Keywords）

非寒颤产热	Nonshivering thermogenesis
寒颤产热	Shivering thermogenesis
散热	Heat dissipate
表层温度	Surface temperature
皮肤温度	Skin temperature
核心温度	Core temperature
动脉血液	Arterial blood
体温调节	Thermoregulation
热感受器	Warm receptor
冷感受器	Cold receptor
下丘脑	Hypothalamus

血管舒张	Vasodilation
出汗	Sweating
血管收缩	Vasoconstriction
热应力	Heat stress
冷应力	Cold stress
应变	Strain
热昏厥	Heat syncope
热感觉	Thermal sensation
中性温度	Neutral temperature
热舒适	Thermal comfort
代谢率	Metabolic rate
空气温度	Air temperature
流速	Air speed
吹风感	Draft
平均辐射温度	Mean radiant temperature
操作温度	Operative temperature
黏着性	Stickiness
预测平均投票	Predicted mean vote
预测不满意百分比	Predicted percentage of dissatisfied
二节点模型	Two-node model
标准有效温度	Standard effective temperature
皮肤湿润度	Skin wettedness
个体差异	Individual difference
个性化环境控制系统	Personal environmental control
穿戴式设备	Wearable device
分区控温	Zoned temperature control
劳动效率	Working performance
生产力	Productivity
疲劳	Fatigue
热习服	Heat acclimation

复习思考题

1. 人体排汗量越多，是否意味着人体散热量越大？为什么？
2. 人体散热方式有哪些？
3. 人体产热器官和产热方式是什么？
4. 体温调节系统的结构、功能和过程分别是什么？
5. 发热和中暑有什么异同？

6. 什么是中性温度？

7. 热感觉和热舒适的度量方法有哪些？

8. 热舒适影响因素有哪些？

9. 平均辐射温度客观存在吗？

10. 热平衡方程是热舒适方程吗？两者有什么联系？

11. 根据 *PMV* 的推导过程，分析 *PMV* 的适用条件有哪些？

12. 在什么条件下，标准有效温度可以等于操作温度？

13. 什么是皮肤湿润度？

14. 在自然通风建筑环境中，人们的实际热感觉与稳态热舒适理论所描述的人体热反应为什么出现"剪刀差"？

15. 谈谈你对适应性热舒适理论的认识。

16. 适应性模型有什么优缺点？

17. 谈谈你见过的以热舒适为目标的个性化环境控制方法。

18. 激发、温度和效率有什么关系？

19. 炎热的夏季，运动员比赛前，在凉爽的空调房中休息能否提高比赛成绩？为什么？

20. 在你的生活中，有没有因为空调温度"众口难调"而发生矛盾？试从个体差异角度解释他们喜欢不同环境温度的原因。

参考文献

［1］ Standing Standard Project Committee. Thermal environmental conditions for human occupancy：ANSI/ASHRAE Standard 55-2020［S］. Atlanta：USA，2020.

［2］ Fanger P O. Thermal Comfort［M］. Copenhagen：Danish Technical Press，1970.

［3］ Fanger P O. Calculation of thermal comfort：Introduction of a basic comfort equation［J］. ASHRAE Transactions，1967，73（2）：1-20.

［4］ American society of heating refrigerating and air conditioning engineers. ASHRAE Handbook of Fundamentals［M］. Atlanta：American society of heating refrigerating and air conditioning engineers，2001.

［5］ DuBois D，DuBois E F. A formula to estimate approximate surface area if height and weight are known［J］. Archives of Internal Medicine，1916（17）：863-871.

［6］ 刘国华，盛迪晔. 基于三维测量的人体表面积计算公式的比较［J］. 解剖学报，2019，50（5）：627-632.

［7］ Kurazumi Y，Tsuchikawa T，Ishii J，et al. Radiative and convective heat transfer coefficients of the human body in natural convection［J］. Building and Environment，2008，43（12）：2142-2153.

［8］ 王玢，左明雪. 人体及动物生理学［M］. 第 3 版. 北京：高等教育出版社，2009.

［9］ 北京大学生理学教研室. 基础生理学［M］. 北京：人民教育出版社，1979.

［10］ McIntyre D A. Indoor Climate［M］. London：Applied Science Publishers，1980.

［11］ Spagnolo J，de Dear R. A field study of thermal comfort in outdoor and semi-outdoor environments in subtropical Sydney Australia［J］. Building and Environment，2003，38（5）：721-738.

[12] Zhang H. Human thermal sensation and comfort in transient and non-uniform thermal environments [D]. America: University of California, 2003.

[13] Hagino M, Hara J. Development of a Method for Predicting Comfortable Airflow in the Passenger Compartment [J]. SAE Technical Paper Series, 1992 (1): 1-10.

[14] Dahlan N D, Gital Y Y. Thermal sensations and comfort investigations in transient conditions in tropical office [J]. Applied ergonomics, 2016, 54 (5): 169-176.

[15] Wang Z, Ning H, Ji Y, et al. Human thermal physiological and psychological responses under different heating environments [J]. Journal of Thermal Biology, 2015 (52): 177-186.

[16] 王丽娟，狄育慧. 平均辐射温度应用探讨 [J]. 暖通空调，2015，45 (1): 87-90.

[17] Gagge A P, Stolwijk J A J, Nishi Y. An Effective temperature scale based on a simple model of human physiological regulatory response [J]. ASHRAE Transactions, 1971, 77 (1): 247 - 263.

[18] Gagge A P, Fobelets A, Berglund L G. A Standard Predictive Index of Human Response to the Thermal Environment [J]. ASHRAE Transactions, 1986, 92 (2b): 709 - 731.

[19] 杜衡，纪文杰，朱颖心，等. 对热环境评价指标"标准有效温度 SET"的重新解读 [J]. 清华大学学报（自然科学版），2022，62 (2): 331-338.

[20] 江燕涛，杨昌智，李文菁，等. 非空调环境下性别与热舒适的关系 [J]. 暖通空调，2006 (5): 17-21.

[21] de Dear R, Brager G S. Thermal comfort in naturally ventilated buildings: Revisions to ASHRAE Standard 55 [J]. Energy and Buildings, 2002, 34 (6): 549-561.

[22] Houghten F C, Yaglou C P. Determining lines of equal comfort [J]. ASHVE Transactions, 1923 (29): 163-176.

[23] Minard D. Prevention of heat casualties in Marine Corps recruits. Period of 1955-60, with comparative incidence rates and climatic heat stresses in other training categories [J]. Military Medicine, 1961, 40 (4): 261-272.

[24] Li P W, Chan S T. Application of a weather stress index for alerting the public to stressful weather in Hong Kong [J]. Meteorological Applications, 2000, 7 (4): 369-375.

[25] Pickup J, de Dear R. An Outdoor Thermal Comfort Index (OUT _ SET *) - Part I - The model and its assumptions Biometeorology and Urban Climatology at the Turn of the Millennium [C]. Geneva, WMO, 2000 (50): 279-283.

[26] Kohri I, Mochida T. Evaluation Method of Thermal Comfort in a Vehicle with a Dispersed Two-Node Model Part 2-Development of New Evaluation [J]. Journal of the Human-Environment System, 2003, 6 (2): 77-91.

[27] Fanger P O, Toftum J. Extension of the PMV model to non-air-conditioned buildings in warm climates [J]. Energy & Buildings, 2002, 34 (6): 533-536.

[28] Humphreys M A, Nicol J F. The validity of ISO-PMV for predicting comfort votes in every-day thermal environments [J]. Energy and Buildings, 2002, 34 (6): 667-684.

[29] Yang Y, Li B, Liu H, et al. A study of adaptive thermal comfort in a well-controlled climate chamber [J]. Applied Thermal Engineering, 2015, 76: 283-291.

[30] Zhang H, Arens E. A model of human physiology and comfort for assessing complex thermal environments [J]. Building and Environment, 2001 (36): 691-699.

[31] Brown R D, Gillespie T J. Estimating outdoor thermal comfort using a cylindrical radiation thermometer and an energy budget model [J]. International Journal of Biometeorology, 1986, 30 (1): 43-52.

[32] Jendritzky G, de Dear R, Havenith G. UTCI-Why another thermal index? [J]. International Journal

of Biometeorology，2012，56（3）：421-428.

[33] Hppe P R. The physiological equivalent temperature - A universal index for the biometeorological assessment of the thermal environment [J]. International Journal of Biometeorology，1999，43（2）：71-75.

[34] Siple P A，Passel C F. Excerpts from：Measurements of dry atmospheric cooling in subfreezing temperatures [J]. Wilderness & Environmental Medicine，1945，89（3）：177-199.

[35] Belding H S，Hatch T F. Index for evaluating heat stress in terms of resulting physiological strain [J]. Heating Piping & Air Conditioning，1955，52（1）：129-136.

[36] Azer N，Hsu S. OSHA heat stress standards and the WBGT index [J]. ASHRAE Trans，1977，83（2）：30-40.

[37] Peng C. Survey of thermal comfort in residential buildings under natural conditions in hot humid and cold wet seasons in Nanjing [J]. Frontiers of Architecture and Civil Engineering in China，2010，4（4）：503-511.

[38] Indraganti M，Rao K D. Effect of age，gender，economic group and tenure on thermal comfort：A field study in residential buildings in hot and dry climate with seasonal variations [J]. Energy and Buildings，2010，42（3）：273-281.

[39] Indraganti M，Ooka R，Rijal H B. Thermal Comfort in Offices in India：Behavioral Adaptation and the Effect of Age and Gender [J]. Energy and Buildings，2015（103）：284-295.

[40] Wagner J A，Horvath S M. Influences of age and gender on human thermoregulatory responses to cold exposures [J]. Journal of Applied Physiology，1985，58（1）：180-186.

[41] 林宇凡，杨柳，郑武幸，等. 中国南北方男性大学生在可接受冷环境区的生理适应性和主观感受 [J]. 土木建筑与环境工程，2018，40（4）：55-62.

[42] Wang L，Chen M，Yang J. Interindividual differences of male college students in thermal preference in winter [J]. Building and Environment，2020（173）：1-10.

[43] Wang L，Tian Y，Kim J，et al. The key local segments of human body for personalized heating and cooling [J]. Journal of Thermal Biology，2019（118）：127-156.

[44] Yang J，Wang F，Song G，et al. Effects of clothing size and air ventilation rate on cooling performance of air ventilation clothing in a warm condition [J]. International Journal of Occupational Safety and Ergonomics，2022（28）：354-363.

[45] Choudhary B，Udayraj，Wang F，et al. Development and experimental validation of a 3D numerical model based on CFD of the human torso wearing air ventilation clothing [J]. International Journal of Heat and Mass Transfer，2020（147）：118973.

[46] Wang F，Chow C S W，Zheng Q，et al. On the use of personal cooling suits to mitigate heat strain of mascot actors in a hot and humid environment [J]. Energy and buildings，2019（205）：109561.

[47] 中华人民共和国住房和城乡建设部，中华人民共和国国家质量监督检验检疫总局. 民用建筑供暖通风与空气调节设计规范：GB 50736—2012 [S]. 北京：中国建筑工业出版社，2012.

[48] 叶晓江，连之伟，李慈珍，等. 室内热环境、热舒适与工作效率关系的研究 [J]. 人类工效学，2006，12（3）：3-6.

[49] 兰丽. 室内环境对人员工作效率影响机理与评价研究 [D]. 上海：上海交通大学，2010.

[50] Kosonen R，Tan F. Assessment of productivity loss in air-conditioned buildings using PMV index [J]. Energy and Buildings，2004，36（10）：987-993.

第 5 章　室内空气环境
Chapter 5　Indoor Air Environment

人们约有 90%的时间在室内度过，每天呼吸的空气达 $10m^3$（约 20kg），室内空气质量的好坏关乎建筑使用者的舒适、健康甚至生命安全，是建筑环境的重要组成部分。本章节所述的室内空气环境，包括室内空气质量及其影响室内空气分布的气流组织，并主要从其基本概念、室内空气质量的评价与控制方法以及室内气流分布特性三个方面来认识。

5.1　室内空气质量与污染成因
5.1　Indoor air quality and causes of air pollution

据世界卫生组织（World Health Organization，简称 WHO）称，室内外空气中的污染物被视为当今世界上导致疾病和死亡的最大环境原因。

According to World Health Organization, pollutants in both indoor and outdoor air compartments are regarded as the largest environmental cause of disease and death in the world today.

室内空气质量（Indoor Air Quality，简称 IAQ）的定义在近几十年中经历了许多变化。最初，人们把室内空气质量几乎等价为一系列污染物浓度指标。然而，这种纯客观的定义并不能涵盖室内空气质量的内容。在 1989 年国际室内空气质量的研讨会上，丹麦技术大学的 Fanger 教授提出了一种空气质量的主观判断标准：空气质量反映了人的满意程度。如果人们对空气满意，就是高质量；反之，就是低质量。

兼顾考虑室内空气质量的主观和客观特点，美国供暖、制冷与空调工程师协会（ASHRAE）在其颁布的标准《满足可接受室内空气质量的通风》ASHRAE62-1989 及其修订版中给出了相应的定义。良好的室内空气质量定义为：空气中没有已知的污染物达到公认的权威机构所确定的有害物浓度指标，且处于这种空气的绝大多数人（≥80%）对此没有表示不满意。可接受的室内空气质量（Acceptable Indoor Air Quality）定义为：空调房间中绝大多数人没有对室内空气不满意，并且空气中没有已知的污染物达到了可能对人体健康产生威胁的浓度。可接受的感知室内空气质量（Acceptable Perceived Indoor Air Quality）定义为：空调房间中绝大多数人没有因为气味或刺激性而表示不满。

5.1.1　室内空气污染物的分类
5.1.1　Classification of indoor air pollutants

表 5-1 为正常空气组分常量和空气中的易变组分表。由于室内存在着来自室内和室外

的各类污染物，导致室内的空气组分相较于室外更加丰富多样，空气污染物种类也更为复杂。按其污染物特性，室内空气污染可分为化学污染、物理污染、生物污染等三类。其中，化学污染主要为挥发性有机化合物（VOCs）、半挥发性有机化合物（SVOCs）和有害无机物引起的污染。物理污染主要指灰尘、重金属和放射性氡（Rn）、纤维尘和烟尘等的污染。生物污染主要指细菌、真菌和病毒引起的污染。下面对常见的污染物及其特性进行简要概述。

There are chemical, physical, or biological contaminants in indoor air.

正常空气组分常量和空气中的易变组分　　　　　　　　　　　表 5-1

正常空气组分常量	符号	含量(mg/L)	空气中的易变组分	符号	含量(mg/L)
氮气	N_2	780840.00	水蒸气	H_2O	130000
氧气	O_2	209460.00	二氧化碳	CO_2	350
氩气	Ar	9340.00	甲烷	CH_4	1.67
氖气	Ne	18.18	一氧化碳	CO	0.19
氦气	He	5.14	臭氧	O_3	0.04
氪气	Kr	1.14	氨气	NH_3	0.004
氢气	H_2	0.50	二氧化氮	NO_2	0.001
			二氧化硫	SO_2	0.001
			一氧化氮	NO	0.0005

1. 常见室内化学污染

（1）一氧化碳（CO）

CO 是燃料不完全燃烧的产物，它是一种无色无味的气体，具有极强的毒性。CO 中毒对人体氧需求量大的器官和组织伤害程度较大。CO 能快速被肺吸收，和血红蛋白生成碳氧血红蛋白（COHb），结合速率是氧的 250 倍，由此可阻止血液对氧的吸收和运输，使 COHb 浓度在人体冠状动脉和脑部动脉急遽升高。

CO is a colorless, odorless, poisonous gas produced by incomplete fossil-fuel combustion.

（2）氮氧化物（NO_X）

NO_X 包括 N_2O、NO_2、N_2O_5 和 NO，其中 NO 和 NO_2 是最常见和最重要的氮氧化物。由于 NO 的产生范围更大，在氧气、臭氧或挥发性有机化合物的存在下氧化为 NO_2，因此 NO_2 浓度通常作为氮氧化物污染的指标。NO_2 的毒性主要体现在对呼吸系统的损害上。动物实验表明，NO_2 会使肺部防护机能减退，使得机体对病原体的抵抗变弱，从而容易被细菌感染。在健康影响方面，NO_2 浓度要比人在其中的暴露时间和机体的抗病能力更为关键。

Nitrogen monoxide (NO) and nitrogen dioxide (NO_2) are the most common and important nitrogen oxides. NO is produced to a larger extent and is further oxidized to NO_2 in the presence of oxygen, ozone or VOCs.

（3）硫氧化物（SO_X）

SO_X 主要为 SO_2，是一种具有刺激性、窒息性气味的无色气体，主要由煤或油燃烧产生。通常室内 SO_2 的浓度比室外低，这主要是由于 SO_2 被房间表面吸附所致。当其浓度为 $10\sim15mg/L$ 时，呼吸道的纤毛运动和黏膜的分泌作用均会受到不同程度的抑制；当浓度为 $20mg/L$ 时，会对眼睛产生很强的刺激，长时间暴露在这种环境中，会引起慢性呼吸综合征；当浓度为 $25mg/L$ 时，气管中的纤毛运动将有 $65\%\sim70\%$ 受到障碍。此外，SO_2 进入人体内后，可破坏体内维生素C的平衡，影响新陈代谢。SO_2 还能抑制、破坏或激活某些酶的活性，使得糖和蛋白质的代谢发生紊乱，影响机体生长发育。

SO_2 is a colorless gas with a pungent, suffocating odor, it mainly produced by the combustion of coal or oil.

（4）挥发性有机化合物（VOCs）

挥发性有机化合物是一类低沸点的有机化合物的总称。室内空气质量的研究人员通常把他们通过采样分析的所有室内有机气态物质称 VOCs。美国环境保护署（EPA）对 VOCs 的定义包括极性和非极性的 $C_2\sim C_{10}$ 化合物。我国的《室内空气质量标准》GB/T 18883—2022 等相关标准则通常定义为使用 Tenax TA 或等效填料吸附管采样，非极性或弱极性毛细管色谱柱（极性指数小于10）分析，保留时间在正己烷和正十六烷之间的有机化合物。1989 年，世界卫生组织（WHO）对总挥发性有机化合物（TVOC，Total VOC 的简称）的定义为熔点低于室温而沸点在 $50\sim260℃$ 之间的挥发性有机化合物的总称。

The US Environmental Protection Agency (EPA) definition of VOCs includes polar and non-polar $C_2\sim C_{10}$ compounds.

VOCs 对人体健康影响主要是刺激眼睛和呼吸道，皮肤过敏，使人产生头痛、咽痛与乏力。另外，即使室内空气中单个 VOC 含量都远低于其限值浓度，但由于多种 VOCs 的混合存在及其相互作用，危害强度可能增大，整体暴露后对人体健康的危害可能相当严重。

在室内常见的 VOCs 中，苯系物可在人类居住和生存环境中广泛检出。苯系物是苯的衍生物的总称，广义上包括全部芳香族化合物；狭义上特指苯（Benzene）、甲苯（Toluene）、乙苯（Ethylbenzene）、二甲苯（Xylene）四类代表性物质，并简称为苯系物（BTEX）。由于其对人体的血液、神经、生殖系统具有较强危害，很多国家已把苯系物浓度作为环境常规监测的主要内容之一。

（5）半挥发性有机化合物（SVOCs）

半挥发性有机化合物（SVOCs）是重要的室内和室外有机污染物，可以通过各种人为活动释放到环境中，由于其广泛存在和对人类健康的不利影响而备受关注。其中，多环芳烃（PAHs）被广泛认为是人类致癌的化合物，而多溴二苯醚（PBDEs）由于其潜在的内分泌干扰作用和发育神经毒性，最近被作为持久性有机污染物进行监管。

Semi-volatile organic compounds (SVOCs) are important indoor and outdoor organic contaminants that are of great concern owing to their wide occurrence and adverse effects on human beings' health. SVOCs can be released into the ambient environment via various anthropogenic activities.

（6）甲醛

甲醛（CHCO）是一种刺激性气体，无色可溶，其水溶液"福尔马林"可通过消化道吸收，对人体健康危害极大。当空气中浓度超过 $0.6mg/m^3$ 时，人的眼睛会感到刺激，咽喉会感到不适和疼痛，在含甲醛 10mg/L 的空气中停留几分钟，眼睛就会流泪不止。吸入高浓度甲醛时，由于甲醛能与蛋白质结合，可能会导致呼吸道的严重刺激、水肿和头痛。皮肤直接接触甲醛可引起过敏性皮炎、色斑甚至坏死。长期接触低浓度的甲醛可引起慢性呼吸道疾病、女性月经紊乱、妊娠综合征、新生儿体质降低、染色体异常，甚至引起鼻咽癌。

Formaldehyde（CHCO）is an irritating gas that is colorless and soluble，and its aqueous solution，"formalin" can be absorbed through the digestive tract，which is extremely harmful to human health.

（7）氨气

氨气是一种无色而有强烈刺激性气味的强碱性水溶性气体，可感觉最低浓度为 5.3mg/L，主要来源为建筑施工防冻剂的释放。氨对人体有较大的危害，当氨的浓度超过嗅阈 0.5～1.0mg/m³ 时，对人的口、鼻黏膜及上呼吸道有很强的刺激作用，其症状根据氨气的浓度、吸入时间以及个人感受性等而有轻重之分。轻度中毒表现主要有鼻炎、咽炎、气管炎和支气管炎等。当浓度过高时，可引起心脏停搏和呼吸停止。当氨气进入肺部后，大部分被血液吸收，破坏输氧功能。短期吸入大量氨气后，可出现流泪、咽痛、声音嘶哑、咳嗽、痰带血丝、胸闷、呼吸困难、头晕、恶心和呕吐乏力等，严重的可发生水肿、成人呼吸紧迫综合征。

Ammonia is an irritating，water-soluble，strongly basic，colorless gas.

（8）二氧化碳（CO_2）

CO_2 是一种无色、无味的气体，存在于自然空气中，其体积浓度一般在 0.03%～0.04%（300～400mg/L）。室内 CO_2 主要来源于人体新陈代谢呼出的气体及各种燃料的燃烧。在正常环境的浓度下（很少超过 5000mg/L）对人体并没有危害，且通常不被认定为空气污染物。但当环境浓度超过一定水平，如达到 5%（50000mg/L），人体则会产生呼吸困难、头痛、头晕，甚至昏迷和死亡。

CO_2 is an odorless and colorless gas that exists in natural air，with a general concentration of 0.03% to 0.04% by volume（300 to 400 mg/L）. Indoor CO_2 mainly comes from the exhaled gas of human metabolism and the combustion of various fuels.

人体代谢过程中产生很多种化学物质。除了 CO_2 以外，还有氨、苯、甲苯、苯乙烯、氯仿等，其中有些污染物会产生不良气味。这些污染物释放量的大小和 CO_2 呼出量的多少有一定的关系。比如，当 CO_2 浓度超过 700mg/L 的时候，敏感者会觉察到他人人体代谢污染的气味；而 CO_2 浓度超过 1000mg/L 的时候，有较多的人会觉察到他人人体代谢污染的气味。由于这些污染物本身的浓度难以测量，而 CO_2 的浓度较易测量，所以在办公或公共环境等人员密度较高的环境中，常作为室内空气质量控制的污染标识物（Indicator）。

（9）臭氧（O_3）

臭氧（O_3）是一种淡蓝色有刺激性气味气体，且是一种强大的氧化剂，主要由大气中 O_2、NOx 和 VOCs 的光化学反应产生。室内臭氧主要来自室外大气和电气设备的运行。通常排放室内臭氧气体的机器包括复印机、消毒设备、空气净化设备和其他办公设备。

Ozone（O_3）is a pale blue gas with an irritating odor and is a powerful oxidizing agent mainly produced by photochemical reactions of O_2, NOx, and VOCs in the atmosphere.

臭氧主要刺激和损害人的呼吸道，是大气化学组成的重要物质之一，对大气辐射、生态环境等具有重要影响。研究发现，近地面高浓度 O_3 会损害人体健康、影响植物生长，是影响城市大气环境质量的重要污染气体。大气中臭氧的含量达到 $0.1\sim0.5mg/L$ 时，对敏感体质的人会引起哮喘发作，导致上呼吸道疾病恶化。对眼睛、黏膜和肺组织都具有刺激作用，能破坏肺的表面活性物质，并能引起肺水肿、哮喘等疾病，可损害中枢神经系统。此外，臭氧还能阻碍血液输氧功能，造成组织缺氧，使甲状腺功能受损、骨骼钙化，还可引起潜在的全身影响，如诱发淋巴细胞染色体畸变，损害某些酶的活性和产生溶血反应。

2. 常见室内物理污染

（1）颗粒物

颗粒物是指空气污染物中的固相物质，多孔、多形并因此具有较强的吸附性。颗粒物中成分较多，约有130多种有害物质。颗粒物中的重金属通过人类活动或自然过程释放到大气中，包括室外污染物（灰尘和土壤）的渗透、吸烟、燃料消耗产品和建筑材料等，并通过吸入、摄入或皮肤接触进入人体，进而对人体健康产生不利影响。国际癌症研究机构（IARC）指出，室内空气中的重金属根据其对人类的影响分为两大类：①非致癌元素，包括钴（Co）、铝（Al）、铜（Cu）、镍（Ni）、铁（Fe）和锌（Zn）；②致癌元素，包括砷（As）、铬（Cr）、镉（Cd）和铅（Pb）。一些常见重金属（即 As、Cr、Cd、Pb）可能导致癌症、心血管疾病、生长发育缓慢和神经系统损伤等健康风险。颗粒物按粒径的大小可分为以下几种类型（表 5-2）。

Heavy metals are released into the atmosphere through either human activities or natural processes. Indoor Air pollution by heavy metals has various causes, including infiltration of outdoor pollutants (dust and soil), smoking, fuel consumption products, and building materials. Heavy metals in indoor dust, entering the human body through inhalation, ingestion, or dermal contact, can have adverse effects on human health.

按照粒径划分的颗粒物类型　　　　表 5-2

名称	粒径 $d(\mu m)$	单位	特点
降尘	>100	$t/(月 \cdot km^2)$	靠自身减重
总悬浮颗粒物 (Total Suspended Particulate, TSP)	$10<d<100$	mg/m^3	总悬浮颗粒物对人体的危害程度主要取决于自身的粒度大小及化学组成
可吸入颗粒物 PM10	<10	mg/m^3 $\mu g/m^3$	长期飘浮于大气中，主要由有机物、硫酸盐、硝酸盐及地壳元素组成
细微粒 PM2.5	<2.5	mg/m^3 $\mu g/m^3$	室内主要污染物，对人体危害很大
超细颗粒	<0.1	$counts/m^3$	室内重要污染物之一，对人体危害很大，系近年来的研究热点

　　粒径大小不同的可吸入颗粒物被吸入后，会沉降到人体呼吸系统的不同部位，其中 $5\sim10\mu m$ 的粒子沉积在气管和支气管的黏膜表面，小于 $5\mu m$ 的粒子则能通过鼻腔、气管和支气管进入肺部，而小于 $2.5\mu m$ 的细颗粒粒径小，比表面积大，易吸附重金属、酸性氧化物、有机物、细菌和病毒等，可深入到细支气管和肺泡，进入人体肺泡后，直接影响肺的通气功能，使机体容易处在缺氧状态。而且这种细颗粒物一旦进入肺泡，吸附在肺泡上很难掉落，这种吸附是不可逆的。当长期、高浓度地吸入颗粒后，细菌、病毒就会繁殖，一旦超过人体免疫能力时，就会发生感染、肺炎、肺气肿、肺癌、尘肺和硅肺等病症。有毒的粒子还可能通过血液进入肝、肾、脑和骨内，甚至危害神经系统，引发人体机能变化，产生过敏性皮炎及白血病等症状。图 5-1 是颗粒物粒径划分图。

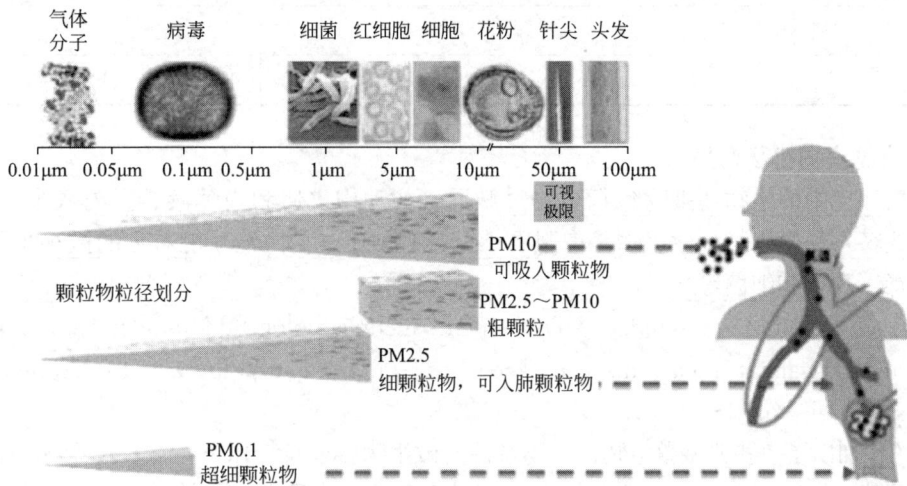

图 5-1　颗粒物粒径划分图

（2）纤维材料

　　纤维材料也是室内污染物的一种，它们通常来自吸声或者保温材料，譬如顶棚、吸声层和管道的内套等。常见的室内污染纤维类物质通常有石棉、玻璃质纤维和纸浆。石棉纤维会引起两种疾病：石棉沉疴病（asbestosis）和间皮瘤（mesothelioma）。石棉沉疴病是由于石棉纤维被吸入肺部而引起的肺部病变。间皮瘤是间皮细胞的一种癌变。早期研究表明，在 3700 例间皮瘤病人中，43％的病人被确认有在石棉纤维中暴露的经历。1984 年以来，玻璃纤维一直被怀疑和病态建筑综合征的发生有关，而且可能会引起皮肤和体黏膜刺激，还可能是"办公室眼睛综合征""群体性皮炎"以及上呼吸道刺激的病因。

（3）氡（Rn）气

　　氡（Rn）气是天然存在的无色、无味、非挥发的放射性惰性气体，是镭的直接衰变产物（半衰期为 3.82 天），被世界卫生组织（WHO）确认为主要环境致癌物之一。它主要来自铀 238 的自然衰变，是一种比较稳定的气体。在矿井中，它通过矿井石进入空气，或者溶于水中。在建筑中，最初的氡气来自土壤气体，有些建材特别是石材也会散发氡气。表 5-3 是室内氡气的不同来源。

　　Radon（Rn）is a radioactive, colorless, odorless, tasteless noble gas. Radon itself is the immediate decay product of radium.

氡气致癌因放射性衰变，释放阿尔法粒子，损伤肺部细胞 DNA，增加肺癌风险。

室内氡气的不同来源

表 5-3

室内氡气来源	世界平均进入率	
	Bq/(m³·h)	所占比例（%）
房屋及其周围土壤	34	60.4
建筑材料	11	19.5
室外空气	10	17.8
供水	1	1.8
家用燃料	0.3	0.5
合计	56.3	100

3. 常见室内生物污染

室内环境中的生物污染物包括生物过敏原（如动物皮屑和猫唾液、室内灰尘、蟑螂、螨虫和花粉）和微生物。微生物是肉眼看不见、必须通过显微镜才能看见的微小生物的统称（病毒、真菌和细菌等）。

Biological pollutants in indoor environments include biological allergens (e. g.，animal dander and cat saliva，house dust，cockroaches，mites，and pollen) and microorganisms (viruses，fungi，and bacteria).

表 5-4 列出了一些典型微生物污染物特性。微生物普遍具有以下特点：①个体小；②繁殖快（繁殖一代只需几十分钟到几小时）；③分布广、种类繁多；④较易变异，对温度适应性强。自然界中大部分微生物是有益的，少数微生物有害且易引发生物污染。能引起人类传染病的病原微生物一般有以下几种：病毒（virus）、细菌（bacteria）和真菌（fungus）。

此外，通常细菌、病毒等会附着在颗粒、人咳嗽或者打喷嚏喷出的飞沫上，这些颗粒或飞沫在空气中悬浮和运动，使得细菌和病毒可以通过空气传播。在适宜的温度、湿度和风速等物理条件下，室内微生物会繁衍、生长。

一些典型微生物污染物特性

表 5-4

名称	大小（μm）	生存环境		引发病例	特点
		温度	pH		
病毒	0.02~0.3	适宜生长温度 25~60℃，大部分在 55~65℃ 内不到 1h 被灭活	一般对酸性环境不敏感，对高 pH 敏感	流感、水痘、甲肝、乙肝 和 SARS、新冠	部分嗜热菌在 75℃ 以上依然生长良好。传染途径通常为呼吸道传染和消化道传染
细菌	0.5~3.0	适宜生长温度 25~60℃	在 4~10 范围内可生存，一般要求中性和偏碱性	痢疾、百日咳、霍乱、过敏症、肺炎、哮喘和军团菌病	以空气作为传播媒介

续表

名称	大小（μm）	生存环境		引发病例	特点
		温度	pH		
真菌	1～60	适宜生长温度 23～37℃，最高温度为 60℃	大部分生存在pH 在 6.5 以下的酸性环境中	湿疹性皮炎、慢性肉芽肿样炎症和溃疡	真菌类包括酵母菌和霉菌。能在免疫功能差的人群里引起过敏症，霉菌还能产生悬浮在空气中的有机体，这些有机体常常能产生常说的霉变的臭味
尘螨	0.3mm	适宜生长温度 20～37℃，相对湿度 75％～85％	—	哮喘，过敏性鼻炎，过敏性皮炎	以人、动物皮屑、面粉碎屑为食

　　近些年来，由于建筑密闭性的加强，更增加了这种污染的严重性，而一些突发事件，更使人们认识到室内生物污染治理的重要性和紧迫性。"9·11"事件以后，由生物武器所引发的恐怖事件屡有发生，如美国建筑内的"炭疽热杆菌"散发事件等。实际上，早在 1976 年美国费城就爆发了"军团菌"事件，死亡率高达 15％～20％，之后许多国家和地区都相继有该疾病的暴发，且大多与空调系统的冷却塔有关。另外，一些频繁出现的感染性疾病传播也与建筑室内生物污染有关（图 5-2），如 2003 年爆发的严重急性呼吸综合征（Severe Acute Respiratory Syndrome，简称 SARS）、2009 年爆发的 H1N1 病毒以及 2019 年底持续数年的新型冠状病毒（COVID）等。有研究认为，该类生物污染主要通过呼吸道飞沫和接触途径传播，大气颗粒物和气溶胶等空气传播载体也被认为是 COVID-19 环境传播的一个重要载体。

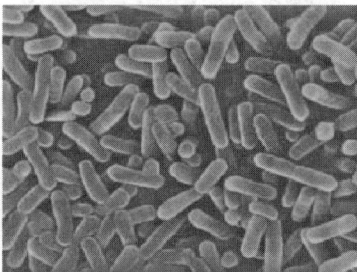

军团菌

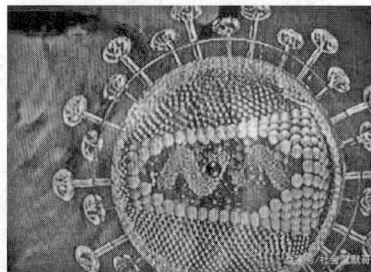

SARS病毒

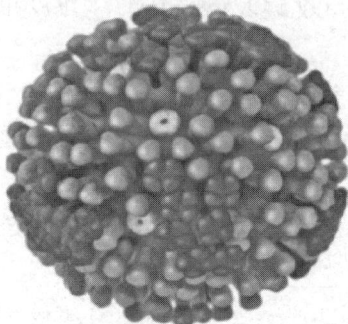

H1N1病毒

COVID-19病毒

图 5-2　几种典型的病菌图

Transmission of the virus is primarily through respiratory droplets and contact routes，and airborne carriers such as atmospheric particulates and aerosols have also been proposed as important vectors for the environmental transmission of COVID-19.

5.1.2　室内空气污染的主要来源

5.1.2　Sources of indoor air pollution

随着社会和现代科技的快速发展，大量的新材料及设备在建筑中的使用、工业交通排放等多种因素的叠加，导致室内空气污染的来源更加复杂多样。此外，现代建筑的气密性普遍增强，空调系统大量使用，导致室内通风换气效果变差，进一步加剧了室内空气污染。室内空气污染主要来源可用图 5-3 概述。

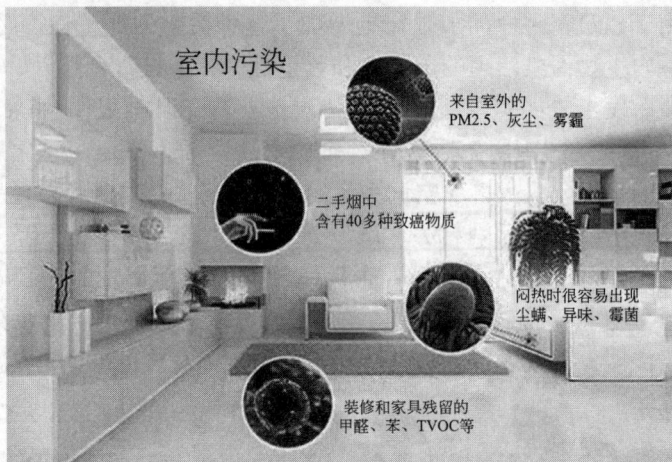

图 5-3　室内空气污染的主要来源

1. 室外污染来源

室内空气污染和室外空气污染密切相关。近些年来，室内空气质量变差的部分原因就是因为室外大气污染日益严重，对室外空气污染来源应有必要的了解。表 5-5 对室外大气污染来源做了一个简要介绍。其中，有些污染物可以通过室内外的空气交换进入室内，而有些室内污染物则会随着通风被排至室外。一般说来，室内 VOCs/SVOCs 浓度要高于室外，而在室外污染比较严重的地区，室外 NO_X、SO_X、O_3 以及 PM2.5 浓度相对较高，已成为室内污染的重要来源。

与室内空气质量相关的主要室外污染来源　　　　　　　　表 5-5

污染源	污染物	对人体的主要危害
工业污染物	NO_X、SO_X、TSP（总悬浮颗粒物）、PM2.5、HF、CO、VOCs、VCM（氯乙烯）、PAHs（多环芳烃）、金属和类金属、苯、Pb、炭黑（BC）和柴油废弃颗粒物（DEP）	呼吸病、心肺病、氟骨病、血管功能受损（如血压）、氧化应激、脂质过氧化
交通污染物	CO、HC（碳氢有机物）、PM2.5、O_3、PM10、NO_X、N_2O、SO_2、NO、NO_2、苯、Pb 和柴油废弃颗粒物（DEP）	脑血管病、呼吸系统疾病、肺部炎症

续表

污染源	污染物	对人体的主要危害
光化学反应	O_3	破坏深部呼吸道
植物	花粉、孢子和萜类化合物	哮喘、皮疹、皮炎和其他过敏反应
环境微生物	细菌、真菌和病毒	各类皮肤病、传染病
地基房	Rn、VOCs、重金属、气溶胶	呼吸系统病、肺癌
人为带入室内	苯、Pb、石棉等	各种污染物相关疾病
灰尘	各种颗粒物和附着的病菌	呼吸道疾病及某些传染病

2. 室内污染来源

（1）建筑装修装饰材料

室内装饰和装修材料的大量使用是引起室内空气质量变差的一个重要原因。表5-6是不同建材污染物排放一览。常见的散发污染物的室内装饰和装修材料主要包括：1）无机材料和再生材料；2）合成隔热板材；3）壁纸和地毯；4）涂料；5）胶粘剂；6）人造板材及人造板家具；7）吸声和隔声材料等。

不同建材污染物排放一览 表 5-6

室内污染物	建材名称
甲醛	酚醛树脂、脲醛树脂、三聚氰胺树脂、涂料（含醛类病毒、防腐剂水性涂料）、复合木材（纤维板、刨花板等各种贴面板、密度板）、壁纸、壁布、家具、人造地毯、泡沫塑料、胶粘剂、市售903胶、107胶等
除甲醛外的其他VOCs	涂料中的溶剂、稀释剂、胶粘剂、防水材料、壁纸和其他装饰品
氨	高碱混凝土膨胀剂-水泥加快强度剂（含尿素混凝土防冻剂）
氡气	土壤岩石中铀、钍、镭、钾的衰变物，花岗石、砖石、水泥、建筑陶瓷和卫生洁具

（2）通风空调系统

通风空调系统和室内空气质量密切相关，合理的空调系统设计及运行管理能够大大改善室内空气质量，反之也可能加重室内空气污染。长期运行后空调换热器表面积灰情况如图5-4所示。进入通风空调系统的各类颗粒物（如 TSP、PM10、PM2.5）不能完全被阻隔，空气流中的大粒径颗粒（如 TSP）的重力沉降以及小粒径颗粒（如 PM2.5）与系统部件内壁的静电吸附，导致系统部件内部出现积灰，并在通风空调系统内暖湿气流作用下，极易滋生各类微生物，如病毒、细菌、军团菌、冠状病毒等。除此之外，当表面湿润的盘管、表冷器、托水盘等系统部件出现积灰时，如不能及时清洗消毒，则极易在这阴暗潮湿且有机养分充足的环境中滋生繁衍各类微生物，在通过通风空调系统送风气流进入室内后，可降低室内空气质量。通风空调系统可能对室内空气质量产生不良影响的部件，主要为：①新风口；②混风室；③过滤器；④风阀；⑤盘管；⑥表冷器；⑦送风机；⑧加湿器；⑨风道系统。

179

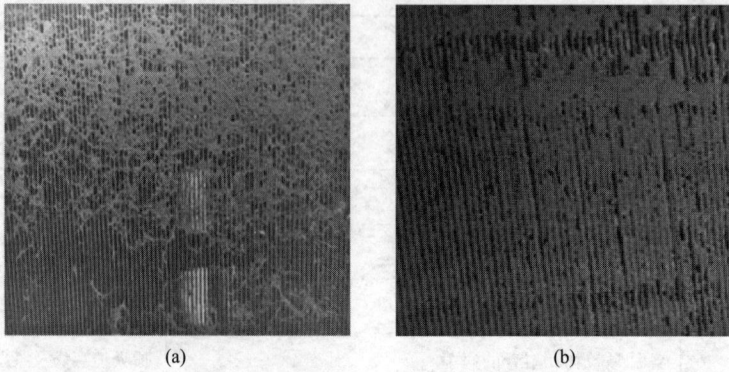

图 5-4　长期运行后空调换热器表面积灰情况
（a）使用 3 年的换热器；（b）使用 7 年的换热器

（3）厨卫污染

烹饪是主要的室内污染源之一。加热油、脂肪和其他食物成分，特别是在高温下，会释放出有害空气污染物。烹饪排放对整体环境气溶胶的贡献估计在 12％ 至 20％ 之间。另外，还会产生有害物质，包括颗粒物、挥发性有机化合物（VOCs）、多环芳烃（PAH）、羰基化合物。通常以气态或颗粒态存在于空气中，这些化合物被认为是环境雾霾污染的重要因素。

Cooking is one of the main indoor pollution sources. It can release unhealthy air contaminants from heating oil, fat and other food ingredients, particularly at high temperatures.

另外，烹饪排放受许多因素的影响，如燃料、烹饪油、食物成分、烹饪时间、烹饪温度、烹饪方式、通风等。食用油和菜品高温加热后，油中的物质会发生氧化、水解、聚合、裂解等反应。当食用油加热到超过烟点（约 215℃）时，排放的颗粒结合多环芳烃（PPAH）的质量随油温升高而增加。

Cooking emissions are influenced by many factors, such as fuels, cooking oils, food ingredients, duration of cooking period, cooking temperature, cooking styles, ventilations, etc.

When edible oil was heated beyond its smoke point (approximately 215℃), the mass of the emitted particle-bound polycyclic aromatic hydrocarbons (PPAH) increased with oil temperature.

卫生间会散发水蒸气及其他不良气体（如硫化氢、氨气、甲硫醇、甲硫二醇、乙胺、吲哚），主要来自清洁剂、洗护用品以及排泄物等。除此之外，卫生间内阴暗潮湿的地方（如地漏、下水道）更是霉菌、大肠杆菌、葡萄球菌、病原微生物等细菌和病毒的多发地。有研究表明，近年来的新冠病毒可能通过雾化粪便进行粪-口传播或粪-呼吸传播，而公共卫生间成为类似病毒交叉感染的风险区域。

In fact, evidences showing the potential for SARS-CoV-2 to be spread by fecal-oral, fecal-fomite, or fecal-aerosol routes have been accumulated, which raise concern about public toilets.

（4）室内人员

人体是室内环境中挥发性有机化合物、无机化合物和颗粒物的有效移动来源，特别是在办公室、教室、电影院和飞机客舱等高人员密度和低通风率的环境中。已有实验证明，人体有数千种新陈代谢产生的废弃物通过呼吸、皮肤、大小便等带出体外。

1）呼出气

人体新陈代谢过程中产生很多化学物质，比如二氧化碳、氨、苯、甲苯、苯乙烯、氯仿等污染物，其中有些污染物在达到一定浓度时会使人感到有异味。另外，<u>人们在呼吸过程中还可能通过悬浮颗粒（生物气溶胶）、飞沫和接触感染三种方式传播细菌和病毒。</u>

There are three possible modes of transmission from bacteria and viruses that have been expelled in the respiratory process of people: infection by suspended particles (bio-aerosols), droplets and contact.

2）皮肤

皮肤作为人体器官之最，包括毛发、指甲、皮脂腺、汗腺等附属器官，其面积可达$1.5\sim20m^2$。经皮肤排泄的废物多达 500 多种，这些物质包括 CO_2、CO 等氧化物，醇、醛、酮、烷烃、芳烃、酯类、烯烃和酸类等 VOC 物质以及毛发，其中前三种 VOC 对排放的贡献最大。另外，人体皮肤每天脱落的死亡细胞也是室内颗粒污染的重要来源。

3）大小便

人体通过大小便来排泄部分新陈代谢产生的废弃物。曾经有学者从正常人体的尿液中检测到 279 种 VOC，从粪便中检测出 381 种，其中含有多种有害物质，比如氨类化合物、甲烷等。人体在排泄废物的同时，一些病菌也随之排出体外，如果对这些废弃物没有处理好，就可能造成室内环境的污染。

（5）其他污染途径

除了上述污染途径以外，其他的室内污染途径还包括与人员相关的各类生活、办公、生产活动等。例如，日常使用的化妆品或清洁用品等是人员活动相关的污染来源。化妆品所含原料多达 2500 种，合成香料中有醛类系列产品，对皮肤刺激性大。一些劣质化妆品中含铅、汞等重金属、色素、防腐剂。各种化学物质造成对皮肤的损害是迟发型变态反应，原料中的香精、防腐剂会引起皮炎，香精中的茉莉花油、羟基香草素、依兰油、重金属均会引起皮肤病。

人的吸烟行为也会向室内空气排放出大量污染物。吸烟烟尘成分复杂，包括上千种气态、气溶胶态化合物，其中气态物质占 90% 以上。烟雾中除了 CO 和颗粒物外还会产生 NO_X、CO_2、HCN 和甲醛以及各种 VOCs 和其他气态污染物，其中有很多致癌、致畸、致突变的物质，比如尼古丁、甲醛等。香烟散发的气体污染物种类及发生量见表5-7。

香烟散发的气体污染物种类及发生量（µg/支） 表 5-7

污染物	发生量	污染物	发生量	污染物	发生量
CO_2	10~60	丙烷	0.05~0.30	氨	0.01~0.15
CO	1.8~17.0	甲苯	0.02~0.20	焦油	0.5~35.0
NO_X	0.01~0.60	苯	0.015~0.100	尼古丁	0.05~2.50
甲烷	0.2~1.0	甲醛	0.015~0.050	乙醛	0.01~0.05
乙烷	0.2~0.6	丙烯醛	0.02~0.15		

　　办公设施的使用也是室内污染的一个重要来源。打印机在工作状态由于高压静电场会产生大量苯并芘和二甲基亚硝胺等有机废气、臭氧、紫外线、金属氧化物、高温熔化炭粉颗粒（这些颗粒和臭氧是异味的来源），而电脑使用过程中也会散发多种有害气体。

5.2　室内空气污染对人体的影响及其评价
5.2　Influence of indoor air pollution on people and its evaluation method

5.2.1　室内空气污染对人体的影响
5.2.1　Effects of indoor air pollution on the human body

1. 室内空气污染对人体影响的生理学基础

（1）呼吸与人体的新陈代谢

　　动物和植物的呼吸系统是一个生物系统，由用于气体交换的特定器官和结构组成。人体呼吸系统包括鼻腔、咽、喉、气管、右主支气管、左主支气管和肺等器官组织，如图 5-5 所示。临床上常将鼻腔、咽喉称为上呼吸道，把气管至终末细支气管称为下呼吸道。肺是人体与外界进行空气交换获得 O_2 并排出 CO_2 以维持生命的器官，由呼吸性细支气管、肺泡管和肺泡组成。肺内最小的呼吸单位是肺泡，由单层上皮细胞构成，并被毛细血管网包绕。胸腔收缩和扩张，横膈膜上下移动，从而使肺部在呼吸周期中扩张和收缩，将空气吸入和排出肺部。

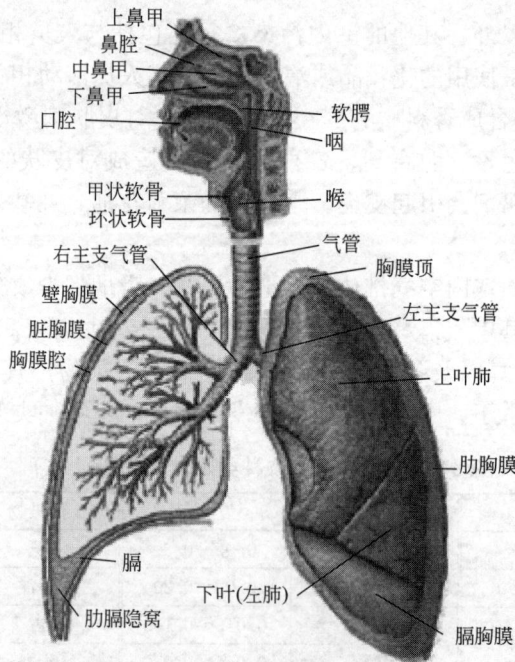

图 5-5　人体呼吸系统组成

The respiratory system is a biological system consisting of specific organs and structures used for gas exchange in animals and plants.

The lungs expand and contract during the breathing cycle, drawing air in and out of the lungs.

肺活量（Vital Capacity）是人最大用力吸气后，用力呼气时所能呼出的最大空气容积。典型的人体肺活量是：男性 3500mL，女性 2500mL。潮气量 V_t（Tidal Volume）是指正常情况下人呼吸一次的空气量。呼吸频率 f（Breathing Rate）是指呼吸发生的速度，它由大脑的呼吸中枢设定和控制。一个人的呼吸频率通常是以每分钟的呼吸数来衡量，一般为 $10\sim15$ 次/min。呼吸频率 f 与潮气量 V_t 之积就是每分钟肺通气量 Q_t（Minute Ventilation Rate），L/min。

$$Q_t = fV_t \tag{5-1}$$

Vital capacity (VC) is the maximum amount of air a person can inhale after maximum exhalation.

The respiratory rate is the rate at which breathing occurs; it is set and controlled by the respiratory center of the brain. A person's respiratory rate is usually measured in breaths per minute.

呼吸气体交换是气体通过扩散在一个表面上被动移动的物理过程。扩散的方向与量取决于换气组织两侧的气体分压力差。当气体与液体相遇时，气体分子可能从液体中逸出，也可能溶入液体中。呼吸气体交换过程包括两个部分，一个是肺泡与流经肺毛细血管的静脉血液之间的 O_2 与 CO_2 的交换，叫作肺换气；另一个是组织毛细血管中的动脉血液与组织细胞之间的 O_2 与 CO_2 的交换，叫作组织换气。在肺换气中，O_2 从呼吸性细支气管到肺泡，穿过呼吸膜进入肺毛细血管，直至进入红细胞与血红蛋白结合为止。肺内释放的 CO_2 穿过红细胞膜、血浆、呼吸膜进入肺泡，然后扩散到呼吸性细支气管。同样，由于新陈代谢的作用，组织细胞内的 O_2 分压力低于动脉血的 O_2 分压力，而 CO_2 分压力高于动脉血的 CO_2 分压力。因此，当动脉血流经组织毛细血管时，O_2 从血液进入组织细胞，而组织细胞消耗 O_2，所生成的 CO_2 从组织细胞向血液扩散。

Respiratory gas exchange is the physical process by which gases move passively by diffusion across a surface.

在一定时间内机体的 CO_2 排出量和耗氧量的摩尔数比值称作呼吸商 RQ（Respiratory Quotient）。人体的呼吸商正常变动范围在 $0.71\sim1.00$ 之间，与人体的膳食构成以及肌肉活动强度有关。在标准饮食条件下，每消耗 1L O_2 的同时，要释出 20.2×10^3 J 的新陈代谢能量，所以人体的耗氧量主要取决于人体的代谢率。CO_2 的排出量与人体代谢率关系的实验式为：

$$V_{CO_2} = 0.04M \cdot A_D \tag{5-2}$$

式中　V_{CO_2}——在 0℃、101.325kPa 条件下单位时间内产生 CO_2 的体积，mL/s；

　　　M——代谢率，W/m²；

　　　A_D——人体皮肤表面积，m²。

Respiratory Quotient (RQ) is molar ratio of CO_2 quantity exhaled to O_2 quantity inhaled, dimensionless.

不同活动强度下人体的耗氧量见表 5-8。

不同活动强度下人体的耗氧量 表 5-8

活动强度	耗氧量(mL/s)	活动强度	耗氧量(mL/s)
静坐	4.2	重劳动	16~24
轻劳动	<8	很重劳动	24~32
中等劳动	8~16	极重劳动	>32

（2）人体的嗅觉与空气质量的感知

鼻子是感知气味的特殊感官，是人体的嗅觉感受器。鼻子不同部位有对温度、气味、化学物质的感知器官，是人体自我保护机能的重要组成部分。人类的鼻子可以检测和辨别成千上万气味分子的浓度，这种能力被认为源于人类存在的 350 多个嗅觉受体（OR）基因。人的嗅觉虽然不如某些哺乳动物灵敏，但可辨别的气味约有 2000~4000 种。人们对气味的敏感和识别能力随着连续暴露时间的增加而减弱，同时也受空气条件的影响，在干冷空气中的嗅觉比在温暖潮湿空气中灵敏。通常把人对气味的敏感程度称作嗅敏度（olfactory acuity），可用嗅阈来衡量人的嗅敏度。把能引起嗅觉的气味物质在空气中的最小浓度称作嗅阈（olfactory threshold），单位为 mg/L。

The nose is the special sense through which smells (or odors) are perceived. The human olfactory receptor is the nose. The human nose can detect and discriminate thousands of odorant molecules at concentrations. This capability is thought to originate from the presence of more than 350 olfactory receptors (OR) genes in humans.

The degree of sensitivity to odor is usually referred to as olfactory acuity, which can be measured by the olfactory threshold. The olfactory threshold is the lowest concentration of a certain odor compound that is perceivable by the human sense of smell, using mg/L as the unit.

鼻腔外侧壁神经图如图 5-6 所示。嗅觉感知神经位于鼻腔顶部，由人吸气动作引起的湍流将直接影响空气的输运。当气味分子溶于黏膜表面时，引起对嗅觉神经的刺激，进而传入脑内的嗅球。大脑中的丘脑皮层将对这种气味进行识别，同时大脑还将做出与此气味有关的其他反应。鼻腔内除了上述在上鼻甲和鼻中隔的后上部的嗅觉区以外，整个鼻腔对吸入空气的温度都有感知能力，鼻腔还有对化学刺激的感受区。

由于很多挥发性化合物既会产生气味，又会产生化学刺激，所以在这种情况下很难把气味和化学刺激完全区分开。二者的区别往往取决于其剂量：空气中含有低浓度的化学物质可能只会让人闻到气味，如果提高化学物质的浓度，则可能出现刺激（pungency）的感觉。

（3）室内空气污染的致病机理

根据世界卫生组织（WHO）推荐的定义，暴露是指人体与一种或一种以上的物理、化学或生物因素在时间和空间上的接触。暴露可分为外暴露和内暴露。外暴露是指人体直接接触的外环境污染物的水平，是通过空气、水、土壤或食品等环境样品的测定所得的污染物浓度，或用模型预测等手段推算出人体接触到的外环境污染物的水平。内暴露是指这些污染物对外环境通过各界面被人体吸收后在体内的实际接触水平，可通过检测人的血

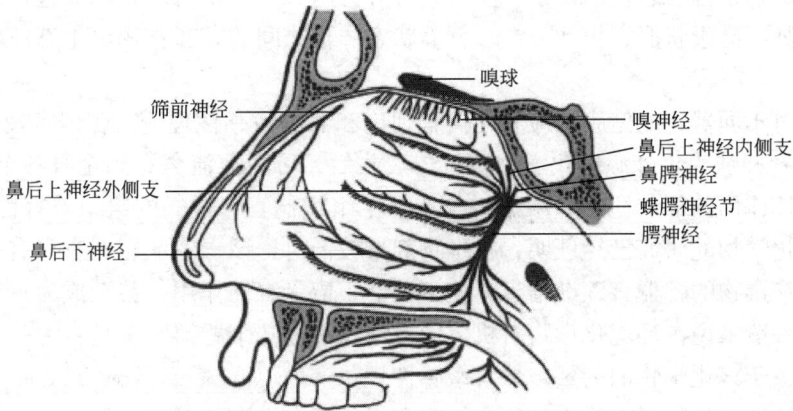

图 5-6　鼻腔外侧壁神经图

液、呼出气、乳汁、头发、尿液、脂肪、指甲等生物材料样品得到污染物或其生物标志物的浓度。内暴露剂量比外暴露剂量更能反映人体暴露的真实性。

　　人群中不同个体对环境化学物的暴露水平和暴露时间不同，以及个体的年龄、性别、营养和健康状况以及遗传易感性不同，导致不同个体对环境污染物毒性作用的应答反应不同。图 5-7 是环境因素对人体健康影响的剂量与效应的关系。从弱到强大体可分为 5 级：生理调节、生理代偿性变化、生理反应异常、发病、死亡。环境的任何异常变化都会不同程度地影响机体的生命活动，但在环境变化的一定范围内，人体可调节自身的生理功能来适应环境的变化，使机体的生命活动能够正常进行。

　　人群易感性（Susceptibility）是指人群对环境化学物毒性作用的敏感度或反应强弱的特性。不同人群对相同环境化学物毒性作用的反应强弱不同称为易感性差异。在环境化学物暴露水平和时间完全相同的情况下，暴露人群中不同个体的反应敏感性和反应强度不同，通常把对环境化学物作用的反应比普通人群更为敏感和强烈的人群称为敏感人群或易感人群。敏感人群对环境化学物的剂量反应曲线与正常人群不同，如图 5-8 所示。在相同环境化学物的作用下，在敏感人群中出现某种毒性效应的反应率和反应强度均较普通人群

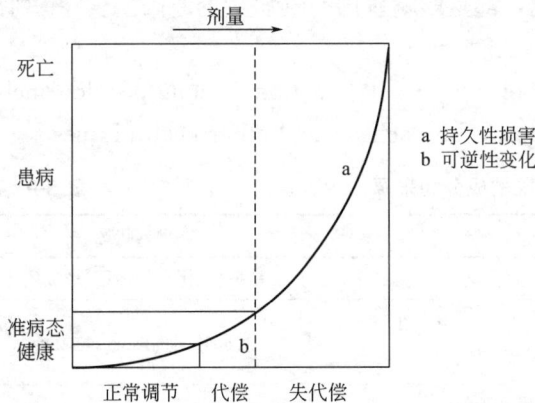

图 5-7　环境因素对人体健康影响的剂量与效应的
关系（人体环境健康效应）

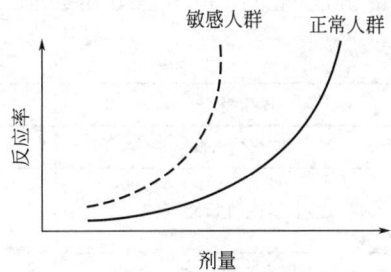

图 5-8　不同人群对环境因素变化的
剂量-反应关系

185

明显增高。影响人群易感性的因素有多种，可分为两大类：遗传因素和非遗传因素。非遗传因素如年龄、健康状况、生活习惯、营养状态、毒物间的相互作用、生态环境及心理状态等。

另外，对不同器官的健康效应有靶器官理论和器官敏感性理论。靶器官理论（Target Organ Theory）认为，外源性化学物被机体吸收后，可随血流分布到全身各个组织器官，但其直接发挥作用的部位往往只限于一个或几个组织器官，这样的组织器官称为靶器官。大量外源性化学物的研究已经证明，在毒物剂量较低时，该毒物的靶器官只有一种，随着剂量的增加该毒物的靶器官逐渐增多，使多种器官遭受毒性作用，甚至成为一种全身性毒物。因此，一般来说，环境化学物对机体的毒性作用有几个靶器官、是否为一种全身性毒物，主要取决于该化学物的剂量。器官敏感性理论（Organ Sensitivity Theory）认为，进入机体的外源性化学物对于体内的所有器官和组织都有潜在的毒性作用，对不同器官毒性作用的区别仅在于作用的性质和强弱不同。靶器官和非靶器官是相对的，可以随着毒物剂量的变化而改变。

The target organ theory suggests that exogenous chemicals can be absorbed by the body and distributed to various tissues and organs throughout the body with blood flow, but their direct action is often limited to one or a few tissues and organs, which are called target organs.

Organ sensitivity theory suggests that exogenous chemicals entering the body have potentially toxic effects on all organs and tissues in the body, and that the difference between the toxic effects on different organs is only in the nature and strength of the effects.

2. 室内空气污染对人体的影响结果

室内空气污染对人的影响主要有以下三方面：降低生活舒适度、危害人体健康和影响工作效率。

（1）降低生活舒适度

很多空气中的化学污染物质都具有一定的气味和刺激性。尽管可能其浓度还未达到导致人的机体组织产生病理危害的地步，但令人不快的气味会引起机体各种不良反应，包括烦扰、增加心理压力、头痛和其他健康问题，都是影响室内空气质量的原因。表 5-9 列出了一些典型气味的成分和来源。

Unpleasant odors could cause a variety of undesirable reactions among people, including annoyance, increased psychological stress, headaches, and other health issues.

一些典型气味的成分和来源
表 5-9

气味特点	化学成分	典型气味源
臭鸡蛋气味	硫化氢	精炼厂、污水处理厂、垃圾场
肥料气味、牲口圈气味	主要为硫化物：二甲基硫化物、二甲基二硫化物	下水道、堆制肥料、垃圾场
烂卷心菜气味	甲基硫醇	水果工厂、精炼厂、化工厂
洋葱味	丙烷	
天然气	t-丁基	

续表

气味特点	化学成分	典型气味源
鱼腥味	胺	颜料厂、污水处理厂、堆肥
汗味、体味	有机酸,如苯基乙酸	衣物
霉味	醌亚胺、C6~C10 氧化物	杀虫剂、空调系统、颜料厂

（2）危害人体健康

室内污染物对人体健康造成的危害包括：影响呼吸系统、内分泌系统、生殖系统、神经系统等的正常工作，降低机体的抵抗力，甚至造成病变、致癌甚至死亡。不良的室内空气质量可以引起病态建筑综合征（Sick Building Syndrome，简称 SBS）、建筑相关疾病（Building-related Illness，简称 BRI）和多重化学物质过敏征（Multiple Chemical Senstivity，简称 MCS）。

Indoor pollutants have a significant negative impact on human health，affecting the respiratory system，the endocrine system，the reproductive nervous system，etc. They affect the normal functioning of the respiratory and endocrine systems，the reproductive nervous system，reduce the body's resistance and even cause lesions，cancer and even death.

1）病态建筑综合征（SBS）

病态建筑综合征（SBS）是指没有明显的发病原因，只是和某一特定建筑相关的一类症状的总称。通常症状包括眼睛、鼻子或者咽喉刺激、头痛、疲劳、精力不足、烦躁、皮肤干燥、鼻充血、呼吸困难、鼻子出血和恶心等。这种病症有个显著的特征，就是一旦离开污染的建筑物，病症会明显地减轻或消失。病态建筑综合征的病因尚不完全清楚。

Sick Building Syndrome (SBS) is a general term for a group of symptoms that have no apparent cause of onset，but are only associated with a particular building.

2）建筑相关疾病（BRI）

与建筑环境相关的呼吸系统疾病通常被称为建筑相关疾病。建筑相关疾病包括呼吸道感染和疾病、军团菌病、心血管病和肺癌等，这些疾病因室内生物和化学物质（如真菌、细菌、内毒素、霉菌毒素、氡、一氧化碳和甲醛等）引起。和病态建筑综合征不同，这些疾病病因可查，而且有明确的诊断标准和治疗对策。患有建筑相关疾病的人群离开被怀疑室内空气质量不良的建筑后，症状不会很快消失，仍然需要特殊治疗，且完全康复或症状减轻往往需要远离致病源。与病态建筑综合征相区别的另外一个特点是，要诊断一个人是否有这种疾病并不需要对和其同室人员的健康进行调查。一些建筑相关疾病能够通过室内空气传播，譬如军团菌病、组织胞浆菌病、肺结核和某些鼻病毒。除了病源来自外部环境的军团菌病外，其他疾病传播的可能性通常是随着室内人员密度的增加而增大的。引起建筑相关疾病的原因也和病态建筑综合征的原因类似，可分为化学因素、物理因素和生物因素。

Respiratory ill health associated with the built environment is often referred to as Building-related Illness.

3）多重化学物过敏征（MCS）

多重化学物过敏征（MCS）是一种慢性临床病症，其特点是由于暴露于一般人可以忍受的化学物质而出现的一组症状。症状通常具有不确定性，包括行为变化、疲劳、压抑、精神疾病和黏膜刺激等。由于临床上表现各种各样，缺乏明确的判断依据，通常临床医生不认为这是一种疾病。患多种化学物过敏的人群通常以低于正常剂量对某些化学物质产生对抗效应，对某些食物会产生抵触心理。而受影响者的发病轻重也大不一样，轻者仅仅表现出轻微不适，重者甚至完全丧失劳动能力。这种病症的主要特征是，改进和避免可疑化学物质后，症状会消除或减轻，但再次的暴露会引发症状的重现。

Multiple chemical sensitivity (MCS) is a chronic clinical condition characterized by the appearance of a group of symptoms caused by exposure to chemical compounds that are tolerable for the general population.

近些年来，增塑剂、阻燃剂等含有半有机挥发物（SVOC）对人体健康的危害引起了关注。人群流行病学研究表明，邻苯二甲酸酯等主要的增塑剂会导致系列严重健康危害，可使儿童产生过敏症状，增加哮喘和支气管阻塞的风险，并可造成多种严重疾病。

（3）影响工作效率

室内环境质量对于人员工作效率的影响较大。大量研究已证明，提高新风供应量可显著提高人员工作效率。例如，Kosonen 等学者研究发现，与现行的混合通风相比，采用置换通风可以显著提高生产率，但仍存在生产力的损失。Wargocki 等学者发现，当人均新风量在 3～30L/s 之间时，通风量每增加两倍，总生产力约增 1.7%。还有研究发现，增加新风量还可以提高受试者对于室内空气质量的满意度和感知空气新鲜度，并可以缓解身体口干等症状。

Indoor environmental quality (IEQ) has a greater impact on personnel work efficiency. Most studies have demonstrated that increasing the fresh air supply can significantly improve personnel work efficiency.

室内空气质量对人员工作效率的影响还具体表现在室内异味的感知方面。有研究发现，异味不仅会影响人员对于室内空气质量的满意度，还会在一定程度上影响人员的工作效率。例如，Knasko 通过让受试者间歇接触异味发现，令人生厌的异味会显著影响人员的工作效率，甚至会影响工作情绪；Michael 等学者则通过对比不同类型的空气污染源的异味对人体工作效率的影响发现，不同的环境异味对注意力的影响强弱存在差异，且人员暴露于异味空间的时间长短对人员工作效率的影响也存在差异。另外，打印机、复印机在使用过程中散发的有害颗粒和有害气体也会威胁人体健康，降低人的工作效率。

The impact of indoor air quality on personnel productivity is also specific to the perception of indoor odors. It is found that odor not only affects human satisfaction with indoor air quality, but also affects personnel work efficiency to a certain extent.

5.2.2 室内空气质量的评价方法

5.2.2 Evaluation methods of indoor air quality

室内空气质量的评价目的：①掌握室内空气质量状况和变化趋势，以开展室内污染的预测；②评价室内空气污染对健康的影响，以及室内人员接受的程度，为制定室内空气质量标准提供依据；③弄清污染源与室内空气质量的关系，为建筑设计、卫生防疫、污染控制提供依据。

　　室内空气质量评价方法总体可分为三类：客观评价、主观评价和主客观评价结合的方法。其中，客观评价是基于室内空气成分和浓度，而主观评价是基于人的感知。这三类评价方法各有优点，也各有局限。

　　Generally, the IAQ evaluation is divided into three categories: objective evaluation, subjective evaluation, and a combination of the two. Objective evaluation is based on indoor air composition and concentration, for the subjective evaluation, which is based on human perception.

1. 客观评价方法

（1）达标评价方法

　　达标评价方法也被称作室内空气污染物的检测评价方法。室内空气质量的客观评价依赖于仪器测试。基于检测到的空气污染物的种类和浓度，与国标中规定的该种污染物浓度限值相比，可评价室内空气质量是否达到标准。客观评价还需要测定背景指标，这是为了排除热环境、视觉环境、听觉环境以及人体工作活动环境因子的干扰。此外，目前一种比较常用的做法是采用下式评价室内空气质量：

$$R = \sum_{i=1}^{n} \frac{C_i}{C_{i,\text{限值}}} \tag{5-3}$$

式中　C——某种污染物的物质的量浓度，mol/m^3。

　　R 值越大，室内空气质量越差。当该值小于 1 时，可认为室内空气质量是可接受的。

（2）综合指数法

　　综合指数法即大气质量评价法，利用污染物的大量测定数据，首先进行统计分析整理和归纳成指数值，然后做出室内空气质量的评价。由分指数组合而成的评价指数能够综合反映室内空气质量的优劣，其中采用算术平均指数及综合指数作为主要评价指数，算术叠加指数作为辅助评价指数（只有在同一次评价中，采用相同的评价指标时才使用）。这三个评价指数的定义如下：

　　1）算术叠加指数 P

$$P = \sum_{i=1}^{n} \frac{C_i}{S_i} \tag{5-4}$$

式中　P——各污染物分指数的叠加值；

　　　C_i——各污染物浓度；

　　　S_i——各污染物评价标准值。

　　2）算术平均指数 Q

$$Q = \frac{1}{n} \sum_{i=1}^{n} \frac{C_i}{S_i} \tag{5-5}$$

式中　Q——各污染物分指数的算术平均值；

　　　n——污染物种类。

　　3）综合指数 I

$$I = \sqrt{\left(\max \left| \frac{C_1}{S_1}, \frac{C_2}{S_2}, \cdots, \frac{C_n}{S_n} \right| \right) \left(\frac{1}{n} \sum_{i=1}^{n} \frac{C_i}{S_i} \right)} \tag{5-6}$$

式中　I——兼顾污染物最高分指数和平均分指数。

以上各分指数可以较为全面地反映室内平均污染水平和各种污染物之间的污染程度上的差异，并由此可确定室内空气中的主要污染物。三项指数能够反映出各污染物之间的差别。其次，依据计算的指数，确定室内空气质量等级。该综合指数法采用的等级划分基准是中国通用的划分基准，室内空气质量按综合指数可以分为 6 级（表 5-10），由此可判断出室内空气质量的等级。

室内空气质量等级

表 5-10

综合指数	室内空气品质等级	等级评语	特点
≤0.49	Ⅰ	清洁	适宜于人类生活
0.50～0.99	Ⅱ	未污染	环境的污染物均不超标，人类正常生活
1.00～1.49	Ⅲ	轻污染	至少有一个环境要素的污染物超标，除了敏感者外，一般不会发生急慢性中毒
1.50～1.99	Ⅳ	中污染	一般有 2～3 个环境要素的污染物超标，人群健康明显受害，敏感者受害严重
2.00～2.99	Ⅴ	重污染	一般有 3～4 个环境要素的污染物超标，人群健康明显受害，敏感者可能死亡
≥3.00	Ⅵ	严重污染	健康人群运动耐受力降低，有明显强烈症状，提前出现某些疾病

（3）其他客观评价方法

近些年以来，针对室内空气质量评价过程中信息缺乏、不确定因素较多等诸多复杂因素，进而有学者发展了基于模糊理论的评价方法、基于神经网络模型的评价方法以及基于灰色系统理论的评价方法。此外，通风气流、体表对流气流以及呼出气流之间的相互关系对居住者的热舒适性以及可接受的室内空气质量有很大的影响，进而有学者发展了暖体假人评价方法。现如今，随着计算机技术的不断发展，计算流体动力学（Calculated Fluid Dynamics，简称 CFD）技术已逐渐应用到室内空气质量科学研究中。CFD 技术利用离散化的数值算法求解流体运动的微分方程，得出空气流体在一定区域内的运动分布规律。利用 CFD 方法可以建立适合的湍流模型，计算出室内各点的气流速度，以及室内各测点的空气龄，评估室内空气新鲜度。采用 CFD 仿真模拟技术对室内空气质量评价具有周期短、成本低、结果准确的特点，是国内研究室内空气质量的重要手段之一。目前，已经推出与 CFD 技术相关的软件有：Fluent、CFX、PHOENICS、Star-CD 等。

2. 主观评价方法

室内空气质量好坏和人们主观感受联系密切，因此有学者采用人的主观感受来评价室内空气质量。目前，嗅觉评价方法和感知负荷与感知空气质量评价方法是较常用的两类评价方法。此外，也有学者应用分贝的概念进而发展了室内空气质量的评价方法。

主观评价室内空气质量即人们进入待测室内空气质量的空间中，对室内空气质量填写一张调查单，表示自己对空气质量的满意或者不满意程度。通常用对空气质量的不满意率的百分比来表示，记为 PD，其和投票得到的可接受度（ACC）（在 $-1～+1$ 之间的一个值）之间存在以下关系：

$$PD = \frac{\exp(-0.18 - 5.28ACC)}{1 + \exp(-0.18 - 5.28ACC)} \times 100 \tag{5-7}$$

其中，感知负荷（Sensory Load）表征室内污染源的强弱，单位为 olf，被一个标准人引起的感知污染负荷称为 1 olf。而其他类型的人或者家具等污染源均被等效为不同数量的标准人，表征成标准人后不同的污染源可以进行简单的叠加。

The olf is a unit used to measure the strength of a pollution source. One olf is the sensory pollution strength from a standard person.

感知空气质量（Perceived Air Quality，简称 PAQ），表示在一定的通风量情况下人对室内污染源的感觉，其单位为 pol。1pol 表示在一个空间内，1olf 的感官负荷的源，在通风量 1L/s 下的感知空气质量，即 1pol＝1olf/（1L/s）。另一个比 pol 更小的常用单位是 dp，1dp＝0.1pol。研究表明，感知空气质量 PAQ（dp）和对空气质量的不满意率之间存在着下列关系：

$$PAQ = 112[\ln(PD) - 5.59]^{-4} \tag{5-8}$$

在确定了感知空气质量之后，即可确定室内的感知污染负荷大小。

3. 主客观结合的综合评价方法

客观评价方法主要采取了测试与对标分析的手段，便于掌握和理解，且重复性好，但这类方法难适用于有害气体成分复杂或浓度很低的情况，且忽略了人是室内空气质量的评价主体以及人的感觉存在个体差异；而对于主观评价方法，尽管"感知空气质量"强调了人的感觉，但空气污染对人的危害与其气味和刺激性不完全相关，而且空气质量问题涉及多组分，每种组分对人的影响不尽相同，这些组分并存时其危害按何规则进行叠加尚不清晰。为此，采取主客观结合的综合评价方法则兼具主观评价的直接性和客观评价的可靠性，是目前最为合理的评价方法。

目前，国内外常用的综合评价方法多采用问卷调查与现场测试相结合的形式。

问卷调查的内容一般包括：①周围环境状况，如温度、湿度、灯光、噪声、吹风感、异味、厌尘、静电等；②职业状况，如工作满意程度、工作压力、工作环境等；③病态建筑综合征状况，如困倦、头痛、眼睛发红、流鼻涕、咽痛、恶心、头晕、皮肤瘙痒、过敏等；④个人资料，如性别、年龄、是否吸烟、是否有过敏史等。

现场测量内容一般包括：CO_2、VOCs、微生物、悬浮颗粒、温度、相对湿度以及暖通空调系统运行维护情况等。

由于上述主客观结合的综合评价方法还是以主、客观指标的数理统计或对标分析为主要内容，针对室内空气污染影响的健康风险尚缺乏更加具体且定量的描述。近些年来，有学者借鉴流行病学和毒理学领域的理论方法，引入健康风险评价（Health Risk Assessment）这一概念用于描述室内空气质量对人体的影响。其定义可以概括为：以大量流行病学、毒理学及相关实验研究结果和数据为基础，根据统计学准则和合理的评价程序，对某种环境因素作用于特定人群的有害健康效应进行综合定性、定量评价的过程。健康风险评价已在世界许多国家展开，已成为许多国家相关部门管理决策的重要组成部分。它在定量评价或预测环境有害物质对人体健康的影响，建立有害物质的环境卫生标准，为相关部门制定宏观管理政策以及确定化学污染物防治对策等方面都起了十分重要的作用。

健康风险评价包括危害鉴定、暴露评价、剂量-反应（效应）关系评价和风险表征等四个部分（又称四步法）：

（1）危害鉴定

危害鉴定（Hazard Identification）是健康风险评价的首要步骤，属于定性评价阶段。目的是找出关心的污染物（称为目标污染物）及确定其对接触人群产生的健康效应，从而确定对该污染物进行危险度评价的必要性和可能性。危害鉴定中，明确毒作用或健康有害效应的特征和类型是很重要的。健康有害效应一般分为 4 类：①致癌性（包括体细胞致突变性）；②致生殖细胞突变；③发育毒性（致畸性）；④器官/细胞病理学损伤等。前两类效应有遗传物质损伤，属无阈值毒物效应；后两类属有阈值毒物效应。无阈值和有阈值毒物在后续评价中将采用不同的方法进行评价。

A hazard analysis is used as the first step in a process used to assess risk. The result of a hazard analysis is the identification of different types of hazards.

国际癌症研究机构（IARC）根据已报告的千余种致癌物，对人的致癌危险分为以下 4 类。

1 类：对人致癌。要求是：①有设计严格、方法可靠、能排除混杂因素的流行病学调查；②有剂量-反应关系；③另有调查资料验证或动物实验支持。

2A 类：对人很可能致癌。此类致癌物对人类致癌性证据有限，对实验动物致癌性证据充分。

2B 类：对人可能致癌。此类致癌物对人类致癌性证据有限，对实验动物致癌性证据并不充分；或对人类致癌性证据不足，对实验动物致癌性证据充分。

3 类：对人的致癌性尚无法分类，即可疑对人致癌。

4 类：对人很可能不致癌。

（2）暴露评价

暴露评价是估计或测量接触人体暴露于某种污染物的程度、频率和时间，以及暴露人群的数量和特征的过程，并给出其污染暴露的来源、途径、路线和不确定性。污染物进入人体分为暴露、吸收两步。暴露是指污染物与人体外界面（如皮肤、鼻、口）的接触，对接触的定性和定量评价，描述接触的强度、频率和持续时间，并评价化学品通过界面的速率、途径以及最终透过量和吸收量。吸收包括摄入和吸收 2 个过程。摄入是指污染物通过空气、食物、水、呼吸、吞食、饮食穿过人体的外界面进入人体；吸收是指污染物透过皮肤、眼睛、肺泡、胃肠道等组织进入体内。污染物的吸收速率是指单位时间内被吸收的污染物的量。

Exposure assessment is the process of estimating or measuring the magnitude, frequency and duration of exposure to an agent, along with the number and characteristics of the population exposed. Ideally, it describes the sources, pathways, routes, and uncertainties in the assessment.

暴露评价的基本要素包括暴露源的分布、暴露浓度和时间、暴露人群的数量等。暴露评价的基本内容和要素如下：

1）剂量水平：主要包括人群和暴露的关联性，人群分布和个体状况。

Dose level: mainly includes the connection between the population and exposure, the distribution of the population and the individual situation.

2）污染来源：调查污染源、污染物传输途径与速率、污染物传输介质、污染物进入人体方式等。

Pollution sources：Investigate the pollution sources，pollutant transmission pathways and rates，pollutant transmission media，and the way pollutants enter the human body.

3）暴露特征：指污染物进入机体的方式和频率。

4）暴露差异性：主要是指个体内的暴露差异、个体间的暴露差异、不同人群间的暴露差异、不同时间的暴露差异和暴露空间分布的差异。

5）不确定性分析：主要指资料缺乏或不准确，暴露测量或模型参数的统计误差，危害确认和因果判定的不准确等构成的不确定性分析。

（3）剂量-反应（效应）关系评价

剂量-反应关系，或称暴露-反应关系，用于表征机体的反应程度，是暴露于某种刺激物或应激物（通常是化学品）在一定暴露时间后的函数，可以用剂量-反应曲线描述。无观测不良效应水平是指通过实验或观察发现的机体的暴露水平。剂量-反应（效应）关系评价是环境污染物暴露与健康不良效应之间的定量评价，是健康风险评价的核心。

The dose-response relationship，or exposure-response relationship，describes the magnitude of the response of an organism，as a function of exposure（or doses）to a stimulus or stressor（usually a chemical）after a certain exposure time，which can be described by dose-response curves. The no-observed-adverse-effect level（NOAEL）denotes the level of exposure of an organism，found by experiment or observation.

（4）风险表征

风险表征对该污染物所引起的人体健康危害进行综合评价，分析判断人群发生某种健康危害的可能性并指出各种不确定因素。对非致癌物或致癌物的非致癌效应而言，风险是以暴露量除以参考剂量来表示。

$$非致癌危险（Non\text{-}carcinogenic\ risk）=\frac{ADI}{RfD} \tag{5-9}$$

式中　ADI ——平均每日每千克体重摄入量，mg/（kg·d）；

　　　RfD ——个体或人群的终生暴露水平，mg/（kg·d）。

对致癌物而言，致癌风险是以人体实际暴露浓度乘以单位致癌危险度，或以剂量乘以致癌强度来表示，即：

$$致癌风险（Carcinogenic\ risk）=ADI\times CPF \tag{5-10}$$

式中　CPF ——致癌强度系数，mg/（kg·d）。

5.2.3　室内空气质量的评价标准

5.2.3　Indoor air quality standards

1. 国内室内空气质量标准简介

为了评判室内空气质量的优劣，制定相关标准，给出室内有关污染物允许浓度指标十分必要，是客观评价室内空气质量的主要依据。

由于各国国情不同，各国的室内空气质量标准有所不同。我国已经颁布并实施的有关室内空气质量标准按使用性质不同可划分为三种，即综合性标准、室内单项污染物浓度限值标准、不同功能建筑室内空气质量标准。其中，综合性标准《民用建筑工程室内环境污染控制标准》GB 50325—2020 和《室内空气质量标准》GB/T 18883—2022 使用较为广泛。

Indoor air quality standards vary from country to country due to the different national conditions.

我国第一部《室内空气质量标准》GB/T 18883—2002 由国家质量监督检验检疫总局、国家环保总局和卫生部共同制定，于 2002 年 11 月 19 日正式颁布，2003 年 3 月 1 日正式实施。2022 年 7 月 11 日修订并颁布实施的《室内空气质量标准》GB/T 18883—2022 中的控制项目包括室内空气中与人体健康相关的物理、化学、生物和放射性等污染物控制参数，简要列于表 5-11 中。

《室内空气质量标准》中主要污染控制指标　　　　　　　　　　　　　　　表 5-11

主要污染控制指标	单位	标准值	备注
新风量	$m^3/(h \cdot 人)$	30^a	
二氧化硫(SO_2)	mg/m^3	0.5	1h 均值
二氧化氮(NO_2)	mg/m^3	0.20	1h 均值
一氧化碳(CO)	mg/m^3	10	1h 均值
二氧化碳(CO_2)	%	0.10	24h 均值
氨(NH_3)	mg/m^3	0.20	1h 均值
臭氧(O_3)	mg/m^3	0.16	1h 均值
甲醛(HCHO)	mg/m^3	0.08	1h 均值
苯(C_6H_6)	mg/m^3	0.03	1h 均值
甲苯(C_7H_8)	mg/m^3	0.20	1h 均值
二甲苯(C_8H_{10})	mg/m^3	0.20	1h 均值
苯并[a]芘(B(a)P)	ng/m^3	1.0	24h 平均值[b]
可吸入颗粒物(PM10)	$\mu g/m^3$	150	24h 平均值
细颗粒物(PM10)	$\mu g/m^3$	75	24h 平均值
总挥发性有机物(TVOC)	mg/m^3	0.60	8h 均值
细菌总数	CFU/m^3	1500	根据仪器定
氡(Rn)	Bq/m^3	300	年平均值(参考水平[c])

a 新风量要求≥限值，除温度、相对湿度外的其他参数要求≤限值；

b 苯并［a］芘（B（a）P）指可吸入颗粒物中的浓度水平；

c 表示室内可接受的最大年均氡浓度，并非安全与危险的严格界限，为可接受的室内氡风险水平，超过该水平强烈建议采取行动降低室内氡浓度。如果室内氡低于该参考水平，也可以采取防护措施，使室内氡浓度远低于该参考水平，体现辐射防护最优化原则。

为便于从源头上控制污染物的散发，改善室内空气质量，我国于 2001 年 11 月发布了国家标准《民用建筑工程室内环境污染控制规范》GB 50325—2001，结束了我国控制民用建筑工程室内环境污染无标准可依的历史。为了进一步控制室内环境污染，提高民用建筑工程的室内环境质量，先后经过三次修订，《民用建筑工程室内环境污染控制标准》GB 50325—2020 获批为国家标准，自 2020 年 8 月 1 日起实施。该标准规定民用建筑工程验收时室内环境污染物浓度必须满足表 5-12 的要求。自首次发布实施至今，该标准对全面提高我国民用建筑工程质量，提高全社会的室内环保意识，促进我国绿色环保建筑装饰装修材料产业进步，推动我国建筑行业发展起到了积极推进作用。

目前，我国已初步形成了室内空气质量标准体系，该体系涵盖了建筑物生命周期中的建筑规划、设计、施工验收和运行管理等不同阶段，涉及室内化学污染、新风量、生物污染、放射性污染和颗粒物污染等若干指标。

《民用建筑工程室内环境污染控制标准》中主要控制指标　　　　　　表 5-12

室内环境污染物	Ⅰ类民用建筑	Ⅱ类民用建筑
氡（Bq/m^3）	≤150	≤150
甲醛（mg/m^3）	≤0.07	≤0.08
苯（mg/m^3）	≤0.06	≤0.09
甲苯（mg/m^3）	≤0.15	≤0.20
二甲苯（mg/m^3）	≤0.20	≤0.20
氨（mg/m^3）	≤0.15	≤0.20
TVOC（mg/m^3）	≤0.45	≤0.50

注：a. Ⅰ类民用建筑应包括住宅、居住功能公寓、医院病房、老年人照料房屋设施、幼儿园学校教室、学生宿舍等；Ⅱ类民用建筑应包括办公楼、商店、旅馆、文化娱乐场所、书店、图书馆、展览馆、体育馆、公共交通等候室、餐厅等。

b. 污染物浓度限量除氡外均应以同步测量的室外空气相应值为基点。污染物浓度测量值，除氡外均指室内污染物浓度测量值扣除室外上风向空气中污染物浓度测量值后的测量值。

c. 污染物浓度测量值的极限值判定，采用全数值比较法。

2. 国外室内空气质量标准简介

室内空气质量问题已经引起一些国家、地区和国际组织的重视，已有多个国家和地区制定了相关的标准。近年来，一些国际组织，例如欧洲合作行动组织、世界卫生组织和国际癌症研究机构已经编制了参考文件、指南、协议和议定书，如《帕尔马宣言》《欧洲儿童环境与健康行动计划》、欧盟条例（如第 305/2011 号条例）。世界卫生组织一直强调室内空气质量（IAQ）的重要性和室内源排放污染物的潜在危险。

In recent years, several international organizations, e. g. , the European Collaborative Action (ECA), the World Health Organization (WHO), and the International Agency for Research on Cancer (IARC) have produced reference documents, guidelines, agreements, and protocols. For examples, the Parma declaration, the Children's Environment and Health Action Plan for Europe (CEHAPE), the European Union (EU) regulations (e. g. , Regulation 305/2011). The World Health Organization (WHO) has always stressed the importance of indoor air quality (IAQ) and the potential danger of pollutants emitted from indoor sources.

尽管多年来欧洲立法前的倡议成倍增加，但其立法中没有关于室内空气品质的具体参考内容，且到目前为止，这些室内场所的室内空气质量仍然没有统一的标准政策。一些欧盟成员国，如法国、葡萄牙、芬兰、奥地利、比利时、德国、荷兰和立陶宛等，已通过一系列行动，开始采用室内空气质量的具体指导值、参考值。

关于我国标准中提到的一氧化碳、甲醛、二氧化氮等参数，世界卫生组织欧洲区域办事处 2010 年给出的限值指南（WHO guideline for indoor air quality）详见表 5-13，同时对一些空气中的萘、四氯乙烯等也给出了推荐的限值。

世界卫生组织室内空气品质指南　　　　　　　　　　　　　　表 5-13

WHO 室内空气污染物	标准值（mg/m³）	备注
一氧化碳	7	24h 均值
甲醛	0.1	30min 均值
萘	0.01	年均值
二氧化氮	0.2	1h 均值
四氯乙烯	0.25	年均值

5.2.4　室内空气质量评价指标的检测 *
5.2.4　Detection of indoor air quality evaluation indicators

📖 扫码阅读
（详见封底说明）

5.2.4　室内空气质量评价指标的检测 *

5.3　室内空气污染控制与预测方法
5.3　Control and prediction methods of indoor air pollution

室内空气污染物由污染源散发，在空气中传递，当人体暴露于污染空气中时，则需要采取相应的预测和控制手段加以治理。室内空气污染控制可通过以下三种方式实现：（1）源头治理；（2）空气净化；（3）通风稀释和合理的组织气流。下面分别从这三个方面对室内空气污染控制方法进行介绍。

5.3.1　室内空气污染的源头治理
5.3.1　Source control on indoor air pollutants

从源头治理室内空气污染，是治理室内空气污染的根本之法。根据前述图 5-3 的室内空气污染不同来源，相应采取消除室内污染源或减少室内污染源散发强度是污染源头治理的基本策略。而当室内污染源难以根除时，应考虑减少其散发强度。下面根据设计、生产以及使用三个阶段进行简要介绍。

Controlling indoor air pollution from the source is the fundamental way to control indoor air pollution.

1. 设计阶段的治理措施
设计阶段的治理措施主要通过对室内空气质量进行预评价，进而提出相应的改进措施。室内空气质量预评价是根据工程项目设计方案的内容，运用科学的评价方法，依据国家法律、法规及行业标准，预测工程项目建成后可能产生的有害物质及其室内空气环境质量，并提出相应改进措施。预评价是保证室内装饰装修工程建成后具有良好的室内空气质量的一个重要步骤，是一门由多学科知识组成的实用技术。其优点是便于事先发现问题，防患于未然，可以节省大量人力和财力。室内空气质量预评价技术可广泛应用在各种室内建筑装饰装修工程中。不仅能够应用于住宅装修工程，也可应用于公共建筑装修工程，还可应用于家具等室内装饰物品。根据预评价结果，采取的对策措施建议内容包括以下几方面。

The control measures in the design stage are mainly through the pre-evaluation of indoor air quality, and then put forward the corresponding improvement measures.

（1）改善室内微气候条件

微气候建筑设计是根据微气候条件进行的综合性设计。通过创造宜人的微气候环境体现"以人为本"的设计思想，同时在其具体的设计方法中也反映出追求自然、高效、经济、生态的思想。这对于维护自然生态环境和保持社会的可持续发展也有着积极的意义。一般地，应完善室内通风系统，合理安排送风口、回风口位置，避免造成通风死角；加强自然通风；中央空调系统应注意生物污染问题；空调系统应保持合理的补充新风量等。

（2）建筑装饰材料的选择

选择建筑装饰材料的依据是该种材料的有毒有害气体释放量应符合定量计算的结果，每个评价单元实施"总量控制"，保证评价范围内的室内环境空气质量符合标准。如果材料释放量不能满足计算结果要求，应改变工程设计方案。

（3）工程设计方案的完善

当不能找到可满足评价结果的建筑装饰材料时，为了保证良好的室内环境空气质量，应考虑改变设计方案。一种方法是减少材料的使用以降低有毒有害气体的释放量；另一种方法是采用空气净化措施直接清除空气污染。

One method is to reduce the amount of material used to achieve the purpose of reducing the release of toxic and harmful gases; another method is to use air purification measures to eliminate air pollution in order to achieve the purpose of reducing the concentration of toxic and harmful gases.

2. 生产阶段的治理措施

为了利用市场行为对建材有害物散发进行分类以便消费者进行选择，许多国家建立了建材标志分级制度，我国也相应建立了自己的建材有害物标志制度，如制定相关的标准对建材有害物散发限量做出规定，再加之"建材标志制度"的实行，在行政力量和市场力量双重作用下，推动建材相关厂家改进生产工艺，使建材"绿色化"，消费者有望将大量绿色建材用于室内，降低室内有害物污染水平。

3. 使用阶段的治理措施

（1）合理使用室内设施

1）厨卫设施

① 厨房。提高燃料的纯度，使用更为先进的厨具，令煤气灶使用过程尽可能减少污

染物的生成。并更换排风系统，从而降低厨房污染对人体健康的伤害，保持室内清洁。

② 卫生间。卫生间的环境污染类型包括化妆品污染、洗涤剂污染及其他污染。为减少卫生间的环境污染，需要及时清理堆积的垃圾，降低病毒、细菌的滋生以及各种寄生虫生殖繁衍的风险。还可以改善卫生间的通风设施，在卫生间内部安装离心式通风器，使室内的污浊气体排放干净。另外，加强地漏水封安全密封，防止返水、臭气进入室内等现象，保证室内空气新鲜，降低通过卫生间下水道的疫情传播风险。

2）办公设施

激光打印机、复印机、多功能一体机使用中产生的臭氧比重约为空气的 1.65 倍，不易流动，进而对人体产生危害。同时高温、高速运动中的打印机、传真机墨粉会有部分外溢，产生一定量的粉尘，这些有害物质将永久地滞留在人体中无法排除。为此，应将这些设备放在独立房间、走廊或其他通风较好的地方。还可以在室内摆放一些有净化效果的绿色植物，一定程度上消除这些设备带来的污染。

3）通风空调设施

由于空调通风系统特有的结构和热湿环境，易于成为微生物滋生和传播媒介。对此，在使用通风空调设备前，要保持新风口的洁净，清除新风口附近的垃圾、杂物，同时对一些比较重要的部位，如冷却塔、冷凝水盘、空调处理机组等进行定期清洁消毒。确保及时更换过滤器，并妥善处理旧的过滤器，以避免过滤的细菌及病毒侵入室内。另外，在空调通风系统中增设适宜的消杀灭菌设备也是有效的措施。

（2）良好的室内活动

人类的室内活动是影响室内空气质量的重要因素，比如吸烟行为、烹饪行为、通风净化行为和清洁卫生行为等。为减少烹饪排放，可以在烹饪时开启油烟机或排气扇，多用煮、蒸方式，少用爆炒、油煎、油炸等方式烹饪，并切勿将食用油过度加热，以减少烹调油烟的排放。开窗通风对室内空气质量有利或有害，取决于建筑所处的位置和季节。当室外环境质量较差时，开窗通风会导致室外空气中的污染物进入到室内，形成新的空气污染。为此，可在开窗通风无法满足要求的时候，使用空气净化器对室内空气及时进行净化处理。此外，化妆品、空气清新剂、杀虫剂、清洗剂、地板蜡等室内常用化学品，大多含有对人体有害的化学成分，需尽量减少在室内的使用，并及时通风消除污染影响。

5.3.2　室内空气净化技术

5.3.2　Indoor air cleaning technology

空气净化是指从空气中分离和去除一种或多种污染物，而实现这种功能的设备称为空气净化器。使用空气净化器，是改善室内空气质量、创造健康舒适的室内环境十分有效的方法。

Air purification refers to the separation and removal of one or more pollutants from the air，and devices that achieve this function are called air purifiers.

1. 空气净化原理和特点

目前空气净化的方法主要有：过滤器过滤、吸附净化法、吸收法、纳米光催化降解VOCs、臭氧法、紫外线照射法、等离子体净化、负离子净化技术和其他净化技术。

（1）过滤净化

过滤器主要功能是处理空气中的颗粒污染。<u>一种普遍的误解是过滤器的工作原理就像筛子一样，只有当悬浮在空气中的颗粒粒径比滤网的孔径大时才能被过滤掉。其实，过滤器和筛子的工作原理大相径庭。</u>图 5-9 是显微镜下过滤器纤维和颗粒物相对尺寸照片。

The main function of the filter is to deal with particulate pollution in the air. A common misconception is that a filter works like a sieve and can only be filtered out if the particles suspended in the air are larger in size than the pore size of the filter. In fact，filters and sieves work very differently.

图 5-9　显微镜下过滤器纤维和颗粒物相对尺寸照片

过滤器工作原理主要包括：①扩散；②中途拦截；③惯性碰撞；④筛子效果；⑤静电捕获。扩散对于小粒子很有效，而中途拦截和惯性碰撞对于大于 $0.5\mu m$ 的粒子非常有效，而这两种作用力对于粒径的要求刚好相反，因此对于粒径在 $0.1\mu m$ 和 $0.4\mu m$ 之间的粒子来说，过滤器的效率则主要取决于纤维的尺寸和空气速度。图 5-10 是过滤器的效率和粒径的关系曲线图。

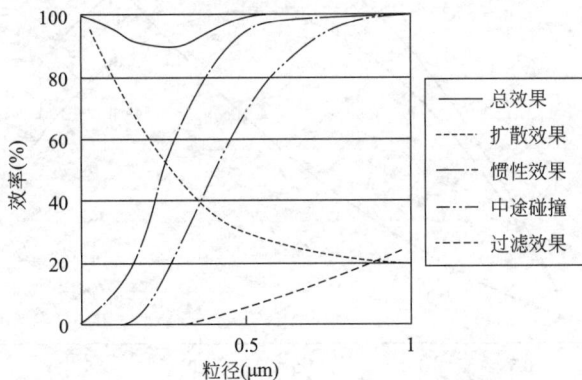

图 5-10　过滤器的效率和粒径的关系曲线图

过滤器按照过滤效率的高低可分为粗效过滤器、中效过滤器、高效过滤器和静电集尘器等。图 5-11 是几种常见过滤器的示意图。

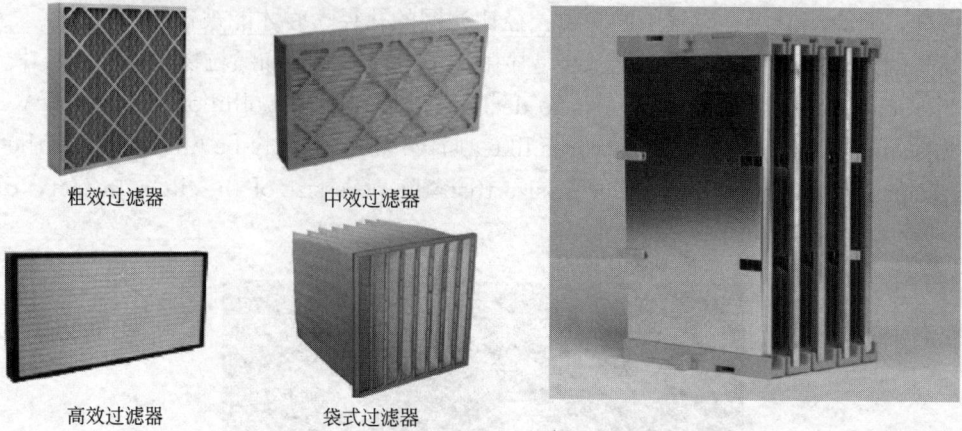

图 5-11　几种常见过滤器的示意图（右图为静电集尘器）

　　粗效过滤器适用于一般的通风空调系统的空气净化。对于空气净化处理要求较高的通风空调系统，其初滤作用能对系统空气净化段的更高级过滤器起到一定的保护作用。中效过滤器大多数情况下用于高效过滤器的前级保护，少数用于清洁度要求较高的空调系统中。目前高效过滤器滤材常采用超细玻璃纤维或合成纤维，加工成纸状，称为滤纸。

　　过滤器的滤速反映滤料的通过能力，特别是滤料的过滤性能，过滤器效率在一定范围内会随着滤速的增加而增大，但阻力也会逐渐增加，且阻力的增加速率会越来越大。过滤器滤速与效率、阻力的变化关系见图 5-12。

图 5-12　过滤器滤速与效率、阻力的变化关系

（2）吸附净化

吸附对于室内 VOCs 和其他污染物是一种比较有效而又简单的消除技术，可以分为物理吸附和化学吸附两类。目前常用的物理吸附剂主要是活性炭，其他的吸附剂还有人造沸石、分子筛等。物理吸附是由于吸附质和吸附剂之间的范德华力而使吸附质聚集到吸附剂表面的一种现象。静电吸附是物理吸附的一种。静电吸附技术是利用正电晕放电原理，将带电粒子收集在集尘装置中，以达到净化空气的目的。

Adsorption is a relatively effective and simple elimination technique for indoor VOCs and other pollutants. Adsorption can be divided into physical adsorption and chemical adsorption.

气体在每克固体表面的吸附量（g）依赖于气体的性质、固体表面的性质、吸附平衡的温度（T）以及吸附质平衡压力（P），可以表示如下：

$$g = f(T, P, 吸附剂(Absorbent), 吸附质(Absorbate)) \tag{5-11}$$

固体材料吸附能力的大小取决于固体的比表面积（即 1g 固体的表面积），比表面积越大，吸附能力越强。通常人们用吸附等温线来表征吸附能力的大小，吸附等温线即在等温的条件下 1g 吸附剂吸附吸附质的量与吸附剂蒸气压力的关系曲线。常见的吸附等温线有 5 类，如图 5-13 所示。表 5-14 列举了几种不同吸附剂应用范围。

类型Ⅰ是向上凸的 Langmuir 型曲线，表示吸附剂毛细孔的孔径比吸附质分子尺寸略大时的单层分子吸附或在微孔吸附剂中的多层吸附或毛细凝聚。该类吸附等温线，沿吸附量坐标方向，向上凸的吸附等温线被称为优惠的吸附等温线。在气相中吸附质浓度很低的情况下，仍有相当高的平衡吸附量，具有这种类型等温线的吸附剂能够将气相中的吸附质脱除至痕量的浓度，如氧在 -183℃下吸附于炭黑上和氮在 -195℃下吸附于活性炭上。

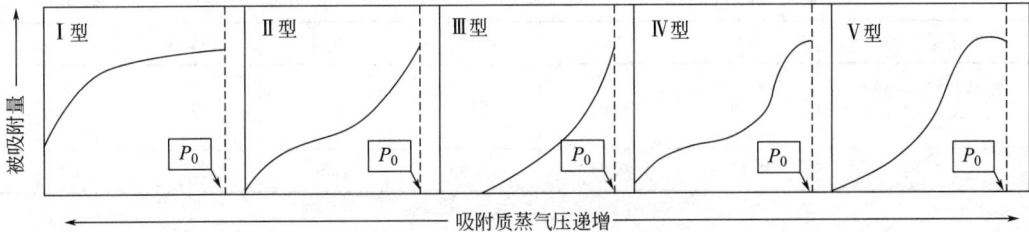

图 5-13 5 种吸附等温线示意图

不同吸附剂应用范围 表 5-14

吸附剂	应用范围（吸附质）
活性炭	苯、甲苯、二甲苯、甲醛、乙醇、乙醚、煤油、汽油、光气、乙酸乙酯、苯乙烯、$CHCl_3$、CS_2、CCl_4、CH_2Cl_2、H_2S、Cl_2、CO_2、NO_X
活性氧化铝	H_2S、SO_2、HF、烃类
硅胶	H_2S、SO_2、烃类
分子筛	H_2S、SO_2、Cl_2、NO_X、CO、NH_3、Hg(气)、烃类
褐煤、泥煤	SO_2、SO_3、NO_X、NH_3

类型Ⅱ为形状呈反S形的吸附等温线，在吸附的前半段发生了类型Ⅰ吸附，而在吸附的后半段出现了多分子层吸附或毛细凝聚，例如在20℃下，炭黑吸附水蒸气和−195℃下硅胶吸附氮气。

类型Ⅲ是反Langmuir型曲线。该类等温线沿吸附量坐标方向向下凹，被称为非优惠的吸附等温线，表示吸附气体量不断随组分分压的增加直至相对饱和值趋于1为止，曲线下凹是由于吸附质与吸附剂分子间的相互作用比较弱，较低的吸附质浓度下，只有极少量的吸附平衡量。同时又因单分子层内吸附质分子的互相作用，使第一层的吸附热比冷凝热小，只有在较高的吸附质浓度下出现冷凝而使吸附量大增，如在20℃下溴吸附于硅胶。

类型Ⅳ是类型Ⅱ的变型，能形成有限的多层吸附，如水蒸气在30℃下吸附于活性炭，在吸附剂的表面和比吸附质分子直径大得多的毛细孔壁上形成两种表面分子层。

类型Ⅴ偶然见于分子互相吸引效应很大的情况，如磷蒸汽吸附于NaX分子筛。

活性炭纤维是20世纪60年代随着碳纤维工业而发展起来的一种活性炭新品种。与粒状活性炭相比，活性炭纤维吸附容量大，吸附或脱附速度快，容易再生，而且不易粉化，不会造成粉尘二次污染，对于无机气体如SO_2、H_2S、NO_x等也有很强的吸附能力，所以在室内空气净化方面有着广阔的应用前景。

普通活性炭对分子量小的化合物（如氨、硫化氢和甲醛）吸附效果较差，对这类化合物，一般采用浸渍高锰酸钾的氧化铝作为吸附剂，空气中的污染物在吸附剂表面发生化学反应。因此，这类吸附称为化学吸附，吸附剂称为化学吸附剂。表5-15给出了浸渍高锰酸钾的氧化铝和活性炭对一些空气污染物吸附效果比较。可见，前者对NO、SO_2、甲醛和H_2S去除效果较好，后者对NO_2和甲苯去除效果较好。

浸渍高锰酸钾的氧化铝和活性炭对一些空气污染物吸附效果比较　　　　表5-15

吸附量（%）	NO_2	NO	SO_2	甲醛	H_2S	甲苯
浸渍高锰酸钾的氧化铝	1.56	2.85	8.07	4.12	11.1	1.27
活性炭	9.15	0.71	5.35	1.55	2.59	20.96

（3）吸收法

吸收法也分为物理吸收和化学吸收两大类。<u>吸收过程无明显化学反应，单纯是被吸收组分融入液体的过程称为物理吸收</u>，如水吸收HCl、水吸收CO_2等。物理吸收是可逆的，降低温度、提高压力有利于吸收的进行；反之则有利于解吸过程。<u>伴随有明显的化学反应的吸收过程称为化学吸收</u>，如用NaOH吸收SO_2、用酸性溶液吸收NH_3等。目前常用的化学吸收剂有熟石灰、氢氧化钠、碳酸钠、硫酸铜、氧化铜等。固体吸收剂除单独使用外，还常常以浸渍方法加入活性炭或分子筛，所形成的吸收剂称为浸渍碳，既具有吸附性能，又具有固体化学吸收剂的作用，增加了其应用范围和选择性。

The absorption process has no obvious chemical reaction, and is simply the process of being absorbed into the liquid called physical absorption.

The absorption process accompanied by a distinct chemical reaction is called chemical absorption.

（4）紫外线杀菌

紫外线杀菌照射（Ultraviolet Germicidal Irradiation，简称 UVGI）是一种消毒方法，它利用紫外线通过破坏核酸及改变其 DNA 来杀死或灭活微生物，使其无法发挥重要的细胞功能，从而达到杀菌的目的。紫外光谱分为 UVA（315～400nm）、UVB（280～315nm）和 UVC（100～280nm），波长短的 UVC 杀菌能力较强，尤以 253.7nm 左右的紫外线杀菌效果最佳，185nm 以下的辐射会产生臭氧。目前应用的紫外杀菌设备主要是紫外灯，多用于医院消毒。一般紫外灯安置在房间上部，不直接照射到人。紫外辐照杀菌对停留在表面上的微生物杀灭非常有效，对空气中的微生物则需要足够长的作用时间才能杀灭。一些 UV-LED 光源的紫外灯辐射效率虽然较低，但是能耗低、更安全环保、波长可调、光学设计方便，目前大规模应用于净水器、空调、空气净化器等家电内部。

Ultraviolet germicidal irradiation（UVGI）is a disinfection method that uses ultraviolet light to kill or inactivate microorganisms by destroying nucleic acids and disrupting their DNA，leaving them unable to perform vital cellular functions.

（5）臭氧净化

臭氧是已知最强的氧化剂之一，其强氧化性、高效的消毒和催化作用使其在室内空气净化方面有着积极的贡献。臭氧的主要应用在于灭菌消毒，这种强的灭菌能力来源于其本身较高的还原电位。表 5-16 列出了常见的灭菌消毒物质的还原电位，其中臭氧具有最高的还原电位。臭氧产品已在医院、家庭灭菌等方面得到了广泛应用。

Ozone is one of the strongest known oxidants，and its strong oxidizing properties，efficient disinfection and catalytic action make it a positive contribution to indoor air purification.

常见的灭菌消毒物质的还原电位　　　　　　　　　　　表 5-16

名称	分子式	标准电极电位（V）	名称	分子式	标准电极电位（V）
臭氧	O_3	2.07	二氧化氯	ClO_2	1.50
双氧水	H_2O_2	1.78	氯气	Cl_2	1.36
高锰酸离子	MnO_2	1.67			

与一般的紫外线消毒相比，臭氧的灭菌能力要强得多，同时还能除臭，达到净化空气的目的，但过高的臭氧浓度对人体的健康有危害作用，这是使用臭氧进行室内空气净化中应该注意的一个问题。

（6）光催化净化

光催化是在光催化剂作用下加速光反应的过程。在光催化中，光催化活性取决于催化剂产生电子-空穴对的能力，从而产生能够进行二次反应的自由基。常见的光催化剂为 TiO_2，其光催化活性高，化学性质稳定、氧化还原性强、抗光阴极腐蚀性强、难溶、无毒且成本低，是研究应用中采用最广泛的单一化合物光催化剂。有些研究者对 TiO_2 进行掺杂改性，提高了其光催化降解 VOC_S 的效果。

Photocatalysis is the acceleration of a catalyst.

光催化反应器中使用的光源多为中压或低压汞灯。为了达到更好的效果，采用了黑光灯和黑光蓝灯，辐射波长在 UVA 波段。185 nm 以下的辐射会产生臭氧，而上述两种灯的辐射在240nm以上，故不会产生臭氧。目前，制约光催化获得大规模应用的瓶颈问题是：①会产生有害副产物；②性能会衰减较快——俗称材料"中毒"或老化；③光催化净化效率不高；④耗能较高；⑤光响应范围窄。

The light sources used in photocatalytic reactors are mostly medium-pressure or low-pressure mercury lamps. In the application，the so-called black light lamp and black light blue lamp are used for better effect，and the radiation wavelength is in the UVA band.

（7）低温等离子体净化

等离子体被称为继固体、液体和气体之后的第四种状态。这是一种物质状态，其中电离物质变得高度导电，以至于远程电场和磁场可以支配其行为。等离子体所拥有的高能电子同空气中的分子碰撞时会发生一系列基元物化反应，并在反应过程中产生多种活性自由基和生态氧。活性自由基可以有效地破坏各种病毒、细菌中的核酸和蛋白质，使其不能进行正常的代谢和生物合成，从而致其死亡；而生态氧能迅速将多种高分子异味气体分解或还原为低分子无害物质；另外借助等离子体中的离子与物体的凝并作用，可以对小至亚微米级的细颗粒物进行有效的收集。

Plasma is called the fourth state of matter after solid，liquid，and gas. It is a state of matter in which an ionized substance becomes highly electrically conductive to the point that long-range electric and magnetic fields dominate its behavior.

脉冲电离等离子体化学处理技术是利用高能电子（5～20 eV）轰击反应器中的气体分子（NO_X、SO_X、O_2 和 H_2O 等），经过激活、分解和电离等过程产生氧化能力很强的自由基（·OH，·HO_2）、原子氧（O）和臭氧（O_3）等，这些强氧化物质可迅速氧化 NO_X 和 SO_2，在 H_2O 分子作用下生成 HNO_3 和 H_2SO_4。

（8）负离子净化

负离子俗称空气中的"维生素"。负离子发生器可产生大量的负离子，用于吸附空气中带正电的悬浮微粒和空气中过多的正离子，如灰尘、烟雾、废气，使其发生沉积，以解决空气污染问题；负离子本身也具有消毒和杀菌的作用，可以使细菌中蛋白质表层电性两极发生颠倒，促使细菌死亡，对人体的健康十分有益。

Negative ions are commonly known as the " vitamin" in the air. Negative ion generator can produce a large number of negative ions，negative ions can adsorb positively charged suspended particles in the air and excessive positive ions in the air，such as dust，smoke，exhaust gas，so that it falls to the ground as dust，to solve air pollution；on the other hand，negative ions itself also has a disinfection and sterilization effect，can make bacteria protein surface electrical polarity reversal，prompting the death of bacteria，very beneficial to human health.

（9）植物净化

绿色植物除了能够美化室内环境外，还能改善室内空气质量。美国宇航局的科学家威廉·沃维尔发现绿色植物对居室和办公室的污染空气有很好的净化作用，24h照明的条件下，芦荟吸收了$1m^3$ 空气中所含的90%的醛；90%的苯在常青藤中消失；而龙舌兰则可吞食70%的苯、50%的甲醛和24%的三氯乙烯；吊兰能吞食96%的一氧化碳，86%的甲醛。威廉又做了大量的实验，发现绿色植物吸入化学物质的能力来自于盆栽土壤中的微生物，而不主要是叶子。

In addition to beautifying the indoor environment，green plants can also improve indoor air quality.

另外，有些植物还可以作为室内空气污染物的指示物。例如紫花苜蓿在 SO_2 浓度超过 0.3mg/L 时，接触一段时间后，就会出现受害的症状；贴梗海棠在 0.5mg/L 的臭氧中暴露 0.5h 就会有要害反应。香石竹、番茄暴露在 0.05～0.1mg/L 乙烯浓度下几个小时，花萼就会发生异常现象。因此利用植物对某些环境污染物进行检测是简单而灵敏的。

上述去除室内污染的空气净化技术的特点和问题可参见表 5-17。

主要空气净化技术比较

表 5-17

技术	去除污染物	现有文献结论汇总	问题
过滤	颗粒物	对粒径范围为 $0.1～4\mu m$ 的颗粒物具有显著的去除效果 对单独的过滤器而言，其并不能清除 VOCs，除非额外复合活性炭之类的物质	可能会滋生微生物，带来二次污染
吸附	VOCs，甲醛，臭氧，NO_X，SO_X 和 H_2S	吸附是对室内污染物有效的去除方式	大部分研究只停留在短期作用效果研究，缺乏长期的寿命测试与分析 与 O_3 反应可产生异味和超细颗粒等污染
吸收	甲醛等气体污染物	工业生产应用很广但是应用于室内净化很少对甲醛去除有很好效果	应用面不广
紫外杀菌	微生物	紫外线杀菌对细菌、病毒和霉菌都具有很好的杀灭或抑制作用，但去除效果强烈依赖于光强、作用时间等影响因素	可能产生 O_3 和 NO_X
臭氧氧化	臭气	臭氧可消除臭气，而且臭气的存在会增强 VOCs 的催化氧化	臭气易与室内其他气体发生氧化还原反应，产生有害物质，有甲醛、乙醛等，其他部分副产物对人体有害
催化氧化	VOCs、NOx、SOx、H_2S 等	大部分还限于实验室研究，其表面光催化氧化可降低大部分室内污染物（例如苯系物、甲醇、甲醛等）	光催化氧化 VOCs 会产生有害副产物，有甲醛、乙醛等，其部分副产物对人体有害
等离子体	VOCs 和微生物等	等离子体技术可消除空气中的大部分 VOCs 和微生物污染，但同时会产生有害副产物（如 O_3），因此等离子体空气净化如不对有害副产物作特别处理，并不适用于室内空气净化	可能产生 O_3、NO_X 和其他二次污染；此外，能耗高
负离子	悬浮微粒和正离子	负离子可以吸附空气中带正电的悬浮微粒和空气中过多的正离子	会产生二次污染和负离子
植物净化	VOCs	对 VOCs 的去除效率很低	会产生一些生物污染；所提供的洁净空气量（CADR）往往很低，制约其在室内环境中的应用

2. 室内空气净化器性能评价

空气净化器净化功能效果主要可用一次通过效率、洁净空气量等指标来评价。

（1）一次通过效率

一次通过效率的定义如下式所示：

$$\varepsilon = \frac{C_{\text{inlet}} - C_{\text{outlet}}}{C_{\text{inlet}}} \tag{5-12}$$

式中　C_{inlet}——空气净化器进风口平均浓度；

　　　C_{outlet}——空气净化器出风口平均浓度。

（2）洁净空气量（Clean Air Delivery Rate，简称 CADR）

洁净空气量则是表示空气净化器所能提供不含某一特定污染物的空气量（m³/h），它实际上是对污染物浓度的稀释效果。<u>定义为净化器一次通过效率 ε 与通过净化器的空气流量的乘积</u>，如下式所示：

CADR is defined as the product of the one-pass efficiency of the purifier and the air flow through the purifier.

$$CADR = G\varepsilon \tag{5-13}$$

式中　G——空气净化器的风量，m³/h。

（3）净化速率

可以用净化速率来表示净化器的性能。净化量表示产品单位时间净化某一特定污染物的数量（mg/h）。当空气净化器进口和出口浓度趋于稳定时，可用下式来表示净化速率：

$$\dot{m} = G(C_{\text{inlet}} - C_{\text{outlet}}) \tag{5-14}$$

$$\dot{m} = G\varepsilon C_{\text{inlet}} \tag{5-15}$$

（4）有效度

Nazaroff 提出使用有效度（Effectiveness）来评价空气净化器的实用性能。假设在没使用空气净化器前，室内污染物浓度为 C_{ref}，而使用空气净化器后，室内污染物浓度降低为 C_{ctrl}。则可定义有效度 ε_{eff} 为：

$$\varepsilon_{\text{eff}} = \frac{C_{\text{ref}} - C_{\text{ctrl}}}{C_{\text{ref}}} \tag{5-16}$$

由上式可见，有效度的数值处于 0 和 1 之间。当有效度等于 1 时，表示空气净化器把室内污染物浓度降低为 0，达到理想性能；当有效度等于 0 时，表示空气净化器的加入对室内污染状况没有任何改善。

总体而言，一次通过效率、洁净空气量等参数体现了空气净化器自身对化学污染物的性能，而有效度则更多体现了在实际应用中应该如何选用合适的空气净化器。除了对室内环境目标污染物净化性能的评价以外，还需重视对使用后可能产生的有害副产物的识别和健康危害评价。目前，针对上述评价指标，我国相继出台了相关国家及行业标准，如《空气净化器》GB/T 18801—2022 和《空气净化器能效限定值及能效等级》GB 36893—2018 等。

5.3.3　室内通风稀释

5.3.3　Indoor ventilation dilution

通风是改善室内空气质量的一种行之有效的方法，其本质是提供室内人员所必需的氧气并用污染物浓度低的室外空气来稀释污染物浓度高的室内空气。感知空气质量不满意率和新风量的关系如图 5-14 所示。可见，随着新风量加大，感知室内空气质量不满意率下降。然而，当新风量加大时，新风处理能耗也会加大。因此，实际应用中采用的新风量会有所不同。

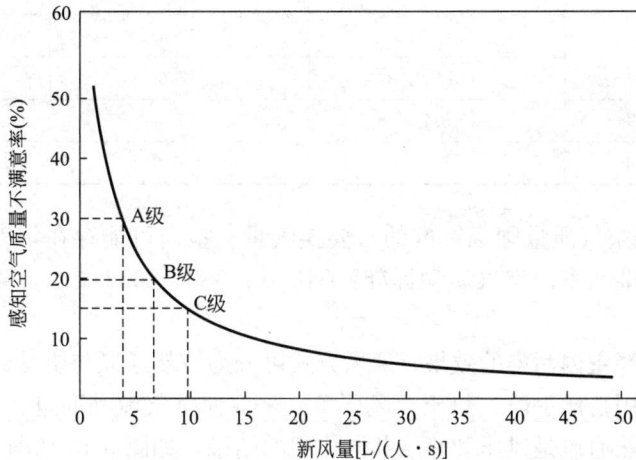

图 5-14　感知空气质量不满意率和新风量的关系

Ventilation is a proven method of improving indoor air quality, essentially providing the oxygen necessary for people and diluting indoor air with high pollutant concentrations with outdoor air with low pollutant concentrations.

室内新风量的确定需从以下几方面考虑：

① 以氧气为标准的必要换气量。必要新风量应能提供足够的氧气，以维持正常生理活动，人体对氧气的需要量主要取决于能量代谢水平。

② 以室内 CO_2 允许浓度为标准的必要换气量。人体在新陈代谢过程中排出大量 CO_2，并且 CO_2 浓度与人体释放的污染物浓度有一定关系，故 CO_2 浓度常作为衡量指标来确定室内空气新风量。人体 CO_2 发生量与人体表面积和代谢情况有关。不同活动强度下人体 CO_2 的发生量和不同 CO_2 允许浓度见表 5-18。

CO_2 的发生量和不同 CO_2 允许浓度　　　　　　　　　　表 5-18

活动强度	CO_2 发生量 $[m^3/(h \cdot 人)]$	不同 CO_2 允许浓度		
		1000mg/L	1500mg/L	2000mg/L
静坐	0.014	20.6	12.0	8.5
极轻	0.017	24.7	14.4	10.2
轻	0.023	32.9	19.2	13.5
中等	0.041	58.6	34.2	24.1
重	0.075	107.0	32.3	44.0

③ 以消除臭气为标准的必要换气量。有研究通过实验测试，在保持室内臭气指数为 2 的前提下得出不同情况下所需的新风量，见表 5-19。

除臭所需新风量 表 5-19

设备		每人占有气体体积（m³/人）	新风量[m³/(h·人)]	
			成人	少年
无空调		2.8	42.5	49.2
		5.7	27.0	35.4
		8.5	20.4	28.8
		14.0	12.0	18.6
有空调	冬季	5.7	20.4	—
	夏季	5.7	<6.8	—

④ 以满足室内空气质量国家标准的必要换气量。室内可能存在污染源，为使室内空气质量达到国家标准《室内空气质量标准》GB/T 18883—2022 要求，需进行合理的通新风换气。

为达到通风稀释室内污染的效果，通风方式可分为自然通风与机械通风。

自然通风是利用自然手段（热压、风压等）来促使空气流动而进行的通风换气方式。在实际建筑中的自然通风是风压和热压共同作用的结果，如图 5-15 和图 5-16 所示。

Natural ventilation is the ventilation of a building with outside air without using fans or other mechanical systems.

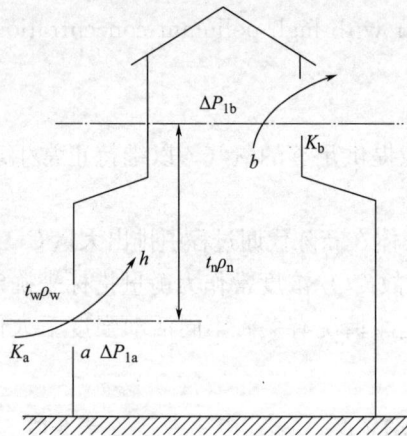

图 5-15　受风压和热压共同作用的建筑物

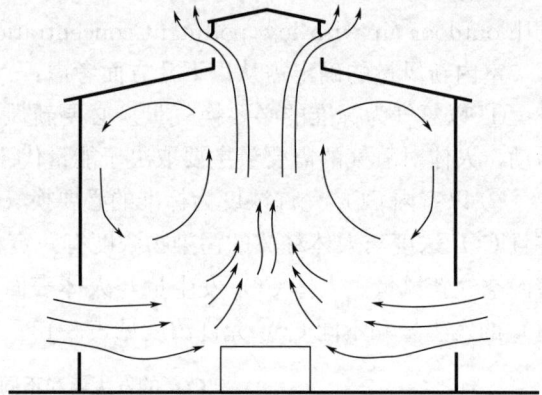

图 5-16　风压和热压共同作用下的自然通风示意图

机械通风或称为受迫通风，利用通风机（风扇、送风机、排风机）产生的动力促进室内外空气交换和流动，即依靠机械动力（如风机风压）进行通风换气。其方式有两种：借助机械动力把室外的新鲜空气经过适当的处理送入室内；或把室内的空气经过净化处理后排至室外或循环送入室内。

Mechanical ventilation or forced ventilation，uses the power generated by ventilation machinery（fans，supply fans，exhaust fans）to promote indoor and outdoor air exchange and flow，that is，rely on mechanical power（such as fan wind pressure）for ventilation.

机械通风从实现方法上分为混合通风（Mixing Ventilation）和置换通风（Displacement Ventilation)，分别如图 5-17 和图 5-18 所示。

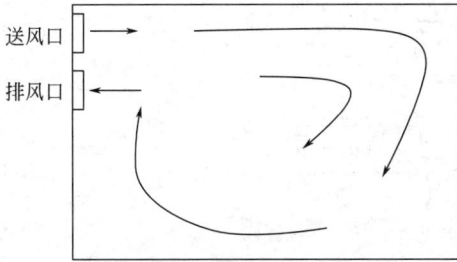

图 5-17　混合通风原理图

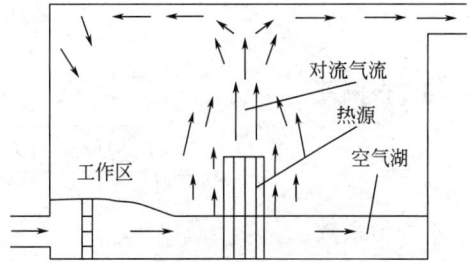

图 5-18　置换通风原理图

5.3.4　室内空气质量的预测
5.3.4　Prediction of indoor air quality

扫码阅读
（详见封底说明）

5.3.4　室内空气
质量的预测

5.4　室内气流分布评价与预测

5.4　Evaluation and prediction of indoor airflow distribution

为营造健康舒适的室内空气环境，需采取适宜的气流组织。在一定的送风形式下，建筑内部的气流会形成某种具体的风速分布、温度分布、湿度分布、污染物浓度分布，又称速度场、温度场、湿度场、污染物浓度场。气流组织直接影响室内空气环境，合理的气流组织对改善室内空气质量和室内污染物扩散至关重要。

The airflow organization directly affects the indoor air environment，and the reasonable airflow organization is important to the improvement of indoor air quality and the diffusion of indoor pollutants.

气流组织与室内空气环境的营造方法密不可分。一般来说，狭义的气流组织指的是上（下、侧、中）送上（下、侧、中）回或置换送风、个性化送风等具体的送、回风形式，也称气流组织形式；而广义的室内气流组织，是指一定的送风口形式和送风参数所带来的室内气流分布（Air Distribution）。

5.4.1　室内空气分布指标的描述
5.4.1　Description of indoor air distribution indicators

室内空气分布的描述参数可以作为气流组织好坏的评价指标。这些指标对气流组织的设计有着重要的指导意义。设计者可以通过评价指标的好坏，来调整送风位置、送风量等条件，使室内的气流分布满足要求。

1. 不均匀系数

在室内各点，温度、风速等均有不同程度的差异，这种差异可以用"不均匀系数"指标来评价。

在工作区内选择 n 个测点，分别测得各点的温度 t 和风速 u，求其算术平均值：

$$\bar{t} = \frac{\sum t_i}{n} \quad \bar{v} = \frac{\sum v_i}{n} \tag{5-17}$$

均方根偏差：

$$\sigma_t = \sqrt{\frac{\sum(t_i - \bar{t})^2}{n}} \quad \sigma_u = \sqrt{\frac{\sum(u_i - \bar{u})^2}{n}} \tag{5-18}$$

不均匀系数：

$$k_t = \frac{\sigma_t}{\bar{t}} \quad k_u = \frac{\sigma_u}{\bar{u}} \tag{5-19}$$

式中，速度不均匀系数 k_u、温度不均匀系数 k_t 都是无量纲数。k_t、k_u 的值越小，表示气流分布的均匀性越好。

2. 空气龄

空气的新鲜状况，可以用房间的换气次数来描述。对于某一微元体空气而言，也可以用这个微元体空气的换气次数来衡量。但换气次数并不能表达真正意义上的空气新鲜程度，因此引入空气龄的概念。

空气龄，从表面意义上讲是空气在室内被测点上的停留时间，而实际意义是指旧空气被新鲜空气所代替的速度。空气龄分为房间平均的空气龄和局部的（某一测点上的）空气龄。最新鲜的空气应该是在送风口的入口处，空气刚进入室内时，空气龄为零。此处空气停留时间最短（趋近于零），陈旧空气被新鲜空气取代的速度最快。而陈旧空气有可能在室内的任何位置，这要视室内气流分布的情况而定，最陈旧空气往往出现在气流的"死角"上，此处空气停留时间最长，陈旧空气被新鲜空气取代的速度最慢，如图 5-19 所示。

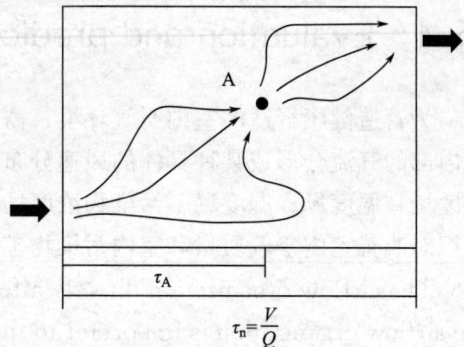

图 5-19　空气龄示意图

The so-called air age is, in a superficial sense, the time that air stays in the room at the point being measured, while in a practical sense it is the rate at which old air is replaced by fresh air.

从统计角度来看，房间中某一点的空气由不同的空气微团组成，这些微团的年龄各不相同，因此该点所有微团的空气龄存在一个概率分布函数 $f(\tau)$ 和累计分布函数 $F(\tau)$。空气龄的概率分布 $f(\tau)$，是指年龄为 τ 的空气微团在某点空气中所占的比例。累计分布函数 $F(\tau)$ 是指年龄比 τ 短的空气微团所占的比例，公式如下：

$$\int_0^\infty f(\tau)\,\mathrm{d}\tau = 1 \tag{5-20}$$

累积分布函数与概率分布函数的关系为：

$$\int_0^\infty f(\tau)\,\mathrm{d}\tau = F(\tau) \tag{5-21}$$

某一点的空气龄 τ_p 是指该点所有微团的空气龄的平均值：

$$\tau_p = \int_0^\infty \tau f(\tau)\mathrm{d}\tau = \int_0^\infty \tau \mathrm{d}F(\tau) = -\int_0^\infty \tau \mathrm{d}[1-F(\tau)] = \int_0^\infty [1-F(\tau)]\,\mathrm{d}\tau \qquad (5\text{-}22)$$

3. 换气效率

换气效率是衡量换气效果优劣的指标，是气流自身的特性，与污染物无关。理论上将最短的换气时间 τ_n 与实际的换气时间 τ_γ 之比定义为换气效率 ε，即：

The air exchange efficiency is defined as the efficiency of airflow flushing a volume with external air. It can be calculated as the ratio between the turn-over time (τ_n) and the mean residence time (τ_γ):

$$\varepsilon = \frac{\tau_n}{\tau_\gamma} = \frac{\tau_n}{2\overline{\tau}} \qquad (5\text{-}23)$$

根据换气效率的定义式可知，$\varepsilon \leqslant 100\%$。换气效率越大，说明房间的通风效果越好。显然换气效率随通风时间 τ_r 的增长而降低。一般混合通风、置换通风 $\varepsilon = 50\% \sim 100\%$，只有在近似活塞流下换气效率才有可能到达 100%。全面孔板送风 $\varepsilon \approx 100\%$，单风口下送上回，$\varepsilon = 50\% \sim 100\%$。换气效率 $\varepsilon = 100\%$ 只有在理想的活塞流时才有可能。在充分混合的房间中（即每个点的浓度相同），空间平均年龄等于交换时间，空气交换效率为 50%。工程设计时通常要求 $\varepsilon > 50\%$。

4. 通风效率 (排污效率)

通风效率表示排除污染物能力的指标。通风效率有相对通风效率和绝对通风效率两种表示方式。其中，相对通风效率表示系统的通风能力如何在房间内不同空间之间变化；绝对通风效率表示通风系统相对于可行理论最大值降低污染浓度的能力。通风效率又分为局部通风效率和整体通风效率。局部通风效率反映了系统的通风能力随室内空间位置的变化，整体通风效率则反映了系统对整个室内空间的通风能力。

Ventilation efficiency is an indicator of pollutant removalability. Ventilation efficiency is divided into relative ventilation efficiency and absolute ventilation efficiency. The relative ventilation efficiency, which expresses how the system's ventilation ability varies between different parts of a room. The absolute ventilation efficiency, which expresses the ability of the ventilation system to reduce a pollution concentration in relation to the feasible theoretical maximum.

通风效率 E 为排风口处平均污染物浓度 C_P 与室内平均污染物浓度之比，其物理意义是指移出室内污染物的迅速程度，可以被表示为：

$$E = \frac{C_P - C_0}{\overline{C} - C_0} \qquad (5\text{-}24)$$

式中　　C_P ——排风口处平均污染物浓度；

　　　　C_0 ——进风口处平均污染物浓度；

　　　　$\overline{C}$ ——室内平均污染物浓度。

若 $C_0 = 0$，则

$$E = \frac{C_P}{\overline{C}} \qquad (5\text{-}25)$$

通风效率又叫排污效率，影响排污效率的主要因素是送排风口的位置（气流组织形式）、污染源所处位置和污染物的特点。在一般情况下，污染源越接近排风口，则通风效率越大；反之，越接近 1。如果存在短路现象，则在某些位置上通风效率也会小于 1。

5. 能量利用系数（排热效率）

能量利用系数评价的是通风系统的排热能力。如果将排污效率表达式中的浓度全部用相应的温度来替换，则排污效率就成了能量利用系数（排热效率）η，定义为送风温度与出风温度之差与被占用区域送风温度与空气温度之差之比。

Energy utilization coefficient is defined as the ratio of the difference between the supply air temperature and exit air temperature to the difference between the supply air temperature and air temperature in the occupied zone.

$$\eta = \frac{t_p - t_0}{t_n - t_0} \tag{5-26}$$

式中　t_p ——排风温度，℃；

　　　t_0 ——送风温度，℃；

　　　t_n ——室内平均温度，℃。

一般气流方式下送上排时 $\eta > 1$；气流方式上送下排时 $\eta < 1$。能量利用系数评价的是通风系统的排热能力，从能量利用系数的引出可以发现，能量利用系数与排污效率就物理意义而言是一致的，前者是排热，后者是排污。

5.4.2 室内气流分布指标的测量

5.4.2 Measurement on indoor airflow distribution indicators

在众多的气流组织评价指标当中，除了少数基本的分布参数指标，例如温度、湿度、风速、浓度等，可以使用相应的传感器直接测量出来，大多数指标必须以这些基本分布参数作为媒介，在测得基本分布参数的基础上进行分析或计算。

目前常用的室内气流定量分析方法为示踪气体法和计算流体力学法（CFD），这里主要介绍用示踪气体方法测量常见的室内气流分布指标。利用示踪气体研究建筑物空气分布与渗透特性是通风实验测量的重要手段。示踪气体方法被广泛用于描述自然气流的特征。它们具有双重优势，既不干扰气流模式，又能考虑渗入和渗出气流。此外，它们还考虑了有效通风而不是预期通风。

Tracer gas methods are widely used to characterize natural airflows. They have the double advantage not to interfere with the flow pattern and to take into account infiltration and exfiltration flows. Also, they account for the effective ventilation rather than the expected one.

示踪气体方法是基于分区假设的，包括三个要求：（1）示踪气体在整个区域内应该是均匀的；（2）该区域应该是隔离的，与室外空气完全交换；（3）外部空气应在该区域内完全混合。

根据示踪气体测量方法的使用场所和使用特点，对示踪气体有如下的要求：

（1）无毒、无腐蚀性，不易燃、不易爆；

（2）不与周围空气和物质发生化学反应；

（3）能够被方便地检查出来，检测手段简单、费用低而且有较高的测量精度；

（4）密度与空气接近（密度差小，不会产生示踪气体与空气的分层现象）。

常用的示踪气体释放方法有三种：

（1）脉冲法（Pulse Method）：在释放点释放少量的示踪气体，记录测量点处示踪气体浓度随时间的变化过程。

（2）上升法（Step-up Method）：在释放点连续释放固定强度源的示踪气体，记录测量点处示踪气体浓度随时间的变化过程。

（3）下降法（或衰减法）（Step-down Method or Decay Method）：房间中示踪气体的浓度达到平衡状态后，停止释放示踪气体，记录测量点处示踪气体浓度随时间的变化过程。

表 5-20 列出了几种示踪气体的性质。表 5-20 中的"空气中最大浓度"是指该浓度以下示踪气体的存在不会对原空气流场产生过大的影响。高于该浓度时，示踪气体将破坏空气本身的状态，所测量的结果与实际情况有所不同。常用的示踪气体包括甲烷、SF_6、二氧化碳等。

示踪气体的性质　　　　　　　　　　　　　　表 5-20

气体名称	化学式	与空气的密度比	空气中最大浓度/$\times 10^{-6}$
一氧化碳	CO	1.53	640
二氧化碳	CO_2	1.53	640
六氟化硫	SF_6	5.11	83
氟利昂	CF_2Cl_2	4.18	107
三氟溴甲烷	CF_3Br	5.13	83

1. 空气龄的测量

根据示踪气体的释放点和测量点的不同，可以测量出不同的指标。若释放点在送风口，测量点在空间任意位置，可以测量出该点的空气龄。此时，在上述的三种释放方法下，该点空气龄的概率分布函数或累计分布函数如下：

脉冲法：

$$f(\tau) = \frac{C_P(\tau)}{\int_0^\infty C_P(\tau)\mathrm{d}\tau} = \frac{C_P(\tau)}{\left(\dfrac{m}{Q}\right)} \tag{5-27}$$

上升法：

$$F(\tau) = \frac{C_P(\tau)}{C_P(\infty)} = \frac{C_P(\tau)}{\left(\dfrac{\dot{m}}{Q}\right)} \tag{5-28}$$

下降法：

$$1 - F(\tau) = \frac{C_P(\tau)}{C_P(0)} \tag{5-29}$$

式中　$C_P(\tau)$——测点处 τ 时刻示踪气体浓度；

Q ——送风量；

m ——脉冲法释放的示踪气体质量；

$\dot{m}$ ——上升法中示踪气体的释放速率。

于是，用示踪气体方法测量出的该点的空气龄的计算公式为：

脉冲法：

$$\tau_P = \frac{\int_0^\infty \tau C_P(\tau)d\tau}{\int_0^\infty C_P(\tau)d\tau} = \frac{\int_0^\infty \tau C_P(\tau)d\tau}{\left(\dfrac{m}{Q}\right)} \tag{5-30}$$

上升法：

$$\tau_P = \int_0^\infty \left[1 - \frac{C_P(\tau)}{C_P(\infty)}\right]d\tau = \int_0^\infty \left[1 - \frac{C_P(\tau)}{\left(\dfrac{\dot{m}}{Q}\right)}\right]d\tau \tag{5-31}$$

下降法：

$$\tau_P = \frac{\int_0^\infty C_P(\tau)d\tau}{C_P(0)} \tag{5-32}$$

例如，李先庭等学者应用示踪气体测量得到了 8 种强制通风工况下实验小室中各测点处的浓度衰减曲线，并计算出各测点的空气龄。实验结果表明，示踪气体用于强制通风研究时实验可重复性较好，实验结果正确合理，测得的空气龄反映了房间各点空气的新鲜程度（不论顶送还是侧送，凡是送风空气容易到达的地方，空气龄就小；凡是处于回流区中的位置，其空气龄就大），也揭示了室内空气的流动形态。

2. 换气效率的测量

可以由示踪气体方法测出房间的换气效率和房间各点的换气效率。

根据房间换气效率的定义可知，测出房间的名义时间常数和房间平均空气龄可以求得房间的换气效率。名义时间常数即为换气次数的倒数，因此名义时间常数的测量方法和换气次数的测量方法相同。而对于房间平均空气龄 $\overline{\tau_P}$，可以用以下公式测量：

脉冲法：

$$\overline{\tau_P} = \frac{1}{2} \cdot \frac{\int_0^\infty \tau^2 C_e(\tau)d\tau}{\int_0^\infty \tau C_e(\tau)d\tau} \tag{5-33}$$

上升法：

$$\overline{\tau_P} = \frac{\int_0^\infty \tau \cdot \left(1 - \dfrac{C_e(\tau)}{C_e(\infty)}\right)d\tau}{\int_0^\infty \left(1 - \dfrac{C_e(\tau)}{C_e(\infty)}\right)d\tau} \tag{5-34}$$

下降法：

$$\overline{\tau_P} = \frac{\int_0^\infty \tau C_e(\tau)d\tau}{\int_0^\infty C_e(\tau)d\tau} \tag{5-35}$$

而房间各点的换气效率在测出房间名义时间常数和该点的空气龄之后，根据换气效率定义式即可求得。

3. 通风效率（排污效率）的测量

由通风效率（排污效率）的定义式（5-24）可知，测出进风口、考察区域和排风口的示踪气体浓度值即可求得各种定义下的排污效率。

4. 换气次数的测量

一般使用两种示踪气体方法来测量换气次数：上升法和下降法。在上升法中，根据质量平衡可得到风量 Q 和示踪气体释放速率 $\dot{m}$、出口浓度 C_e 的关系为：

$$Q = \frac{\dot{m}}{C_e} \tag{5-36}$$

因此，在已知示踪气体释放速率 $\dot{m}$ 的情况下，通过测量出口浓度可以得出房间的通风量，而由换气次数的定义可知，对于确定的房间，体积一定，测出房间通风量后即可求得换气次数。

在下降法中，经过一段时间后，房间排风口在 τ 时刻的示踪气体浓度 C_e 和名义时间常数 τ_n、房间的初始浓度 C_o 的关系为：

$$C_e = C_o e^{-\frac{\tau}{\tau_n}} \tag{5-37}$$

如果已知房间初始浓度 C_o，测出 τ 时刻排风口的浓度，通过上式即可求得名义时间常数 τ_n，进而得到换气次数。若 C_o 未知，可以测出 τ_1、τ_2 两个时刻的排风口浓度，通过比例关系消除 C_o，进而得到换气次数。需要说明的是，该方法适用于室内混合比较均匀的情形。当室内混合较差或存在非常显著的分布特征时，不同的测点位置和不同的时间段选取，可能会导致较大的结果差异。

5. 能量利用系数（排热效率）的测量

考察室内气流分布的能量利用有效性时，由排污效率的定义式可知，测出进风口、考察区域和排风口的示踪气体浓度值即可求得各种定义下的排污效率。其中，下送风上排风方式的能量利用系数值大于 1，且具有较高的通风效率，在工程领域得到广泛应用。

5.4.3　室内气流分布的预测*
5.4.3　Prediction of indoor airflow distribution

扫码阅读
（详见封底说明）

5.4.3　室内气流
分布的预测*

💡 本章关键词（Keywords）

室内空气质量	Indoor air quality（IAQ）
污染成因	Causes of air pollution
空气污染物	Air pollutant
病态建筑综合征	Sick building syndrome（SBS）
建筑相关疾病	Building-related illness（BRI）
危害鉴定	Hazard identification

暴露评价	Exposure assessment
健康风险评价	Health risk assessment
客观评价	Objective evaluation
主观评价	Subjective evaluation
污染控制	Pollution control
空气净化	Air cleaning
通风稀释	Ventilation dilution
过滤效率	Filtration efficiency
洁净空气量	Clean air delivery rate（CADR）
自然通风	Natural ventilation
机械通风	Mechanical ventilation
空气龄	Air age
气流分布	Air distribution

复习思考题

1. 室内空气污染的主要来源有哪些？

2. 请说明家里铺设的地毯对室内空气质量如何影响，地毯使用中应注意什么问题？

3. 室内空气污染物主要有哪些？对人体有何危害？

4. 什么是室内空气质量？如何进行评价？

5. 请说明目前传统空调在室内质量控制方面的局限和改进方法。

6. 在疫情肆虐期间，为安全起见，一些人在新风机中放置紫外灯杀毒灭菌，你对此有何评价？

7. 常用的空气净化技术有哪些？

8. 什么是自然通风，有何特点？什么是机械通风，有何特点？

9. 某教室的尺寸为长×宽×高＝8m×10m×4m，教室内上课的人数为50人，每人呼出的 CO_2 量为 19.8g/h，室外空气的 CO_2 浓度为 0.05％（0.98g/m³），早 8:00 上课前，教室内空气的 CO_2 与室外相同。

（1）推导教室内非稳定状态下的全面通风换气量计算公式；

（2）计算至 9:45 下课时，教室内空气的 CO_2 浓度（由门窗缝隙渗入的室外空气量为 0.5 次/h 的换气次数）；

（3）假设 9:45～10:00 的休息期间，教室内有 10 人，外窗全部打开进行自然通风。要求在该时间内，教室空气的 CO_2 浓度降至 2.96 g/m³，问所需要的自然通风量是多少？

10. 请说明提高室内空气质量的途径和方法。

11. 什么是气流组织？描述室内空气分布的参数有哪些？

12. 空气龄大的空气更新鲜还是空气龄小的空气更新鲜？

13. 某房间面积为 60m²，层高为 3m，送入房间的室外新鲜空气量为 0.4m³/s。室内平均空气龄为 8min，求：①房间换气次数（次/h）；②房间理论最短换气时间；③房间实际换气时间；④房间换气效率。

　　14. 举例说明如何进行室内气流分布的预测和测量。

　　15. 示踪气体有哪几种释放方法？试分析各种释放方法的优缺点。

参考文献

[1] Enyoh C E，Verla A W，Qingyue W，et al. An overview of emerging pollutants in air：Method of analysis and potential public health concern from human environmental exposure [J]. Trends in Environmental Analytical Chemistry，2020，28：e00107.

[2] 周中平，赵寿堂，朱立，等. 室内污染检测与控制 [M]. 北京：化学工业出版社，2002.

[3] 任天山. 室内氡的来源、水平和控制 [J]. 辐射防护，2001，21 (5)：291-299.

[4] Han J，He S. Urban flooding events pose risks of virus spread during the novel coronavirus (COVID-19) pandemic [J]. Science of the Total Environment，2021 (755)：142491.

[5] Spengler J D，McCarthy JF，Samet J M. Indoor air quality handbook [M]. New York：McGraw-Hill Education，2001.

[6] Gao J，Jian Y，Cao C，et al. Indoor emission，dispersion and exposure of total particle-bound polycyclic aromatic hydrocarbons during cooking [J]. Atmospheric Environment，2015 (120)：191-199.

[7] Wang Q，Liu L. On the critical role of human feces and public toilets in the transmission of COVID-19：Evidence from China [J]. Sustainable Cities and Society，2021 (75)：103350.

[8] Ratcliffe N M，Al-Kateb H，De Lacy Costello B，et al. A review of the volatiles from the healthy human body [J]. Journal of Breath Research，2014，8 (1)：014001.

[9] Da Silva M G. An analysis of the transmission modes of COVID-19 in light of the concepts of Indoor Air Quality [J]. REHVA Journal，2020 (3)：46-54.

[10] Zou Z，He J，Yang X. An experimental method for measuring VOC emissions from individual human whole-body skin under controlled conditions [J]. Building and Environment，2020 (181)：107137.

[11] Mcintyre. Indoor Climate [M]. London：Applied Science Publisher，1980.

[12] Kosonen R，Tan F. The effect of perceived indoor air quality on productivity loss [J]. Energy and Buildings，2004，36 (10)：981-986.

[13] Wargocki P，Wyon D P，Clausen G，et al. The effects of outdoor air supply rate in an office on perceived air quality，sick building syndrome (SBS) symptoms and productivity [J]. Indoor Air，2000 (10)：222-236.

[14] Wargocki P，Wyon D P，Baik Y K，et al. Perceived air quality，sick building syndrome (SBS) symptoms and productivity in an office with two different pollution loads [J]. Indoor air，1999，9 (3)：165-179.

[15] Amano K，Takahashi H，Kato S，et al. Indoor odor exposure effects on psycho-physiological states during intellectual tasks and rest [J]. HVAC&R Research，2012，18 (1-2)：217-224.

[16] Knasko S C. Performance，mood，and health during exposure to intermittent odors [J]. Archives of Environmental Health：An International Journal，1993，48 (5)：305-308.

[17] Michael G A，Jacquot L，Millot J L，et al. Ambient odors influence the amplitude and time course of visual distraction [J]. Behavioral Neuroscience，2005，119 (3)：708.

[18] Danuser B，Moser D，Vitale-Sethre T，et al. Performance in a complex task and breathing under odor

exposure [J]. Human factors, 2003, 45 (4): 549-562.

[19] Dionova B W, Mohammed M N, Al-Zubaidi S, et al. Environment indoor air quality assessment using fuzzy inference system [J]. Ict Express, 2020, 6 (3): 185-194.

[20] Cho J H, Moon J W. Integrated artificial neural network prediction model of indoor environmental quality in a school building [J]. Journal of Cleaner Production, 2022 (344): 131083.

[21] Zhu C, Li N, Re D, et al. Uncertaintyin indoor air quality and grey system method [J]. Building and Environment, 2007, 42 (4): 1711-1717.

[22] 张超, 秦挺鑫, 吴甦, 等. 基于暖体假人的热环境下人体安全评价 [J]. 清华大学学报 (自然科学版), 2014, 54 (2): 264-269.

[23] Yang L, Ye M. CFD simulation research on residential indoor air quality [J]. Science of the Total Environment, 2014 (472): 1137-1144.

[24] 刘亮. 基于空调建筑室内颗粒物控制的过滤器效率研究 [D]. 西安: 西安建筑科技大学, 2014.

[25] 史德, 苏广和, 李震. 潜艇舱室空气污染与治理技术 [M]. 北京: 国防工业出版社, 2005.

[26] 朱天乐. 室内空气污染控制 [M]. 北京: 化学工业出版社, 2003.

[27] Zhang Y, Mo J, Li Y, et al. Can commonly-used fan-driven air cleaning technologies improve indoor air quality? A literaturereview [J]. Atmospheric Environment, 2011, 45 (26): 4329-4343.

[28] Wolkoff P. An emission cell for measurement of volatile organic compounds emitted from building materials for indoor use-the field and laboratory emission cell FLEC [J]. Gefahrstoffe-Reinhaltung der Luft, 1996 (56): 151-157.

[29] Huang H, Haghighat F. Modelling of volatile organic compounds emission from dry building materials [J]. Building and Environment, 2002, 37 (12): 1349-1360.

[30] Little J C, Hodgson A T, Gadgil A J. Modeling emissions of volatile organic compounds from new carpets [J]. Atmospheric Environment, 1994, 28 (2): 227-234.

[31] He G, Yang X, Shaw C. Material emission parameters obtained through regression [J]. Indoor and Built Environment, 2005, 14 (1): 59-68.

[32] Hu H P, Zhang Y P, Wang X K, et al. An analytical mass transfer model for predicting VOC emissions from multi-layered building materials with convective surfaces on both sides [J]. International Journal of Heat and Mass Transfer, 2007, 50 (11-12): 2069-2077.

[33] 孙筱. 人体散发 VOC 的特性及人与环境的相互作用研究 [D]. 北京: 清华大学, 2017.

[34] Chen R, Hu B, Liu Y, et al. Beyond PM2.5: The role of ultrafine particles on adverse health effects of air pollution [J]. Biochimica et Biophysica Acta (BBA) -General Subjects, 2016, 1860 (12): 2844-2855.

[35] Bennett D H, Koutrakis P. Determining the infiltration of outdoor particles in the indoor environment using a dynamic model [J]. Journal of Aerosol Science, 2006, 37 (6): 766-785.

[36] Luckey T D. Introduction to intestinal microecology [J]. The American journal of clinical nutrition, 1972, 25 (12): 1292-1294.

[37] Lindsley W G, Blachere F M, Thewlis R E, et al. Measurements of airborne influenza virus in aerosol particles from human coughs [J]. PLoS ONE, 2010, 5 (11): e15100.

[38] Ma J, Qi X, Chen H, et al. Coronavirus disease 2019 patients in earlier stages exhaled millions of severe acute respiratory syndrome coronavirus 2 per hour [J]. Clinical Infectious Diseases, 2021, 72 (10): e652-e654.

[39] Jia W, Cheng P, Ma L, et al. Individual heterogeneity and airborne infection: Effect of non-uniform air distribution [J]. Building and Environment, 2022 (226): 109674.

［40］ 梁卫辉. 实际建筑 VOC 预评估模拟与应用研究 ［D］. 北京：清华大学，2015.

［41］ Sandberg M. What is ventilation efficiency? ［J］. Building & Environment，1981，16（2）：123-135.

［42］ Wan T，Bai Y，Wu L，et al. Multicriteria decision making of integrating thermal comfort with energy utilization coefficient under different air supply conditions based on human factors and 13-value thermal comfort scale ［J］. Journal of Building Engineering，2021（39）：102249.

［43］ Remion G，Moujalled B，El Mankibi M. Review of tracer gas-based methods for the characterization of natural ventilation performance：Comparative analysis of their accuracy ［J］. Building and Environment，2019（160）：106180.

［44］ Sherman M H. Tracer-gas techniques for measuring ventilation in a single zone ［J］. Building and environment，1990，25（4）：365-374.

［45］ 李先庭，王欣，李晓锋，等. 用示踪气体方法研究通风房间的空气年龄 ［J］. 暖通空调，2001.31（4）：79-81.

［46］ Li Z H，Zhang J S，Zhivov A M，et al. Characteristics of diffuser air jets and airflow in the occupied regions of mechanically ventilated rooms-a literature review ［J］. ASHRAE Transactions，1993（99）：1119-1126.

［47］ 何余生，李忠，奚红霞，等. 气固吸附等温线的研究进展 ［J］. 离子交换与吸附，2004，20（4）：376-384.

第6章 建筑光环境
Chapter 6 Indoor Luminous Environment

光从太阳到达地球，经过天空、大地、建筑、树木花草，将世间所有美好呈现到我们眼中。而我们眼中的天空有时蓝、有时红，这是什么原因呢？生活中经常看到"高矮胖瘦"不同的窗户，它们对建筑采光有什么影响吗？为什么有的光线我们会感到很舒服，有的光线就会感到不适，光环境对人们的视觉感知有什么影响呢？我们在选购各类灯泡时，包装盒上写的有 15W、2000lm、5000K、Ra/CRI 85 等参数又是什么意思呢？

对于光的理解可以分为辐射度学、光度学和色度学三部分。辐射度学主要表现为能量，在第 2 章、第 3 章有所提及，因此本章将继续介绍光环境中的光度学与色度学的知识。

6.1 光的性质与度量
6.1 Characteristics and metrics

6.1.1 基本光度和色度单位及测量
6.1.1 Basic photometric and colorimetric units and measurements

光环境的设计和评价离不开定量的分析和说明，这就需要借助于一系列的物理光度量来描述光源与光环境的特征。常用的光度量有光通量、照度、发光强度和（光）亮度，其关系如图 6-1 所示；而常见的色度量有相关色温和显色指数。

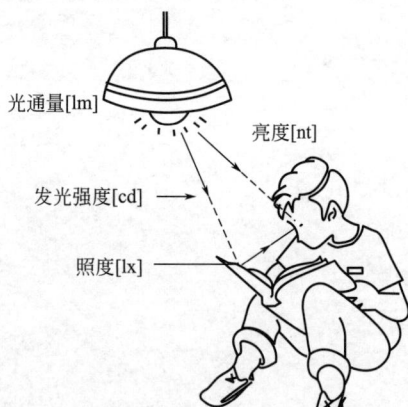

图 6-1 基本参数之间的关系

Commonly used photometrics are luminous flux, illuminance, luminous intensity and luminance (brightness), and the relationship between these basic parameters is shown in the Fig. 6-1. The common chromaticity measures are correlated color temperature (CCT) and color rendering index (CRI).

1. 光通量

辐射体单位时间内以电磁辐射的形式向外辐射的能量称为辐射功率或辐射通量（W），光源的辐射通量中可被人眼感觉的可见光能量（波长 380～

780nm）按照国际约定的人眼视觉特性评价换算为光通量，其单位为流明（lumen，lm）。

The energy radiated by a radiator in the form of electromagnetic radiation per unit time is called radiant power or radiant flux （W）. The visible light energy （wavelength 380～780nm） that can be felt by the human eye in the radiant flux of the light source is converted into luminous flux according to the evaluation of the visual characteristics of the human eye according to international conventions，and its unit is lumens （lumen，lm）.

人眼观看同样功率的辐射时，不同波长带来的明亮感觉程度是不一样的，这是光在视觉上反映的一个特征。辐射功率相等的单色光分别照射时（适应亮度＞3cd/m²），人眼感觉波长 555nm 的黄绿光最明亮，并且明亮程度向短波的紫光和长波的红光方向递减。国际照明委员会（CIE）根据大量的实验结果，把 555nm 定义为同等辐射通量条件下，视亮度最高的单色波长，用 λ_m 表示。将波长为 λ_m 的辐射通量与视亮度感觉相等的波长为 λ 的单色光的辐射通量的比值，定义为波长 λ 的单色光的光谱光视效率（也称视见函数），以 $V(\lambda)$ 表示。也就是说，波长 555nm 的黄绿光 $V(\lambda)=1$，其他波长的单色光 $V(\lambda)$ 均小于 1，这就是明视觉光谱光视效率。在较暗的环境中（适应亮度＜0.03cd/m²），人的视亮度感受性发生变化，以 $\lambda=510$nm 的蓝绿光最为敏感。按照这种特定光环境条件确定的 $V'(\lambda)$ 函数称为暗视觉光谱光视效率（图 6-2）。

According to a large number of experimental results，the International Commission on Illumination （CIE） defines 555nm as the monochromatic wavelength with the highest apparent brightness under the same radiant flux，expressed as λ_m. The ratio of the radiant flux of the wavelength λ_m to the radiant flux of the monochromatic light of the wavelength λ with the same brightness perception is defined as the spectral optical efficiency （also called the visual function） of the monochromatic light of the wavelength λ，as $V(\lambda)$ represents.

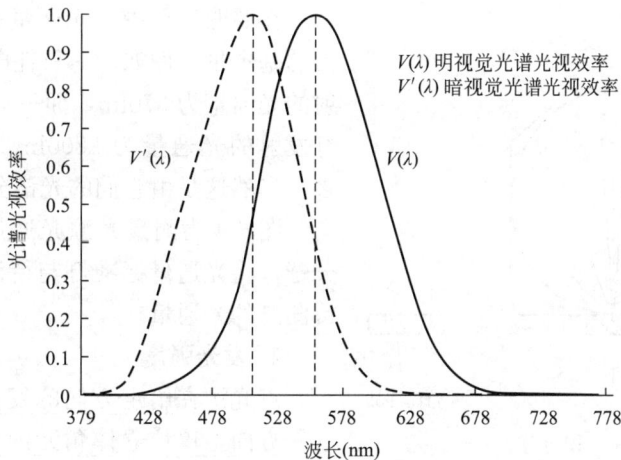

图 6-2 单色光谱光视效率

光视效能 $K(\lambda)$ 是描述光能和辐射能之间关系的量，它是与单位辐射通量相当的光通量，最大值 K_m 在 $\lambda=555$nm 处。根据一些国家权威实验室的测量结果，1977 年国际计量

委员会决定采用 K_m＝683lm/W，也就是波长555nm的光源，其发射出的1W辐射能折合成光通量为683lm。

The luminous efficacy $K(\lambda)$ is a quantity that describes the relationship between light energy and radiant energy. It is the luminous flux equivalent to the unit radiant flux，and the maximum value K_m is at λ＝555nm.

根据这一定义，如果有一光源，其各波长的单色辐射通量为 $\Phi_{e,\lambda}$，则该光源的光通量为：

$$\Phi = K_m \int \Phi_{e,\lambda} V(\lambda) \mathrm{d}\lambda \tag{6-1}$$

式中 Φ——光通量，lm；

$\Phi_{e,\lambda}$——波长为 λ 的单色辐射能通量，W；

$V(\lambda)$——CIE标准光度观测者明视觉光谱光视效率；

K_m——最大光谱光视效能＝683lm/W。

具体计算过程如图6-3所示。

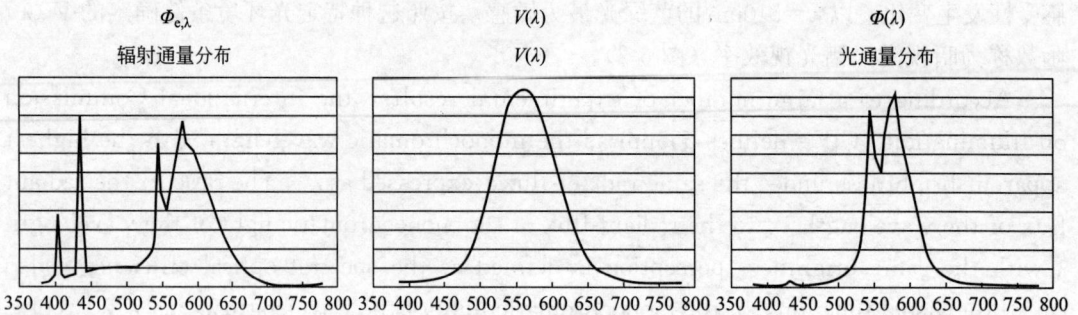

图6-3 光源的光通量计算过程

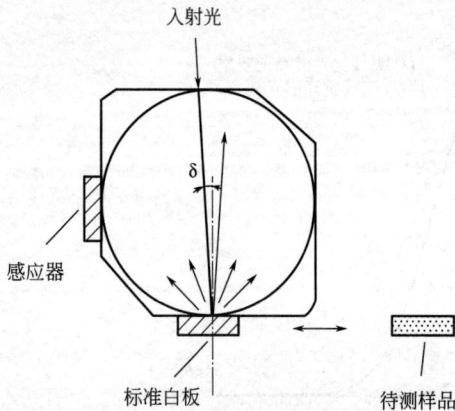

图6-4 积分球

在照明工程中，光通量是说明光源发光能力的基本量。例如，一只耗电40W的白炽灯发射的光通量为370lm，而一只耗电40W的荧光灯发射的光通量为2800lm，是白炽灯的7倍多，当然这是由它们的光谱分布特性决定的。

图6-4为测量光源光通量最常用的仪器积分球，将光通量标准灯与待测灯相比较而得到待测灯的光通量。

2. 发光强度

点光源在给定方向的发光强度，是光源在这一方向上单位立体角元内发射的光通量，如图6-5所示，符号为 I、单位为坎德拉（Candela，cd），其表达式为：

The luminous intensity of a point light source in a given direction is the luminous flux emitted by the light source in a unit solid angle element in this direction.

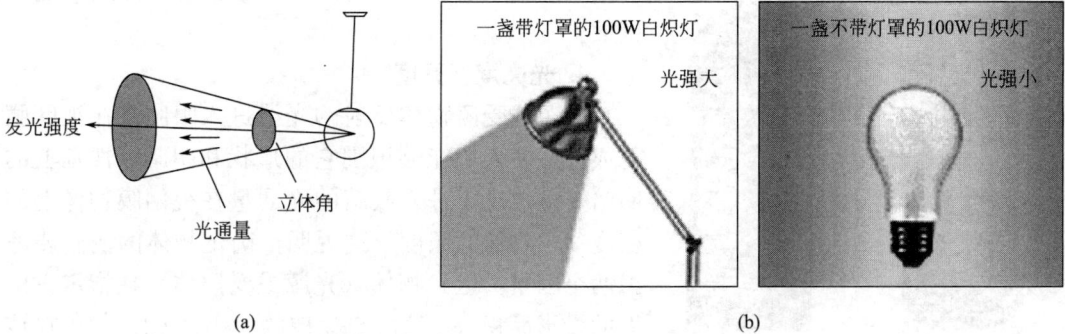

图 6-5　（a）发光强度的定义；（b）光通量相同，发光强度不同

$$I = \frac{\mathrm{d}\varPhi}{\mathrm{d}\varOmega} \tag{6-2}$$

式中的 $\varOmega$ 为立体角，立体角的单位是球面度（sr）。当 $S=r^2$ 时，$\varOmega=1\mathrm{sr}$。因为球的表面积为 $4\pi r^2$，所以立体角的最大数值为 $4\pi\mathrm{sr}$。

坎德拉是我国法定单位制与国际 SI 制的基本单位之一，其他光度量单位都是由坎德拉导出的。1979 年 10 月第 10 届国际计量大会通过的坎德拉定义如下："一个光源发出频率为 $540\times10^{12}\mathrm{Hz}$（相当于空气中传播的波长为 555mm）的单色辐射，若在一定方向上的辐射强度为 1/683 W/sr，则光源在该方向上的发光强度为 1 cd。"

The definition of candela adopted by the 10th International Congress of Weights and Measures in October 1979 is as follows："The candela is the luminous intensity，in a given direction，of a source that emits monochromatic radiation of frequency 540×10^{12} hertz and that has a radiant intensity in that direction of 1/683 watt per steradian."

发光强度常用于说明光源和照明灯具发出的光通量在空间各方向或在选定方向上的分布密度。如一只 40W 白炽灯泡发出 370lm 的光通量，它的平均发光强度为 $370/4\pi=31\mathrm{cd}$。如果在裸灯泡上装一盏白色搪瓷平盘灯罩，灯的正下方发光强度能提高到 80~100cd，如果配上一个合适的镜面反射罩，则灯下方的发光强度可以高达数百坎德拉。在这两种情况下，灯泡发出的光通量并没有变化，只是光通量在空间的分布更为集中了。

测量光强度时所使用的光接收器是光辐射探测器，即对标准光源和待测光源在接收器全部有效面积上的照度进行比较，判断出待测光源光强度。

3. 照度

照度是受照平面上接受的光通量的面密度，符号为 E。若照射到表面一点面元上的光通量为 $\mathrm{d}\varPhi$（lm），该面元的面积为 $\mathrm{d}A$（m^2），则有：

Illuminance is the areal density of the luminous flux received on the illuminated plane.

$$E = \frac{\mathrm{d}\varPhi}{\mathrm{d}A} \tag{6-3}$$

照度的单位是勒克斯（lux，lx）。1lx 等于 1lm 的光通量均匀分布在 $1\mathrm{m}^2$ 表面上所产生的照度，即 $1\mathrm{lx}=1\mathrm{lm/m}^2$。勒克斯是一个较小的单位，例如：夏季中午日光下，地平面上的照度可达 $10^5\mathrm{lx}$；在装有 40W 白炽灯的书写台灯下看书，桌面照度平均为 200~300lx；月光下的照度只有几个勒克斯。图 6-6 给出了普通照度计和光谱照度计的样式，测

图 6-6　普通照度计和光谱照度计

量某一点或某一方向上的照度可直接使用照度计进行读数。

4. 光亮度（亮度）

光源或受照物体反射的光线进入眼睛，在视网膜上成像，使人们能够识别它的形状和明暗。视觉上的明暗知觉取决于进入眼睛的光通量在视网膜物像上的密度——物像的照度。这说明，确定物体的明暗要考虑两个因素：（1）物体（光源或受照体）在指定方向上的投影面积——这决定物像的大小；（2）物体在该方向上的发光强度——这决定物像上的光通量密度。根据这两个条件，可以建立一个新的光度量——光亮度。

光亮度简称亮度，其定义是发光体在某一方向上单位面积的发光强度，以符号 L_θ 表示，单位是尼特（nit，nt），$1nt=1cd/m^2$。其定义式为（图 6-7）：

The luminance (brightness) is the luminous intensity per unit area of the luminous body in a certain direction.

$$L_\theta = \frac{dI_\theta}{dA\cos\theta} \tag{6-4}$$

式（6-4）所定义的亮度是一个物理亮度，它与视觉上对明暗的直观感受还有一定的区别。例如同一盏交通信号灯，夜晚看的时候感觉要比白天看的时候亮得多。实际上，信号灯的亮度并没有变化，只是眼睛适应环境亮度，物体明暗在视觉上的直观感受就可能会比它的物理亮度高一些或低一些。我们把直观看去一个物体表面发光的属性称为"视亮度"，这是一个心理量，没有量纲。它与"光亮度"这一物理量有一定的相关关系。

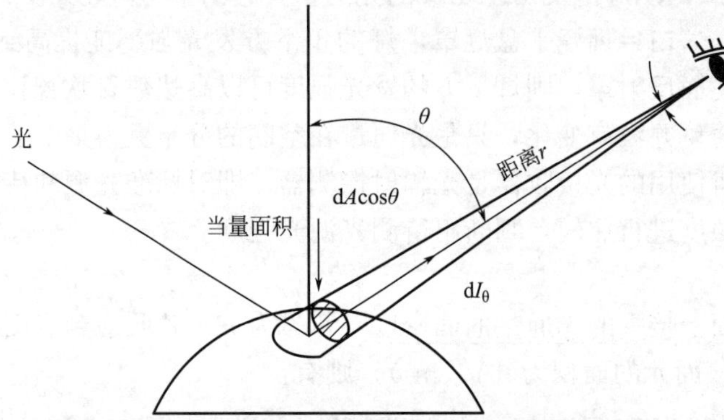

图 6-7　亮度的定义

亮度还有一个较大的单位为熙提（stilb，sb），$1sb=10^4nt$，相当于 $1cm^2$ 面积上发光强度为 1cd。太阳的亮度高达 2×10^5sb，白炽灯丝的亮度约为 $300\sim500sb$，而普通荧光灯表面的亮度只有 $0.6\sim0.8sb$，无云蓝天的亮度范围在 $0.2\sim2.0sb$。

测量亮度和照度是最基本的光环境测量项目，其中某一点的亮度可以直接使用瞄点式亮度计直接读数，瞄点式亮度计根据具体型号不同有不同的张角，但通常在 1°以内，有些型号的瞄点式亮度计有可调张角功能。图 6-8 为手持式瞄点式亮度计，实验员需通过亮度计目镜对准测量点后按动扳机进行读数。某些功能更为全面的亮度计还可以同时测量某一点的色坐标等参量，称之为"彩色亮度计"。

图 6-8　瞄点式亮度计

对于测量面域内的亮度分布，可以使用成像法测量。目前已经有成像亮度计等仪器，但此类仪器价格昂贵，并非所有对于亮度分布测量有需求的人都可以负担，因此使用数码相机制作 HDR 图像并用于场景内亮度分布测量的技术被提出，目前该技术已经十分成熟，可以应用于对于亮度测量准确度要求高的场合。图 6-9 所示为 HDR 图像法测量场景内亮度分布，左图为用鱼眼相机得到的画面，右图为经校准后 HDR 图像生成的亮度分布伪色图。

图 6-9　HDR 图像法测量场景内亮度分布

5. 相关色温

相关色温就是发射体和某温度的黑体有最相近颜色时黑体的温度。在 800～900K 温度下，黑体辐射呈红色；3000K 为黄白色；5000K 左右呈白色，接近日光的色温；在 8000～10000K 之间为淡蓝色。光源的色表主要取决于光源的色温，光源的色温低，偏红色；反之，偏蓝色。

The correlated color temperature is the temperature of the black body when the emitter has the closest color to the black body of a certain temperature.

6. 显色指数

显色性就是指不同光谱的光源照射在同一颜色的物体上时，所呈现不同颜色的特性，也就是光源对于物体色彩呈现的程度，即色彩的逼真程度。通常用显色指数（CRI）来表示光源的显色性。光源的显色指数越高，其显色性能越好。

The color rendering index（CRI）is usually used to express the color rendering of the light source. The higher the color rendering index of the light source, the better its color rendering performance.

显色性高的光源对于色彩的再现性越好，人们所看到的色彩也就越接近自然色，显色性低的光源对于色彩的再现性则较差，人们所看到的物体色彩偏差也就较大。通常按一般显色指数可将光源的显色性分为：优（$Ra^{①}=100\sim75$）、一般（$Ra=75\sim50$）、劣（$Ra<50$）三个质量等级，作为对光源显色性的定性评价。

6.1.2　光的传播特性

6.1.2　Propagation properties of light

人眼能看见周围环境中的人和物，是借助于材料表面反射的光或材料本身透过的光，也可以说，光环境就是由各种反射与透射光的材料构成的。光在传播过程中遇到新的介质时，会发生反射、透射与吸收现象：一部分光通量被介质表面反射（Φ_ρ），一部分透过介质（Φ_τ），余下的一部分则被介质吸收（Φ_α），见图 6-10。根据能量守恒定律，入射光通量（Φ_i）应等于上述三部分光通量之和：

$$\Phi_i=\Phi_\rho+\Phi_\tau+\Phi_\alpha \tag{6-5}$$

将反射、吸收与透射光通量与入射光通量之比，分别定义为光反射比 ρ、光吸收比 α 和光透射比 τ，则有：

The ratio of the reflected, absorbed and transmitted luminous flux to the incident luminous flux is defined as the light reflectance ρ, the light absorption ratio α and the light transmittance τ, respectively, then there are:

$$\rho+\tau+\alpha=1 \tag{6-6}$$

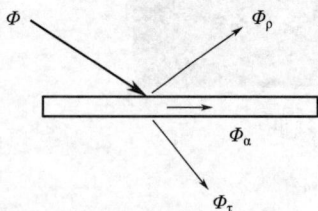

图 6-10　光通量的反射、透射与吸收

光线经过介质反射和透射后，它的分布变化取决于材料表面的光滑程度、材料内部的分子结构及其厚度。透射比为零的材料是非透光材料，而玻璃、晶体、某些塑料、纺织品、水等都是透光材料，能透过大部分入射光。材料的透光性能还同它的厚度密切相关，比如，非常厚的玻璃或水可能是不透光的，而一张极薄的金属膜或许是透光的。通过对不同材料的光学性质有所了解，就可以在光环境设计中正确运用每种材料的控光性能，获得预期的光环境控制效果。反射与透光材料分为两类，一类是定向反射或透射材料，另一类为扩散反射或透射材料。

1. 定向反射与透射

光线经过反射或透射后，光分布的立体角不变，定向反射的规律为：（1）入射光线与反射光线以及反射表面的法线同处于一个平面内；（2）入射光与反射光分居法线两侧，入射角等于反射角，如镜子和抛光的金属表面等都属于定向反射材料。

若透光材料的两个表面彼此平行，则透过的光线方向和入射光方向将保持一致。在入

---

① 一般显色指数（Ra）是显色指数（CRI）的一个简化版本，只计算 R1 到 R8 共 8 种标准颜色的平均显色指数，不包含对高饱和度颜色样本（如 R9~R14）的考量。Ra 是最常用的显色指数，其计算方式比 CRI 简单，通常用于快速评估光源的显色性。

从技术上讲，Ra 只是一般 CRI 计算公式中的一个符号，但已被广泛用作一般 CRI 的同义词。

射光的背面，光源与物像清晰可见，只是位置有所平移，平板玻璃等就属于定向透射材料。

2. 扩散反射与透射

（1）均匀扩散

均匀扩散材料的特点是反射光或透射光的分布与入射光方向无关，反射光或透射光均匀地分布在所有方向上。从各个角度看，被照表面或透射表面亮度完全相同，看不见光源形象，见图 6-11（c）与图 6-12（c）。反射光或者透射光的最大发光强度在垂直于表面的法线方向，其余方向的光强同最大光强之间有以下称作"朗伯余弦定律"的关系（参见图 6-13）：

$$I_\theta = I_0 \cos\theta \tag{6-7}$$

式中　I_θ——反射光或透射光与表面法线夹角为 θ 方向的光强，cd；

I_0——反射光或透射光在表面法线方向的最大光强，cd；

θ——反射光或透射光与表面法线方向的夹角。

氧化镁、硫酸钡和石膏等均为理想的均匀扩散反射材料，大部分无光泽的建筑饰面材料，如粉刷涂料、乳胶漆、无光塑料墙纸、陶板面砖等也可近似地看作均匀扩散反射材料；乳白玻璃的整个透光面亮度均匀，完全看不见背侧的光源和物像，是均匀扩散透射材料。

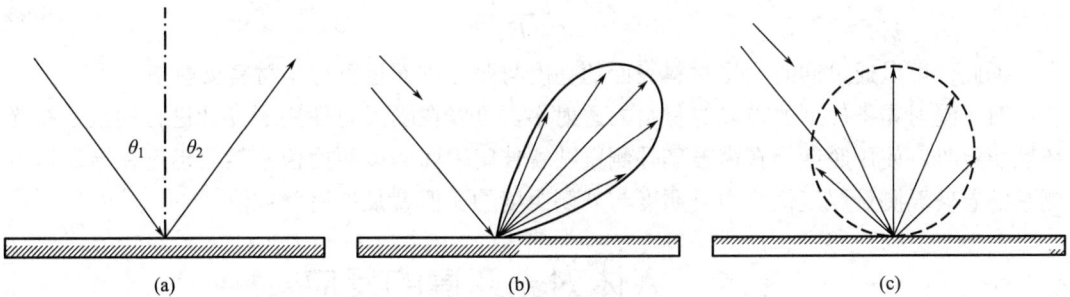

图 6-11　反射光的分布形式

（a）定向反射；（b）定向扩散反射；（c）均匀扩散反射

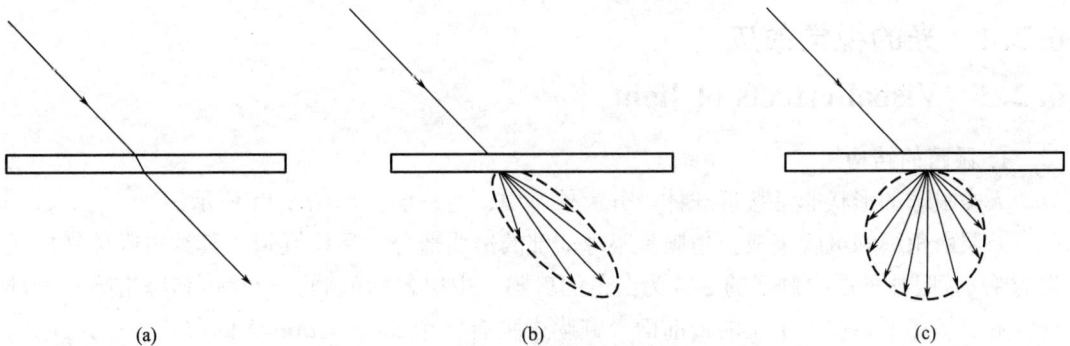

图 6-12　透射光的分布形式

（a）定向透射；（b）定向扩散透射；（c）均匀扩散透射

227

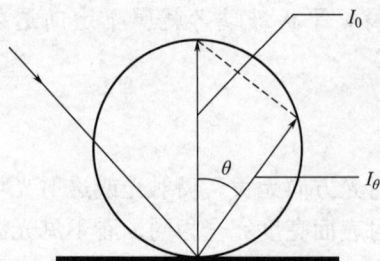

图 6-13　均匀扩散反射材料的
光强分布与亮度分布

（2）定向扩散

某些材料同时具有定向和扩散的性质，它在定向反射或透射方向上具有最大的亮度，在其他方向上也有一定的亮度，见图 6-11（b）和图 6-12（b）。在光的反射或透射方向可以看到光源的大致形状，但轮廓不像定向材料那样清晰。具有这种性质的材料称定向扩散反射或透射材料。这种性质的反光材料有光滑的纸、粗糙的金属表面、油漆表面、黑板等。磨砂玻璃为典型的定向扩散透射，在背光的一侧仅能看见光源模糊的影像。

3. 材料反射率透射率现场测量

在漫射光环境下为数众多的建筑内常见材料可以被认为是漫反射材料，而对于漫反射材料而言其表面光度值符合此规律：

$$L = \frac{E \times \rho}{\pi} \tag{6-8}$$

式中，L 为表面亮度，E 为表面照度，π 是圆周率，ρ 即是材料反射率。

因此，材料表面反射率可由如下表达式给出：

$$\rho = \frac{L \times \pi}{E} \tag{6-9}$$

据此，可以通过同时测量材料表面的亮度与照度进而运算得出材料反射率。

对于漫射光条件下的玻璃等材料的透射率，可以在阴天时使用照度计进行测量。在光环境稳定时，使用照度计在窗玻璃外侧紧贴着玻璃表面测试照度值，然后迅速在窗玻璃内侧紧贴着玻璃测量照度值，内侧照度与外侧照度的比值就是透射率数值。

6.2　人体对光环境的反应

6.2　Human response to luminous environment

6.2.1　光的视觉效应

6.2.1　**Visual effects of light**

1. 眼睛的结构

人类眼球的形状非常接近球体，分为外、中、内三层，如图 6-14 所示。

外层由角膜和巩膜组成。角膜是眼球前部的透明部分，呈椭圆形，其约占眼球外层面积的 1/6，眼球外层中剩下的 5/6 为白色的巩膜。中层包括虹膜、睫状体和脉络膜三个部分。虹膜呈环形，位于中层的最前面，虹膜中央有一个 2.5～4mm 大的圆孔，称为瞳孔。睫状体前接虹膜根部，后接脉络膜，外侧为巩膜。脉络膜位于巩膜和视网膜之间。内层为视网膜，这是一层透明的膜，厚约 0.2～0.4mm，其上分布了大量具有感光作用的细胞。黄斑区是视网膜上视觉最敏锐的特殊区域，直径约 1～3mm，其中央正对着视轴的位置上

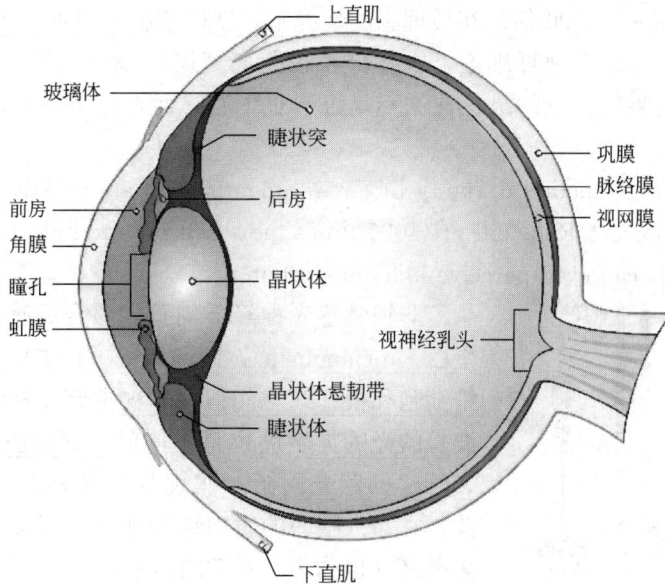

图 6-14　眼睛结构示意图

有一小窝，即中央窝。在视网膜后部偏内侧的视神经起始处有一圆形的白斑，叫视神经乳头，是视网膜上视觉纤维汇集出眼球的部位，无感光细胞，故视野上呈现为固有的暗区，称生理盲点。在上述眼球壁的三层之间是前房、后房和玻璃体腔，其中包含的眼内容物分别是房水、水晶体和玻璃体，这三者与角膜一起共称为屈光介质。

2. 感光细胞

视网膜上分布着三类感光细胞：视锥细胞、视杆细胞和非视觉感光神经节细胞（ipRGC），它们分别对应于不同的功能和环境。图 6-15 给出了三类感光细胞的示意图。

There are three types of photoreceptor cells distributed on the retina：cones，rods，and non-visual photoreceptor ganglion cells（ipRGC），which correspond to different functions and environments.

视锥细胞主要分布在视网膜上的黄斑区，这一区域也是正常情况下通过晶体投射的聚焦区域。视锥细胞在正常的自然光环境下能精确地感知颜色，其具有三种色素物质，分别用于感受红、绿和蓝光。视网膜中的视神经可以将上述感光信息转换为脉冲电信号，随后神经节细胞将电信号转换为两个互补色彩通道和一个亮度通道的信息反馈给大脑进行成像处理。在视网膜中有大约（600～700）万个视锥细胞，其中只有约 2％可以感知蓝光，不过它们对于蓝光的高敏感度可以部分弥补数量上的不足，因此人类对于蓝色的敏感程度只是稍弱于红色和绿色。总的来说，视锥细胞对波长约为 555nm 的黄绿色光最为敏感。

Cone cells are mainly located in the macula of the retina，which is also the focal area that normally projects through the lens. Cone cells can accurately perceive color in normal natural light environment，and they have three kinds of pigments，which are used to perceive red，green and blue light respectively. In general，cones are most sensitive to yellow-green light with a wavelength of about 555nm.

视杆细胞主要作用于光线较暗的环境之中，其多用于感知物体的运动。视杆细胞的感光敏感度是视锥细胞的 1000 倍。在最理想的情况下，视杆细胞甚至可以感知单个的光子。视网膜中共有约 1.2 亿个视杆细胞，主要分布在距离黄斑区视轴大约 20°的区域，这也就解释了为什么较暗情况下的最佳视觉不是位于正中心，而是位于中心偏左或右一些的地方。

Rod cells mainly function in dimly lit environments, and are mostly used to perceive the movement of objects. Rod cells are 1000 times more sensitive to light than cone cells. In the best case, rods can even perceive individual photons.

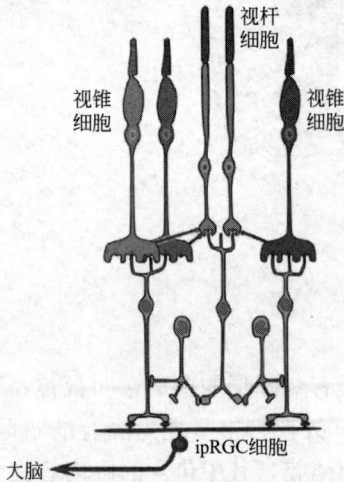

图 6-15　视杆细胞、视锥细胞和 ipRGC 细胞

非视觉感光神经节细胞能够合成感光蛋白——视黑蛋白（melanopsin），因此具备了自主感光的能力。与视锥细胞和视杆细胞相似，非视觉感光神经节细胞对不同波长的光的灵敏度也是不同的，其峰值波长位于 460～490nm 的蓝光附近。非视觉感光神经节细胞与视觉无关，它与人脑内的生物钟相连接，能抑制松果体分泌褪黑激素（也称为"睡觉的荷尔蒙"）。人们已经发现褪黑激素水平不仅影响人们的睡眠质量，而且对于衰老及痴呆甚至是老年人记忆力的提升都有影响，同时还与抑制癌细胞生长等生物功能有关。

Non-visual photoreceptor ganglion cells are able to synthesize the photoreceptor protein, melanopsin, and thus have the ability to autonomously perceive light. Similar to cone cells and rod cells, non-visual photoreceptor ganglion cells have different sensitivity to different wavelengths of light, and their peak wavelengths are located near the blue light of 460～490nm.

3. 明视觉和暗视觉

由于锥体、杆体感光细胞分别在不同的明、暗环境中起主要作用，故形成明、暗视觉。根据国际照明学会（CIE）1983 年的定义，明视觉指亮度超过一定阈值（通常认为 $3cd/m^2$）的环境，此时视觉主要由视锥细胞起作用；暗视觉指环境亮度低于 $10^{-3}cd/m^2$ 时的视觉，此时视杆细胞是起主要作用的感光细胞；中间视觉介于明视觉和暗视觉亮度之间，此时人眼的视锥和视杆细胞同时响应，并随着亮度的变化，两种细胞的活跃程度也相应发生变化。而且它们随着正常人眼的适应水平变化而发挥的作用大小不同，图 6-16 给出了不同亮度下的视觉类型。中间视觉状态在偏向明视觉时较为依赖视锥细胞，在偏向暗视觉时则对视杆细胞的依赖程度变大。一般白天晴朗的天空、夜晚台灯的功能照明为明视觉状态，道路照明和明朗的月夜下则为中间视觉状态，昏暗的星空下就是暗视觉状态。

Since cone and rod photoreceptor cells play a major role in different light and dark environments, respectively, light and dark vision are formed. According to the definition of the International Institute of Illumination (CIE) in 1983, photopic vision refers to an environment with a brightness exceeding several cd/m^2 (usually considered to exceed $3cd/m^2$), at which time vision is mainly performed by cone cells; scotopic vision refers to vision when the ambient brightness is lower than $10^{-3}cd/m^2$, at which time rod cells are the main photoreceptor cells; mesopic vision is between the brightness of photopic vision and scotopic vision, at which time the cones and rod cells of the human eye respond at the same time.

图 6-16 不同亮度下的视觉类型

4. 颜色

颜色不是物体的本质属性，而是人眼和大脑协作参与的生理心理过程，在人类视网膜中有超过 1 亿个感光细胞将接收到的外部信息传递给大脑进行信号处理，产生颜色视觉。颜色的感知从视杆细胞和视锥细胞对光的响应开始。视杆细胞分辨明暗差异，向大脑提供图像黑白灰度信息，描绘出颜色的明暗与饱和度，同时它们还负责感知物体的大小和形状。视锥细胞包括对红色长波长光敏感的视锥细胞 L-cones、对绿色中波长光敏感的视锥细胞 M-cones、对蓝色短波长光敏感的视锥细胞 S-cones，这三种类型的视锥细胞共同工作分辨入射人眼光线的波长差异，从而分辨色调。图 6-17 给出了视杆细胞、三类视锥细胞和视黑素的光谱响应曲线。例如当人眼看到的是黄色物体时，L-cones 和 M-cones 视锥细胞同时工作，使大脑感知到黄色。

Color is not an essential attribute of an object, but a physiological and psychological process in which the human eye and the brain cooperate. There are more than 100 million photoreceptor cells in the human retina that transmit the received external information to

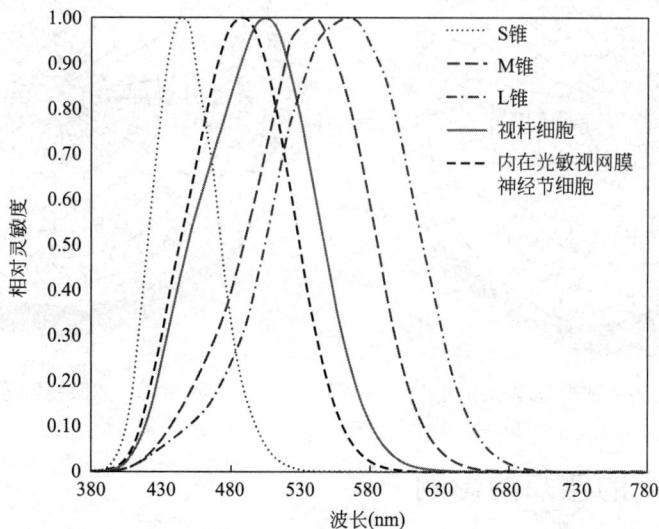

图 6-17 视杆细胞、三类视锥细胞和视黑素的光谱响应曲线

231

the brain for signal processing，resulting in color vision. Cones include L-cones，which are sensitive to red long-wavelength light，M-cones，which are sensitive to green medium-wavelength light，and S-cones，which are sensitive to blue short-wavelength light. Types of cone cells work together to resolve the wavelength difference of incident light to the human eye，thereby resolving hue.

色彩的导视作用主要体现在空间识别、空间导向、安全标志等上，尤其是对于人流量或车流量较大的空间，如地下停车场、医院、办公楼、商场等流向复杂的建筑场所，可以利用色彩和照明设计增强人们的方位辨别感，快速疏散人流。

5. 视野范围

人眼对于不同颜色的视野范围是不同的。图 6-18 为右眼的视野范围示意图，白色区域的视野范围最大，向下依次为黄色、蓝色和红色，视野范围最小的是绿色。左右眼的视野范围是基本相同的，但有微小的差别，一般来说可以忽略不计。

The human eye has different fields of view for different colors.

人类的双眼视野几乎可以涵盖整个前视半球，两只水平相隔 60mm 并具有大致相同视野的眼睛可以使我们的视觉更具立体感并能准确地判断物体的距离。双眼不动的视野范围是水平 180°，竖直 130°。图 6-19 为双眼视野范围示意图，蓝色的区域是非立体视觉区，绿色的区域是立体视觉区，我们可以精确地感知立体视觉区中的距离。具有最高视觉灵敏度的区域位于黄斑区附近，这也是视锥细胞分布最为密集的区域，一般来说，我们的眼睛可以自动将视觉目标聚焦到黄斑区上。图中白色的区域为被遮挡区域，上方为眉毛所遮挡，下方为鼻子和面颊遮挡。

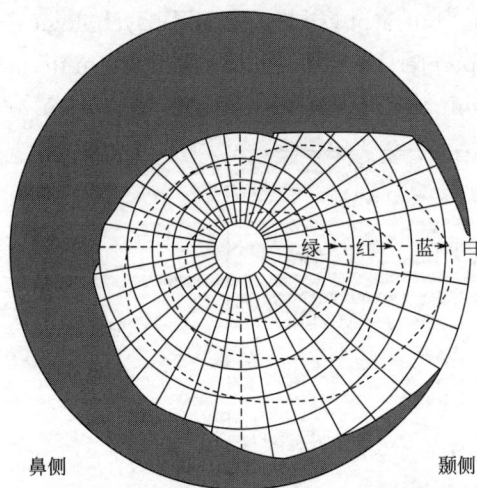

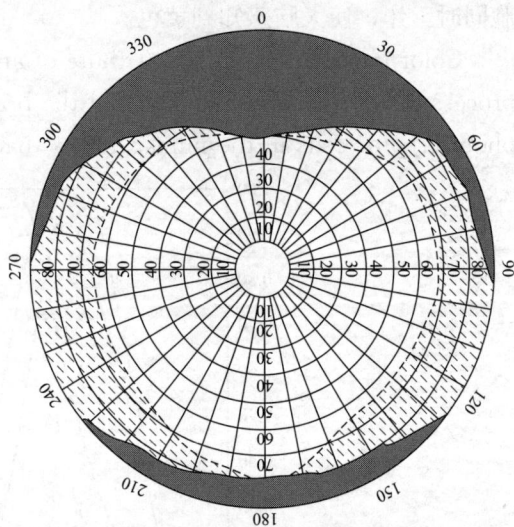

图 6-18　右眼的颜色视野范围示意图　　　　　图 6-19　双眼视野范围示意图

6.2.2　光对人的感知的影响

6.2.2　Effects of light on human perception

社会生活的多元化发展，生活节奏日趋加快，工作学习竞争日益激烈。在各种心理应激源的催化下，人们经常遭受情绪亚健康、情绪障碍等不同程度情绪问题的困扰，各类心身疾病、精神疾病患发病率升高。心理健康问题的解决重在预防与及时干预，情感疗愈是未来重要的生命课题。

光与空间共同形成光环境，光环境是视觉通道的情绪载体。明暗、色彩等人眼接收的可见光信息，由大脑后部枕叶的视觉皮层进行加工和处理，通过皮层通路与皮层下通路传递至杏仁核。杏仁核的信息投射到脑的高级部位（如前额叶、扣带回、眼眶叶）并下行到运动系统，在这样一个复杂的网络中进行情绪加工，产生个体的情绪唤醒和行为反应，视觉信息与情绪发生联系。正如照明心理学研究的先行者约翰·弗林（John Flynn）所主张的那样，光环境拥有情感语言，让人们产生社会心理印象，如轻松、愉悦和温暖等。

光照强度与情绪强度相关联。在明亮的光线下，情绪反应更为强烈，无论是积极情绪还是消极情绪。研究人员认为明亮环境让人感受到更多热量，人们情感反应的强度也随之增加。而空间光强分布和光源出光方向改变着空间的心理印象，空间中存在一般照明（通常是均匀的）、任务照明（专注于任务区域）和重点照明（聚焦于感兴趣的物体）多个层次，详见6.4.3小节。对不同层次照明光线的明暗控制和细节调整为相同的空间创造了多种给人以不同主观印象的光照场景。例如来自眼部上方的光线，提供了具有限制性和正式感的光环境；来自眼部下方的光线，突出个体，营造非正式的氛围。当人们接触到陌生的环境时，倾向于在新环境寻找记忆中熟悉的元素。利用光照亮空间中的重要对象或边界，突出显示部分区域以吸引人们的注意力，可以帮助人们快速找到熟悉的物体，通过空间和构造来理解环境，减少新环境的陌生和恐惧感。北美照明工程学会（Illuminating Engineering Society of North America，IES）总结了各种不同的光分布和光照效果所带来的情绪感受（表6-1）。

不同光分布和光照效果所带来的情绪感受　　　　　　　　　　表 6-1

心理影响	光效	光分布
紧张的	来自上方的强烈直射光	不均匀的
放松的	适当增加房间周边暖色调照明来降低顶部照明强度	不均匀的
工作/视觉清晰度	采用较冷的明亮灯光照亮工作表面，较弱的灯光照亮周围和墙面	均匀的
空间感	墙壁和顶棚安装有明亮的照明灯具	均匀的
隐私/亲密感	较弱灯光照亮活动空间，配合周边少量照明，其他空间为暗区	不均匀的

色彩作为光的主要特征之一，关系着空间情绪的传递，在直接生理刺激和间接性的联想与象征这两个层次上产生心理效应。比如不同的色调与情绪唤醒水平有关，蓝色使人平静，红色则让人处于兴奋状态。再如，波长较长的光色使人感到兴奋或温暖，而波长较短的颜色则令人放松和凉爽。在移情作用下，人们见到绿色光便联想到郁郁葱葱的草地、树木和森林，产生镇静平和的感觉，从而压力与焦虑得到舒缓。

多感觉通道信息整合是人类信息处理的主要特点，光线、色彩、声音、气味等不同的感官通道传递的情感信息在大脑的多个处理水平上相互作用和影响，形成完整的知觉体验。在大脑整合来自环境的不同感官形态的情感刺激的过程中，多感官刺激信息的一致性增强了情绪、认知和行为反应。以视觉、听觉、触觉、味觉、嗅觉不同通道的感官刺激，营造沉浸式多感官刺激环境，将成为情感疗愈的新方式，这也是光的情感设计的一条全新思路。

6.2.3 舒适性评价指标

6.2.3 Evaluation indicators of comfort

1. 照度

早期，人们试图使用照度指标（水平照度）进行视觉舒适度的评价，但经过数十年的努力均未能取得比较好的进展。伴随着人们工作方式的转变，不少作业均需观看垂直面上的电脑屏幕，经研究发现视线方向上的垂直照度指标与天然光环境下的视觉舒适度相关性较好。因为，视线方向上的垂直照度与视野范围内的明亮程度直接相关，垂直照度增加意味着更多的光线入射眼睛。在这种程度上，垂直照度也就与亮度存在了较强的相关性。目前，不少研究认为视线方向上的垂直照度也是预测视觉舒适度的主要指标之一。

人眼对外界环境明亮差异的知觉，取决于外界景物的亮度。但是，规定适当的亮度水平相当复杂，因为它涉及各种物体不同的反射特性。所以，实践中还是以照度水平作为照明的数量指标。

The human eye's perception of the difference in the brightness of the external environment depends on the brightness of the external scene. However, specifying an appropriate brightness level is rather complicated because it involves the different reflection properties of various objects. Therefore, in practice, the illuminance level is still used as a quantitative indicator of lighting.

不同工作性质的场所对照度值的要求不同，适宜的照度应当是在某具体工作条件下，大多数人都感觉比较满意而且保证工作效率和精度均较高的照度值。研究人员对办公室和车间等工作场所在各种照度条件下感到满意的人数百分比做过大量调查。发现随着照度的增加，感到满意的人数百分比也在增加，最大值约处在 $1500 \sim 3000lx$ 之间，见图 6-20。照度超过此数值，对照度满意的人反而越少，这说明照度或亮度要适量。物体亮度取决于照度，照度过大，会使物体过亮，容易引起视觉疲劳和眼睛灵敏度的下降。如夏日在室外看书时，若物体亮度超过 16sb，就会感到刺眼，不能长久坚持工作。

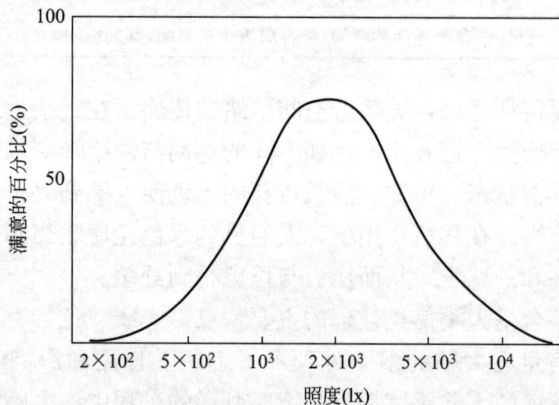

图 6-20 人们感到满意的照度值

因此，提高照度水平对视觉功效只能改善到一定程度，并非照度越高越好。所以，确定照度水平要综合考虑视觉功效、舒适感与经济、能耗等因素。实际应用的照度标准大多是折中的标准。根据韦勃定律，主观感觉的等量变化大体是由光量的等比变化产生的。所以，在照度标准中以1.5左右的等比级数划分照度等级，而不采取等差级数。CIE建议的照度等级为20—30—50—75—100—150—200—300—500—750—1000—1500—2000—3000—5000等。

2. 照度均匀度

照度分布应该满足一定的均匀性。视场中各点照度相差悬殊时，瞳孔就经常改变大小以适应环境，引起视觉疲劳。

The illuminance distribution should satisfy a certain uniformity. When the illuminance of each point in the field of view is very different，the pupil often changes in size to adapt to the environment，causing visual fatigue.

评价工作面上的光环境水平，照度均匀度和照度一样都是非常重要的因素。照度均匀度是指工作面上的最低照度与平均照度之比，也可认为是室内照度最低值与平均值之比。我国建筑照明设计标准规定办公室、阅览室等工作房间的照度均匀度不应低于0.7，作业面邻近周围的照度均匀度不应小于0.5，房间内交通区域和非作业区域的平均照度一般不应小于工作区平均照度的1/3。

天然采光的照度均匀度通常要低得多，在没有光线重定向系统的情况下，采光的照度均匀度强烈地依赖于房间的进深和窗户的大小。在典型的侧采光房间中，水平工作平面上的照度随着与窗户之间距离的增加而呈非线性下降的趋势。如果房间进深很大，而窗口面积较小的话，其照度均匀度将非常低。

3. 相关色温

有许多研究表明，与标准照明相比，高CCT光可以提高警觉性。根据《建筑照明设计标准》GB/T 50034—2024，室内照明光源色表特征及适用场所宜符合表6-2的规定。

室内照明光源色表特征及适用场所　　　　　　　　　表6-2

相关色温（K）	色表特征	适用场所
＜3300	暖	客房、卧室、病房、酒吧
3300~5300	中间	办公室、教室、阅览室、商场、诊室、检验室、实验室、控制室、机加工车间、仪表装配
＞5300	冷	热加工车间、高照度场所

4. 显色性

根据《建筑照明设计标准》GB/T 50034—2024长期工作或停留的房间或场所，照明光源的显色指数（Ra）不应小于80。在灯具安装高度大于8m的工业建筑场所，Ra可低于80，但必须能够辨别安全色。

5. 眩光指标

人的视野很广，在工作房间里，除工作对象外、作业面、顶棚、墙、窗和灯具等都会进入视野，它们的亮度水平构成了周围视野的适应亮度。如果它们与中心视野亮度相差过大，就会加重眼睛瞬时适应的负担，或产生眩光、降低视觉功效。

（1）统一眩光值 UGR

统一眩光值（UGR）是度量处于视觉环境中的照明装置发出的光对人眼引起不舒适感主观反应的心理参量。统一眩光值适用于简单的立方体形房间的一般照明设计，不适用于间接照明和发光顶棚的房间。

The unified glare rating（UGR）is a psychological parameter that measures the subjective response of the light emitted by the lighting device in the visual environment to the discomfort of the human eye. Unified glare rating are suitable for general lighting designs for simple cube-shaped rooms，not for rooms with indirect lighting and glowing ceilings.

UGR 主要用于人工照明的眩光评价，从理论上来说，它们不适合于评价天然采光中的眩光。首先，UGR 假定视野中的光源通常都比较小（<0.01sr），但在自然采光中，最常见的眩光源——窗户——它的尺寸通常要远远大于上述假定；其次，人们对于自然光眩光的容忍度要大于人工照明眩光。因此，如果在自然采光中使用 UGR 将会导致过分夸大眩光效应。

（2）采光眩光指数 DGI

随着技术的发展，研究人员认识到基于亮度的眩光指标通常可以收到较好的表现，因此在不同的年代通过分析视野内的亮度分布提出了若干个不同的眩光指数。其中具有代表性的是 1972 年学者 Hopkinson 提出的自然采光眩光指数（DGI，Daylight Glare Index），时至今日 DGI 仍旧是影响力最为广泛，最广为接受的眩光指标。我国现行的采光国家标准中使用 DGI 作为评价天然光眩光的指标。DGI 于 20 世纪 70 年代提出，距今已有 50 年，DGI 的实质是反映视野范围内亮度的对比度。从 Hopkinson 提出 DGI 的最初研究实验可知：DGI 并非在天然光环境下开展实验得出的指标，而是在实验室条件下使用平板荧光灯光源模拟天然光眩光源开展主观评价研究进而建立起的指标。近十年，针对 DGI 的验证实验在全球多个国家都有开展。当前学界的主流观点为：DGI 指标与视觉舒适度主观评价实验的一致性较低，在诸多场景下不能良好地预测视觉舒适度。

One of the mostrepresentative is the Daylight Glare Index（DGI）proposed by scholar Hopkinson in 1972.

（3）采光眩光发生概率 DGP

近些年通过图像（HDR 图像）测量场景内的亮度分布技术已经成熟，基于这项技术一些新的眩光指标被提出并得到了验证。其中 Wienold 和 Christoffersen 于 2006 提出的 DGP（Daylight Glare Probability）指标是被广泛接纳的一个。DGP 指标在考虑视野内亮度对比的同时也将视线方向上的垂直照度纳入考量，经过天然光研究领域研究学者的多次验证实验，普遍认为 DGP 指标的表现优于 DGI 指标，DGP 指标用于预测视觉舒适程度的灵敏性较高、不容易出错，且由于 Wienold 开发出了计算 DGP 的软件工具，这使得 DGP 数值的获取较为方便，进一步促进了 DGP 的广泛应用。DGP 的数学表达式较为复杂，通过软件进行计算分析耗时较长，为了解决在长周期上（如一年时间）开展动态视觉舒适度分析的需求，DGP 的简化版本 eDGPs（enhanced DGP simplified）和 DGPs（DGP simplified）也被提出。目前，在国际上 DGP 指标在评价天然光视觉舒适度方面已经得到了较好的应用。

Among them，the DGP（Daylight Glare Probability）indicator proposed by Wienold and Christoffersen in 2006 is a widely accepted one.

6. 频闪

频闪效应就是对于非静态环境中的静态观察者，受亮度或者光谱分布随时间波动的光刺激引起的对运动感知的变化。例如，当亮度以周期性方波变化时，运动对象会被感知为离散而非连续的运动；如果光亮度变化的周期频率与运动物体的频率一致，那么运动物体将被感知为静态的。频闪对人的健康可能产生不利影响，照明系统的频闪，轻则导致视觉疲劳、偏头痛和工作效率降低，重则诱发癫痫疾病等。

6.3　天然采光
6.3　Daylighting

6.3.1　天然光源的特点
6.3.1　Characteristics of daylighting

1. 天然光源

天然采光的意思是利用天然光源来保证建筑室内光环境。在良好的光照条件下，人眼才能进行有效的视觉工作。尽管利用天然光和人工光都可以创造良好的光环境，但单纯依靠人工光源（即电光源）需要耗费大量常规能源，间接造成环境污染，不利于生态环境的可持续发展。而天然采光则是对太阳能的直接利用，将适当的昼光引进室内照明，可有效降低建筑照明能耗。

Daylighting means the use of natural light sources to ensure the indoor light environment of the building. Under good lighting conditions, the human eye can perform effective visual work.

近年来的许多研究表明，太阳的全光谱辐射是人们在生理上和心理上长期感到舒适满意的关键因素。此外，窗户在完成天然采光的同时，还可以满足室内人员与自然界视觉沟通的心理需求。无窗的房间容易控制室内热湿与洁净水平，节省空调能耗，但不能满足室内人员与外界环境接触的心理需要。在室内有良好光照的同时，让人能透过窗户看见室外的景物，是保证人的工作效率、身心舒适健康的重要条件。因此，建筑物充分利用天然光照明的意义，不仅在于获得较高的视觉功效、节能环保，而且还是一项长远的保护人体健康的措施。无论从环境的实用性还是美观的角度，采用被动或主动的手段，充分利用天然光照明是实现建筑可持续发展的路径之一，有着非常重要的意义。

天然光就是室外昼光，其强弱变化不定。如果不了解在任一给定时刻的建筑基址上有多少昼光可以利用，我们就不可能对天然光环境进行正确的设计和预测。太阳是天然采光（Daylight）的光源。部分日光（Sunlight）通过大气层入射到地面，它具有一定的方向性，会在被照射物体背后形成明显的阴影，称为太阳直射光。另一部分日光在通过大气层时遇到大气中的尘埃和水蒸气，产生多次反射，形成天空扩散光，使白天的天空呈现出一定的亮度，这就是天空扩散光（Skylight）。扩散光没有一定的方向，不能形成阴影。昼光是直射光与扩散光的总和。

The sun is the source of daylight. Part of the daylight is incident on the ground through the atmosphere. It has a certain directionality and will form an obvious shadow behind the illuminated object, which is called direct sunlight. Another part of daylight encounters dust and water vapor in the atmosphere when it passes through the atmosphere, causing multiple reflections to form sky diffused light, so that the sky during the day shows a certain brightness, which is sky diffused light (Skylight). Diffuse light does not have a certain direction and cannot form shadows. Daylight is the sum of direct sunlight and diffused skylight.

地面照度来源于直射光和扩散光，其比例随太阳高度与天气而变化。通常，按照天空云量的多少将天气分为三类：

（1）晴天——云量为 0～3；

（2）多云天——云量为 4～7；

（3）全阴天——云量为 8～10。

晴天时，地面照度主要来自直射日光，直射光在地面形成的照度占总照度的比例随太阳高度角的增加而加大，阴影也随之愈加明显。全阴天时室外天然光全部为天空扩散光，物体背后没有阴影，天空亮度分布比较均匀且相对稳定。多云天介于二者之间，太阳时隐时现，照度很不稳定。图 6-21 给出了晴天时天空直射光与扩散光的照度变化。

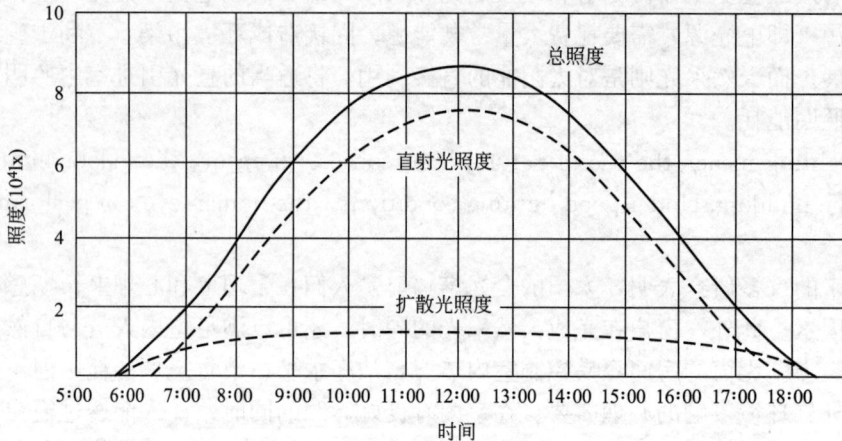

图 6-21　晴天时天空直射光与扩散光的照度变化

在采光设计中提到的天然光往往指的是天空扩散光，它是建筑采光的主要光源。由图 6-21 可知，直射光强度极高，而且逐时有很大变化。为防止眩光或避免房间过热，工作房间常需要遮蔽直射光，所以在静态采光计算中一般不考虑直射光的作用，而是把全阴天空看作是天然光源。但是由于直射光所能提供的光能要远远大于扩散光，如果能够动态控制直射光的光路，并能够在其落到被照面之前将其有效扩散，则直射光也是非常好的天然光源。

影响室外地面照度的气象因素主要有太阳高度角、云量、日照率等，我国地域辽阔，同一时刻南北方的太阳高度角相差很大。为了进行天然采光设计，需要了解各地的临界照度。《建筑采光设计标准》GB 50033—2013 将全国分为 5 类光气候区，根据各地区室外年平均总照度长年累计值的高低，分别采用不同的室外临界照度，见表 6-3；并且以第Ⅲ光气候区为基准（室外天然光设计照度值15000lx）来确定采光系数标准。

2. 天然光的光谱能量分布特征

天然光是太阳辐射的一部分，它具有光谱连续且只有一个峰值的特点，见图6-22。人们长期生活在天然光下，天然光是人们生活中习惯的光源。近年来的许多研究表明，太阳的全光谱辐射是人们在生理上和心理上长期感到舒适满意的关键因素，而人工光的光谱由于其发光机理各不相同，其光谱分布也不相同。大多数人工光源的光谱分布有两个以上的峰值，且不连续，如图6-22的荧光灯，容易引起视觉疲劳。人眼像透镜一样要形成色差，

对于全光谱的白光而言，眼睛聚焦时，黄色光的焦点正好落在蓝光和红光的焦点之间，在视网膜上形成了平衡状态，不易产生视觉疲劳；当采用特殊峰值光谱成分的光照明时，峰值光谱对应的颜色的焦点与白光对应的聚焦位置相差很远，眼睛的聚焦位置需要加以调节，就很容易产生视觉疲劳。一般来讲，光谱能量分布较窄的某种纯颜色的光源照明质量较差，光谱能量分布较宽的光源照明质量较好。前者的视觉疲劳高于后者。光谱成分不佳引起视觉疲劳是由于有明显的色差的缘故。因此，人们总希望人工光尽量接近天然光，不仅要求光谱分布接近或基本相同，并且也只有一个峰值，还要求有接近的光色感觉。

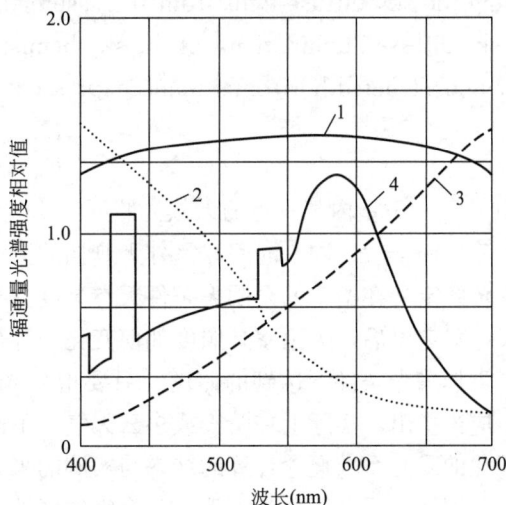

图 6-22　不同光源的光谱功率分布
1—日光；2—晴天空；3—荧光灯；4—日光色荧光灯

为了在建筑采光设计中，贯彻国家的法律法规和技术经济政策，充分利用天然光，创造良好光环境、节约能源、保护环境和构建绿色建筑，就必须使采光设计符合建筑采光设计标准要求。我国于2013年5月1日实施了《建筑采光设计标准》GB 50033—2013，用于指导新建、改建及扩建的民用建筑和工业建筑天然采光的设计与利用，该标准是采光设计的依据。

人眼对不同情况的视看对象有不同的照度要求，而照度在一定范围内是越高越好，照度越高，工作效率越高。但照度高意味着投资大，故照度的确定必须既要考虑视觉工作的需要，又要照顾到经济上的可能性和技术上的合理性。采光标准综合考虑了视觉试验结果，通过对已建成建筑的采光现状进行的现场调查，结合窗洞口经济分析、我国光气候特征及我国国民经济发展等因素，将视觉工作划分为Ⅰ～Ⅴ级，并提出了各级视觉工作要求的采光系数标准值和室内天然光照度标准值（表6-4）。

3. 天然采光质量的评价

（1）采光系数

在利用天然光照明的房间里，室内照度随室外照度而时刻变化着。因此，在确定室内天然光照度水平时，必须把它同室外照度联系起来考虑。通常我们不以照度绝对值，而以采光系数（Daylight Factor）作为天然采光的数量指标。采光系数法最早由Waldram在

1923 年提出，后经 BRS、LBNL、MIT 和 SERI 等学术机构研究发展，最终由 CIE 采用，作为天然采光评价的一种主要方法。

采光系数是指在室内参考平面上的某点水平照度 E_n，即由直接或间接地接收来自假定和已知天空亮度分布的天空漫射光而产生的照度与同一时刻该天空半球在室外同高度无遮挡水平面上产生的天空漫射光照度 E_w 之比，以百分数表示为：

The daylighting coefficient refers to the ratio of the horizontal illuminance of a certain point on the indoor reference plane—the illuminance generated by directly or indirectly receiving the sky diffuse light from the assumed and known sky brightness distribution, to the sky diffuse illumination, of the sky hemisphere generated at the same time on the outdoor unobstructed horizontal plane. expressed as a percentage as：

$$C = \frac{E_n}{E_w} \times 100\% \tag{6-10}$$

式中　E_n——室内某一点的天然光照度，lx；

E_w——与 E_n 同一时间，室外无遮挡的天空漫射光在水平面上产生的照度，lx。

传统定义在给定的全阴天条件天空亮度分布下，计算点和窗户的相对位置、窗户的几何尺寸确定以后，无论室外照度如何变化，计算点的采光系数是保持不变的。要求室内某点在天然采光条件下达到的照度，只要把采光系数乘以当时的室外天空扩散光照度就行了。应当指出，实际上在晴天或多云天气，不同方位上的天空亮度有差别。因此，按照上述简化的采光系数概念计算的结果与实测的采光系数值会有一定的偏差。

我国光气候分区分为五类，各光气候区的室外天然光设计照度值应按表 6-3 采用，所在地区的采光系数标准值应乘以相应地区的光气候系数 K。Ⅰ、Ⅱ级采光等级的侧面采光，当开窗面积受到限制时，其采光系数值可降低到Ⅲ级，但其所减少的天然光照度应采用人工照明补充。

光气候系数 K 值 表 6-3

光气候区	Ⅰ	Ⅱ	Ⅲ	Ⅳ	Ⅴ
K 值	0.85	0.90	1.00	1.10	1.20
室外天然光设计照度值 E_s(lx)	18000	16500	15000	13500	12000

在已知工作场所采光系数标准值的情况下，可根据室外天然光设计照度值求得室内天然光照度的标准值。室外天然光设计照度值是根据我国的光气候状况，考虑天然光利用的合理性，以及与照明标准的协调性确定的室外设计照度值。

When the standard value of daylighting coefficient in the workplace is known, the standard value of indoor natural illuminance can be obtained according to the design illuminance value of outdoor natural light. The outdoor natural light design illuminance value is the outdoor design illuminance value determined according to the light climate conditions in my country, considering the rationality of natural light utilization and the coordination with lighting standards.

实际上，表 6-4 给出的是第Ⅲ区的采光系数，其他光气候区的采光系数标准值则等于第Ⅲ区的采光系数标准乘以该地区的光气候系数 K，见表 6-3。例如拉萨地区属于第Ⅰ光气候分区，第Ⅲ区采光等级，建筑侧面采光时的采光系数标准值是 2.55（3 乘以 0.85），由于室外天然光设计照度值是 18000lx，所以室内天然光照度标准就是 459lx。

各采光等级参考平面上的采光标准值　　　　　表 6-4

采光等级	侧面采光		顶部采光	
	采光系数标准值（%）	室内天然光照度标准值（lx）	采光系数标准值（%）	室内天然光照度标准值（lx）
Ⅰ	5	750	5	750
Ⅱ	4	600	4	450
Ⅲ	3	450	3	300
Ⅳ	2	300	2	150
Ⅴ	1	150	1	75

注　1. 工业建筑参考平面取距地面 1m，民用建筑取距地面 0.75m，公用场所取地面。
　　2. 表中所列采光系数标准值适用于我国Ⅲ类光气候区，采光系数标准值是按室外设计照度值 15000lx 制定的。
　　3. 采光标准的上限值不宜高于上一采光等级的级差，采光系数值不宜高于 7%。

由于不同的采光类型在室内形成不同的光分布，《建筑采光设计标准》GB 50033—2013 中规定采光系数标准值和室内天然光照度标准值应为参考平面上的平均值。采用采光系数平均值，不仅能反映出工作场所采光状况的平均水平，也更方便理解和使用。在采用采光系数作为采光评价指标的同时，还给出了相应的室内天然光照度值，这样一方面可与视觉工作所需要的照度值相联系，另一方面便于和照明标准规定的照度值进行比较。

（2）采光均匀度

视野内照度分布不均匀，易使人眼疲乏。视觉功效下降，影响工作效率。因此，要求房间内照度分布应有一定的均匀度，一般以最低值与平均值之比来表示。研究表明，对于顶部采光，如在设计时，保持天窗中线间距小于参考平面至天窗下沿高度的 1.5 倍时，则均匀度能达到 0.7 的要求，此时可不进行均匀度的计算。照度越均匀，对视野越有利，考虑采光均匀度与一般照明的照度均匀度情况相同，而《建筑照明设计标准》GB 50034—2013 根据主观评价及理论计算结果对视觉作业精度要求高的房间或场所的照度均匀度为0.7，因此确定采光均匀度为 0.7。如果采用其他采光形式，可对采光照度值进行逐点计算，以确定其均匀度。侧面采光由于照度变化太大，不可能做到均匀，同时Ⅴ级视觉工作系粗糙工作，开窗面积小，较难照顾均匀度，故对侧面采光的均匀度未做规定。

The uneven distribution of illuminance in the field of view can easily make people's eyes tired. Visual performance declines，affecting work efficiency. Therefore，it is required that the illuminance distribution in the room should have a certain degree of uniformity，which is generally expressed as the ratio of the lowest value to the average value.

（3）窗眩光

由于侧窗位置较低，对于工作视线处于水平的场所极易形成不舒适眩光，故应采取措施减小窗眩光。采光设计时，应采取下列措施减小窗的不舒适眩光：

Due to the low position of the side windows，uncomfortable glare is easily formed in places where the working line of sight is horizontal, so measures should be taken to reduce the window glare.

1）作业区应减少或避免直射阳光。

2）工作人员的视觉背景不宜为窗洞口。

3）可采用室内外遮挡设施。

4）窗结构的内表面或窗周围的内墙面，宜采用浅色饰面。

在采光质量要求较高的场所，用窗的不舒适眩光指数（DGI）作为采光质量的评价指标。窗的不舒适眩光指数不宜高于表6-5规定的数值。

窗的不舒适眩光指数（DGI）　　　　　　　　表6-5

采光等级	眩光指数值 DGI
I	20
II	23
III	25
IV	27
V	28

（4）光反射比

为了使室内各表面的亮度比较均匀，必须使室内各表面具有适当的光反射比。例如，对于办公室、图书馆、学校等建筑的房间，其室内各表面的光反射比宜符合表6-6的规定。

室内各表面的光反射比　　　　　　　　表6-6

表面名称	反射比
顶棚	0.60～0.90
墙面	0.30～0.80
地面	0.10～0.50
桌面、工作台面、设备表面	0.20～0.60

（5）动态可用性指标

天然光环境是一个连续变化的过程，某一房间在某一时刻存在强烈的眩光并不能等同于该房间的采光设计存在问题，眩光问题频繁地出现才能认定该房间需要进一步优化采光方案。为了全面地评价某房间的视觉舒适程度并进而指导其采光设计，就需要在年周期上开展动态视觉舒适度评价，这也是评价建筑视觉舒适程度的最科学的途径。此外，房间内的眩光程度与观察者位置、视看方向有关，在进行视觉舒适度评价时如何选择位置与视看方向？这些都涉及眩光在空间维度上的动态评价问题。目前常见的方法是选择主要位置上的重要视角，但这也只是一个灵活性极强的规定，相关研究有待开展。

1）全自然采光时间百分比 DA

建筑中某一点上的全自然采光时间百分比（Daylight Autonomy，DA）被定义为全年工作时间中单独依靠自然采光就能达到最小照度要求的时间百分比，最小照度对应于可以安全和舒适地完成某一特定任务所需的最小设计照度，其选取可以参照现有的采光和照明标准。例如，某点的全自然采光时间百分比为70%，最小照度为500lx，这意味着全年70%的工作时间的自然采光照度都可以达到500lx。与广泛使用的采光系数相比，全自然采光时间百分比充分考虑了不同的建筑朝向、使用时间以及全年中的各种实际的天气情况的影响，因此是一个全面和系统地评价全年有效自然采光的综合指标。

Daylight Autonomy（DA）at a point in a building is defined as the percentage of time during the working year in which natural lighting alone can achieve the minimum illuminance requirement，which corresponds to the safety and comfort of a certain. The minimum design illuminance required for a specific task can be selected with reference to existing daylighting and lighting standards.

全自然采光时间百分比给出了建筑中潜在的有效自然采光量。一般来说，全自然采光时间百分比越高，建筑的采光性能越理想，照明节能的潜力也就越大。全自然采光时间百分比是一个相对较新的动态自然采光性能评价指标，虽然到现在为止还没有建立起特别完备的评价体系，但其非常易于理解和分析，因此实用性很强。作为基于实际气候条件的动态自然采光性能综合评价指标，全自然采光时间百分比已经广泛地应用于工程实践中并获得一致的认可。

2）有效全自然采光时间百分比 UDA

有效全自然采光时间百分比（Useful Daylight Autonomy，UDA）是由 Mardalieve 和 Nabil 于 2005 年提出的基于工作平面照度信息的一个动态自然采光性能评价指标。这一指标主要是针对于能有效利用自然光的时间，因此采光条件既不能太暗（<100lx），也不能太亮（>2000lx）。不满足下限意味着采光量不足，超过上限则意味着采光量过大，从而可能导致视觉不舒适感。上述设定范围基于对自然采光办公室的大量调查研究，根据2000lx 和 100lx 的上下限，UDA 实际上分为 100~2000lx，100lx 以下和 2000lx 以上三个区间，分别对应于可利用的情况、过低的情况和过高并有可能发生眩光的情况。

Useful Daylight Autonomy（UDA）is a dynamic natural lighting performance evaluation index proposed by Mardalieve and Nabil in 2005 based on the illuminance information of the working plane.

3）连续全自然采光时间百分比 cDA

连续全自然采光时间百分比（continuous Daylight Autonomy，cDA）是由 Roger 提出的一个较新的概念。与 DA 相比，cDA 在自然采光照度小于最小设计照度时采用权衡系数的方式来综合考察其不满足程度。例如，最小设计照度是 500lx，而实际情况下在某给定时间步上的照度是 400lx，那么此时间步上的权衡考核系数为 400/500＝0.8。cDA 比 DA 考虑得更全面，DA 只提供了满足或不满足两种状态，但同样是不满足最小设计照度要求的情况，100lx 和 400lx 实际上是有着很大的区别，400lx 可以比 100lx 提供相对更好的采光条件，而 DA 则忽略了上述区别，对它们一视同仁。

Continuous Daylight Autonomy（cDA）is a relatively new concept proposed by Roger. Compared with DA，cDA adopts the method of trade-off coefficient to comprehensively examine its dissatisfaction degree when the natural lighting illuminance is less than the minimum design illuminance.

4）ASE（Annual Sunlight Exposure）

ASE 指超过指定直射阳光照度水平超过指定小时数的区域面积的百分比。是描述室内环境中潜在的视觉不适指标，规定了光暴露的上限。防止阳光直射过多，给人带来视觉不适的感受。

ASE refers to the percentage of area that exceeds a specified level of direct sunlight illumination for more than a specified number of hours. It is an indicator that describes the potential visual discomfort in an indoor environment and specifies an upper limit of light exposure. Avoid too much direct sunlight，which can cause visual discomfort.

5）sDA（Spatial Daylight Autonomy）

我们一般将 sDA 表述为 sDA300/50％（这是 IES 推荐的衡量标准）用来表述空间所有水平照度计算点中有多少百分比的计算点在一年中（指空间占有时间，按一天 10h 计）可以有超过 50％的时间仅在自然光照射下就达到 300lx。当然 300lx 与 50％同样可以随不同的空间与设计需求进行改变。IES 选择 300lx 是因为这个值与 IES 的各个设计标准重合较多；50％则是许多研究表明 50％的空间达到 300lx 时，人们对空间视觉舒适度与满意度较高。

We generally express sDA as sDA300/50％（this is the measure recommended by IES），which is used to express the percentage of all horizontal illuminance calculation points in the space in a year referring to the space occupied time，calculated as 10 hours a day，can reach 300 lx under natural light alone more than 50％ of the time. Of course，300lx and 50％ can also be changed with different space and design requirements.

6.3.2　天然采光设计原理
6.3.2　Daylighting design principles

1. 不同采光口形式的特征及其对室内光环境的影响

天然采光的形式主要有侧面采光和顶部采光，即在侧墙上或者屋顶上开采光口采光。另外也有采用反光板、反射镜等，通过光井、侧高窗等采光口进行采光的形式。不同种类的采光口设置和采用不同种类的玻璃，形成的室内照度分布有很大的不同。前面介绍过，室内的照度水平很重要，但均匀性也是室内光环境质量的一个非常重要的指标。

窗的面积越小，获得天然光的光通量就越少。但相同窗口面积的条件下，窗户的形状和位置对进入室内的光通量的分布有很大的影响。如果光能集中在窗口附近，可能会造成远窗处照度不足需要进行人工照明，而近窗处因为照度过高造成不舒适眩光故需拉上窗帘，结果是仍然需要人工照明，这样就失去了天然采光的意义了。因此，对于一般的天然采光空间来说，尽量降低近采光口处的照度，提高远采光口处的照度，使照度尽量均匀化是有意义的。

顶窗形成的室内照度分布比侧窗要均匀得多。顶部采光常采用锯齿形天窗、矩形天窗（图 6-23）和平天窗。很多大型空间如商用建筑的中庭、体育场馆、高大车间等常采用天窗采光，但侧窗采光仍然是最容易实现并最常用的采光方式。

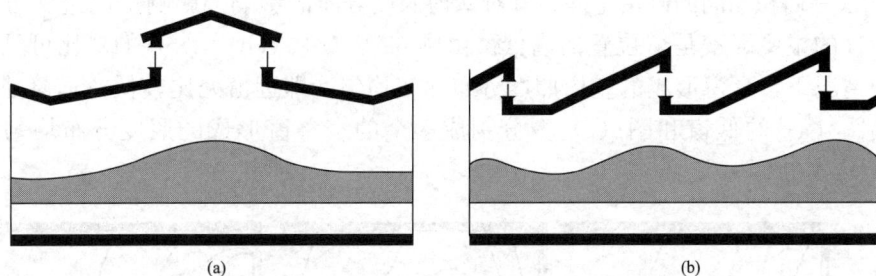

图 6-23   天窗的形式

（a）矩形天窗；（b）锯齿形天窗

图 6-24 给出的是不同形状的侧窗形成的光线分布。在侧窗面积相等、窗台标高相等的情况下，正方形窗口获得的光通量最高，竖长方形次之，横长方形最少。但从照度均匀性角度看，竖长方形在进深方向上照度均匀性好，横长方形在宽度方向上照度均匀性好。

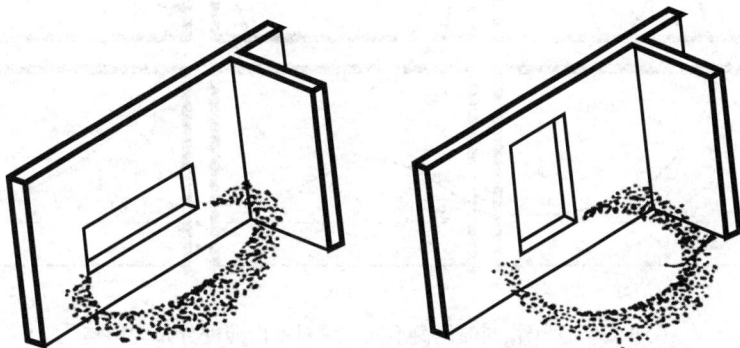

图 6-24   不同形状的侧窗形成的光线分布

除了窗的面积以外，侧窗上沿或者下沿的标高对室内照度分布的均匀性也有着显著影响。图 6-25 是侧窗高度变化对室内照度分布的影响。从图 6-25（a）可以看出，随着窗户上沿的下降、窗户面积的减小，室内各点照度均下降。但由图 6-25（b），提高窗台的高度，尽管窗的面积减小了，导致近窗处的照度降低，却对进深处的照度影响不大。

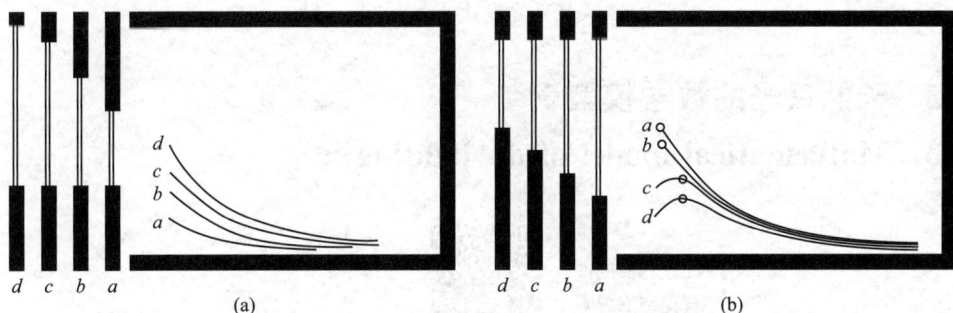

图 6-25   侧窗高度变化对室内照度分布的影响

（a）窗上沿高度对照度分布的影响；（b）窗台高度对室内照度分布的影响

图 6-26 是面积相同的侧窗不同布置对室内照度分布的影响。影响房间进深方向上的照度均匀性的主要因素是窗位置的高低。由图 6-26（a）、（b）、（c）的对比可见，窗面积相同的情况下，高窗形成的室内照度分布比较均匀，即近窗处比较低，远窗处相对比较高。而图（a）的低窗和图（c）中分割成多个的窄条窗形成的照度分布均匀性要差很多。

图 6-26　面积相同的侧窗不同布置对室内照度分布的影响
（a）低窗；（b）高窗；（c）多个窄条窗

2. 天然采光设计计算简介※

□□ 扫码阅读
（详见封底说明）

2. 天然采光设计计算简介※

6.3.3　天然采光的数学模型※

6.3.3　Mathematical model of daylighting※

□□ 扫码阅读
（详见封底说明）

6.3.3　天然采光的数学模型※

6.4 人工照明

6.4 Artificial lighting

6.4.1 人工光源

6.4.1 Artificial light sources

天然光具有很多优点，但它的应用受到时间和地点的限制。建筑物内不仅在夜间必须采用人工照明，在某些场合，白天也需要人工照明。人工照明的目的是按照人的生理、心理和社会的需求，创造一个人为的光环境。人工照明主要可分为工作照明（或功能性照明）和装饰照明（或艺术性照明）。前者主要着眼于满足人们生理上、生活上和工作上的实际需要，具有实用性的目的；后者主要满足人们心理、精神上和社会上的观赏需要，具有艺术性的目的。在考虑人工照明时，既要确定光源、灯具、安装功率和解决照明质量等问题，还需要同时考虑相应的供电线路和设备。

人工光源按其发光机理可分为热辐射光源、气体放电光源和固体半导体光源。热辐射光源靠通电加热钨丝，使其处于炽热状态而发光；气体放电光源靠放电产生的气体离子发光；固体半导体光源电子与价带上的空穴复合，放射出光子，产生光。人工光源发出的光通量与它消耗的电功率之比称该光源的发光效率，简称光效，单位为 lm/W，是表示人工光源节能性的指标。由于照明能耗不可忽视，第二节也介绍了良好光环境的要素，因此评价人工光源的指标包括反映其能耗特性的光效，以及反映其照明性能的显色性。表 6-8 给出了我国生产的电光源色温与显色指数，图 6-30 给出了常见人工光源的光效。

Artificial light sources can be divided into thermal radiation light sources, gas discharge light and solid semiconductor light emitting sources according to their luminous mechanism.

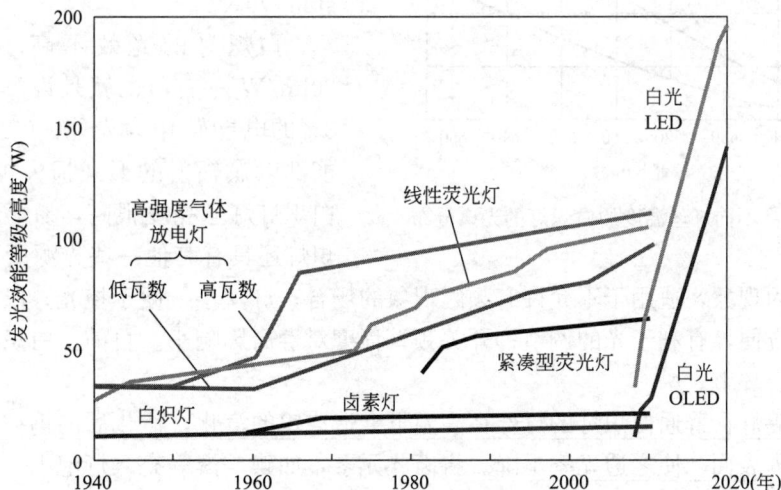

图 6-30 常见人工光源的光效

The ratio of the luminous flux emitted by an artificial light source to the electric power it consumes is called the luminous efficiency of the light source, or luminous efficiency for short, and the unit is lm/W, which is an indicator of the energy-saving of the artificial light source.

我国生产的电光源色温与显色指数　　　　表 6-8

光源名称	色温(K)	Ra
白炽灯(100W)	2800	95～100
镝灯(1000W)	4300	85～95
荧光灯(日光色 40W)	6700	70～80
荧光高压汞灯(400W)	5500	30～40
高压钠灯(400W)	2000	20～25
LED(30W)	3500～7000	80～93

下面介绍几种常用光源的构造和发光原理。

1. 热辐射光源

(1) 普通白炽灯：白炽灯是一种利用电流通过细钨丝所产生的高温而发光的热辐射光源。图 6-31 给出不同灯丝温度的白炽灯的光谱分布情况。可以看出白炽灯光谱功率分布是连续性分布的，这一点与天然光有共性，所以与其他人工光源相比，它具有良好的显色性。但从图可以看到，它发出的可见光长波部分的功率较大，短波部分功率较小，因此与天然光相比，其光色偏红。

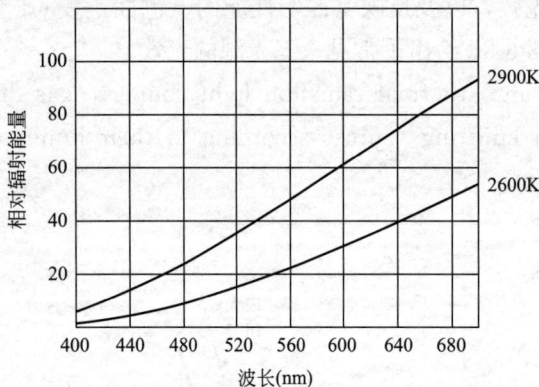

图 6-31 不同灯丝温度的白炽灯的光谱分布

Ordinary incandescent lamp: An incandescent lamp is a thermal radiation light source that emits light using the high temperature generated by passing an electric current through a thin tungsten wire.

白炽灯的光效不高，仅在 12～20lm/W 左右，也就是说，只有 2％～3％的电能转化为光能，97％以上的电能都以热辐射的形式损失掉了。此外，白炽灯灯丝亮度很高，易形成眩光。白炽灯还具有其他一些光源所不具备的优点，如无频闪现象，适用于不允许有频闪现象的场合；灯丝小，便于控光，以实现光的再分配；调光方便，有利于光的调节；开关频繁程度对寿命影响小。目前，白炽灯已逐步退出生产和销售环节。

(2) 卤钨灯：普通白炽灯的灯丝在高温下会造成钨的汽化，汽化后的钨粒子附着在灯的外玻璃壳内表面，使之透光率下降。将卤族元素，如碘、溴等充入灯泡内，它能和游离态的钨化合成气态的卤化钨。这种化合物很不稳定，在靠近高温的灯丝时会发生分解，分解出的钨重新附着在灯丝上，而卤族又继续进行新的循环，这种卤钨循环作用消除了灯泡的黑化，延缓了灯丝的蒸发，将灯的发光效率提高到 20lm/W 以上，寿命也延长到 1500h 左右。卤钨循环必须在高温下进行，要求灯泡内保持高温，因此，卤钨灯要比普通白炽灯体积小得多。卤钨灯的光色与光谱功率分布与普通白炽灯类似。

Tungsten halogen lamp：The filament of an ordinary incandescent lamp will cause the vaporization of tungsten at high temperature，and the vaporized tungsten particles adhere to the inner surface of the outer glass shell of the lamp, which reduces the light transmittance.

2. 气体放电光源

（1）荧光灯：荧光灯是一种低压汞放电灯。直管型荧光灯灯管内两端各有一个密封的电极，管内充有低压汞蒸气和少量帮助启燃的氩气。灯管内壁涂有一层荧光粉，当灯管两极加上电压后，由于气体放电产生紫外线，紫外线激发荧光粉发出可见光。荧光粉的成分决定荧光灯的光效和颜色。根据不同的荧光粉成分，产生不同的光色，故可制成接近天然光光色，显色性良好的荧光灯。荧光灯的光效高，一般可达 60lm/W，有的甚至可达 100lm/W 以上。寿命也很长，优质产品为 8000h，有的寿命已达到 10000h 以上。图 6-32 是荧光灯的光谱分布特性曲线。

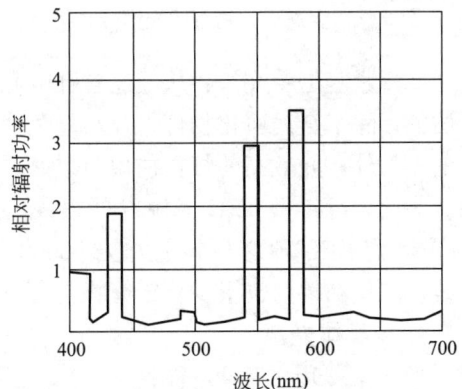

Fluorescent lamp：A fluorescent lamp is a low-pressure mercury discharge lamp.

荧光灯发光面积大，管壁负荷小，表面亮度低，寿命长，广泛用于办公室、教室、商店、医院和高度小于 6m 的工业厂房，但荧光灯与所有气体放电光源一样，其光通量随着交流电压的变化而产生周期性的强弱变化，使人眼观察旋转物体时产生不转动或倒转或慢速旋转的错觉，这种现象称频闪现象，故在视看对象为高速旋转体的场合不能使用。为适应不同的照明用途，除直管形荧光灯外，还有"U"形、环形荧光灯、反射形荧光灯等异形荧光灯。

（2）荧光高压汞灯：荧光高压汞灯发光原理与荧光灯相同，只是构造不同，灯泡壳有两种：透明泡壳和涂荧光粉层。由于它的内管中汞蒸气的压力为 1～5 个大气压而得名。荧光高压汞灯具有光效高（一般可达 50lm/W）、寿命长（可达 5000h）的优点，其主要缺点是显色性差，主要发绿、蓝色光。在此灯照射下，物体都增加了绿、蓝色调，使人不能正确分辨颜色，故该灯通常用于街道、施工现场和不需要认真分辨颜色的大面积照明场所。图 6-33 给出了荧光高压汞灯的光谱分布特性。

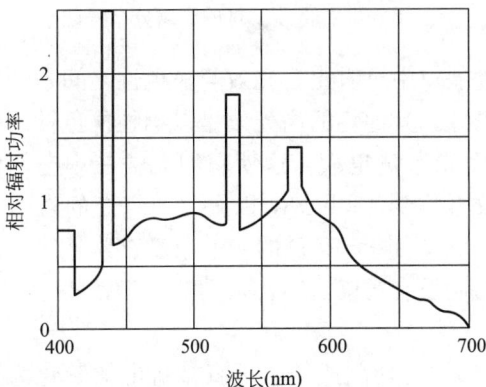

图 6-32 荧光灯的光谱分布特性曲线　　图 6-33 荧光高压汞灯的光谱分布特性

（3）金属卤化物灯：金属卤化物灯的构造和发光原理与荧光高压汞灯相似，区别在于灯的内管充有碘化铟、碘化铊、溴化钠等金属卤化物、汞蒸气、惰性气体等，外壳和内管之间充氮气或惰性气体，外壳不涂荧光粉。由电子激发金属原子，直接发出与天然光相近的可见光，光效可达 80lm/W 以上。金属卤化物灯与汞灯相比，不仅提高了光效，显色性也有很大改进，寿命一般为 8000～10000h。由于其光效高、光色好、单灯功率大，适用于高大厂房和室外运动照明。小功率的金卤灯（35W、70W）常用于商店和室外照明。图6-34 给出了金属卤化物灯的光谱分布特性。

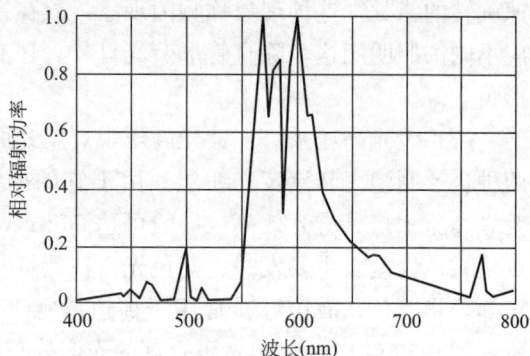

（4）高压钠灯：高压钠灯内管中含 99% 的多晶氧化铝透光材料，有很好的抗钠腐蚀能力。管内充钠、汞蒸气和氙气，汞量是钠量的 2～3 倍。氙气的作用是起弧，汞蒸气则起缓冲剂和增加放电电抗的作用，仍然是由钠蒸气发出可见光。随着钠蒸气气压的增高，单色谱线辐射能减小，谱带变宽，光色改善。高压钠灯已成为目前一般照明应用的电光源中光效最高（120lm/W）、寿命最长的灯（20000h 以上）。除了上述优点，高压钠灯的透雾能力也很强，因此，在街道照明方面，高压钠灯的应用非常普及，在高大厂房也有应用高压钠灯的实例。

（5）低压钠灯：低压钠灯是钠原子在激发状态下发出 589.0nm 和 589.6nm 的单色可见光，故不用荧光粉，光效最高可达 300lm/W，市售产品大约为 140lm/W。由于低压钠灯发出的是单色光。所以在它的照射下物体没有颜色感，不能用于区别颜色的场所，在室内极少使用。但由于 589.0nm 和 589.6nm 的单色光接近人眼最敏感的 555.0nm 的黄绿光，透雾性很强，故常用于灯塔的指示灯和航道、机场跑道的照明，可获得很高的能见度和节能效果。图6-35 给出了低压钠灯的光谱分布特性。

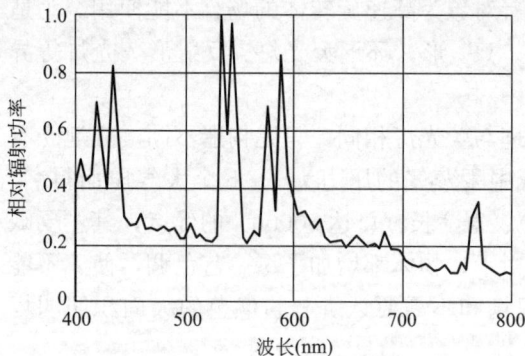

图 6-34　金属卤化物灯的光谱分布特性　　　图 6-35　低压钠灯的光谱分布特性

（6）紧凑型荧光灯：从上述各种电光源的优缺点中可看出，光效与显色性之间是相互矛盾的，除了金属卤化物灯光效与显色性均好以外，其他灯的高光效是以牺牲显色性为代价的；另外，光效高的灯往往单灯功率大，因而光通量也大，这使它们无法在小空间使用。为此，近年来 LED 光源发展很快，其光效可达到 150lm/W 以上，白炽灯的寿命是 1000h，而 LED 理论上是可以达到 60000～100000h，并且 LED 的光谱中没有紫外线和红外线，热量和辐射也很少，废弃物是可以回收的，没有污染，不含汞元素。

3. 半导体光源

半导体发光二极管，简称 LED，是采用半导体材料制成的，可直接将电能转化为光能、电信号转换成光信号的发光器件。传统的 LED 主要用于信号显示领域，如建筑物航空障碍灯、航标灯、汽车信号灯、仪表背光照明。由于蓝光 LED 和白光 LED 研制成功，目前在建筑物室内外照明中的应用日益广泛。

Semiconductor light-emitting diodes，or LEDs for short，are light-emitting devices made of semiconductor materials that can directly convert electrical energy into light energy and electrical signals into optical signals.

LED 具有功耗低、抗振动、绿色环保（不含汞）、寿命长、发热量低等特点。目前市场上销售的 LED 灯具光效一般在 75～150lm/W，远远高于白炽灯。目前 LED 显色性指数可保持在 85 以上，且其价格也在持续降低，已在照明领域及其他新兴领域发挥重要作用。

6.4.2　灯具

6.4.2　Luminaires

灯具是光源、灯罩及其附件的总称，分为装饰灯具和功能灯具两种。功能灯具是指满足高效、低眩光要求而采用控光设计的灯罩。以保证把光源的光通量集中到需要的地方。

Lamps are the general term for light sources, lampshades and their accessories，which are divided into decorative lamps and functional lamps. Functional lamps refer to lampshades that meet the requirements of high efficiency and low glare and adopt light control design. In order to ensure that the luminous flux of the light source is concentrated where it is needed.

任何材料制成的灯罩都会吸收部分光通量，光源本身也会吸收少量灯罩的反射光，因此灯具有一个效率问题。灯具效率被定义为在规定条件下测得的灯具发射的光通量与光源发出的光通量之比，其值小于 1，与灯罩开口大小、灯罩材料的光学性能有关。所以，在考虑人工照明的节能问题的时候，不仅要考虑光源的光效，而且同时还应考虑灯具效率。

灯具类型主要有直接型、扩散型和间接型三大类。直接型是光源直接向下照射，上部灯罩用反射性能良好的不透光材料制成。扩散型灯具用扩散型透光材料罩住光源，使室内的照度分布均匀。间接型灯具是用不透光反射材料把光源的光通量投射到顶棚，再通过顶棚扩散反射到工作面，从而避免了灯具的眩光。实际上，多数的灯具都是上述两种或三种方式的灵活结合，例如直接型的在顶棚上的暗装灯具在下部开口处加设磨砂玻璃等扩散透光罩以增加光的扩散作用。

There are three main types of lamps：direct type, diffuse type and indirect type. The direct type is that the light source illuminates directly downward，and the upper lampshade is made of opaque material with good reflection performance. Diffusion type lamps cover the light source with diffused light-transmitting material，so that the indoor illumination distribution is uniform. Indirect lamps use opaque reflective materials to project the luminous flux of the light source to the ceiling，and then diffuse and reflect it to the working surface through the ceiling，thereby avoiding the glare of the lamps.

灯具在使用过程中会产生大量的热量，将灯具和空调末端装置结合在一起可达到较好的节能效益。这种将灯具与回风末端相结合的装置主要有吊顶压力通风和管道通风两类。它均通过灯具回风，由回风系统带走灯具产生的大部分热量，使这些热量不进入室内空间，从而减小空调设备的负荷，同时又使灯具内的灯处于最佳工作状态（28℃左右），可以提高光效并达到节能的目的。

6.4.3　照明方式

6.4.3　Way of lighting

在照明设计中，照明方式的选择对光质量、照明经济性和建筑艺术风格都有重要的影响，合理的照明方式应当既符合建筑的使用要求，又和建筑结构形式相协调。

正常使用的照明系统，按其灯具的布置方式可分为四种照明方式，见图6-36。

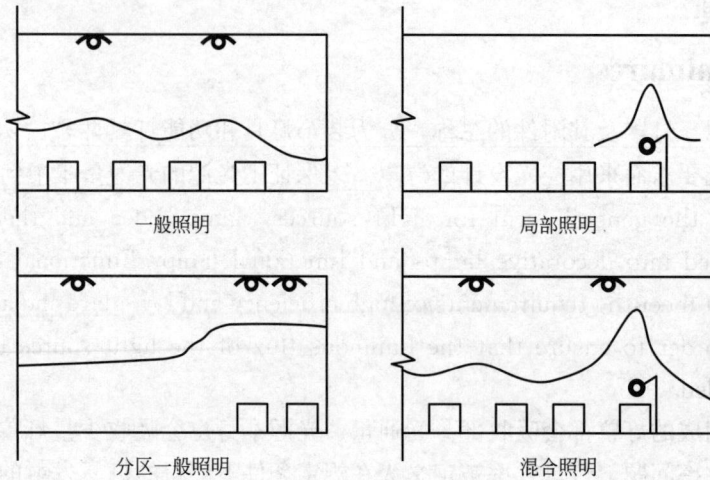

一般照明　　　　　　　局部照明

分区一般照明　　　　　混合照明

图6-36　不同照明方式及照度分布

6.5　光环境控制及预测技术

6.5　Innovation systems and predictive technology

6.5.1　采光遮阳系统

6.5.1　Daylighting and shading system

1. 采光技术

镜面导光管（mirror light pipe，MLP）或管状日光导引系统（tubular daylight guidance system，TDGS）的组成是：

（1）一个置于建筑物屋顶上的室外收集器。图6-37是导光管的室外收集器部分。在大多数情况下，它是一个净片聚碳酸酯圆顶，滤除紫外辐射，并排除雨水和尘埃。

（2）一个空心管，内表面反射率很高，一般是用阳极氧化铝或叠层银膜制成的。

（3）室内散光器。它将导光管发射出的、方向高度集中的光线转换成对整个房间表面上的更为均匀得多的分布。

真实导光管的透射率由涂层材料的反射率、来回反射的次数、弯曲的数量和类型决定。制造商专注于提高内表面的反射率。增加导光管的半径会减少来回反射的次数；弯曲使得对光的控制变难，并增加了来回反射的次数。大多数系统并不是密封的，因为在安装时可能需要进行调整。灰尘往往会堆积下来，这对于导光管的反射率具有负面影响，并进而影响了系统整体的透射率。

图 6-37　导光管的室外收集器部分

2. 采光遮阳技术

（1）百叶窗（遮光格栅）

固定的、镜面反射的百叶窗主要用来控制直射日光。高太阳高度角的太阳光和天光通过百叶窗反射，增加了内部采光水平，而来自低高度角天空（即高出地坪 10°～40°）的采光水平则被降低了。固定的、镜面反射的百叶窗能够控制眩光，但却降低了采光水平。它们常用于控制温带气候条件中浅进深房间采光。

（2）百叶窗帘

标准的百叶窗能够提供中等照度的采光分布。条板的最佳数量取决于眩光、太阳直射光控制和照明需求。如果条板是水平的，反向的、银白色的百叶窗会增加光照水平。

（3）光转向遮阳

图 6-38 给出了光转向遮光板的形式结构。与传统遮阳提供的照度相比，光转向遮阳提高了空间中部的采光照度。光转向遮阳适合于炎热、阳光充足的气候。

（4）角度选择型天窗

图 6-39 给出了角度选择型天窗的结构形式。角度选择型天窗遮挡了高太阳高度角的太阳直射光，反射低太阳高度角的太阳直射光进入室内，进而控制了房间热负荷，并从天空中获得更多天然光。因此，低太阳高度角的直射阳光是引入该天窗的最佳用途。

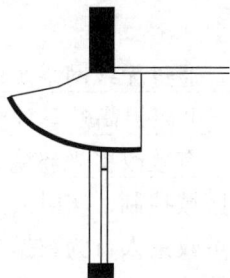

图 6-38　光转向遮光板

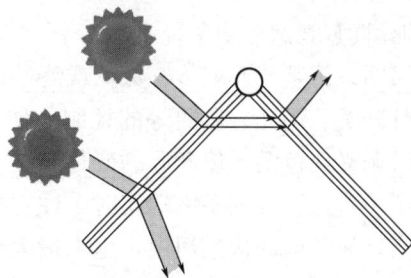

图 6-39　角度选择型天窗

6.5.2　照明系统

6.5.2　Lighting system

1. 照明控制

近年来，相比传统的无控制照明系统，照明控制系统的使用在减少照明能耗、降低商业及办公建筑高峰用电需求方面显示了明显的节能潜力。照明控制策略包括在天然采光时自动调节灯光明暗，根据使用者的需求调光或者开关灯具。但在实际情况中，这些照明控制方式在某些情况下很难校准和实施。

目前，照明控制系统为这些控制策略所面临的困境提供了解决方案：照明能耗的监控和诊断易于实现调光，以及对实时能耗费用做出反应。随着低成本远程控制设备的出现，由使用者控制调光系统成为用户可负担的一个选择，并获得了很高的用户满意度。

由于使用者的照明需求会随着工作类型的变化而变化，因此，基于使用者对光的感觉来实现节能的效果在很大程度上取决于使用者的行为模式。例如，在使用者会全天使用的办公室中，调光控制系统的节能效果比间歇使用的房间更加明显。

2. 照明控制系统的组成

照明控制系统种类繁多，主要可分为中央控制和本地控制两类。通过中央控制系统可实现对每一个灯具、整栋建筑或者建筑每一层楼的控制，中央控制系统通常依赖于位于回路（或灯具）中心区域的顶棚上（或墙上）的日光传感器，并且集中控制系统通过传感器控制维持一个恒定的照度值，控制器可以对其预设值进行调整。不同类型的控制器应用于不同的功能空间，例如，在一个需要统一控制的空间中，一个简单开/关控制可能是必需的，而在一个大的办公室里，调光控制可能更合适。

在本地控制系统中，光传感器通过估计工作表面亮度，并调节灯的输出光线来维持预设的水平。总的来说，本地控制系统比中央控制系统表现更好，然而，使用这些传感器的一个缺点就是由于反射系数的问题所带来的误差，例如，当工作台面上放置一张白纸时，其反射到传感器的反射光大大改变了传感器的控制阈限值，进而导致传感器发生错误的信号。这可通过在适当位置放置传感器来解决，或者通过使用大视角的传感器来降低误差。

总体来说，采光照明响应系统能比不受控制的系统降低至少 40％ 的用电量，而在炎热天气条件下，由采光带来用电量的节约相应降低室内制冷负荷，进而节约额外的用电能耗。

【案例导读】智慧照明系统

智慧照明系统基于环境传感数据或终端设备控制中心软件，通过无线网络实现对远程单灯或多灯开关、调光、监测等的控制。使用智能 LED 光源，可以提高灯具效能，且可以实现同时调光调色温，使光源的变化满足多样性的使用需求，有效改善光环境。设置智能控制系统平台，可实现多终端实时个性化控制、时序控制、区域控制、实时人感光感自动控制，实现光环境的快速切换，追求最大化的主观满意度。可收集人行为数据与系统能耗数据，对控制系统和策略进行反馈，实现行为节能，可将整体的运行能耗降低。

Based on environmental sensing data or terminal equipment control center software, the smart lighting system realizes the control of remote single-light or multi-light switch, dimming, monitoring, etc. through a wireless network. The use of intelligent LED light sources can improve the efficiency of lamps, and can realize simultaneous dimming and color temperature adjustment, so that the changes of the light source can meet the needs of various uses and effectively improve the light environment.

图 6-40　北京工业大学绿色建筑技术中心办公楼

图 6-40 为北京工业大学绿色建筑技术中心办公楼。北京工业大学绿色建筑技术中心办公楼照明改造项目结合办公型建筑的特点及对室内光环境视觉舒适度、主自动控制的要求，建筑内部改造后采用智能调光调色的照明系统，全面提升建筑的室内光环境，具体可实现：

（1）多终端实时个性化控制、分时控制、分区域控制、实时感应控制、群组联动控制、亮度色温混合调节的多模式控制。

（2）收集并分析人行为数据与照明系统能耗数据，反馈控制系统以提高建筑光环境的主观舒适水平。作为光环境主客观评价的长期实验平台，立足于综合评价结果，为有关标准的修订提供参考。

（3）通过控制策略与行为节能方式，在实现照明系统节能率不低于 60％的目标的基础上，最大化节能效果，达到 75％以上的节能率。

图 6-41 为智慧照明系统的系统结构图。系统分为三层，房间内的灯具设备利用 ZPLC 技术与墙面开关连接，可进行双向通信。手机（平板、计算机）打开 WEB 页面，通过互联网（或局域网）向智能照明控制器系统主机（也称：网关）下达指令，系统主机通过 2.4G 无线 MESH 网络方式将指令发送给智能开关，智能开关利用完全自主知识产权的 ZPLC 技术通过原有电力线对灯具下达指令，灯具中的解码器将接收到指令解析并做出动作。本项目的照明运行数据与用户调控行为数据，可通过物联网接入云平台。收集不同采光、时间等条件下的用户行为数据。通过耗电量采集及人员对灯具调节的特征，评估并优化时序控制、区域控制等控制策略，实现主观舒适与节能的耦合，以达到行为节能的效果，并指导光环境主客观综合评价。

照明系统作为智能家居系统整合与联动的核心要素之一，具有提升生活品质、节能环

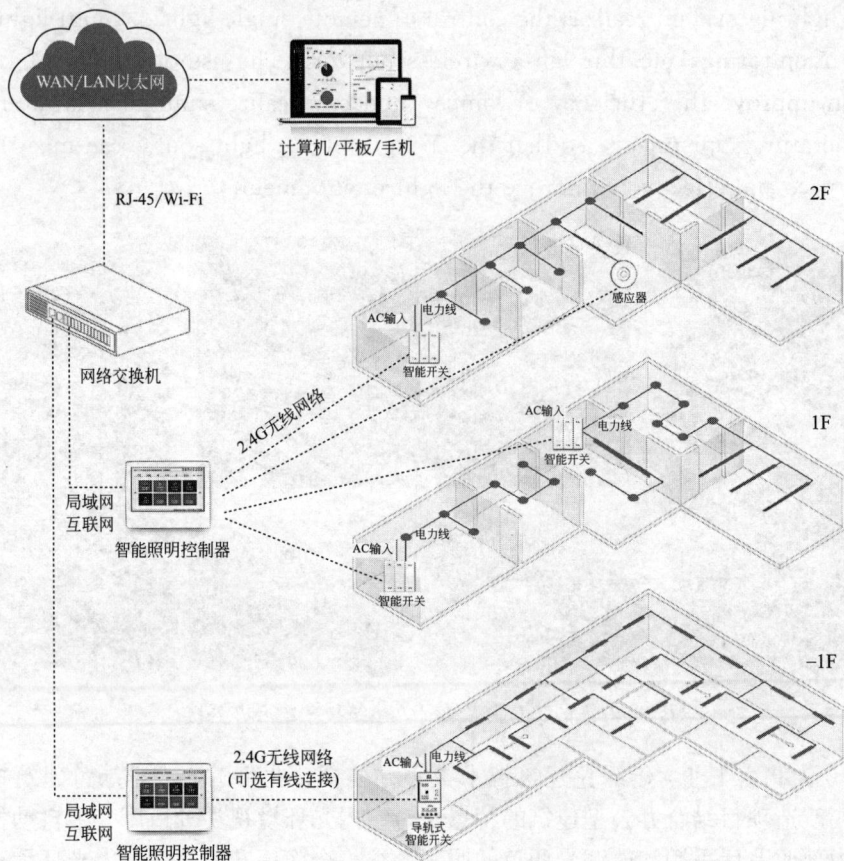

图 6-41 智慧照明系统的系统结构图

保、促进智能家居系统整合与联动等多重作用。随着科技的不断进步与市场的持续扩张，智能照明系统在未来智能家居行业中的地位将更加稳固，其作用亦将更加凸显，成为推动行业发展的重要力量。

6.5.3 模拟技术

6.5.3 Simulation technology

建筑光环境模拟是建立在计算机软件技术基础上的，借助于计算机软件技术我们可以完成手工计算时代不可想象的任务。随着可持续建筑的发展，传统的实体模型测量，公式计算和经验做法难以支持复杂和多元化的设计需要，而数字化的辅助模拟软件正好可以弥补上述传统做法的不足。

1. 光环境模拟软件的分类

按照模拟对象及其状态的不同，光环境模拟软件大致可以分成静态、动态和综合能耗模拟三类。

（1）静态光环境模拟软件

静态光环境模拟软件可以模拟某一时间点上的天然采光和人工照明环境的静态亮度图像和光学指标数据（如照度和采光系数）。这就如同你在将来的某个时间为还没建好的建筑拍下了一张虚拟的照片或者对其进行一次虚拟的光学测量，它们记录的是单一状态下的结果。

静态光环境模拟软件是光环境模拟软件中的主流，比较流行的有 Desktop Radiance、Radiance、Ecotect、AGi32 和 Dialux 等。

（2）动态光环境模拟软件

动态光环境模拟软件可以根据全年气象数据动态计算工作平面的逐时天然采光照度，并在上述照度数据的基础上根据照明控制策略进一步计算全年的人工照明能耗。这类软件与静态软件的区别在于其综合考虑了全年 8760h 的动态变化。动态光环境模拟软件还可以将计算结果输出到综合能耗模拟软件中进行协同模拟。

动态光环境模拟软件的可选择余地较小，基本只有 Daysim（有桌面、插件等版本），其余使用 Radiance 作为计算核心。

（3）综合能耗模拟软件

实际上这类软件已经不能算作是单纯意义上的光环境模拟软件，准确地说它们只是涉及了光环境的模拟。综合能耗模拟软件主要是用于能耗模拟和设备系统仿真，采光和照明能耗模拟只是其中的一个功能。它们可以根据全年的天然采光照度计算照明得热序列，并将以此数据作为输入量纳入到全年能耗模拟中计算建筑的综合能耗。根据天然采光照度的计算方法，可以将综合能耗模拟软件分为两种：一种使用简单的几何关系粗略地计算房间照度，如 EnergyPlus 等大部分能耗模拟软件均属于此类；另一种采用 Radiance 反向光线跟踪算法计算房间照度，如 IES<VE>即属于此类。需要说明的是，这两类软件通常每月只计算一天的照度，例如 IES<VE>的默认计算日为每月 15 日。

相对于专门的动态光环境模拟软件来说，综合能耗模拟软件在光环境方面的计算精度要低一些，但 TRNSYS 和 EnergyPlus 等能耗模拟软件均能导入 Daysim 输出的光环境数据，这可以在一定程度上克服计算精度的问题。综合能耗模拟软件可以同时对多个房间进行模拟，而动态光环境模拟软件目前还只能对单一的房间进行模拟。

2. 光环境模拟软件综述

静态光环境模拟软件主要是由用户界面、模型、材质、光源、光照模型和数据后处理六大模块构成的。对于动态光环境模拟软件和综合能耗模拟软件来说，在上述基础上增加了人员行为和照明控制模块以模拟人员的活动情况和采光照明设备的运行情况。

目前的光环境模拟软件，不管是简单的还是复杂的，没有一个可以做到单独承担完全意义上的光环境模拟，它们各有侧重点和自己的优势，因此在使用中需要合理地选择软件。表 6-9 为常见的几种光环境模拟软件的横向比较。

光环境模拟软件的横向比较　　　　表 6-9

软件	模拟类型	界面易用性	模型兼容性	扩展性	光照模型	计算精度	图像生成
Radiance	静态光环境模拟	很低	较高	很高	光线追踪	很高	可以
Desktop Radiance	静态光环境模拟	中等	较高	中等	光线追踪	很高	可以
Ecotect	建筑性能/静态光环境模拟	很高	很高	较高	光线追踪	很高	可以

续表

软件	模拟类型	界面易用性	模型兼容性	扩展性	光照模型	计算精度	图像生成
AGi32	静态光环境模拟	很高	较高	较高	光能传递	较高	可以
Dialux	静态光环境模拟	较高	很高	较高	光能传递	较高	可以
Daysim	动态光环境模拟	中等	中等	很高	光线追踪	较高	不可以
IES〈VE〉	综合能耗/静态光环境模拟	中等	较低	较低	光线追踪	较高	可以
EnergyPlus	综合能耗模拟	很低	较低	很高	几何计算	较低	不可以

6.6　光生物效应与安全※
6.6　Photobiological effects and safety

6.6.1　光的非视觉效应
6.6.1　Non-visual effects of light

📖 扫码阅读
（详见封底说明）

6.6.1　光的非视觉效应

6.6.2　光生物安全与防护
6.6.2　Photobiological safety and protection

📖 扫码阅读
（详见封底说明）

6.6.2　光生物安全与防护

💡 本章关键词（Keywords）

光环境	Luminous Environment
光度学	Photometry
色度学	Colorimetry
视觉	Vision

光谱	Spectrum
天然采光	Daylighting
人工照明	Artificial lighting
遮阳系统	Shading system
采光技术	Lighting technology

复习思考题

1. 简述光通量、发光强度、照度和亮度的定义、单位以及用途。

2. 相同的照明条件下，被照面的光学性质对被照面的照度和亮度有何影响？

3. 舒适光环境的营造需满足哪些基本要求，列举出其中的一项营造措施。

4. 在明亮环境条件下，人眼对何种单色光最敏感？色温越高，感觉越冷还是越暖？

5. 利用反射镜或者反射板来把太阳光引导到室内进行天然采光，直接把太阳光反射到室内的什么地方效果最好？

6. 可见光波长上限为多少 nm？下限为多少 nm？

7. 在相同照度条件下，为什么人在天然光下感觉视觉功效高于人工光，在感光设计中全国是否采用同一标准设计，为什么？

8. 低压钠灯、荧光高压汞灯等一类气体放电灯一般不用于室内照明，原因是什么？

9. 办公室 A 的平均照度是 500lux，办公室 B 的平均照度是 300lux，我国普遍办公室的照明标准是 300lux。这两个办公室的光环境水平哪个更好？

10. 人工光源按其发光机理不同可分为几类，各类举例几种常见的灯具。

11. 常用的照明方式有哪些？试分析在照明设计中要达到节能目的需要考虑的因素。

12. 在空调系统中，为了减少照明发热量所产生的冷负荷，照明设计应如何考虑。

参考文献

[1] 朱颖心. 建筑环境学 [M]. 4 版. 北京：中国建筑工业出版社，2010.

[2] 何荥，袁磊. 建筑采光 [M]. 北京：知识产权出版社，2019.

[3] 边宇. 建筑采光 [M]. 北京：中国建筑工业出版社，2019.

[4] 云朋. 建筑光环境模拟 [M]. 北京：中国建筑工业出版社，2010.

[5] 郝洛西，曹亦潇. 光与健康 [M]. 上海：同济大学出版社，2021.

[6] PETERTREGENZA, MICHAELWILSON. 建筑采光和照明设计：ARCHITECTURE AND LIGHTING DESIGN [M]. 北京：电子工业出版社，2014.

[7] 刘加平. 建筑物理 [M]. 4 版. 北京：中国建筑工业出版社，2009.

[8] 中华人民共和国住房和城乡建设部. 建筑采光设计标准：GB 50033—2013 [S]. 北京：中国建筑工业出版社，2013.

[9] 中华人民共和国住房和城乡建设部. 建筑照明设计标准：GB/T 50034—2024 [S]. 北京：中国建筑工业出版社，2024.

[10] 金伟其. 辐射度 光度与色度及其测量 [M]. 北京：北京理工大学出版社，2006.

［11］Mclntyre I M，Norman T R，Burrows G D，et al. Human melatonin suppression by light is intensity dependent ［J］. Journal of pineal research，1989，6（2）：149-156.

［12］中华人民共和国国家质量监督检验检疫总局，中国国家标准化管理委员会 . 日光的空间分布-CIE一般标准天空：GB/T 20148—2006 ［S］. 北京：中国标准出版社，2006.

第 7 章　建筑声环境
Chapter 7　Indoor Acoustic Environment

不同于波粒二相性的光，属性为机械波的声通过声波将声音传递到人耳。人对外部世界信息的感觉，30％是通过听觉得到的。人们通过声音学习、交流、欣赏美妙的音乐，但并不是所有的声音都是建筑室内需要的，如窗外车水马龙的声音、空调吹风的声音、风机旋转发出的声音。另外，对于不需要的声音，称之为噪声，如有些人会认为音乐干扰工作，则此时音乐也是噪声。那么，如何来描述不同噪声的特点呢？

声音传播到人耳的过程中会受到哪些阻碍，又会有哪些因素影响呢？对于声音的叠加是如何进行计算的呢？对于室内噪声的处理，它的原理又是什么？接下来，我们将给大家介绍这些关于建筑声环境的知识。

7.1　建筑声环境的基本知识
7.1　Fundamental principles of sound

7.1.1　声音的基本性质及计量
7.1.1　Basic properties and measurement of sound

1. 声波的基本物理性质

（1）声波和波动方程

建筑环境中的声波主要是在空气中传播的声波。声源的振动引起它周围的空气交替地被压缩和舒张，并向四周传播。当空气受到压缩，压强就增大，而空气舒张时，压强就降低。因此声波实质上是空气压强在静态压强水平上起伏变化的过程。所以，空气中的声波是一种压强波。因为声波而引起的空气压强的变化量称为声压 p。

Sound waves in the built environment are mainly sound waves propagating in the air. The vibration of the sound source causes the air around it to alternately compress and relax，and spread around.

声压是空气压强的变化量而不是空气压强本身，空气压强 P_a 是在静压强 P_0 上叠加变化量声压 p。声压 p 相对于静压强 P_0 是一个很微小的量。大气静压强是 $10^5\mathrm{Pa}$ 的量级，而声压 p 是 $10^{-5}\sim10\mathrm{Pa}$ 的量级。声音的传播是压力波的传播而不是空气质点的输运，空气质点只是在它原来的平衡位置来回振动。压力波传播速度是声速，而空气质点的振动速度对应的是声音的强弱。

Sound pressure is the variation of air pressure rather than the air pressure itself. Air pressure is a superimposed variation of sound pressure p on the static pressure.

如果把空气看作是理想气体，即忽略空气的黏滞性和热传导，空气中的声压 p 满足下述波动方程：

$$\frac{\partial^2 p}{\partial t^2} = c^2 \left(\frac{\partial^2 p}{\partial x^2} + \frac{\partial^2 p}{\partial y^2} + \frac{\partial^2 p}{\partial z^2} \right) \tag{7-1}$$

对于一维传播的声压 p，则上述三维波动方程简化为一维波动方程：

$$\frac{\partial^2 p}{\partial t^2} = c^2 \frac{\partial^2 p}{\partial x^2} \tag{7-2}$$

此方程的通解称为达朗贝尔（D'Alembert）解：

$$p(x, t) = f_1(x - ct) + f_2(x + ct) \tag{7-3}$$

f_1 和 f_2 为任意形式的函数。

现在讨论解的物理概念，先看 $f_1(x - ct)$，在 $t = 0$ 时为：$p(x, 0) = f_1 x$，在 x 方向上确定了一个声压 p 的初始分布。在 $t = t^*$（$t^* > 0$）时，观察 $x^* = x + ct^*$ 处的声压 $p(x^*, t^*)$ 为：

$$p(x^*, t^*) = f_1(x^* - ct^*) = f_1(x - ct^* + ct^*) = f_1(x) = p(x, 0) \tag{7-4}$$

这就是说，在 $t = t^*$ 时刻，$x^* = x + ct^*$ 处的状态和 $t = 0$ 时刻，x 处的状态相同，"波"从 x 处经过时间 t^* 传到了 x^* 处了。传播的距离是 $x^* - x = x + ct^* - x = ct^*$，而传播的时间是 t^*，则传播的速度是 $ct^*/t^* = c$。所以波动方程中的系数 c 是声波状态的传播速度，也就是声速。$f_1(x - ct)$ 表示了一个沿 x 轴正方向传播的波，而 $f_2(x + ct)$ 表示了一个沿 x 轴负方向传播的波。达朗贝尔解说明在初始时刻的一个扰动分别沿 x 轴正方向和负方向以速度 c 传播。

（2）声速

声波在介质中的传播速度，即声速，主要取决于介质本身的物理特性，也和温度等因素有关。空气中的声速 c 与空气的压强和密度有关：

The propagation speed of sound waves in a medium, that is, the speed of sound, mainly depends on the physical properties of the medium itself, and is also related to factors such as temperature. The speed of sound c in air is related to the pressure and density of the air:

$$c = \sqrt{\frac{\gamma P_0}{\rho_0}} \tag{7-5}$$

式中　c——空气中的声速，m/s；

　　P_0——空气静压强，通常取 101325Pa；

　　γ——气体常数，对于空气 $\gamma = 1.4$；

　　ρ_0——空气密度，$\rho_0 = 1.29 \times \frac{273}{T_a}$ kg/m³，其中 T_a 为空气温度，K。

因此，空气中的声速可表示为：

$$c = 331.4 \sqrt{\frac{T_a}{273}} \tag{7-6}$$

常温下（15℃）空气中的声速可取为 340m/s。

声波在不同的介质中传播速度不同，当温度为 0℃时，不同介质中的声速为：

松木：3320m/s   软木：500m/s

钢：5000m/s   水：1450m/s

（3）简谐声波、频率与波长

设一维波动方程的解的形式是：

$$p(x, t) = P_m \cos \frac{2\pi}{\lambda}(x - ct) \tag{7-7}$$

式中 λ——波长，m。

令频率 $f = c/\lambda$（Hz），则解可写成：

$$p(x, t) = P_m \cos\left(2\pi f t - \frac{2\pi}{\lambda}x\right) \tag{7-8}$$

如果位置 x 固定，声压随时间的变化是一个余弦函数，即频率为 f 的简谐函数。人耳在该处听到的是一个简谱音（又称纯音），这样的声波被称为简谐声波，是声波中最简单、最基本的形式。描述一个简谐声波只需频率 f 和声压幅值 P_m 两个独立变量，f 确定了它的音调，而声压幅值 P_m 确定了声音的强弱，即响度的大小。简谐声波的频率越高，其波长就越短。常温下空气中的声速约为 340m/s，则 100Hz 的简谐声波波长为 3.4m，而 4000Hz 的声波，波长为 8.5cm。

If the position x is fixed，the change of sound pressure with time is a cosine function，that is，a simple harmonic function of frequency f. What the human ear hears here is a simple notation（also known as pure tone），such a sound wave is called a simple harmonic sound wave，which is the simplest and most basic form of sound waves. To describe a simple spectrum sound wave，only two independent variables are frequency f and sound pressure amplitude P_m. f determines its pitch，and sound pressure amplitude P_m determines the strength of the sound，that is，the loudness. The higher the frequency of a simple harmonic sound，the shorter its wavelength. The speed of sound in air at room temperature is about 340m/s，so the wavelength of the 100Hz simple-spectrum sound wave is 3.4 m，and the 4000Hz sound wave has a wavelength of 8.5cm.

人耳能听到的声波频率范围约在 20～20000Hz 之间，低于 20Hz 的声波称为次声，高于 20000Hz 的称为超声。次声和超声都不能被人耳听到。

（4）声音信号和频谱

人耳接收到的空气中声压随时间的变化称为声音。简谐声波的声压随时间变化的规律是一个简谐函数，亦称作纯音信号：

The change in sound pressure in the air received by the human ear over time is called sound. The law of the sound pressure of a simple harmonic wave changing with time is a simple harmonic function，also known as a pure tone signal：

$$p(t) = P_m \cos(2\pi f t + \varphi) \tag{7-9}$$

其中 φ 称为初相，随空间位置不同而异。

另有一种信号称为周期性信号，即每隔一确定的周期 ΔT，信号就重复一遍：

$$p(t) = p(t + n\Delta T) \tag{7-10}$$

其中，n 为正整数。对于周期性信号，可进行傅立叶级数展开为一系列简谐函数的和：

$$p(t) = A_0 + \sum_{n=1}^{\infty} A_n \cos(2\pi n f_0 t + \varphi_n) \tag{7-11}$$

其中，f_0 称为基频，A_0 称作直流分量。

　　每一个简谐分量 i 对应的是各自的声压幅值 A_i、初相 φ_i 和谐频 $f_i = n f_0$。如果以横坐标作为频率 f，纵坐标作为声压幅值 p（或声压级），画出某种声音的频谱图，则各简谐分量都对应着 $f = f_i$ 处的一条竖直线，竖直线的高度与幅值 A_i 对应。一个单一频率的简谐声音（纯音），其频谱图是位于该频率坐标处的一条竖直线。

　　周期性声信号又称为复音，如管弦乐器发出的声音。其频谱图可以表示为在基频 f_0 和 $2f_0$、$3f_0$、……nf_0……处的一系列高矮不等的竖直线（图 7-1），称为线状谱，又称为离散谱。复音音调的高低取决于基频，而音色取决于谐频分量的构成。

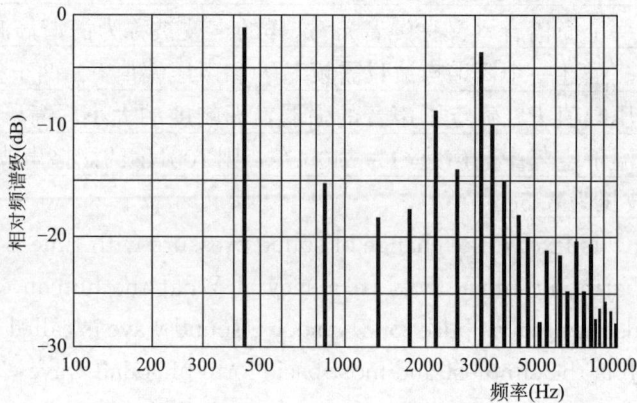

图 7-1　基频为 440Hz 的小提琴频谱图

　　人们所认为的噪声，一般不是周期性信号，不能用离散的简谐分量的叠加来表示，而是包含着连续的频率成分，表示为连续谱（图 7-2）。

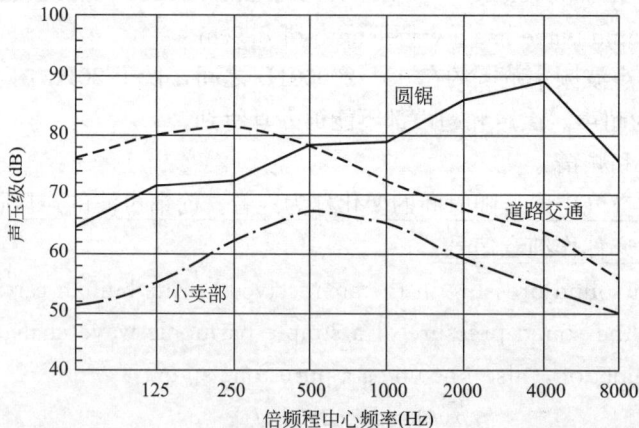

图 7-2　几种噪声的频谱

在通常的声学测量中将声音的频率范围分成若干个频带，以便于工作。精度要求高时，频带带宽可以缩窄；简单测量时，可以将频带带宽放宽。

在建筑声学中，频带划分通常是以各频带的频程数 n 相等来划分。频程数 n 可表示为：$\frac{f_2}{f_1}=2^n$，频程数 n 为正整数或分数，n 是几就是几个倍频程。一个倍频程相当于音乐上一个八度音。某个频带的宽度若为 n 个倍频程，则此频带上界频率 f_2 是其下界频率 f_1 的 2^n 倍，f_2 和 f_1 相差 n 个倍频程。建筑声学中一般工程性测量最常用的是间距为一个倍频程的倍频带。各个频带通常用其中心频率 $f_c=\sqrt{f_1 f_2}$ 来表示。

国际标准化组织 ISO 和我国国家标准对倍频带划分的标准规定为：中心频率为 31.5Hz、63Hz、125Hz、250Hz、500Hz、1000Hz、2000Hz、4000Hz、8000Hz 及 16000Hz。

对于连续谱的噪声，在某个频带范围内，其强度用频带声压级来表示。将各个频带的频带声压级用直方图或用中心频率与频带声压级值的坐标点的连线（折线）表示，得到频带声压级谱。

（5）波阵面与声线

声波从声源出发，在同一个介质中按一定方向传播，在某一时刻，波动所达到的各点的包络面，即空间中相位相同的相邻点构成的面，称为波阵面。波阵面为平面的称为"平面波"，波阵面为球面的称为"球面波"。

The sound wave starts from the sound source and propagates in a certain direction in the same medium. At a certain moment，the envelope surface of each point reached by the wave，that is，the surface composed of adjacent points with the same phase in space，is called the wave front. The wave front is called 'plane wave'，and the wave front is called 'spherical wave'.

一个置于管端作频率为 f 的往复简谐振动的活塞，向管子中的空气辐射的就是频率为 f 的简谐平面波。平面波的声压幅值 P_m 即波的强度在传播过程中没有衰减。

一个置于原点的小球，其体积以 f 频率作胀缩简谐振动，则向其周围的空气辐射的是频率为 f 的简谐球面波。其波的强度随传播距离 r 成反比关系衰减。

用"声线"表示声波传播的途径。在各向同性的介质中，声线是直线且与波阵面相垂直。

2. 声音的计量

（1）声功率、声强和声压

1）声功率 W

声功率是指声源在单位时间内向外辐射的声能，单位为 W 或 μW。声源声功率有时指的是在某个频带的声功率，此时需注明所指的频率范围。

Sound power refers to the sound energy radiated by a sound source per unit time，in W or μW. The sound power of a sound source sometimes refers to the sound power in a certain frequency band，and the frequency range referred to should be indicated at this time.

声功率不应与声源的其他功率相混淆。例如扩声系统中所用的放大器的电功率通常是几百瓦以至上千瓦，但扬声器的效率很低，它辐射的声功率可能只有零点几瓦。电功率是声源的输入功率，而声功率是声源的输出功率。

在声环境设计中，大多认为声源辐射的声功率是属于声源本身的一种特性，不因环境条件的不同而改变。一般人讲话的声功率是很小的，稍微提高嗓音时约 $50\mu\mathrm{W}$；即使 100 万人同时讲话，也只是相当于一个 50W 电灯泡的功率。

2）声强 I

声强是衡量声波在传播过程中声音强弱的物理量，单位是 $\mathrm{W/m^2}$。声场中某一点的声强，是指在单位时间内，该点处垂直于声波传播方向上的单位面积所通过的声能。

Sound intensity is a physical quantity that measures the sound intensity of sound waves in the process of propagation, and the unit is $\mathrm{W/m^2}$. The sound intensity of a certain point in the sound field refers to the sound energy passing through a unit area perpendicular to the sound wave propagation direction at that point in a unit time.

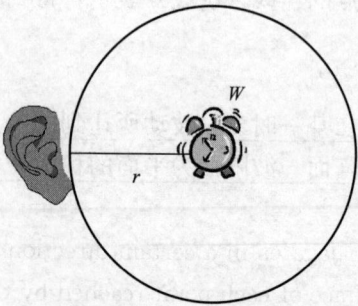

图 7-3　声强计算示意图

在无反射声波的自由场中，点声源发出的球面波，均匀地向四周辐射声能（图 7-3）。因此，距声源中心为 r 的球面上的声强为：

$$I = \frac{W}{4\pi r^2} \tag{7-12}$$

式中　W—— 声源声功率，W。

因此，对于球面波，声强与点声源的声功率成正比，与距声源的距离平方成反比，见图 7-4（a）。对于平面波，声线互相平行，声能没有聚集或离散，声强与距离无关，见图 7-4（b）。例如指向性极强的大型扬声器就是利用这一原理进行设计的，其声音可传播十几千米远。在实际工作中，指定方向的声强难以测量，通常是测出声压，通过计算求出声强和声功率。

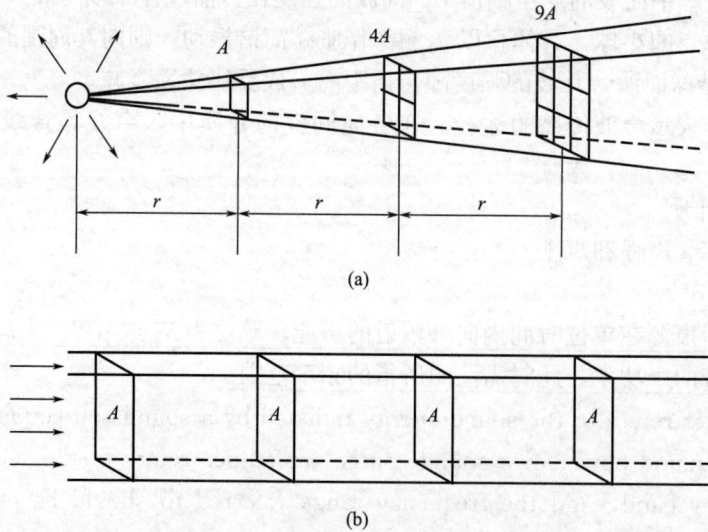

(a)

(b)

图 7-4　声能通过的面积与距离的关系
(a) 球面波；(b) 平面波

3) 声压 p

所谓声压，是指介质中有声波传播时，介质中的压强相对于无声波时介质静压强的改变量，单位为 Pa。任一点的声压都是随时间而不断变化的，每一瞬间的声压称瞬时声压，某段时间内瞬时声压的均方根值称为有效声压。如未说明，通常所指的声压即为有效声压。

The sound pressure refers to the change of the pressure when there is sound wave propagation in the medium relative to the static pressure of the medium when there is no sound wave，and the unit is Pa. The sound pressure at any point changes continuously with time. The sound pressure at each moment is called the instantaneous sound pressure，and the root mean square value of the instantaneous sound pressure within a certain period of time is called the effective sound pressure. If not specified，the sound pressure usually referred to is the effective sound pressure.

声压与声强有着密切的关系。在自由声场中，某处的声强和该处声压的平方成正比，而和介质密度与声速的乘积成反比，即：

$$I = \frac{p^2}{\rho_0 c} \tag{7-13}$$

（2）声功率级、声强级、声压级及其叠加

人耳对声音是非常敏感的，人耳刚能听见的下限声强为 $10^{-12}\,\mathrm{W/m^2}$，下限声压为 $2 \times 10^{-5}\,\mathrm{Pa}$，称作可听阈；而使人能忍受的上限声强为 $1\,\mathrm{W/m^2}$，上限声压为 20Pa，称作烦恼阈。可看出，人耳的容许声强范围为 1 万亿倍，声压相差也达 100 万倍。同时，声强与声压的变化与人耳感觉的变化也是与它们的对数值近似成正比，因此引入了"级"的概念。

The human ear is very sensitive to sound，the lower limit sound intensity that the human ear can just hear is $10^{-12}\,\mathrm{W/m^2}$，and the lower limit sound pressure is $2 \times 10^{-5}\,\mathrm{Pa}$，which is called the audible threshold；and the upper limit sound intensity that can be tolerated is $1\,\mathrm{W/m^2}$，the upper limit sound pressure is 20Pa，which is called annoyance threshold. It can be seen that the allowable sound intensity range of the human ear is 1 trillion times，and the sound pressure difference is also 1 million times，so the concept of 'level' is introduced.

1) 级的概念与声压级

所谓级是做相对比较的量。如声压以 10 倍为一级划分，声压比值写成 10^n 形式，从可听阈到烦恼阈可划分为 $10^0 \sim 10^6$ 共七级。n 就是级值，但又嫌过少，所以以 20 倍之，把这个区段的声压级划分为 $0 \sim 120$ 分贝（dB）。即：

$$L_p = 20\lg\frac{p}{p_0} \tag{7-14}$$

式中　L_p——声压级，dB；

p_0——参考声压，以可听阈 $2 \times 10^{-5}\,\mathrm{Pa}$ 为参考值。

从上式可以看出：声压变化 10 倍，相当于声压级变化 20dB。

2) 声强级

声强级也是以可听阈作为参考值，表示为：

$$L_{\mathrm{I}} = 10\lg\frac{I}{I_0} \tag{7-15}$$

式中　L_{I}——声强级，dB；

　　　I_0——参考声强，以可听阈 $10^{-12}\,\mathrm{W/m^2}$ 为参考值。

在自由声场中，当空气的介质特性阻抗 $\rho_0 c$ 等于 $400\mathrm{N \cdot s/m^3}$ 时，声强级与声压级在数值上相等。在常温下，空气的 $\rho_0 c$ 近似为 $400\mathrm{N \cdot s/m^3}$，因此通常可认为二者的数值相等。

3）声功率级

同上，声功率级的定义为：

$$L_{\mathrm{w}} = 10\lg\frac{W}{W_0} \tag{7-16}$$

式中　L_{w}——声功率级，dB；

　　　W_0——参考声功率，$10^{-12}\,\mathrm{W}$。

4）声压级叠加

当几个不同的声源同时作用于某一点时，若不考虑干涉效应，该点的总声强是各个声强的代数和，即：

$$I = I_1 + I_2 + \cdots\cdots + I_n \tag{7-17}$$

而它们的总声压（有效声压）是各声压的均方根值，即：

$$p = \sqrt{p_1^2 + p_2^2 + \cdots\cdots + p_n^2} \tag{7-18}$$

声压级叠加时，不能进行简单的算术相加，而要求按对数运算规律进行（图 7-5）。n 个声压级为 L_{p1} 的声音叠加，总声压级为：

$$L_{\mathrm{p}} = 20\lg\frac{\sqrt{np_1^2}}{p_0} = L_{\mathrm{p1}} + 10\lg n \tag{7-19}$$

从上式可以看出，两个数值相等的声压级叠加时，声压级会比原来增加 3dB。这一结论同样适用于声强级与声功率级的叠加。

此外，可以证明，两个声压级分别为 L_{p1} 和 L_{p2}（设 $L_{\mathrm{p1}} \geqslant L_{\mathrm{p2}}$），其叠加的总声压级为：

$$L_{\mathrm{p}} = L_{\mathrm{p1}} + 10\lg\left[1 + 10^{-(L_{\mathrm{p1}} - L_{\mathrm{p2}})/10}\right] \tag{7-20}$$

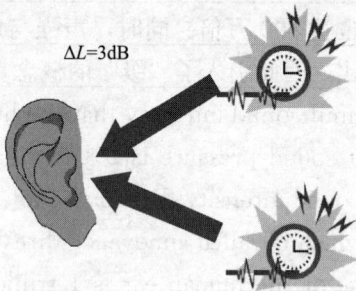

图 7-5　两个数值相等的声压级叠加

$\Delta L = 3\mathrm{dB}$

声压级的叠加计算亦可利用图 7-6 进行。由图 7-6 查出声压级差（$L_{\mathrm{p1}} - L_{\mathrm{p2}}$）所对应的附加值，将它加在较高的那个声压级上，即可求得总声压级。如果两个声压级差超过 15dB，则附加值很小，可以略去不计。声强级、声功率级的叠加亦可用上述方法进行。对于同一声源不同倍频程的声级也可以用同样方法叠加出一个声级数值。

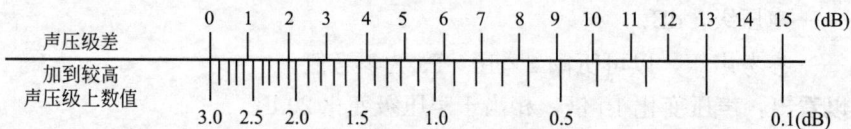

图 7-6　声压级的差值与增值的关系

7.1.2 声音传播与衰减的原理

7.1.2 Principles of sound propagation and attenuation

1. 声波遇到边界面和障碍物时的传播规律

（1）声波的绕射与反射

1）声波的绕射

当声波在传播途径中遇到障碍物时，不再是直线传播，而是能绕过障碍物的边缘、改变原来的传播方向，在障碍物的后面继续传播，这种现象称为绕射。图 7-7（a）、（b）给出的是平面波与球面波遇到障碍物时绕射的示意。

When the sound wave encounters an obstacle in the propagation path, it no longer propagates in a straight line, but can bypass the edge of the obstacle, change the original propagation direction, and continue to propagate behind the obstacle. This phenomenon is called diffraction.

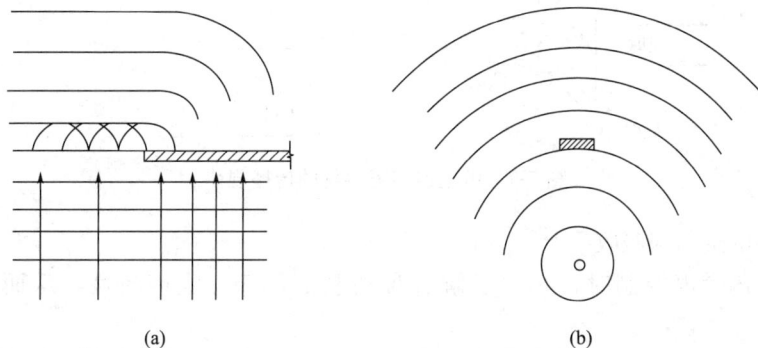

(a)   (b)

图 7-7 声波的绕射图
(a) 平面波的绕射；(b) 球面波的绕射

2）声波的反射与散射

当声波在传播过程中遇到一块尺寸比波长大得多的平面障板时，声波将被反射。如声源发出的是球面波，经反射后仍是球面波，见图 7-8。此时，反射遵循几何反射定律：

When a sound wave encounters a flat baffle with a size much larger than the wavelength during propagation, the sound wave will be reflected. If the sound source emits a spherical wave, it is still a spherical wave after reflection.

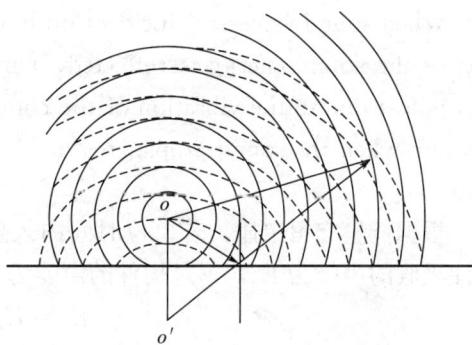

图 7-8 声波的反射

a）入射线、反射线和反射面的法线在同一平面内。

b）入射线和反射线分别在法线的两侧。

c）反射角等于入射角。

当声波入射到表面起伏不平的障碍物上，而且起伏的尺度和波长相近时，声波不会产生定向的几何反射，而是产生散射，声波的能量向各个方向反射。

图 7-9 给出了声波遇到不同尺度的障碍物时，产生的反射、绕射与散射的情况。由 A 至 E 反映了障碍物相对波长的尺度由大至小。

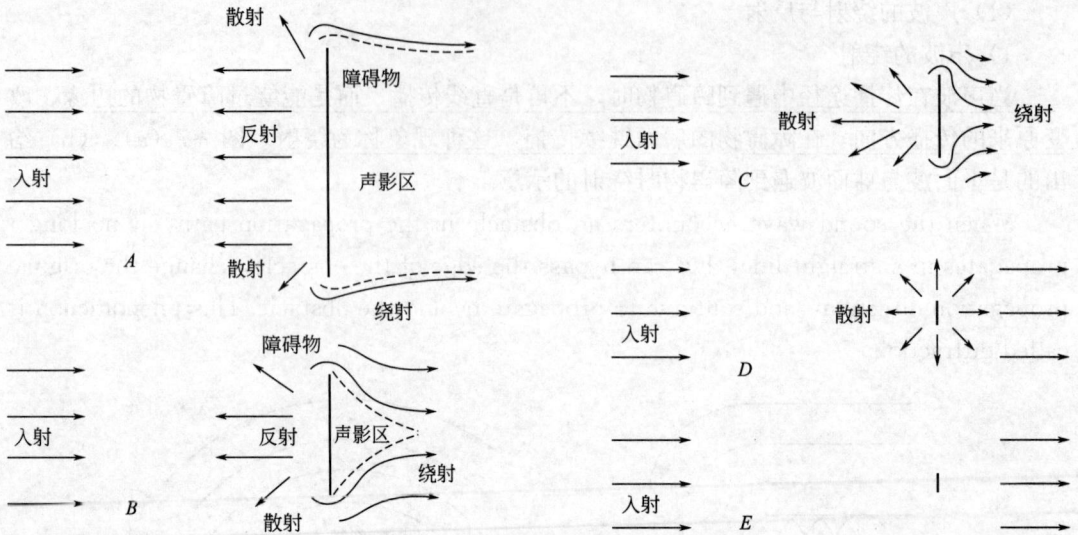

图 7-9　声波遇到障碍物的传播规律

（2）声波的透射与吸收

在进行室内噪声控制时，必须了解各种材料的隔声、吸声特性，从而合理地选用材料。

当声波入射到建筑构件（如墙、顶棚）时，声能的一部分被反射，一部分透过构件，还有一部分由于构件的振动或声音在其内部传播时介质的摩擦或热传导而被损耗，通常称之为材料的吸收。

When sound waves are incident on building components（such as walls and ceilings），part of the sound energy is reflected，part is transmitted through the components，and part is lost due to the vibration of the component or the friction or heat conduction of the medium when the sound propagates inside it，usually this is called the absorption of the material.

根据能量守恒定律，若单位时间内入射到构件上的总声能为 E_0，反射的声能为 E_ρ，构件吸收的声能为 E_α，透过构件的声能为 E_τ，则互相间有如下的关系：

$$E_0 = E_\rho + E_\alpha + E_\tau \tag{7-21}$$

透射声能与入射声能之比称为透射系数，记作 τ；反射声能与入射声能之比称为反射系数，记作 ρ，即：

透射系数：
$$\tau = \frac{E_\tau}{E_0} \tag{7-22}$$

反射系数：
$$\rho = \frac{E_\rho}{E_0} \tag{7-23}$$

人们常把 τ 值小的材料称为"隔声材料"，把 ρ 值小的称为"吸声材料"。实际上构件的吸收只是 E_α，但从入射波与反射波所在的空间考虑问题，常把透过和吸收的即没有反射回来的声能都看成是被吸收了，就可用下式来定义材料的吸声系数 α：

$$\alpha = 1 - \rho = \frac{E_0 - E_\rho}{E_0} \tag{7-24}$$

2. 声音在室外空间的传播

(1) 声音在自由场中的传播

自由场是一种无反射和无吸收的理想声场。在自由场中，点声源辐射的声波以球面波向外传播，声强随着接收点与声源距离 r 的增加而衰减，声压级按下述公式计算：

$$L_p = L_w + 10\lg \frac{1}{4\pi r^2} \tag{7-25}$$

式中　r——声波传播的距离，m。

上式也可改写为：

$$L_p = L_w - 20\lg r - 11 \tag{7-26}$$

接收点的声强与点声源的距离平方成反比，即距离每增加 1 倍衰减 6dB，称为自由场球面波发散衰减的"平方反比定律"。

线声源（如车流密集车流量稳定的高速公路交通噪声、节数很多的列车的轮轨啸声）在自由场中的衰减规律是：接收点的声强与声源的距离成反比，距离每增加 1 倍衰减 3dB。

(2) 声音在传播过程中的衰减

声音在传播过程中的衰减包括发散衰减、大气吸收衰减、地面吸收衰减和其他衰减。

(3) 气象条件的影响

室外大气中，风速在高度方向上的分布，通常是近地面风速小，随着高度的增加，风速也增加。这就形成在声源的上风向，声音传播速度是静风状态下空气中的声速减去风速，其梯度分布是近地面处大而随高度的降低减小；而在下风向正相反，声音传播速度是静风状态下空气中的声速加上风速，其梯度分布是近地面处小而随高度增大。

大气的温度会随高度而变化，而声速随空气温度有少量递增。所以声速在高度方向上也有相应的梯度变化。

3. 声音在室内空间中的传播

(1) 室内声场

声波在一个被界面（墙、地板、顶棚等）围闭的空间中传播时，受到各个界面的反射与吸收，这时所形成的声场要比无反射的自由场复杂得多。

在室内声场中，接收点处除了接收到声源辐射的"直达声"以外，还接收到由房间界面反射而来的反射声，包括一次反射、二次反射和多次反射，见图 7-10。

由于反射声的存在，室内声场的显著特点是：

1) 距声源相同距离的接收点上，声音强度比在自由声场中要大，且不随距离的平方衰减。

2) 声源在停止发声以后，声场中还存在着来自各个界面的迟到的反射声，声场的能量有一个衰减过程，产生所谓"混响现象"。

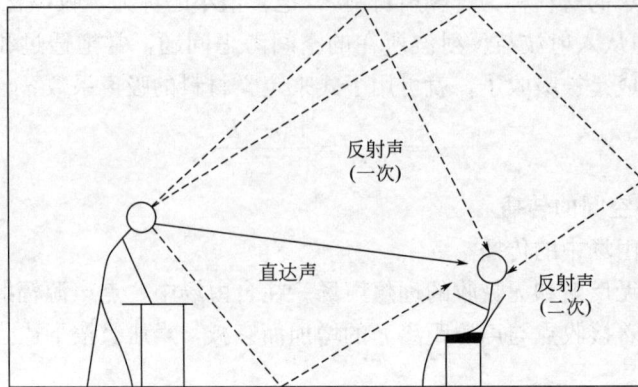

图 7-10　室内声音传播示意图

（2）扩散声场的假定

从物理学上讲，室内声场是一个波动方程在三维空间和边界条件下的求解问题，因为房间形状和界面声学特性的复杂性，难以用数学物理方法求得解析解。于是就发展了统计处理的方法，首先是对室内声场做出扩散声场的假定：

1）声能密度在室内均匀分布，即在室内任一点上，声音强度都相等；

2）在室内任一点上，声波向空间各个方向传播的概率是相同的。

（3）平均吸声系数

基于扩散声场的假定，在室内界面上，不论吸声材料位于何处，其对声场能量的吸收效果都相同，即声波与某界面接触的概率，与该界面的面积成正比，而与其位置无关。于是，可以对不同界面的吸声系数进行面积加权平均，求得房间界面的平均吸声系数 $\bar{\alpha}$。这样，不同面积不同吸声系数的各个界面对声场的吸收作用的总和也就等同于所有界面具有相同的吸声系数 $\bar{\alpha}$ 对声场的作用，用公式表示：

Based on the assumption of the diffused sound field，on the indoor interface，no matter where the sound absorbing material is located，its absorption effect on the sound field energy is the same，that is，the probability of the sound wave contacting an interface is proportional to the area of the interface，regardless of its location. Therefore，the area-weighted average of the sound absorption coefficients of different interfaces can be performed to obtain the average sound absorption coefficient $\bar{\alpha}$ of the room interface.

$$\bar{\alpha} = \frac{S_1\alpha_1 + S_2\alpha_2 + S_3\alpha_3 + \cdots + S_n\alpha_n}{S_1 + S_2 + S_3 + \cdots + S_n} = \frac{\sum S_i\alpha_i}{\sum S_i} = \frac{A}{S} \tag{7-27}$$

式中　S_i——第 i 个界面的面积，m^2；

　　　α_i——第 i 个界面的吸声系数；

　　　S——房间界面的总面积，m^2；

　　　A——房间界面的总吸声量，$A = \sum S_i\alpha_i$，m^2。

（4）室内声场的衰减过程

当室内声场在声源激发下处于稳态，即声源单位时间辐射的声能与房间界面单位时间吸收的声能相等时，设声场的稳态声能密度（单位体积中包含的声能，J/m^3）为 D_0。此时让声源突然停止发声，声源不再提供声能，直达声消失，但反射声还存在。反射声在传播过程中，每与房间界面碰撞一次，即被界面吸收一次。从统计平均来看，所有反射声每平均与界面碰撞一次，房间声能被吸收掉 $\bar{\alpha}$ 倍，声能密度衰减为 $D_0(1-\bar{\alpha})$。

声波在房间中传播，在与界面发生一次反射之后，到下一次反射所经过的距离的统计平均，即平均和界面碰撞一次所经历的传播路程，称为平均自由路程 P。在一般形状的房间内，平均自由程 $P=\dfrac{4V}{S}$，V 为房间容积（m^3），S 为房间界面总面积（m^2）。于是，在单位时间里，声波与房间界面的碰撞次数（反射次数）为 $n=\dfrac{c}{P}=\dfrac{cS}{4V}$。

碰撞 n 次，也就是单位时间内，房间声能密度衰减为：

$$D_0(1-\bar{\alpha})^n=D_0(1-\bar{\alpha})^{(cS/4V)} \tag{7-28}$$

因此，房间声能密度随时间 t 的衰减为：

$$D_t=D_0(1-\bar{\alpha})^{(cS/4V)t} \tag{7-29}$$

声级随时间衰减的量是：

$$\Delta L(t)=10\lg\frac{D_0}{D_t}=-\frac{10cS}{4V}t\lg(1-\bar{\alpha})(dB) \tag{7-30}$$

（5）混响时间与混响公式

室内声场声级在声源停止发声后衰减 60dB 的时间称为混响时间，记为 T 或 T_{60}。

由衰减公式（7-30），令 $\Delta L(t)=60dB$，声速 c 取 340m/s，并把常用对数 $\lg$ 换成自然对数 $\ln$，即可求得混响时间 T_{60}：

$$T_{60}=-\frac{0.161V}{S\ln(1-\bar{\alpha})} \tag{7-31}$$

式中　T_{60}——混响时间，s；

　　　V——房间的容积，m^3；

　　　S——室内界面总面积，m^2；

　　　$\bar{\alpha}$——室内界面平均吸声系数。

这就是依林混响公式。如果对 $-\ln(1-\bar{\alpha})$ 进行幂级数展开，

$$-\ln(1-\bar{\alpha})=\bar{\alpha}+(\bar{\alpha})^2/2+(\bar{\alpha})^3/3+(\bar{\alpha})^4/4+\cdots\cdots \tag{7-32}$$

当 $\bar{\alpha}$ 较小（$\bar{\alpha}<0.2$）时，取级数的第一项 $\bar{\alpha}$，则依林混响公式可改写为适用于房间界面吸声较小混响时间较长的情况的赛宾混响公式：

$$T_{60}=0.161V/(S\bar{\alpha})=0.161V/A \tag{7-33}$$

上述混响理论以及由此导出的混响时间计算公式，将复杂的室内声场处理得十分简单。其前提条件是：1）声场是一个完整的空间；2）声场是完全扩散的。但在实际的声场中，有时不能完全满足上述假定，衰减曲线也有不呈直线，混响时间的计算值与实际值亦会产生偏差。

4. 室内声场的稳态分布

（1）室内声场稳态分布

在上述混响公式推导时，假定在稳态条件下，室内的声能密度是各点相同的，但在实

际房间中距声源较近处的声能密度比远处要大，这是因为在声源近处的接收点比离声源较远处接收点接收到的直达声大得多的缘故。为求得在稳态条件下距声源不同距离的声能密度，需要单独计算直达声产生的声能密度。假定声源是无指向性的，距接收点的距离为 r，则直达声产生的声能密度为：

$$D_\mathrm{d} = \frac{W}{4\pi r^2 c} \tag{7-34}$$

式中　D_d——直达声的声能密度，$\mathrm{J/m^3}$。

假定直达声经过室内表面一次反射之后在室内均匀扩散，其声能密度为 D_s，这部分声能来源于声源发声后经一次反射之后的声功率 $W(1-\bar{\alpha})$，声音在室内单位时间内的反射次数为 $cS/4V$。因此，反射声的声能密度为：

$$D_\mathrm{s} = \frac{4W}{cS\bar{\alpha}}(1-\bar{\alpha}) \tag{7-35}$$

式中　D_s——反射声的声能密度，$\mathrm{J/m^3}$。

声源发声后，室内达到稳态时的全部声能密度为：

$$D_0 = D_\mathrm{d} + D_\mathrm{s} = \frac{W}{c}\left[\frac{1}{4\pi r^2} + \frac{4(1-\bar{\alpha})}{S\bar{\alpha}}\right] \tag{7-36}$$

相应的声强为：

$$I = W\left[\frac{1}{4\pi r^2} + \frac{4(1-\bar{\alpha})}{S\bar{\alpha}}\right] = W\left[\frac{1}{4\pi r^2} + \frac{4}{R}\right] \tag{7-37}$$

其中 $R = \dfrac{S\bar{\alpha}}{1-\bar{\alpha}}$，称作"房间常数"。考虑声源在房间中的位置所带来的辐射指向性因素 Q，则可以得到室内某点的稳态声压级：

$$L_\mathrm{p} = L_\mathrm{w} + 10\lg\frac{Q}{4\pi r^2} + \frac{4}{R} \tag{7-38}$$

（2）混响半径

根据室内稳态声压级的计算公式，室内的声能密度由两部分构成：第一部分是直达声，相当于 $\dfrac{Q}{4\pi r^2}$ 表述的部分；第二部分是反射声（包括第一次及以后的反射声），即 $\dfrac{4}{R}$ 表述的部分。可以设想，在离声源较近处 $\dfrac{Q}{4\pi r^2} > \dfrac{4}{R}$，离声源较远处 $\dfrac{Q}{4\pi r^2} < \dfrac{4}{R}$，前者直达声大于反射声，后者反射声大于直达声。在直达声的声能密度与反射声的声能密度相等处，距声源的距离称作"混响半径"，或称"临界半径"，即此处有：

$$r_0 = \sqrt{\frac{QR}{16\pi}} = 0.14\sqrt{QR} \tag{7-39}$$

式中　r_0——混响半径，m。

当我们以加大房间的吸声量来降低室内噪声时，接收点若在混响半径 r_0 之内，由于接收的主要是声源的直达声，所以效果不大；如接收点在 r_0 之外，即远离声源时，接收的主要是反射声，加大房间的吸声量，R 变大，$\dfrac{4}{R}$ 变小，就有明显的减噪效果。

7.2 人体对声音环境的反应原理与噪声评价

7.2 Human response to sound

7.2.1 人的主观听觉特性

7.2.1 Human subjective auditory characteristics

尽管人对声音的主观要求是十分复杂的，与年龄、身体条件、心理状态等因素有着密切的关系，但最低的要求则是比较一致的，即想听的声音要能听清，不需要的声音则应降低到最低的干扰程度。为了了解人们听觉上的主观要求，首先要了解听觉机构与声音影响听觉的一些主观因素。

1. 听觉机构

听觉传导神经人耳是声波最终的接收者。人耳可以分成三个主要部分：外耳、中耳与内耳（图 7-11）。声波通过听道使耳鼓在声波激发下振动，推动中耳室内的听骨，听骨的振动通过卵形窗，使淋巴液运动，引起耳蜗基底膜振动，形成神经脉冲信号，通过听觉传导神经传到大脑听觉中枢，引起听觉。

The sound wave makes the ear drum vibrate under the excitation of the sound wave through the auditory canal，and pushes the ossicular bone in the middle ear chamber to the auditory center of the brain，causing hearing.

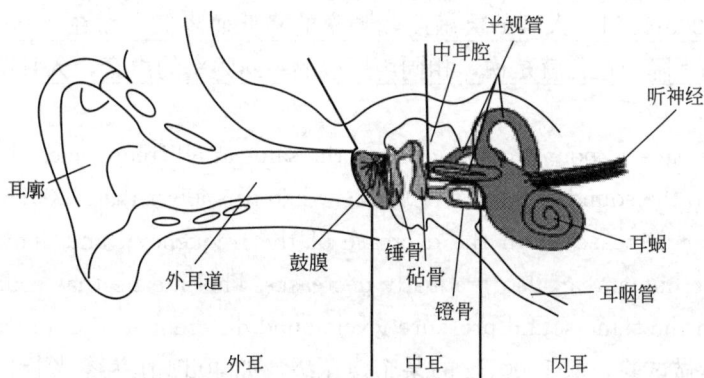

图 7-11　人耳结构示意图

通常声压级在 120dB 左右，人就会感到不舒服；130dB 左右耳内将有痒的感觉；达到 140dB 时耳内会感到疼痛；当声压级继续升高，会造成耳内出血，甚至听觉机构损坏。图 7-12 中给出的是正常青年人的自由场最小可听阈、烦恼阈和痛阈。

Usually，the sound pressure level is around 120dB，people will feel uncomfortable; around 130dB，there will be an itching feeling in the ear; when it reaches 140dB，there will be pain in the ear; damage. Fig. 7-12 shows the minimum free-field audible state, annoyance threshold，and pain threshold for normal young adults.

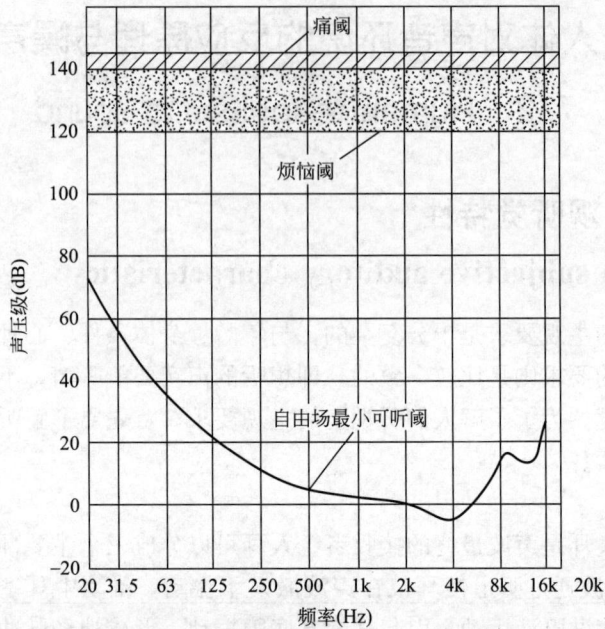

图 7-12　正常青年人人耳的听觉范围

2. 听觉特性

（1）人耳的频率响应与等响曲线

人耳对声音的响应并不是在所有频率上都是一样的。人耳对 2000～4000Hz 的声音最敏感；在低于 1000Hz 时，人耳的灵敏度随频率的降低而降低；而在 4000Hz 以上，人耳的灵敏度也逐渐下降。这也就是说，相同声压级的不同频率的声音，人耳听起来是不一样响的。

The human ear's response to sound is not the same at all frequencies. The human ear is most sensitive to the sound of 2000～4000Hz; when it is lower than 1000Hz, the sensitivity of the human ear decreases with the decrease of the frequency; and above 4000Hz, the sensitivity of the human ear also gradually decreases. This means that sounds of different frequencies with the same sound pressure level sound different to the human ear.

以连续纯音做试验，取 1000Hz 的某个声压级，如 40dB 作为参考标准，则听起来和它同样响的其他频率纯音的各自声压级就构成一条等响曲线，并称之为响度级为 40 方（Phon）的等响曲线。依次改变参考用的 1000Hz 纯音的声压级，就可以得到一组等响曲线。图 7-13 所示即为一组等响曲线，它是对大量健康人在自由场中测试的统计结果，由 ISO（国际标准化组织）于 1964 年确定的。

某一频率的某个声压级的纯音，落在多少方的等响曲线上，就可以知道它的响度级是多少。从图中不仅可以看出人耳对不同频率的响应是不同的，而且可以看出人耳的频率响应还与声音的强度有关；等响曲线在声压级低时变化快，斜率大，而在高声压级时就比较平坦，这种情况在低频尤为明显。

测量声音响度级与声压级时所使用的仪器称为"声级计"。在声级计中设有 A、B、

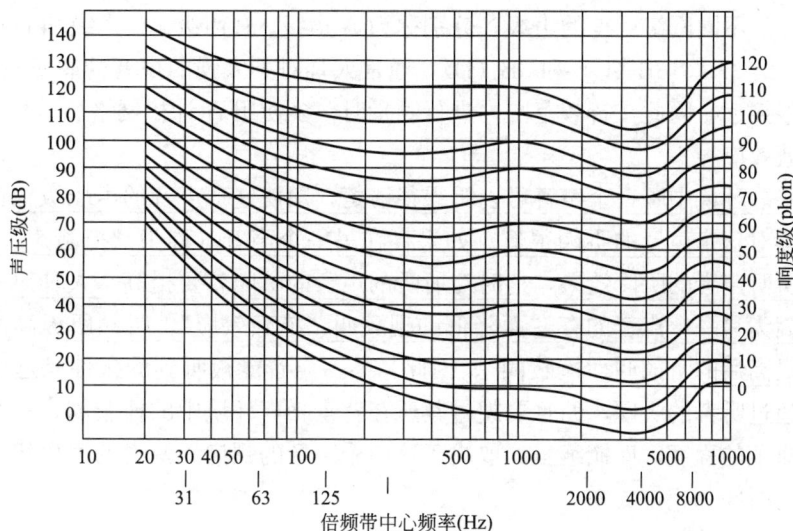

图 7-13 等响曲线

C、D四套计权网络。A计权网络是参考 40 方等响曲线，对 500Hz 以下的声音有较大的衰减级，以模拟人耳对低频不敏感的特性。C计权网络具有接近线性的较平坦的特性，在整个可听范围内几乎不衰减，以模拟人耳对 85 方以上的听觉响应，因此它可以代表总声压级。B计权网络介于两者之间，但很少使用。D计权是用于测量航空噪声的。它们的频率特性如图 7-14 所示。

The instrument used to measure the sound loudness level and sound pressure level is called a 'sound level meter'. There are four sets of weighting networks A，B，C and D in the sound level meter. The A-weighting network refers to a 40-square equal-loudness curve，and has a large attenuation level for sounds below 500Hz to simulate the insensitivity of the human ear to low frequencies. The C-weighting network has a near-linear flatter characteristic with little attenuation over the entire audible range to simulate the human ear's auditory response to above 85，so it can represent the total sound pressure level. B-weighting networks are somewhere in between，but are rarely used. D-weighting is used to measure aviation noise.

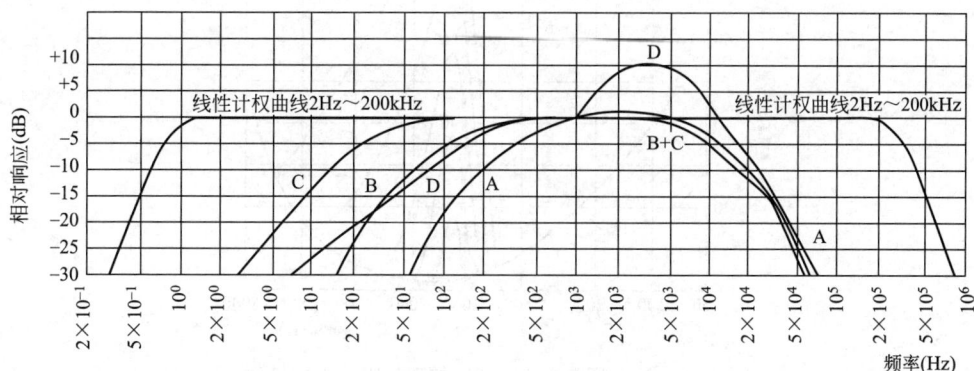

图 7-14 A、B、C、D计权网络

277

　　用声级计的不同网络测得的声级，分别称为 A 声级、B 声级、C 声级和 D 声级，单位是 dB（A）、dB（B）、dB（C）和 dB（D）。通常人耳对不太强的声音的感觉特性与 40 方的等响曲线很接近，因此在音频范围内进行测量时，多使用 A 计权网络。

　　（2）掩蔽效应

　　人们在安静环境中听一个声音可以听得很清楚，即使这个声音的声压级很低时也可以听到，即人耳对这个声音的听阈很低。如果存在另一个声音（称为"掩蔽声"），就会影响到人耳对所听声音的听闻效果，这时对所听的声音的听阈就要提高。人耳对一个声音的听觉灵敏度因为另一个声音的存在而降低的现象叫"掩蔽效应"，听阈所提高的分贝数叫"掩蔽量"，提高后的听阈叫"掩蔽阈"。因此，某一声音能被听到的条件是这个声音的声压级不仅要超过听者的听阈，而且要超过其所在背景噪声环境中的掩蔽阈。一个声音被另一个声音所掩蔽的程度，即掩蔽量，取决于这两个声音的频谱、两者的声压级差和两者达到听者耳朵的时间和相位关系。

　　People can hear a sound clearly in a quiet environment，even when the sound pressure level is very low，that is，the human ear has a very low hearing threshold for this sound. If there is another sound（called " masker sound " ），it will affect the hearing effect of the human ear to the sound heard，and the hearing threshold of the sound heard will be raised. The phenomenon that the human ear's hearing sensitivity to one sound is reduced due to the presence of another sound is called " masking effect " . The decibel number that the hearing threshold is increased is called " masking amount"，and the raised hearing threshold is called " masking threshold " .

　　通常，频率相近的声音掩蔽效果显著；掩蔽音的声压级越高，掩蔽量越大，掩蔽的频率范围越宽；掩蔽音对比其频率低的声音掩蔽作用小，而对比其频率高的声音掩蔽作用大。图 7-15 给出的是中心频率为 1200Hz 的窄带噪声的掩蔽谱。

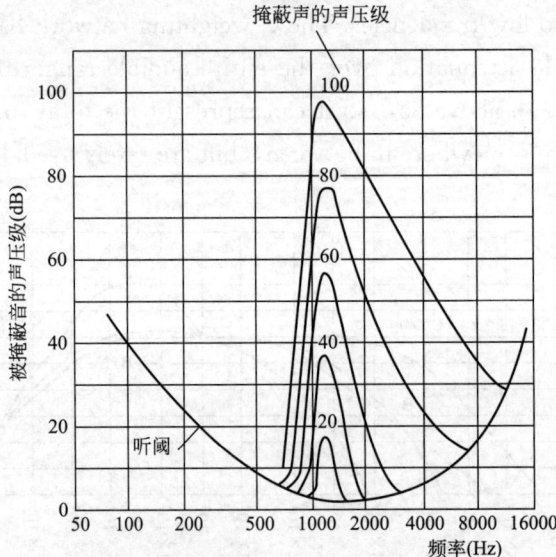

图 7-15　中心频率为 1200Hz 的窄带噪声的掩蔽谱

掩蔽效应说明了背景噪声的存在会干扰有用声信号（如语言）的通信。但有时可以利用掩蔽效应，用不敏感的噪声去掩蔽敏感而又不希望听见的声音。

（3）双耳听闻效应（方位感）

同一声源发出的声音传至人耳时，由于到达双耳的声波之间存在一定的时间差、位相差和强度差，使人耳能够知道声音来自哪个方向。双耳的这种辨别声源方向的能力称为方位感。方位感很强的声音更能吸引人的注意力，即使多个声源同时发声，人耳也能分辨出它们各自所在的方向，甚至在声音很多的情况下，某一声音（直达声和反射声）在不同时刻到达双耳，人耳仍能判断它们是来自同一声源的声音。因此，往往声源方位感明显的噪声也更容易引起人心理上的烦躁，而无明确方位感的噪声则易被人忽略。所以，在利用掩蔽效应进行噪声控制时，应尽量弱化掩蔽声声源的方位感。

When the sound from the same sound source reaches the human ear, there is a certain time difference, phase difference and intensity difference between the sound waves reaching both ears, so that the human ear can know which direction the sound comes from. This ability of the ears to distinguish the direction of the sound source is called the sense of orientation.

（4）听觉疲劳和听力损失

人们在强烈噪声环境里经过一段时间后，会出现听阈提高的现象，即听力有所下降。如果这种情况持续时间不长，则在安静环境中停留一段时间，听力就会逐渐恢复。这种听阈暂时提高，事后可以恢复的现象称为听觉疲劳。如果听阈的提高即听力下降是永久性不可恢复的，则称为听力损失。一个人的听力损失通常用他的听阈比公认的正常听阈高出的分贝数表示。

After a period of time in a strong noise environment, the hearing threshold will increase, that is, the hearing will decrease. If this does not last long, after a period of time in a quiet environment, hearing will gradually recover. This temporary increase in the hearing threshold, which can be recovered afterwards, is called auditory fatigue. If the hearing threshold is raised, that is, the hearing loss is permanent and irreversible, it is called hearing loss.

在声压级提高到听力损失后的听阈以上时，神经感觉性损失者感到的响度增加比正常人耳快，在声压级提高到一定数值后，就恢复得和正常人耳所能感到的响度一样了，这种现象叫作响度复原。这说明那种认为听力已经受损的人受强噪声的影响要小一些的看法是不可靠的。人耳的灵敏度通常随年龄的增长而降低，尤其对高频降低得更快，而且男性对高频的灵敏度随年龄增长而降低要比女性快。

7.2.2　噪声的评价

7.2.2　Evaluation of noise

噪声的标准定义是：凡是人们不愿听的各种声音都是噪声。因此，一首优美的歌曲对欣赏者是一种享受，而对一个下夜班需要休息的人则是引起反感的噪声。交通噪声在白天人们还可以勉强接受或容忍，而对夜间需要休息的人则是无法忍受的。

The standard definition of noise: all kinds of sounds that people do not want to hear are noise.

噪声的危害是多方面的，除了前面提到的可以造成听觉疲劳和听力损失，引起多种疾病以外，还会影响人们正常的工作与生活，降低劳动生产率。在嘈杂的环境中，人们心情烦躁，工作容易疲劳，反应也迟钝。噪声对于精密加工或脑力劳动的人影响更为明显。有研究者对打字、排字、速记、校对等工种进行过调查，发现随着噪声的增加，差错率有上升的趋势。由于噪声的心理作用，分散了人们的注意力，还容易引起工伤事故。此外，特别强烈的噪声还能损坏建筑物，影响仪器设备的正常运行。

噪声评价是对各种环境条件下的噪声做出其对接收者影响的评价，并用可测量计算的评价指标来表示影响的程度。噪声评价涉及的因素很多，它与噪声的强度、频谱和时间特性（持续时间、起伏变化和出现时间等）有关，与人们的生活和工作的性质以及环境条件有关，与人的听觉特性和人对噪声的生理和心理反应有关，还与测量条件和方法、标准化和通用性的考虑等因素有关。早在 20 世纪 30 年代，人们就开始了噪声评价的研究，先后提出过上百种评价方法，被国际上广泛采用的就有二十几种。现在的研究趋势是如何合并和简化。下面介绍最常用的几种噪声评价方法及其评价指标：

1. A 声级 L_A（或 L_{pA}）

A 声级由声级计上的 A 计权网络直接读出，用 L_A 或 L_{pA} 表示，单位是 dB（A）。A 声级反映了人耳对不同频率声音响度的计权，此外 A 声级同噪声对人耳听力的损害程度也能对应得很好，因此是目前国际上使用最广泛的环境噪声评价方法。对于稳态噪声，可以直接测量 L_A 来评价。

The A sound level is directly read out by the A-weighting network on the sound level meter, expressed as L_A or L_{pA}, and the unit is dB（A）. The A sound level reflects the human ear's weighting of the loudness of different frequencies of sound. In addition, the A sound level can correspond well with the degree of damage to human hearing by noise. Therefore, it is the most widely used environmental noise evaluation method in the world. For steady-state noise, it can be evaluated directly by measuring.

用下列公式可以将一个噪声的倍频带谱转换成 A 声级：

$$L_A = 10 \lg \sum_{i=1}^{n} 10^{(L_i + A_i)/20} \tag{7-40}$$

式中　L_i——倍频带声压级，dB；

A_i——各频带声压级的 A 响应特性修正值，dB，其值可由表 7-1 查出。

倍频带中心频率对应的 A 响应特性（修正值）　　　　表 7-1

倍频带中心频率（Hz）	A 响应（对应于 1000Hz）（dB）
31.5	−39.4
63	−26.2
125	−16.1
250	−8.6

倍频带中心频率（Hz）	A 响应（对应于 1000Hz）（dB）
500	−3.2
1000	0
2000	+1.2
4000	+1.0
8000	−1.1

2. 等效连续 A 声级

对于声级随时间变化的噪声，其 L_A 是变化的，不能直接用一个 L_A 值来表示。因此，人们提出了在一段时间内能量平均的等效声级方法，称作等效连续 A 声级，简称等效声级：

$$L_{Aeq,T} = 10\lg\left[\frac{1}{t_2-t_1}\int_{t_1}^{t_2} 10^{L_A(t)/10}\mathrm{d}t\right] \tag{7-41}$$

式中 $L_A(t)$ 是随时间变化的 A 声级。等效声级的概念相当于用一个稳定的连续噪声，其 A 声级值为 $L_{Aeq,T}$ 来等效变化噪声，两者在观察时间内具有相同的能量。

一般在实际测量时，多半是间隔读数，即离散采样的，因此，上式可改写为

$$L_{Aeq,T} = 10\lg\left[\sum_{i=1}^{n} T_i 10^{L_{Ai}/10} \Big/ \sum_{i=1}^{N} T_i\right] \tag{7-42}$$

式中，L_{Ai} 是第 i 个 A 声级测量值，相应的时间间隔为 T_i，N 为样本数。当读数时间间隔 T_i 相等时，上式变为：

$$L_{Aeq,T} = 10\lg\left[\frac{1}{N}\sum_{i=1}^{n} 10^{L_{Ai}/10}\right] \tag{7-43}$$

建立在能量平均概念上的等效连续 A 声级，被广泛地应用于各种噪声环境的评价。但它对偶发的短时的高声级噪声不敏感。

3. 昼夜等效声级 L_{dn}

一般噪声在晚上比白天更容易引起人们的烦恼。根据研究结果表明，夜间噪声对人的干扰约比白天大 10dB。因此，计算一天 24h 的等效声级时，夜间的噪声要加上 10dB 的计权，这样得到的等效声级称为昼夜等效声级。其数学表达式为：

$$L_{dn} = 10\lg\left[\frac{1}{24}(15\times10^{L_d/10} + 9\times10^{(L_n+10)/10})\right] \tag{7-44}$$

式中　L_d——7：00～22：00 的等效声级，dB（A）；

　　　L_n——22：00～7：00 的等效声级，dB（A）。

4. 累积分布声级 L_X

实际的环境噪声并不都是稳态的，比如城市交通噪声，是一种随时间起伏的随机噪声。对这类噪声的评价，除了用 $L_{Aeq,T}$ 外，常常用统计方法。累积分布声级就是用声级出现的累积概率来表示这类噪声的大小。累积分布声级 L_X 表示 $X\%$ 测量时间的噪声所超过的声级。例如 $L_{10}=70$dB，表示有 10% 的测量时间内声级超过 70dB，而其他 90% 时间的噪声级低于 70dB。通常在噪声评价中多用 L_{10}、L_{50}、L_{90}。L_{10} 表示起伏噪声的峰值，L_{50}

表示中值，L_{90} 表示背景噪声。英、美等国以 L_{10} 作为交通噪声的评价指标，而日本用 L_{50}，我国目前用 $L_{Aeq,T}$。

当随机噪声的声级满足正态分布条件，等效连续 A 声级 $L_{Aeq,T}$ 和累积分布声级 L_{10}、L_{50}、L_{90} 有以下关系：

$$L_{Aeq,T} = L_{50} + \frac{(L_{10} - L_{90})^2}{60} \tag{7-45}$$

5. 噪声评价曲线 *NR* 和 *NC*、*PNC* 曲线

尽管 A 声级能够较好地反映人对噪声的主观反应，但单值 A 声级不能反映噪声的频谱特性。A 声级相同的声环境，频谱特性可能会很不同，有的可能高频偏多，有的可能低频偏多。因此，国际标准化组织 ISO 提出了噪声评价曲线（*NR* 曲线），它的特点是强调了噪声的高频成分比低频成分更为烦扰人这一特性，故成为一组倍频程声压级由低频向高频下降的倾斜线，每条曲线在 1000Hz 频带上的声压级即叫作该曲线的噪声评价数。噪声评价曲线广泛用于评价公众对户外环境噪声反应评价，也用作工业噪声治理的限值，见图 7-16。图中每一条曲线用一个 *NR* 值表示，确定了 31.5～8000Hz 共 9 个倍频带声压级值 L_p。

用 *NR* 曲线作为噪声允许标准的评价指标，确定了某条曲线作为限值曲线，就要求现场实测噪声的各个倍频带声压级值不得超过由该曲线所规定的声压级值。例如剧场的噪声限值定为 NR25，则在空场条件下测量背景噪声（空调噪声、设备噪声、室外噪声的传入等），63Hz、125Hz、250Hz、500Hz、1000Hz、2000Hz、4000Hz 和 8000Hz 共 8 个

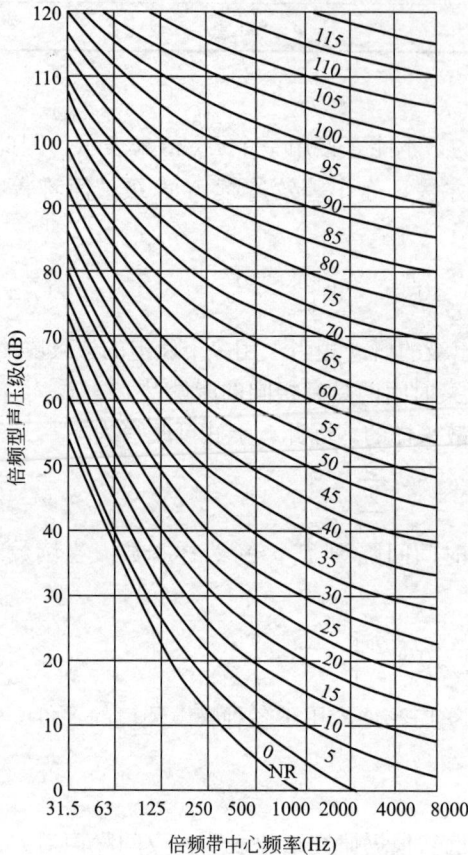

图 7-16　噪声评价曲线 *NR*

倍频带声压级分别不得超过 55dB、43dB、35dB、29dB、25dB、21dB、19dB 和 18dB。

NR 数与 A 声级有较好的相关性，它们之间有如下近似关系：$L_A = NR + 5dB$。

NC 曲线（Noise Criterion Curves）是 Beranek 于 1957 年提出的，1968 年开始实施，ISO 推荐使用的一种评价曲线，对低频的要求比 *NR* 曲线苛刻。与 A 声级和 *NR* 曲线有以下近似关系：$L_A = NC + 10dB$，$NC = NR - 5$。

PNC（Prefered Noise Curves）是对 *NC* 曲线进行的修正，对低频部分更进一步进行了降低。与 *NC* 曲线有以下近似关系：$PNC = 3.5 + NC$。

NC 曲线以及 *PNC* 曲线适用于评价室内噪声对语言的干扰和噪声引起的烦恼，见图 7-17。

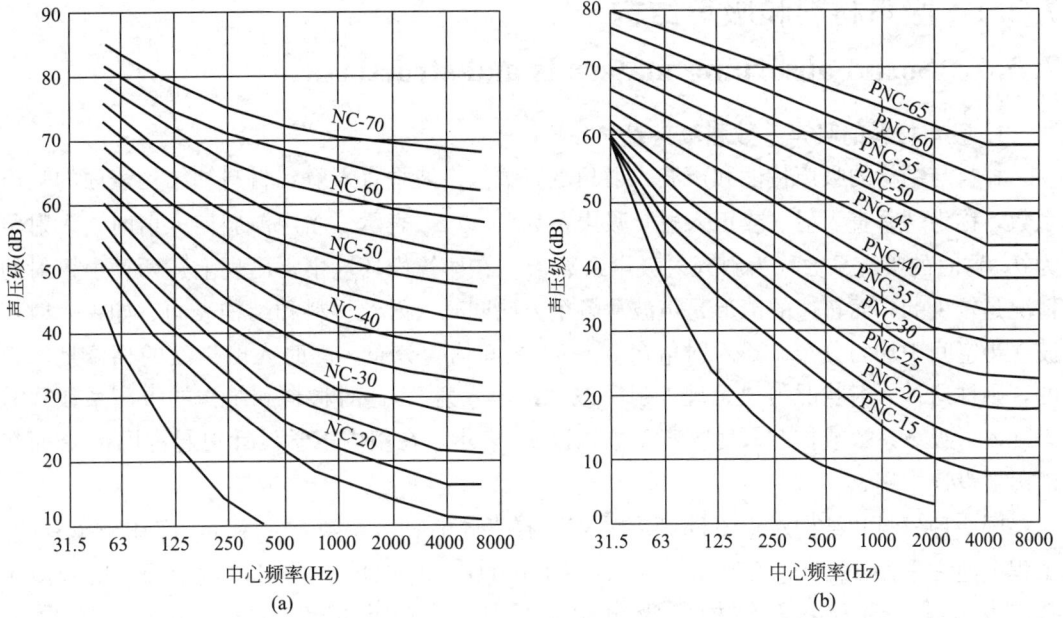

图 7-17 NC 曲线和 PNC 曲线

(a) NC 曲线；(b) PNC 曲线

7.3 材料与结构的声学性能

7.3 Acoustic properties of materials and structures

材料和结构的声学特性是指它们对声波的作用特性。声波入射到物体上会产生反射、吸收和透射，材料和结构的声学特性正是从这三方面来描述的。需要指出的是，物体对声波的这三方面的作用是物体在声波激发下振动而产生的。材料和结构的声学特性与入射声波的频率和入射角度有关。

The acoustic properties of materials and structures refer to how they act on sound waves. Sound waves incident on an object will produce reflection，absorption and transmission，and the acoustic properties of materials and structures are described from these three aspects.

"吸声"和"隔声"是两种不同的控制噪声的方法。隔声是利用隔层把噪声源和接受者分隔开；吸声是声波入射到吸声材料表面上被吸收，降低了反射声。界面吸声对直达声起不到降低的作用。另外，两种方法采用的材料特性不同，厚重密实的材料隔声性能好，如混凝土墙；松散多孔的材料吸声系数较高，如玻璃棉。

"Sound absorption" and "sound insulation" are two different methods of controlling noise. Sound insulation is to separate the noise source from the receiver by means of a partition；sound absorption is the absorption of sound waves incident on the surface of the sound-absorbing material，reducing the reflected sound.

7.3.1 吸声材料和吸声结构

7.3.1 Sound-absorbing materials and structures

1. 吸声材料的吸声系数和吸声量

材料与结构的吸声特性和声波入射角度有关。声波垂直入射到材料和结构表面的吸声系数,称为"垂直入射(或正入射)吸声系数",以 α_0 表示。当声波斜向入射时,入射角为 θ,这时的吸声系数称为斜入射吸声系数 α_θ。在建筑声环境中,出现上述两种声入射的情况是较少的,而普遍的情形是声波从各个方向同时入射到材料和结构表面。如果入射声波在半空间中均匀分布,即入射角在 $0°\sim90°$ 之间均匀分布,同时入射声波的相位是无规的,则称这种入射状况为"无规入射"或"扩散入射"。这时材料和结构的吸声系数称为无规入射吸声系数或扩散入射吸声系数,以 α_T 表示。在室内声学设计中通常用 α_T,而在消声器设计中用 α_0。

同一种材料和结构对于不同频率的声波有不同的吸声系数,α_0 和 α_T 都和频率有关。工程上通常采用 125Hz、250Hz、500Hz、1000Hz、2000Hz、4000Hz 六个频率的吸声系数来表示某一种材料和结构的吸声频率特性。有时也把 250Hz、500Hz、1000Hz、2000Hz 四个频率吸声系数的算术平均值称为"降噪系数"(NRC),用在吸声降噪时粗略地比较和选择吸声材料。

用以表征某个具体吸声构件的实际吸声效果的量是吸声量,它和吸声构件的面积有关:

$$A = \alpha S \tag{7-46}$$

式中　A——吸声量,m^2;

　　　S——吸声构件的围蔽面积,m^2。

2. 吸声材料和吸声结构的分类

吸声材料和吸声结构的种类很多。根据材料的外观、构造特征、吸声机理加以分类,如表 7-2 所列。通常情况下,材料外观特征和吸声机理有着密切的联系,同类材料和结构具有大致相似的吸声频率特性。不同种类的材料和结构可以结合使用,例如,在穿孔板的背面填多孔材料,可发挥不同种类吸声材料和结构的优势。

主要吸声材料的种类　　　　　　　　　　　　　　表 7-2

名称	示意图	例子	主要吸收特性
多孔材料		矿棉、玻璃棉、泡沫塑料、毛毡	本身具有良好的中高频吸收能力,背后留有空气层时还能吸收低频
板状材料		胶合板、石棉水泥板、石膏板、硬质纤维板	吸收低频比较有效
穿孔板		穿孔胶合板、穿孔石棉水泥板、穿孔石膏板、穿孔金属板	一般吸收中频,与多孔材料结合使用时吸收中高频,背后留大空腔还能吸收低频

续表

名称	示意图	例子	主要吸收特性
成型天花吸声板		矿棉吸声板、玻璃棉吸声板、软质纤维板	视板的质地而别,密实不透气的板吸声特性同硬质板状材料,透气的同多孔材料
膜状材料		塑料薄膜、帆布、人造革	视空气层的厚薄而吸收低中频
柔性材料		海绵、乳胶块	内部气泡不连通,与多孔材料不同,主要靠共振有选择地吸收中频

（1）多孔吸声材料

多孔吸声材料是普遍应用的吸声材料,其中包括各种纤维材料:玻璃棉、超细玻璃棉、岩棉、矿棉等无机纤维,以及棉、毛、麻、草质或木质纤维等有机纤维。纤维材料很少直接以松散状使用,通常用胶粘剂制成毡片或板材,如玻璃棉毡（板）、岩棉板、矿棉板、草纸板、木丝板、软质纤维板等。微孔吸声砖等也属于多孔吸声材料。如果泡沫塑料中的孔隙相互连通并通向外表,也可作为多孔吸声材料。

（2）共振吸声结构

建筑空间的围蔽结构和空间中的物体,在声波激发下会发生振动,振动的结构和物体由于自身内部摩擦和与空气的摩擦,会把一部分能量转变成热能,从而消耗声能,产生吸声效果。结构和物体有各自的固有频率,当声波频率与结构和物体的固有频率相同时,就会发生共振。这时,结构和物体的振动最强烈,从而损耗能量也最多。因此,吸声系数在共振频率处为最大。

一种常有的看法认为:声场中振动着的物体,尤其是薄板和一些腔体,在共振时会放大声音,如同乐器的共鸣,其实这是一种误解。因为乐器的共鸣现象是一个把机械能通过激发物体振动转化为声能的过程。此时如果共鸣腔的固有频率和机械振动源的频率接近,就可以尽可能地把较大份额的机械能转化为声能。而共振吸声是一个把声能转化为机械能,最终转变为热能的过程,其动力源来自声能,能量的量级远远小于前者。

利用共振原理设计的共振吸声结构一般有两种:一种是空腔共振吸声结构,一种是薄板共振吸声结构。

1）空腔共振吸声结构

这是结构中间封闭有一定体积的空腔,并通过有一定深度的小孔和声场空间连通,其吸声机理可以用亥姆霍兹共振器来说明。图7-18（a）为共振器示意图。

穿孔板吸声结构相当于许多并列的亥姆霍兹共振器,每一个开孔和背后的空腔对应,见图7-18（c）。

2）薄板共振吸声结构

把胶合板、硬质纤维板、石膏板、金属板等板材周边固定在框架上,连同板后的封闭

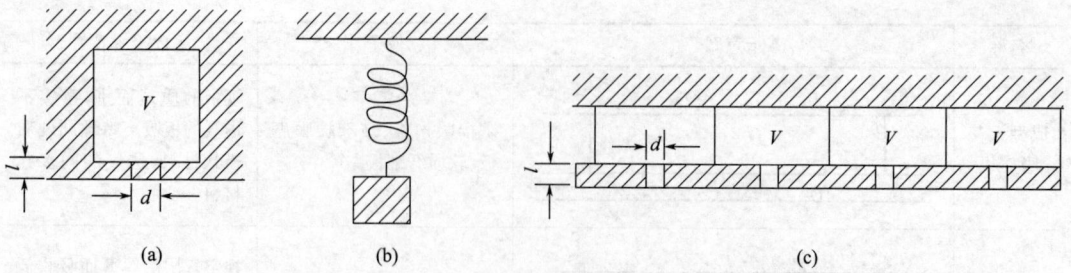

图 7-18 空腔共振吸声结构

（a）亥姆霍兹共振器示意图；（b）机械类比系统；（c）穿孔板吸声结构

空气层，也构成振动系统。

大面积的抹灰吊顶、架空木地板、玻璃窗、木板墙裙等也相当于薄板共振吸声结构，对低频有较大的吸收作用。

（3）其他吸声结构

1）空间吸声体（图 7-19）

室内的吸声处理，除了把吸声材料和结构安装在室内各界面上，还可以用前面所述的吸声材料和结构做成放置在建筑空间内的吸声体。空间吸声体有两个或两个以上的面与声波接触，有效的吸声面积比投影面积大得多，空间吸声体多用单个吸声量来表示其吸声性能。

2）强吸声结构

在消声室、强噪声的设备用房等特殊场合，吸声尖劈是常用的强吸声结构，如图 7-20 所示。用棉状或毡状多孔吸声材料，如超细玻璃棉、玻璃棉等填充在框架中，并蒙以玻璃丝布或塑料窗纱等罩面材料制成。对吸声尖劈的吸声系数要求在 0.99 以上，这在中高频时容易达到，而低频时则较困难，达到此要求的最低频率称为"截止频率"f_c，并以此表示尖劈的吸声性能。

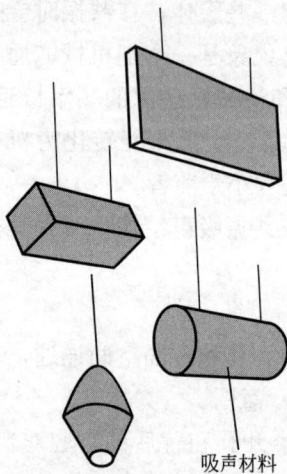

图 7-19 空间吸声体

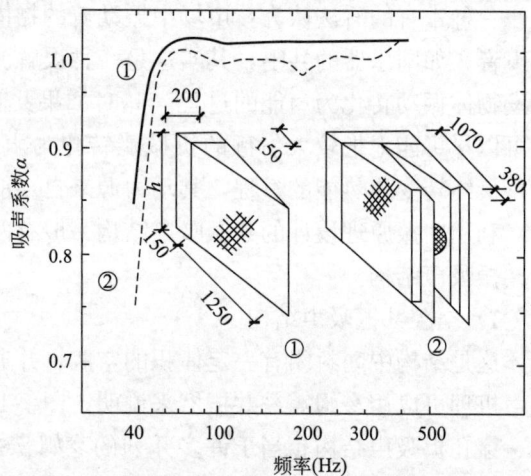

图 7-20 吸声尖劈的吸声特性
材料：玻璃棉；密度 40kg/m³

7.3.2　隔声和构件的隔声特性

7.3.2　Sound insulation and sound insulation properties of components

建筑的围护结构受到外部声场的作用或直接受到物体撞击而发生振动，就会向建筑空间辐射声能，于是空间外部的声音会通过围护结构传到建筑空间中来，这叫作"传声"。围护结构会隔绝一部分作用于它的声能，这叫作"隔声"。如果隔绝的是外部空间声场的声能，称为"空气声隔绝"；若是使撞击的能量辐射到建筑空间中的声能有所减少，称为"固体声或撞击声隔绝"。这和隔振的概念不同，因为前者接收者接收到的是空气声，后者接收者感受到的是固体振动。但隔振可以减少振动或撞击源的撞击，降低撞击声。

The building envelope vibrates under the action of the external sound field or is directly impacted by objects, and it will radiate sound energy to the building space, so the sound outside the space will be transmitted to the building space through the envelope structure, which is called 'sound transmission'. The envelope will insulate a portion of the sound energy acting on it, which is called 'sound insulation'.

1. 隔声量与透射系数

在工程上常用构件隔声量 R（dB）或称为透射损失 TL 来表示构件对空气声的隔绝能力，它与透射系数的关系是：

In engineering, the sound insulation R (dB) or transmission loss TL of components is often used to represent the insulation ability of components to air sound. The relationship between it and the transmission coefficient is:

$$R = 10\lg\frac{1}{\tau} \tag{7-47}$$

式中　τ——透射系数又称传声系数，是指在给定频率和条件下，经过分界面（墙或间壁等）的透射声能通量与入射声能通量之比。透射系数表示声音通过材料的比例。它是无量纲的。

2. 单层匀质密实墙的空气声隔绝特性

单层匀质密实墙的隔声性能和入射声波的频率 f 有关，还取决于墙本身的单位面积质量、刚度、材料的内阻尼以及墙的边界条件等因素。严格地从理论上研究单层匀质密实墙的隔声是相当复杂和困难的。如果忽略墙的刚度、阻尼和边界条件，只考虑质量效应，则在声波垂直入射时，可从理论上得到墙的隔声量 R_0 的计算公式：

The sound insulation performance of a single-layer homogeneous compact wall is related to the frequency f of the incident sound wave, and also depends on factors such as the mass per unit area of the wall itself, stiffness, internal damping of the material, and boundary conditions of the wall.

$$R_0 = 20\lg\frac{\pi m f}{\rho_0 c} = 20\lg m + 20\lg f - 43 \tag{7-48}$$

式中　m——墙体的单位面积质量，又称面密度，kg/m²；

　　　ρ_0——空气的密度，取 1.18kg/m³；

　　　c——空气中的声速，取 344m/s。

3. 双层墙的空气声隔绝特性

从质量定律可知，单层墙重量增加了一倍，实际隔声量增加却不到 6dB。显然，靠增加墙的厚度来提高隔声量是不经济的。如果把单层墙一分为二，做成双层墙、中间留有空气间层。空气间层可以看作是与两层墙板相连的"弹簧"，声波入射到第一层墙板时，使墙板发生振动，此振动通过空气间层传至第二层墙板，再由第二层墙板向邻室辐射声能。由于空气间层的弹性变形具有减振作用，传递给第二层墙体的振动大为减弱，从而提高了墙体总的隔声量。这样墙的总重量没有变，而隔声量相比单层墙有了显著提高。

在双层墙空气间层中填充多孔材料（如岩棉、玻璃棉等），可以在全频带上提高隔声量。

7.4 噪声的控制与治理方法
7.4 Noise control and control methods

7.4.1 噪声控制的原则与方法
7.4.1 Principles and methods of noise control

1. 噪声控制原则

噪声污染是一种造成空气物理性质变化的暂时性污染，噪声源停止发声，污染立即消失。噪声的防治主要是控制声源的输出和噪声的传播途径，以及对接收者进行保护。

Noise pollution is a temporary pollution that causes changes in the physical properties of the air. When the noise source stops making sounds, the pollution disappears immediately. The prevention and control of noise is mainly to control the output of the sound source and the transmission path of the noise, and to protect the receiver.

（1）声源的噪声控制

降低声源噪声辐射是控制噪声最根本和最有效的措施。在声源处即使只是局部地减弱了辐射强度，也可使控制中间传播途径中或接收处的噪声变得容易。可通过改进结构设计、改进加工工艺、提高加工精度等措施来降低噪声的辐射，还可以采取吸声、隔声、减振等技术措施，以及安装消声器等控制声源的噪声辐射。

（2）在传声途径中的控制

1）利用噪声在传播中的自然衰减作用，使噪声源远离安静的地方；2）声源的辐射一般有指向性，因此，控制噪声的传播方向是降低高频噪声的有效措施；3）建立隔声屏障或利用隔声材料和隔声结构来阻挡噪声的传播；4）应用吸声材料和吸声结构，将传播中的声能吸收消耗；5）对固体振动产生的噪声采取隔振措施，以减弱噪声的传播。

在建筑总图设计时应按照"闹静分开"的原则对噪声源的位置合理地布置。例如将高噪声的空调机房和冷热源机房尽量与办公室、会议室、客房分开。高噪声的设备尽可能集中布置，便于采取局部隔离措施。

另外，改变噪声传播的方向或途径也是很重要的一种控制措施。例如，对于辐射中高频噪声的大口径管道，将它的出口朝向上空或朝向野外；对车间内产生强烈噪声的小口径高速排气管道，则将其出口引至室外，使高速空气向上排放，这样在改善室内声环境的同时也避免严重影响室外声环境。

（3）在接收点的噪声控制

为了防止噪声对人的危害，可在接收点采取以下防护措施：1）佩戴护耳器，如耳塞、耳罩、防噪头盔等；2）减少在噪声中暴露的时间。

合理地选择噪声控制措施是根据投入的费用、噪声允许标准、劳动生产效率等有关因素进行综合分析而确定的。

2. 城市噪声控制

城市噪声是建筑环境噪声的一个重要来源。控制住城市噪声，就可以把影响建筑声环境的外部干扰降到最低。城市噪声主要来自交通噪声、工厂噪声、施工噪声和社会生活噪声。

通过在城市规划中避免交通噪声和工厂噪声干扰居住区、利用临街的建筑物作为后面建筑的防噪屏障，严格施工噪声管理等措施，可控制城市噪声对居住区的影响。

对居住区的锅炉房、水泵房、变电站等应采取消声减噪措施，并将它们布置在小区边缘角落处，使之与住宅有适当的防护距离。

3. 室内设备噪声控制

（1）改革工艺和操作方法来降低噪声

对工艺过程进行研究，用低噪声工艺代替高噪声工艺。例如，用低噪声的焊接替代高噪声的铆接、用无声的液压替代高噪声的锤打等均可收到 20～40dB（A）的降噪效果。此外，工厂中的高压蒸汽排气放空噪声大，影响范围广，如果将蒸汽回收，不但可以消除噪声，而且还可以降低能耗。

（2）降低噪声源的激振力

设备运转时，由于不同段的撞击和摩擦，或由于动平衡不完善，会造成机械振动和辐射噪声。如果提高机械加工及装配和动平衡的精度，减少撞击和摩擦，适当地提高机壳的刚度，采取阻尼减振垫等措施来减弱机器表面的振动，均可降低噪声的辐射。对于高压、高速流体，可通过减少在管内和管道口的障碍物、增加导流片降低气流出口处的速度，改变流体的喷嘴结构等措施降低其噪声。

（3）降低噪声辐射部件对激振力的响应

发声系统的固有频率与激振力频率相同或接近时，系统将最有效地传递振动和辐射噪声。应将系统的固有频率远离激振力频率，使辐射部件对激振力的响应减弱，达到降低噪声辐射效率之目的。通过上述措施不仅能够降低设备的噪声，而且能够提高设备的机械性能和延长寿命。

7.4.2　吸声降噪

7.4.2　Sound absorption

在内表面采用清水砖墙、抹灰墙面或水磨石地面等硬质材料的房间里，人听到的不只是由声源发出的直达声，还会听到经各个界面多次反射形成的混响声。在直达声与混响声的共同作用下，当离开声源的距离大于混响半径时，接收点上的声压级要比在自由场中同一距离处高出 10~15dB。如在室内吊顶或墙面上布置吸声材料，可使混响声减弱，这时，人们主要听到的是直达声，那种被噪声包围的感觉将明显减弱。这种利用吸声原理降低噪声的方法称为吸声降噪。

1. 吸声降噪量的计算

由稳态声压级计算公式（7-38），可推出吸声处理前后该点的"声级差"或称"降噪量"：

$$\Delta L_p = L_{p1} - L_{p2} = 10\lg\left[\left(\frac{Q}{4\pi r^2} + \frac{4}{R_1}\right)\bigg/\left(\frac{Q}{4\pi r^2} + \frac{4}{R_2}\right)\right] \tag{7-49}$$

当以直达声为主时，即 $\frac{Q}{4\pi r^2} \gg \frac{4}{R}$，则 $\Delta L_p \approx 0$。

当以混响声为主时，即 $\frac{Q}{4\pi r^2} \ll \frac{4}{R}$，则有：

$$\Delta L_p = 10\lg\frac{R_2}{R_1} = 10\lg\left(\frac{\overline{\alpha_2}}{\overline{\alpha_1}} \cdot \frac{1-\overline{\alpha_1}}{1-\overline{\alpha_2}}\right) \tag{7-50}$$

一般室内在吸声处理以前 $\overline{\alpha_1}$ 很小，所以 $\overline{\alpha_1} \cdot \overline{\alpha_2} \ll \overline{\alpha_1} < \overline{\alpha_2}$，可以忽略，上式即可简化为：

$$\Delta L_p = 10\lg\frac{\overline{\alpha_2}}{\overline{\alpha_1}} = 10\lg\frac{A_2}{A_1} = 10\lg\frac{T_1}{T_2} \tag{7-51}$$

式中　$\overline{\alpha_1}$、$\overline{\alpha_2}$——处理前后房间的平均吸声系数；

　　　R_1、R_2——处理前后的房间常数；

　　　A_1、A_2——处理前后房间的总吸声量，m^2；

　　　T_1、T_2——处理前后房间的混响时间，s。

2. 吸声降噪法的使用原则

（1）吸声降噪只能降低混响声，不可能把房间内的噪声全吸掉，靠吸声降噪很难把噪声降低 10dB 以上。

（2）吸声降噪在靠近声源、直达声占主导地位的条件下，发挥的作用很小。

（3）在室内原来的平均吸声系数很小的时候，做吸声降噪处理的效果明显，否则效果不明显。

7.4.3 隔声

7.4.3 Sound insulation

用构件将噪声源与接收者分开，隔离空气对噪声的传播，从而降低噪声污染的程度，是噪声控制的一项基本措施，应用范围也较广。适当的隔声设施，能降低噪声 20~50dB，这些设施包括采用隔声的墙或楼板等构件、隔声罩、隔声屏障等。

1. 隔声构件的综合隔声量

如果一个隔声构件是由多种隔层或分构件形成的组合构件时，其隔声量应按照综合隔声量计算。设一个组合隔声构件由几个分构件组成，各个分构件自身的透射系数为 τ_i，面积是 S_i，平均透射系数是：

$$\overline{\tau} = \frac{S_1\tau_1 + S_2\tau_2 + \cdots + S_n\tau_n}{S_1 + S_2 + \cdots + S_n} \tag{7-52}$$

则组合构件的综合隔声量 R 的计算公式是：

$$\overline{R} = 10\lg\frac{1}{\overline{\tau}}\,(\text{dB}) \tag{7-53}$$

式中　$\overline{\tau}$——平均透射系数；

　　　τ_i——第 i 个分构件的透射系数；

　$S_i\tau_i$——第 i 个分构件的透射量。

2. 缝和小孔对隔声的影响

一堵隔声量为 50dB 的墙，若在上面开了一个面积为墙面积 1‰的洞，如果孔洞为全透射，综合隔声量降低到 30dB；若在上面开一个面积为墙面积 1% 的洞，则墙的综合隔声量降低到 20dB。因此，当隔层上有小孔时，隔声效果将会受到影响。

孔的透射问题的详细计算是非常复杂的，涉及衍（绕）射、阻尼等因素。小孔对波长比孔尺度长的声波透射系数比较低，但对波长比较短的声波透射系数就很高。对于近似低频条件，即隔层厚度 d 和孔的半径 r 均比波长小得多的情况，小孔的透射系数可用下式估算：

$$\tau \approx \frac{m}{n}\frac{r^2}{l_e^2} \tag{7-54}$$

式中，隔层的有效厚度 $l_e \approx d + 1.6r$，m 为与声场特性有关的常数，n 是与孔的位置有关的常数，见表 7-3。

小孔的透射系数计算中 m 与 n 的选取　　　　　　　　　表 7-3

m		n	
无规入射	16	孔在三面的交角	0.5
		孔在两面交接的棱线上	1
垂直入射	8	孔在隔层中间	2

当频率较高时，若隔层有效厚度为声波半波长的整数倍，小孔内声波传播产生纵向共振，隔声量有较大降低。图 7-21 为在 15cm 厚的墙上，穿有不同直径的孔时，隔声量降低的情况。注意到因共振而使隔声量有较大损失的频率大约在 1000Hz 和 2000Hz 处，大体上对应于有效厚度为半波长的频率。

关于缝隙的情况，性质与小孔有类似之处。通过上述分析可知，由于声波的衍（绕）射作用，孔和缝隙会大幅度降低组

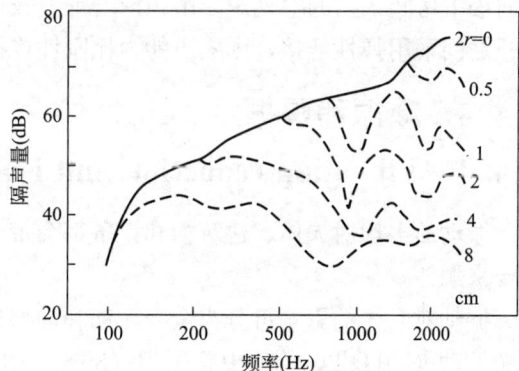

图 7-21　小孔对隔声的影响

合墙的隔声量。门窗的缝隙、各种管道的孔洞、隔声罩焊缝不严密的地方，都是透声较多之处，故应堵严各种缝隙和孔洞。

3. 房间的噪声降低值

噪声通过墙体传至邻室的声压级为 L_{p2}，而发声室的声压级为 L_{p1}，两室的声压级差值 $\Delta L_p = L_{p1} - L_{p2}$。$\Delta L_p$ 值是判断房间噪声降低的实际效果的最终指标。ΔL_p 值的大小首先取决于隔墙的隔声量 R，同时，还与接收室的总吸声量 A 以及隔墙的面积 S 有关。其关系为：

$$\Delta L_p = L_{p1} - L_{p2} = R + \lg \frac{A}{S} \qquad (7\text{-}55)$$

从式中可以看出，同一种隔墙当墙面积与接收室房间的总吸声量不同时，噪声降低值是不同的。因此，除了提高隔墙的隔声量之外，增加接收房间的吸声量与缩小隔墙面积也是降低房间噪声的有效措施。

4. 撞击声的隔绝

撞击声的产生是由于振动源撞击楼板，楼板受撞而振动，并通过房屋结构的刚性连接而传播，最后振动结构向接收空间辐射声能形成空气声传给接收者。撞击声的隔绝措施主要有：

The impact sound is generated because the vibration source hits the floor, the floor vibrates and propagates through the rigid connection of the house structure, and finally the vibrating structure radiates sound energy to the receiving space to form air sound and transmit it to the receiver.

（1）减弱振动源撞击楼板引起的振动。可通过振动源治理和采取振动源隔振，也可以在楼板上面铺设弹性面层。常用的材料是地毯、橡胶板、地漆布、塑料地面、软木地面等，通常对中高频的撞击声级有较大的改善。

（2）阻隔振动在建筑结构中的传播。通常可在楼板面层和承重结构之间设置弹性垫层来达到，这种做法通常称为"浮筑楼面"。常用的弹性垫层材料有岩棉板、玻璃棉板、橡胶板等。

（3）阻隔振动结构向接收空间辐射的空气声。在楼板下做封闭的隔声吊顶可以减弱楼板向楼下房间辐射的空气声，吊顶内若铺上吸声材料会使隔声性能有所提高。如果吊顶箱楼板之间采用弹性连接，则隔声能力比刚性连接要高。

7.4.4 减振和隔振

7.4.4 Vibration reduction and isolation

振动的干扰对人体、建筑物和设备都会带来直接的危害，而且振动往往是撞击噪声的重要来源。

振动对人体的影响可分为全身振动和局部振动。人体能感觉到的振动按频率范围分为低频振动（30Hz 以下）、中频振动（30～100Hz）和高频振动（100Hz 以上）。对于人体最有害的振动频率是与人体某些器官固有频率相吻合的频率。这些固有频率为：人体在 6Hz 附近，内脏器官在 8Hz 附近，头部在 25Hz 附近，神经中枢在 250Hz 附近。

物体的振动除了向周围空间辐射在空气中传播的声波外，还通过其基础或相连的固体结构传播声波。如果地面或工作台有振动，会传给工作台上的精密仪器而导致作业精密度下降。

对于振动的控制，除了对振动源进行改进，减弱振动强度外，还可以在振动传播途径上采取隔离措施，用阻尼材料消耗振动的能量并减弱振动向空间的辐射。因此振动的控制方法可分为隔振和阻尼减振两大类。

1. 隔振

机器设备运转时，其振动会通过基础向地面四周传播。为了降低振动的影响，可在机器设备与基础之间输入弹性元件，以减弱振动的传递。隔离振动源（机器）的振动向基础的传递，称为积极隔振；隔离基础的振动向仪器设备（甚至是房屋，如消声室）的传递，称消极隔振。

隔振的主要措施是在设备上安装隔振器或减振结构，使设备与基础之间的刚性连接变成弹性连接，从而避免振动造成的危害。隔振器主要包括金属弹簧、橡胶隔振器、空气弹簧等。隔振垫主要有橡胶隔振垫、软木、酚醛树脂玻璃纤维板和毛毡。图 7-22 给出了几种隔振基础的形式，图 7-23 为隔振器隔振原理。

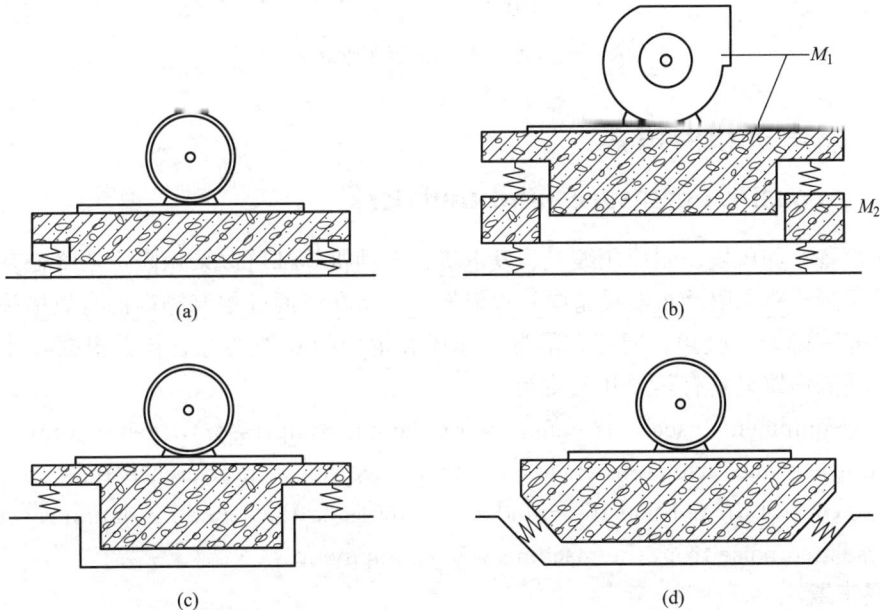

图 7-22　几种隔振基础的形式

（a）平板式；（b）双层钢筋混凝土基座板隔振系统；（c）下垂式；（d）会聚式

2. 阻尼减振

（1）减振原理：固体振动向空间辐射声波的强度，与振动的幅度、辐射体的面积和声波频率有关。各类输气管道、机器外罩的金属薄板本身阻尼很小，而声辐射效率很高。降低这种振动和噪声，普遍采用的方法是在金属薄板结构上喷涂或粘贴一层高内阻的黏弹性材料，如沥青、软橡胶或高分子材料。由于阻尼层的作用，薄板振动的能量耗散在阻尼中，一部分振动能量转变为热能。这种使振动和噪声降低的方法称阻尼减振。

（2）阻尼材料和阻尼减振措施：用于阻尼减振的材料，必须是具有很高的损耗因子的材料，如沥青、天然橡胶、合成橡胶、油漆和很多高分子材料。

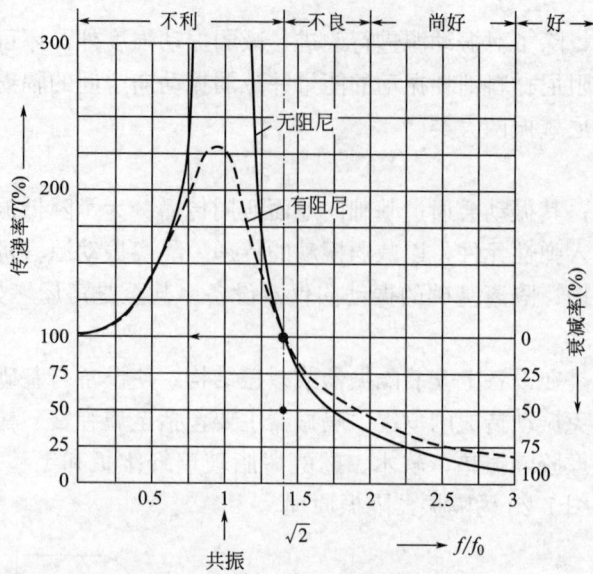

图 7-23　隔振器隔振原理

7.4.5　隔声罩和消声器

7.4.5　Acoustic enclosures and mufflers

许多设备，如风机、制冷压缩机、发电机、电动机等都可以采用隔声罩降低其噪声的干扰。采用隔声罩来隔绝机器设备向外辐射噪声，是在声源处控制噪声的有效措施。隔声罩通常是兼有隔声、吸声、阻尼、隔振、通风和消声等功能的综合体，根据具体使用要求，也可使隔声罩只具有其中几项功能。

Many equipment，such as fans，refrigeration compressors，generators，motors，etc.，can use sound insulation enclosures to reduce noise interference. It is an effective measure to control the noise at the sound source by using the sound insulation cover to isolate the radiated noise from the machinery and equipment.

1. 隔声罩

隔声罩的作用是把声源发出的声能封闭在隔声罩内，尽可能地在罩内消耗掉、减少其向外的传播。隔声罩的降噪效果通常用插入损失 IL 来表示。它表示在罩外空间测点处，加罩前后的声压级差值，这就是隔声罩实际的降噪效果。插入损失的大小，首先与隔声罩所用材料（结构）的隔声量有关，同时，还与隔声罩内的平均吸声系数有关。因为有了隔声罩，在罩内增加了混响声能，使罩内的各点的总声压级提高，所以罩内必须增加吸声量。

如果罩内的平均吸声系数远大于隔声罩的平均透射系数，即 $\bar{\alpha} \gg \bar{\tau}$，隔声罩插入损失的计算公式为：

$$IL = 10\lg \frac{\bar{\alpha} + \bar{\tau}}{\bar{\tau}} \approx 10\lg \frac{\bar{\alpha}}{\bar{\tau}} = \bar{R} + 10\lg\bar{\alpha} \tag{7-56}$$

式中，$\bar{\alpha}$ 为罩内表面的平均吸声系数，$\bar{\tau}$ 为罩的平均透射系数，$\bar{R}$ 为罩的综合隔声量。

当 $\bar{\alpha}\approx0$ 时，IL 为 0，因此内表面吸声系数过小的罩子，降噪效果很差。

2. 消声器

消声器是一种可使气流通过而能降低噪声的装置。

消声器种类很多，但根据其消声原理，大致可分为阻性消声器和抗性消声器两大类。根据其消声原理的不同，不同种类的消声器有不同的频率作用范围。

设有一均匀、无限长的管道，如果管壁为刚性，即不吸收声能，则平面声波沿管道传播时就不会有衰减。当管壁有一定吸声性能时，声波沿管壁传播的同时就会伴随着衰减。阻性消声器的原理是利用布置在管内壁上的吸声材料或吸声结构的吸声作用，使沿管道传播的噪声迅速随距离衰减，从而达到消声的目的，对中、高频噪声的消声效果较好。

阻性消声器的种类很多，按气流通道的几何形状可分为直管式、片式、折板式、蜂窝式、声流式和消声弯头等，见图 7-24。

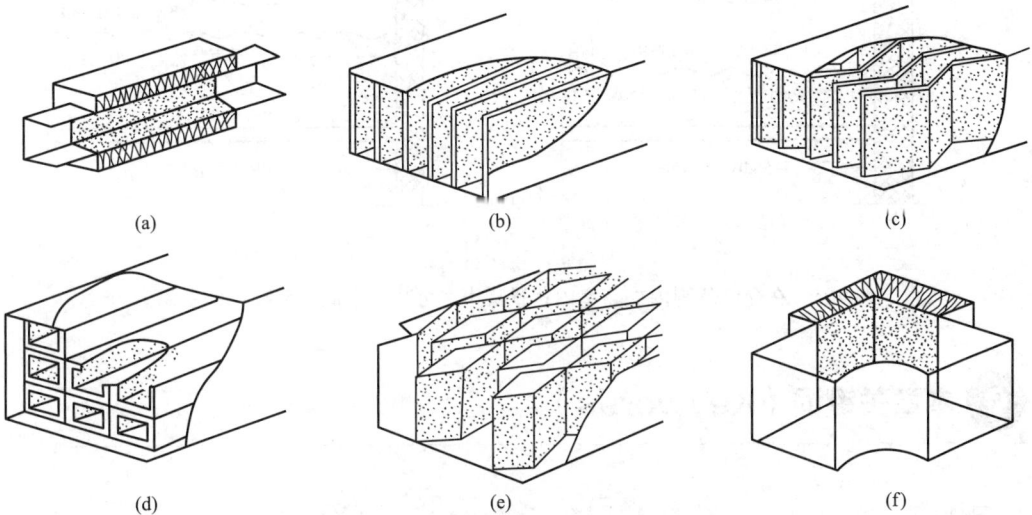

图 7-24　不同类型的阻性消声器形式示意图

（a）直管式消声器；（b）片式消声器；（c）折板式消声器；（d）蜂窝式消声器；（e）声流式消声器；（f）消声弯头

7.4.6　掩蔽效应的应用
7.4.6　The application of masking effect

在某些情况下，可以用某种设备产生背景噪声来掩蔽不受欢迎的噪声，这种人工制造的噪声通常比喻为"声学香水"，用它可以抑制干扰人们宁静气氛的声音并提高工作效率。这种主动式控制噪声的方法对大型开敞式办公室是很有意义的。

适合的掩蔽背景声具有这样的特点：无表达含义、响度不大、连续、无方位感。低响度的空调通风系统噪声、轻微的背景音乐、隐约的语言声往往是很好的掩蔽背景声。在开敞式办公室或设计有绿化景观的公共建筑的门厅里，也可以利用通风和空调系统或水景的流水产生的使人易于接受的背景噪声，以掩蔽电话、办公用设备或较响的谈话声等不希望听到的噪声，创造一个适宜的声环境，也有助于提高谈话的私密性。

在噪声允许的标准范围内，提高背景噪声水平还有另一好处，就是可以降低隔声构件的隔声量，其原理在图 7-25 中标出。例如，外部 70dB 的噪声，经过构件传入室内后，需降到比背景噪声低时，才能听不到，即降至 15dB，则构件的隔声量为 70－15＝55dB。图中也表明，如果背景噪声提高到 35dB，这样还属于人们所允许的范围，则很经济的隔声量 40dB 的构件即可满足要求。

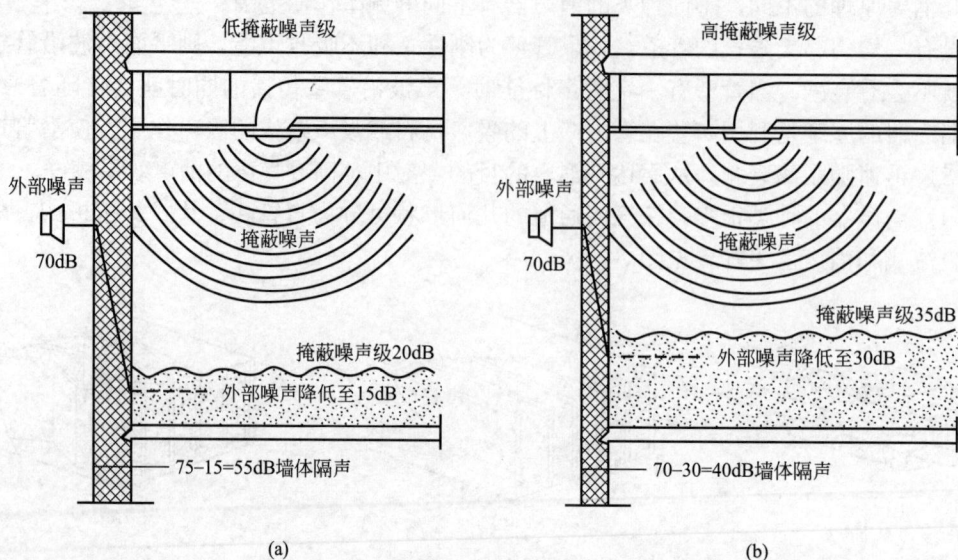

图 7-25　在允许范围内提高室内背景噪声，可减少降低外部噪声的费用

💡 本章关键词（Keywords）

声环境	Acoustic environment
噪声	Noise
听觉特性	Auditory properties
吸声材料	Sound-absorbing material
隔声	Sound insulation
掩蔽效应	Masking effect

📖 复习思考题

1. 两个声压级 0 的噪声合成的噪声是否仍为 0？

2. 常用的吸声材料和吸声结构有哪些？它们各有什么特性？

3. 比较加玻璃后隔声层效果，单层和双层。

4. 某餐厅大厅营业时室内噪声特别大，室内装修均为硬铺装表面。请分析原因并给出改进建议。

5. 声音的计量中表示声源性能的参数为？表示声音传播过程中大小的参数为？两个

声压级为 0 的声音，叠加后的声压级为？

6. 声音的响度与什么因素有关？

7. 声功率级和声压级这两个评价指标在应用上有何区别？

8. 背景噪声 50dB（A），四台风冷热泵机组组装在一起，每台风冷热泵的噪声为 76dB（A），请问机组前 1m 处测得的总噪声级约为多少？

9. 在房间里有 4 个风口，每个风口在室内造成的声压级都是 40dB。这个房间的总声压级是多少？

10. 如果噪声源在邻室，在邻室的墙面上敷设吸声材料的方法会有作用吗？

11. 两个声强为 $1 \times 10^{-8} W/m^2$，声强级为 40dB 的闹钟声叠加，结果是？

12. 声音所具备的三种要素是什么？

13. 声音在传播过程中遵循的传播规律如何？

14. 被人们公认的噪声评价量和评价方法是什么？为什么把 A 声级作为保护人的力与健康以及环境噪声的评价量。

15. 消声器根据其消声原理可分为几类，各类消声器的基本消声原理为何？

16. 降低环境噪声的基本途径有哪些？

17. 什么是消声器？叙述消声器的分类及特点。

18. 吸声减噪的使用原则？

19. 等响曲线与 NR、NC 曲线有什么异同？

20. 扩张式消声器为什么有消声作用？

参考文献

［1］朱颖心 . 建筑环境学［M］. 4 版 . 北京：中国建筑工业出版社，2010.

［2］秦佑国，王炳麟 . 建筑声环境［M］. 北京：清华大学出版社，1999.

［3］刘加平 . 建筑物理［M］. 4 版 . 北京：中国建筑工业出版社，2009.